国家级实验教学示范中心联席会计算机学科规划教材
教育部高等学校计算机类专业教学指导委员会推荐教材
面向“工程教育认证”计算机系列课程规划教材
教育部产学合作协同育人项目

数字逻辑与组成原理实践教程

◎ 张冬冬 王力生 郭玉臣 编著

清华大学出版社
北京

内容简介

本书基于同济大学“贯通式”计算机硬件课程实践教学改革经验撰写。在实验设计中，将“数字逻辑”和“计算机组成原理”两门课程的教学和实验有机地贯通起来，自底向上进行了一体化的实验设计。本书采用图文并茂的方式，使读者在了解数字系统设计过程及MIPS CPU设计原理的基础上，能够由浅入深地掌握逻辑电路原理图绘制、Verilog硬件描述语言编程、Xilinx FPGA开发板的调试和仿真工具的熟练使用，并能依照书中的实验设置，配合“数字逻辑”及“计算机组成原理”理论内容，从CPU基本部件实验做起，逐步实现自己的CPU设计和调试，从而提高读者解决复杂计算机工程问题的能力。

本书可以作为高等院校“数字逻辑”和“计算机组成原理”课程的实践教材，也可作为相关技术人员的培训教材或自学参考书。

本书封面贴有清华大学出版社防伪标签，无标签者不得销售。
版权所有，侵权必究。举报：010-62782989，beiqinquan@tup.tsinghua.edu.cn。

图书在版编目(CIP)数据

数字逻辑与组成原理实践教程/张冬冬，王力生，郭玉臣编著. —北京：清华大学出版社，2018(2024.7重印)
(面向“工程教育认证”计算机系列课程规划教材)
ISBN 978-7-302-48834-7

Ⅰ. ①数… Ⅱ. ①张… ②王… ③郭… Ⅲ. ①数字逻辑－高等学校－教材 Ⅳ. ①TP302.2

中国版本图书馆CIP数据核字(2017)第284233号

责任编辑：付弘宇 赵晓宁
封面设计：刘 键
责任校对：时翠兰
责任印制：宋 林

出版发行：清华大学出版社
网 址：https://www.tup.com.cn，https://www.wqxuetang.com
地 址：北京清华大学学研大厦A座 **邮 编：**100084
社 总 机：010-83470000 **邮 购：**010-62786544
投稿与读者服务：010-62776969，c-service@tup.tsinghua.edu.cn
质量反馈：010-62772015，zhiliang@tup.tsinghua.edu.cn
课件下载：https://www.tup.com.cn，010-83470236
印 装 者：三河市龙大印装有限公司
经 销：全国新华书店
开 本：185mm×260mm **印 张：**21 **字 数：**511千字
版 次：2018年8月第1版 **印 次：**2024年7月第9次印刷
印 数：5001～5300
定 价：49.00元

产品编号：076004-01

前言

计算机专业是工程性和实践性很强的专业，工程人才培养相关的两个重要因素是：数学与科学原理的学习、工程专业知识的应用。计算机专业培养的学生既要有科学家探索未知的能力，又要有工程师解决实际问题的能力。本书总结了同济大学计算机科学与技术系开展计算机硬件类课程教学改革的经验，将计算机专业基础课"数字逻辑"和"计算机组成原理"两门课程的教学和实践有机地结合起来，改变原有各门课程自成体系，实验主要以插箱实验为主，学生硬件设计及开发能力欠缺的情况。教学过程调整"数字逻辑"课程重理论轻实践、电子理论及逻辑原理并重的教学方法，侧重逻辑原理及其硬件描述语言实践，提高设计性实验比重，培养学生自主思考与独立完成硬件设计的能力。在设计实验时，充分考虑两门课程的关联性，由浅入深、由易到难将这两门课程的教学和实践内容进行统一设计，并给出了 CPU 完整的测试方法。"数字逻辑"实验的成果要为"计算机组成原理"实验提供必要的部件实验基础。在此基础上，学生逐步设计完成 31 条 MIPS 指令 CPU 和 54 条 MIPS 指令 CPU。两门课程实验基于 Xilinx FPGA 开发板统一接口，实验所用技术有机衔接，通过这种方法对学生进行工程化的训练，力图使计算机系学生从"使用别人的计算机"到"设计自己的计算机"、从"设计自己的计算机"到"使用自己的计算机"，以帮助本科生更深入地理解"系统"层面的各类计算机学科专业知识、增强面向产业界的实践能力、设计能力、创新能力和解决实际问题的能力。

本书在整体介绍数字系统设计过程之后，对本书中实验所用软件的安装和相关功能的使用进行了详细的介绍，又介绍了硬件描述语言 Verilog HDL 的相关语法，最后介绍了 MIPS CPU 的相关知识。基于上述知识的讲解，本书设计了由浅入深的"数字逻辑"实验和"计算机组成原理"实验，使学生可以循序渐进地进行数字系统设计学习和实践，加强学生对于理论知识的理解。每章内容如下。

第 1 章总体介绍基于可编程逻辑的数字系统设计，其中包括可编程逻辑的设计步骤和本书中数字电路设计实验所用软件的环境配置，使读者对数字系统设计有一个初步的了解。

第 2 章介绍数字逻辑模拟器 Logisim 的基础知识，包括 Logisim 的功能介绍和使用入门。

第 3 章介绍硬件描述语言 Verilog HDL 的相关知识，其中包括 Verilog HDL 门级描述相关语法、数据流级描述相关语法、行为级描述相关语法、Verilog HDL 测试平台和状态机这 5 个部分，使读者对使用 Verilog HDL 进行数字电路设计有更深入的认识。

第 4 章分为两部分，首先介绍 Xilinx FPGA 器件 Nexys 4 DDR Artix-7 FPGA 开发板

及其主要的外围接口电路。其次，通过设计实例介绍 Vivado 设计套件的使用，具体包括 Vivado 设计流程、Vivado 时序约束、IP 核封装和逻辑分析仪 ILA 的使用。

第 5 章介绍 HDL 仿真软件 ModelSim 的使用，包括 ModelSim 的基本功能、波形窗口、数据流窗口、断点调试功能、代码覆盖率查看功能、内存查看功能的使用。

第 6 章介绍数字逻辑实验，包括基本门电路与数据扩展实验、数据选择器与数据分配器实验、译码器与编码器实验、桶形移位器实验、数据比较器与加法器实验、触发器与 PC 寄存器实验、计数器与分频器实验、RAM 与寄存器堆实验、行为级 ALU 实验和综合实验。

第 7 章介绍 MIPS CPU 基础及设计相关知识，包括 MIPS CPU 的概述、MPIS32 指令系统、MIPS 单周期及多周期 CPU 设计方法和测试方法。

第 8 章介绍计算机组成原理实验，包括 MIPS 指令汇编程序设计实验、32 位乘法器实验、32 位除法器实验、31 条 MIPS 指令单周期 CPU 设计实验、中断处理实验、54 条 MIPS 指令 CPU 设计实验和综合应用实验。

我们在“数字逻辑”实验和“计算机组成原理”实验的改革过程中，得到了北京航空航天大学计算机学院马殿富教授、曹庆华教授、高小鹏教授，东南大学计算机科学与工程学院翟玉庆教授、杨全胜教授、王晓蔚教授，浙江大学计算机科学与技术学院陈文智教授、施青松教授，杭州电子科技大学计算机学院严义教授、包健教授，兰州交通大学党建武教授、李玉龙教授等的大力支持，在此表示真诚的感谢！此外，在教学改革实施过程中，我们还获得了教育部-美国 DIGILENT(迪芝伦)科技有限公司产学合作协同育人项目、教育部-Xilinx 产学合作专业综合改革项目的支持，在此一并表示感谢！

同时，在本教学实验改革过程中还得到了很多学生和朋友的支持和帮助，在此谨列出他们的姓名并致谢意(按姓氏拼音序)：陈晨、段晓景、董喆、高名兴、黄仁智、黄玮琦、蒋凌超、林梦迪、卢杉、彭田、钱鹏飞、阮剑鸿、史亮、童杰、王菲、王田、王煜、魏薇、许一帆、徐振垒、余智铭、周航。

作　者

2018 年 3 月

目录

第1章　基于可编程逻辑的数字系统设计概述 …… 1

1.1　可编程逻辑设计步骤 …… 1

1.1.1　设计输入 …… 1

1.1.2　编译状态 …… 2

1.1.3　功能模拟 …… 2

1.1.4　综合 …… 2

1.1.5　实现 …… 2

1.1.6　时序模拟 …… 2

1.1.7　下载 …… 3

1.2　数字电路设计实验环境配置 …… 3

1.2.1　Logisim 安装 …… 3

1.2.2　ModelSim 安装配置 …… 3

1.2.3　Vivado 安装配置 …… 5

第2章　Logisim 基础知识 …… 18

2.1　Logisim 基本功能介绍 …… 18

2.2　Logisim 使用入门 …… 23

第3章　Verilog HDL 基础 …… 28

3.1　Verilog HDL 门级描述 …… 28

3.1.1　模块定义 …… 28

3.1.2　端口声明 …… 29

3.1.3　门级调用 …… 30

3.1.4　模块的实例化 …… 32

3.1.5　内部连线声明 …… 34

3.1.6　层次化设计 …… 34

3.2 Verilog HDL 数据流级描述 …… 35
3.2.1 assign 语句 …… 35
3.2.2 操作符 …… 37
3.2.3 操作数 …… 38
3.3 Verilog HDL 行为级描述 …… 42
3.3.1 initial 结构和 always 结构 …… 42
3.3.2 顺序块和并行块 …… 44
3.3.3 if 语句 …… 47
3.3.4 case 语句 …… 48
3.3.5 循环语句 …… 49
3.3.6 过程赋值语句 …… 52
3.3.7 任务与函数 …… 53
3.3.8 设计的可综合性 …… 56
3.4 Verilog HDL 测试平台描述 …… 60
3.4.1 基本的 TestBench 结构 …… 61
3.4.2 激励信号描述 …… 62
3.4.3 编译指令 …… 64
3.4.4 测试相关的系统任务和系统函数 …… 67
3.5 状态机描述 …… 74
3.5.1 状态机类型 …… 74
3.5.2 状态机表示方法 …… 74
3.5.3 状态机的 Verilog HDL 描述方法 …… 76
3.5.4 状态机设计实例——上升沿检测器 …… 78

第 4 章 Xilinx FPGA 开发板及软件工具 …… 84

4.1 Xilinx FPGA 开发板 …… 84
4.1.1 Nexys 4 DDR 开发板介绍 …… 84
4.1.2 主要外围接口电路介绍 …… 85
4.2 Vivado 设计流程 …… 88
4.2.1 新建工程 …… 90
4.2.2 设计文件输入 …… 92
4.2.3 功能仿真 …… 102
4.2.4 设计综合 …… 105
4.2.5 工程实现 …… 106
4.3 Vivado 时序约束 …… 108
4.3.1 时钟约束简介 …… 109
4.3.2 添加时钟约束 …… 109

4.3.3 Report Timing Summary 时序分析 …… 114
4.4 IP 核封装及模块化设计 …… 119
4.4.1 创建工程 …… 119
4.4.2 输入设计 …… 122
4.4.3 IP 封装 …… 127
4.4.4 添加用户自定义 IP …… 134
4.4.5 模块化设计 …… 136
4.5 Vivado 逻辑分析仪 ILA 的使用 …… 146
4.5.1 创建工程 …… 147
4.5.2 添加源文件和约束文件 …… 147
4.5.3 综合 …… 150
4.5.4 Mark Debug …… 152
4.5.5 Set up Debug …… 153
4.5.6 生成 Bit 文件 …… 154
4.5.7 下载 …… 154
4.5.8 Hardware Debug …… 155

第 5 章 ModelSim 仿真及调试工具 …… 161

5.1 基本使用 …… 161
5.1.1 用户操作界面简介 …… 161
5.1.2 新建 ModelSim 库 …… 163
5.1.3 新建工程 …… 163
5.2 波形窗口使用 …… 166
5.2.1 波形调整 …… 166
5.2.2 保存波形文件 …… 167
5.3 数据流窗口使用 …… 167
5.4 断点调试 …… 170
5.4.1 查看代码文件 …… 170
5.4.2 设置断点 …… 170
5.4.3 重新仿真 …… 170
5.4.4 查看信号 …… 171
5.4.5 单步调试 …… 172
5.5 代码覆盖率查看 …… 173
5.5.1 代码覆盖率窗口的调出 …… 173
5.5.2 代码覆盖率窗口的查看与分析 …… 174
5.5.3 代码覆盖率报告 …… 178
5.5.4 根据代码覆盖率修改测试代码 …… 180

5.6 内存查看 …… 182
5.6.1 内存查看窗口调出 …… 182
5.6.2 指定地址单元/数据查看 …… 183
5.6.3 存储器数据导出导入 …… 184
5.6.4 存储器数据修改 …… 184

第6章 数字逻辑实验设计 …… 187

6.1 基本门电路与数据扩展描述实验 …… 187
6.2 数据选择器与数据分配器实验 …… 194
6.3 译码器与编码器实验 …… 196
6.4 桶形移位器实验 …… 200
6.5 数据比较器与加法器实验 …… 203
6.6 触发器与PC寄存器实验 …… 207
6.7 计数器与分频器实验 …… 210
6.8 RAM与寄存器堆实验 …… 212
6.9 行为级ALU实验 …… 215
6.10 数字逻辑综合实验 …… 218

第7章 MIPS CPU基础及设计 …… 219

7.1 MIPS CPU概述 …… 219
7.1.1 概述 …… 219
7.1.2 基本架构及编程模型 …… 220
7.1.3 CP0 …… 222
7.1.4 MIPS CPU中断机制 …… 225
7.1.5 MARS汇编器 …… 227
7.2 MIPS32指令系统介绍 …… 229
7.2.1 指令格式及类型 …… 229
7.2.2 指令的寻址 …… 230
7.3 MIPS 31条指令介绍 …… 231
7.4 MIPS 23条扩展指令介绍 …… 242
7.5 CPU设计方法 …… 249
7.5.1 单周期CPU设计 …… 249
7.5.2 多周期CPU设计 …… 269
7.6 CPU的测试 …… 284
7.6.1 前仿真测试 …… 284
7.6.2 后仿真测试 …… 298
7.6.3 下板测试 …… 298

第 8 章 计算机组成原理实验设计 …… 304

8.1 MIPS 汇编编程实验 …… 304
8.2 32 位乘法器实验 …… 306
8.3 32 位除法器实验 …… 309
8.4 31 条指令单周期 CPU 设计实验 …… 312
8.5 中断处理实验 …… 314
8.6 54 条指令 CPU 设计实验 …… 318
8.7 54 条指令 CPU 综合应用实验 …… 319

附录 A Verilog 快速参考指南 …… 321

参考文献 …… 324

第 1 章

基于可编程逻辑的数字系统设计概述

本章首先介绍可编程逻辑设计的步骤，使读者对数字系统设计有初步的了解。然后重点对本实践教材所用软件的安装及配置进行详细的说明，具体包括：Logisim、ModelSim 和 Vivado 的安装及配置，以及 Vivado 和 ModelSim 联合仿真所需进行的关联设置。

1.1 可编程逻辑设计步骤

可编程逻辑设计包含若干步骤，其设计流程如图 1.1 所示。

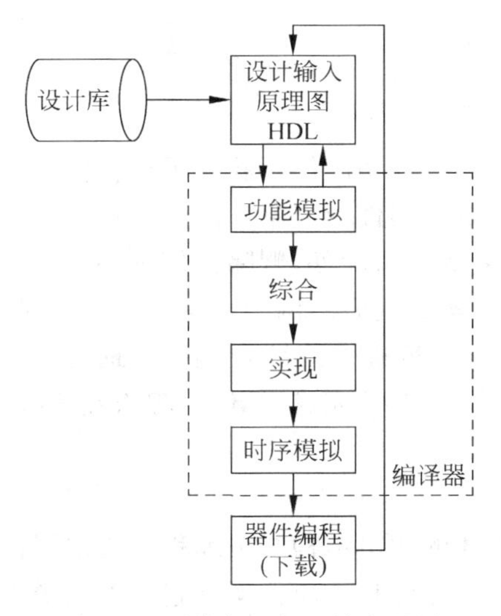

图 1.1 可编程逻辑设计流程图

1.1.1 设计输入

设计输入是与器件无关的，它是编程的第一步。所设计的电路必须以文本方式或原理图方式输入到计算机。文本方式的输入使用 VHDL、Verilog 等任何一种硬件描述语言完成，由可编程逻辑器件制造商提供它们的软件包，本书中采用 Verilog 完成设计。原理图方式的输入允许从图形资源库中取出所需要的逻辑功能单元，放置在计算机屏幕上，然后按设计要求连接它们。两种输入方式相比较，文本方式具有更大的通用性，适用于非常复杂的逻辑电路设计。原理图输入方式直观简单，但受屏幕限制，难以进行复杂的逻辑设计。

1.1.2 编译状态

一旦输入了一个设计，就进入编译状态。编译器是一个程序，这个程序能控制设计流程，并将源代码翻译成能够为目标器件进行逻辑测试或下载的目标代码。源代码在设计输入处产生，目标代码是实际设计在可编程器件上实现的最终代码，它一定是二进制代码。

1.1.3 功能模拟

输入且被编辑的逻辑设计，必须通过软件进行模拟，以确认逻辑电路是否实现预期的功能。模拟可以确保特定的输入集产生正确的输出。实现这个功能并与器件无关的软件，通常被称为波形编辑器。要修改模拟结果显示的错误，需要返回到设计入口，并做出适当修改。波形编辑器允许选择想要测试的节点(输入和输出)。选择输入输出名字，伴随着一个符号或其他能标志一个输入输出的标识，出现在波形编辑器屏幕上。在开始模拟后，通过产生的输出波形判断设计是否正确，若产生不正确的输出波形，则显示出逻辑功能的缺陷，需要检查修正最初的设计。本书实验中主要采用 ModelSim 进行功能模拟，具体过程将在后续章节中详细介绍。

1.1.4 综合

一旦设计输入到计算机中，并经功能模拟验证了逻辑操作正确性以后，编译器自动遍历下面几个阶段，为设计下载到目标器件做准备。门的数量最小化，用能够完成同样功能但更有效的其他逻辑元件取代已有的逻辑元件，删除任何不必要的逻辑，最后从综合阶段输出的是一个描述逻辑电路优化后版本的网表。网表由综合软件生成，它基本上是一个描述元件和它们相互连接的连接表。本书实验中的综合、实现、时序模拟和下载步骤均通过 Xilinx 公司发布的新一代的 Vivado 设计套件完成，具体过程将在后续章节中详细介绍。

1.1.5 实现

在实现阶段，通过网表描述的逻辑结构与被编程的指定器件相映射，使设计和器件自身体系结构、引脚配置的特定目标器件相适应。实现过程被称作设置和选径，也称为适配，输出的结果称作位流，用二进制码串表示。为了完成设计的实现阶段，必须了解软件特定的器件和引脚信息。所有可能用到的目标器件的完整数据，通常保存在软件库中。

1.1.6 时序模拟

时序模拟发生在实现之后和下载目标器件之前。时序模拟是为了确保以设计频率工作时没有传输延迟或其他影响全局操作的时序问题。当通过了功能模拟之后，从逻辑的观点看，电路已经可以正常工作了，但仍然需要进行时序模拟排除时序问题的影响。开发软件利用特定目标器件的信息，例如门的传输延迟，去实现设计的时序模拟，但对于功能模拟，是不需要选定目标器件的。

1.1.7 下载

一旦功能模拟和时序模拟顺利通过，就可以启动下载流程。这意味着用于某种特定可编程器件的位流已经产生，可以下载到器件上，并且可以在电路上进行测试，即在硬件上实现了软件设计。一些可编程器件必须在开发板上安装一种特殊的设备即编程器。ISP器件不需编程器，可以直接在目标板上进行。有些FPGA器件是易失性的，断电情况下会丢失内容，在这种情况下，位流数据必须保存在存储器中，并在每次重启或断电之后重新加载到器件中。

1.2 数字电路设计实验环境配置

1.2.1 Logisim安装

Logisim是一款用于帮助学生设计和模拟数字逻辑电路的免费辅助教学软件。运用Logisim提供的工具，不仅可以设计相应的数字逻辑电路，还可模拟电路运行，验证电路设计的正确性。使用Logisim，大型复杂的数字逻辑电路设计不再复杂。采用从底向上分层设计的思路，学生先设计实现小部件，验证通过后，再将小部件放到大设计中去。如此，设计和模拟完整的CPU也不是问题。从http://www.cburch.com/logisim/网站可以免费下载Logisim软件。下载后无须安装，直接运行exe文件即可使用。

1.2.2 ModelSim安装配置

ModelSim是Mentor公司开发的一款业界优秀的HDL仿真软件，它能提供友好的仿真环境，是业界唯一的单内核支持VHDL和Verilog混合仿真的仿真器，是FPGA/ASIC设计的首选仿真软件。ModelSim具有多个版本，最新版为10.5。在大版本的基础上还有小版本，小版本以小写英文字母作为主要区分，例如，ModelSim 10.4版就有10.4a、10.4b、10.4c几个不同的版本。除去大版本和小版本，还有SE、DE、PE三个不同的版本。本书使用的是ModelSim PE 10.4c版本，其下载安装过程如下。

访问https://www.mentor.com/products/fpga/download/modelsim-pe-simulator-download（ModelSim官网），下载ModelSim PE安装包，如图1.2所示。

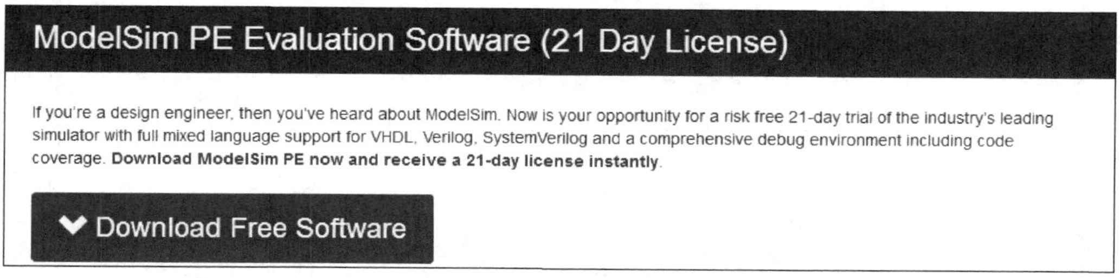

ModelSim PE Evaluation Software (21 Day License)

If you're a design engineer, then you've heard about ModelSim. Now is your opportunity for a risk free 21-day trial of the industry's leading simulator with full mixed language support for VHDL, Verilog, SystemVerilog and a comprehensive debug environment including code coverage. **Download ModelSim PE now and receive a 21-day license instantly.**

Download Free Software

图1.2 ModelSim PE安装包下载示意图

（1）关闭防火墙软件，执行安装程序，单击“下一步”按钮，如图1.3所示。

（2）进入安装界面，此处可更改默认的安装路径，如图1.4所示。

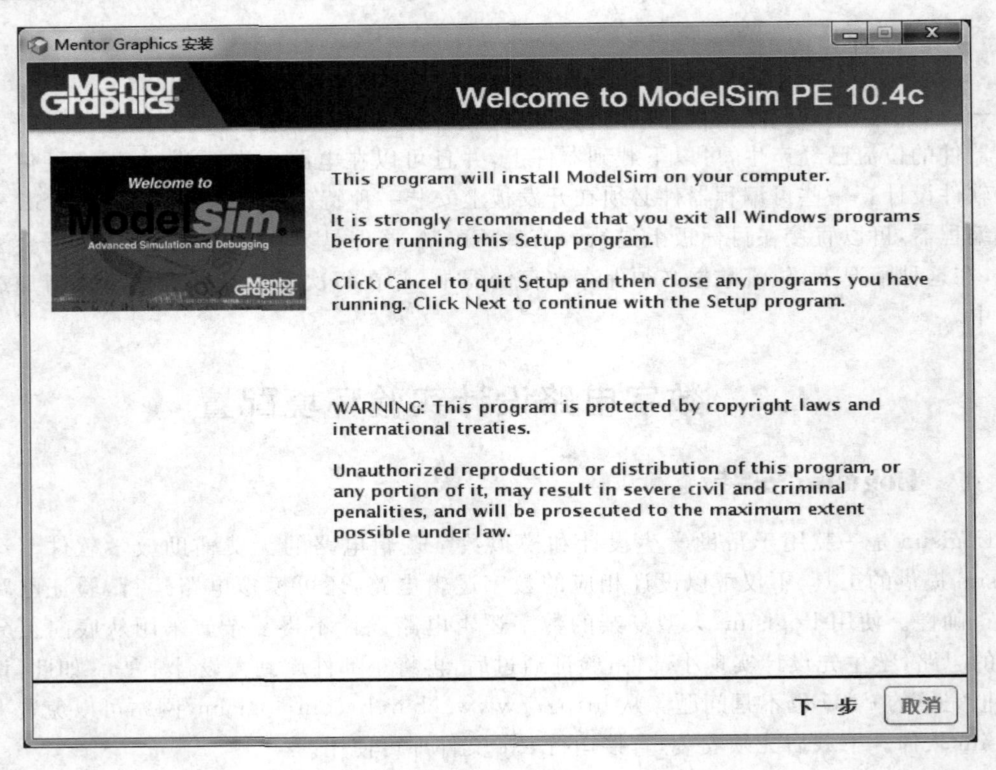

图 1.3 安装界面

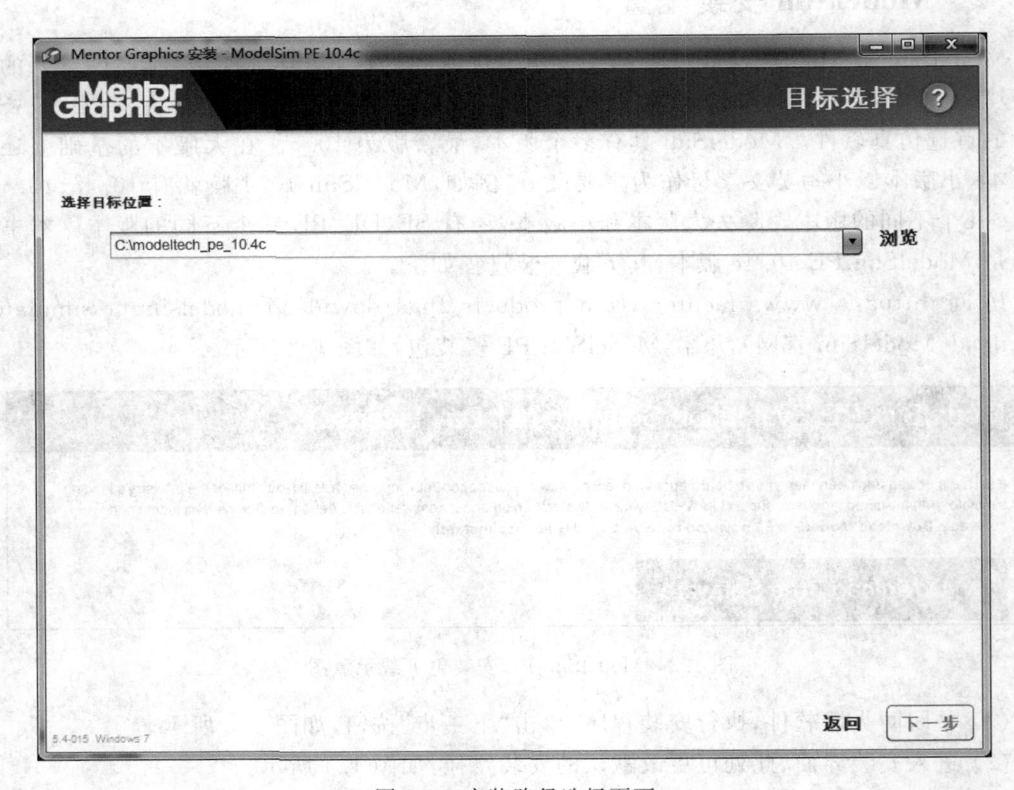

图 1.4 安装路径选择页面

(3) 系统提示安装路径不存在，是否建立新的安装路径，单击"是"按钮，如图 1.5 所示。

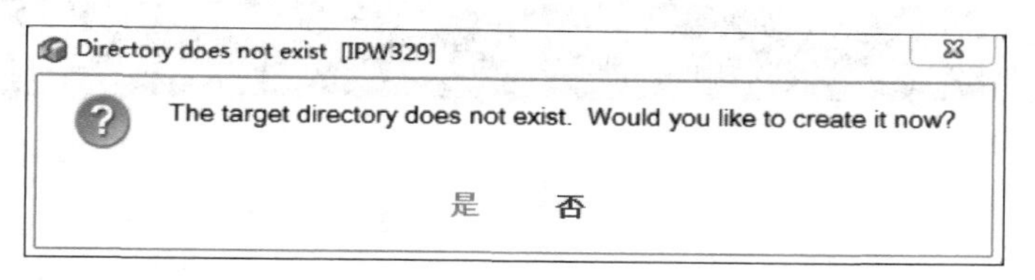

图 1.5　新路径创建对话框

(4) 单击"同意"按钮，同意安装说明，如图 1.6 所示。

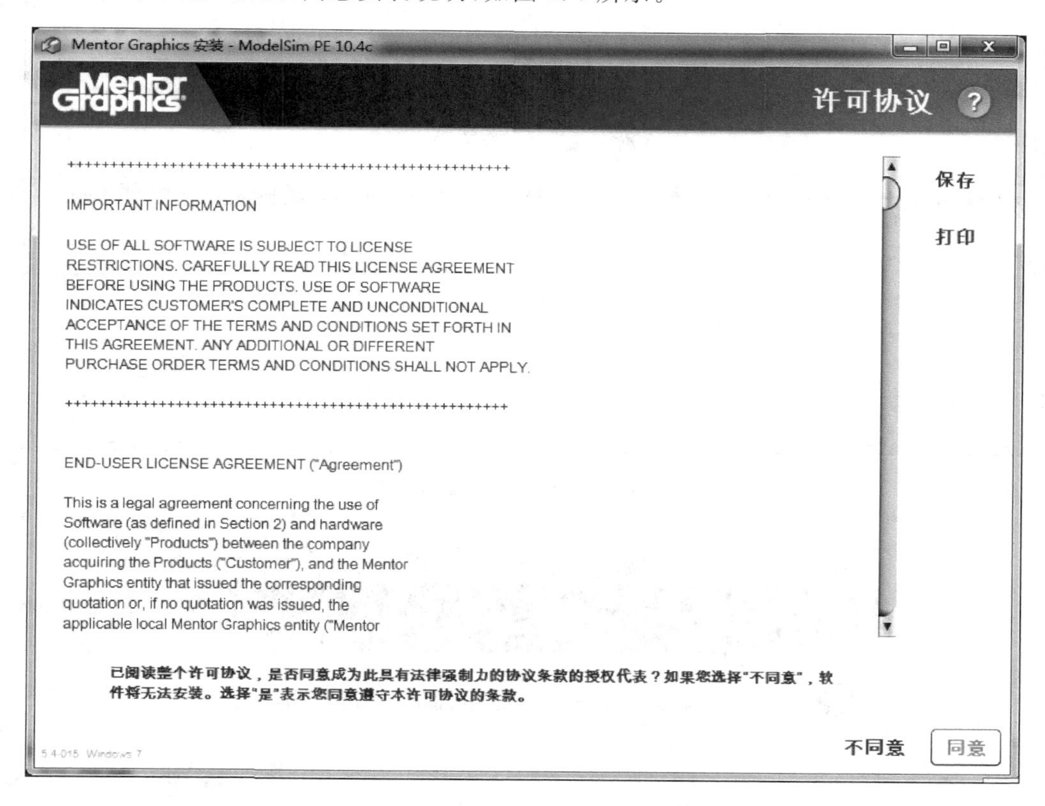

图 1.6　安装说明确认页面

(5) 安装中，如图 1.7 所示。

(6) 询问是否在桌面生成快捷方式，以及是否将 ModelSim 执行程序加入系统路径时，单击"是"按钮，如图 1.8 和图 1.9 所示。

(7) 安装 Key Driver，单击"是"按钮(Windows 10 系统中单击"否"按钮)，如图 1.10 所示。

(8) 安装完毕，询问是否重启，单击"否"按钮，安装完 License 之后再重启，如图 1.11 所示。

1.2.3　Vivado 安装配置

Vivado 设计套件，是 FPGA 厂商 Xilinx 公司于 2012 年发布的集成设计环境。包括高度集成的设计环境和新一代从系统到 IC 级的工具。Vivado 工具把各类可编程技术结合在一起，能够扩展多达一亿个等效 ASIC 门的设计。

图 1.7 安装进度页面

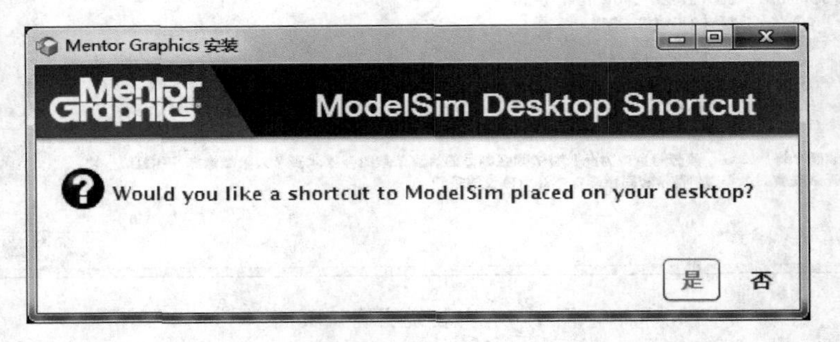

图 1.8 添加快捷方式确认对话框

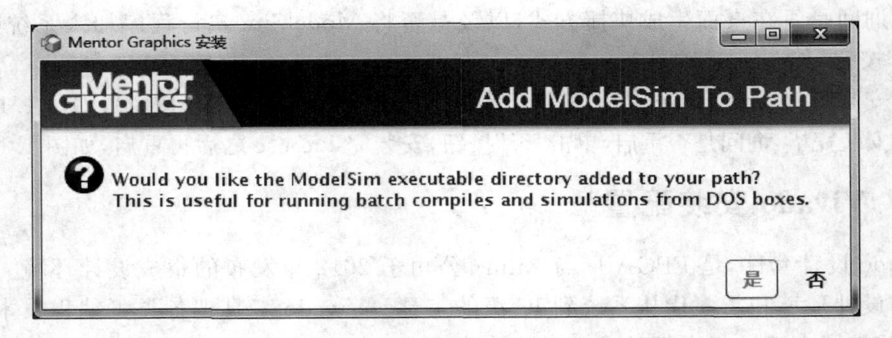

图 1.9 加入系统路径确认对话框

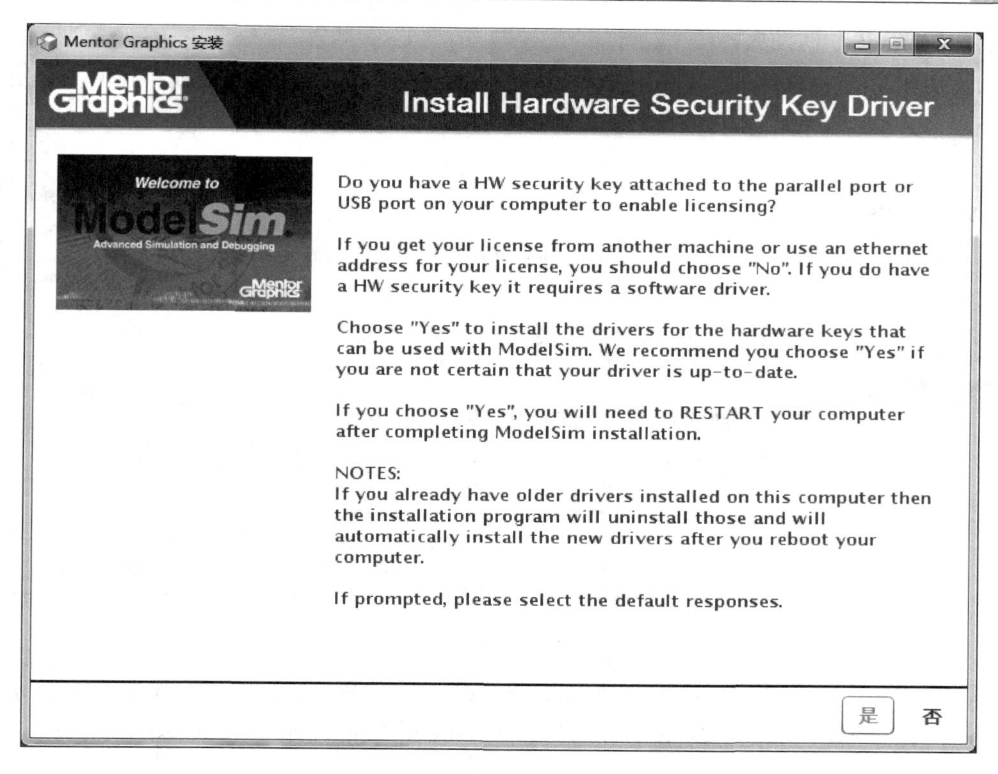

图 1.10　Key Driver 安装确认对话框

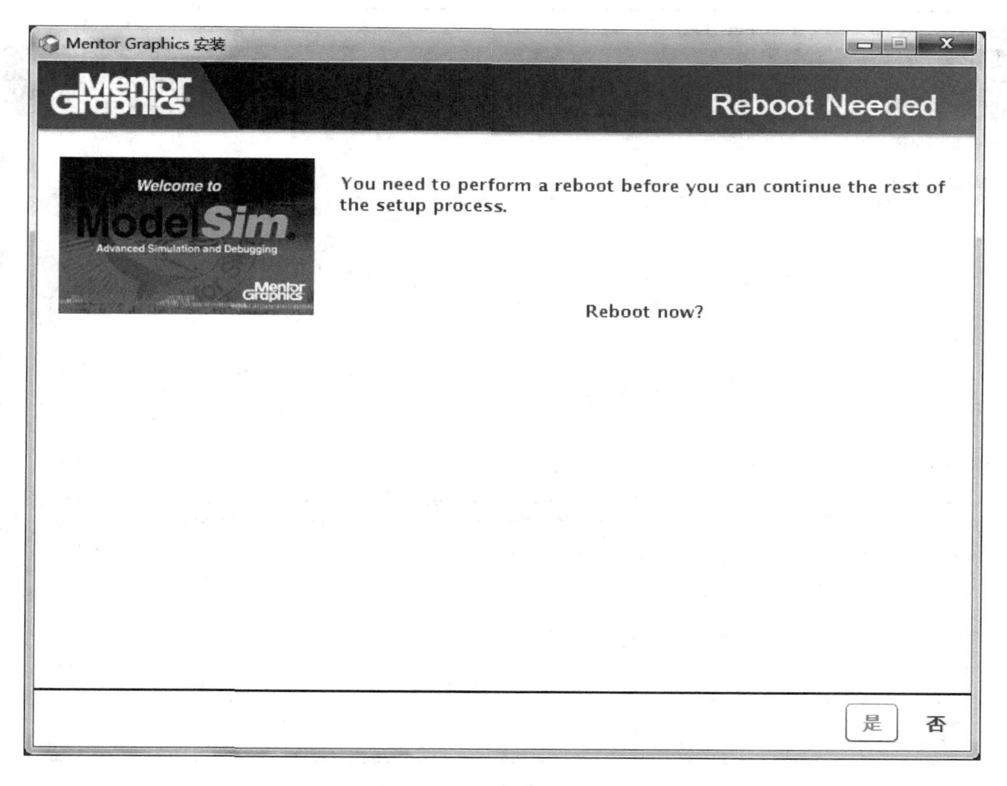

图 1.11　重启确认对话框

1. 下载安装

(1) 关闭防火墙软件，访问 https://www.xilinx.com/support/download.html（Xilinx 官网），下载 Vivado 在线安装文件（或者下载完整安装包），如图 1.12 所示。

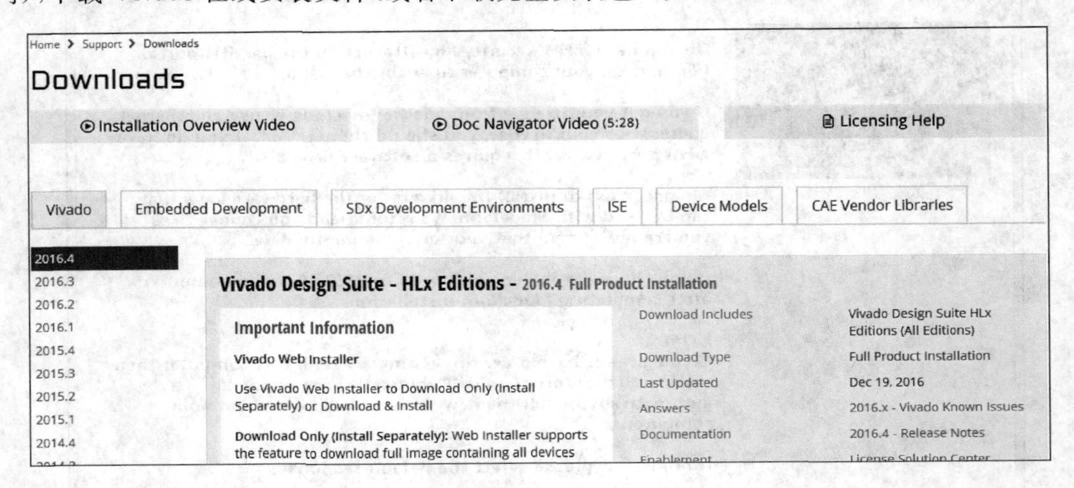

图 1.12 Vivado 下载

(2) 打开在线安装程序，输入注册账号并选择下载位置，将安装文件放在英文目录下，单击 Next 按钮，看到软件下载信息时，单击 Download 按钮开始下载，如图 1.13～图 1.15 所示。

Vivado 2016.2 Installer - Select Install Type
Select Install Type
Please select install type and provide your Xilinx.com user ID and password for authentication.
XILINX ALL PROGRAMMABLE.
User Authentication
Please provide your Xilinx user account credentials to download the required files.
If you don't have an account, please create one. If you forgot your password, you can reset it here.
User ID jaypengfei
Password ●●●●●●●●●●
Download and Install Now
Select your desired device and tool installation options and the installer will download and install just what is required. Downloaded installation files will be saved for future use. NOTE: Future installs using these downloaded files will be restricted to the options selected during this install. For access to all options later, choose "Download Full Image".
Download Full Image (Install Separately)
The installer will download an image containing all devices and tool options for later installation. Use this option if you wish to install a full image on a network drive or allow different users maximum flexibility when installing.
Select the directory where you want the software to be downloaded
C:\Xilinx\Downloads\2016.2 Browse...
Download files to create full image for selected platform(s)
Windows Linux
Copyright © 1986-2016 Xilinx, Inc. All rights reserved.
< Back Next > Cancel

图 1.13 下载信息录入

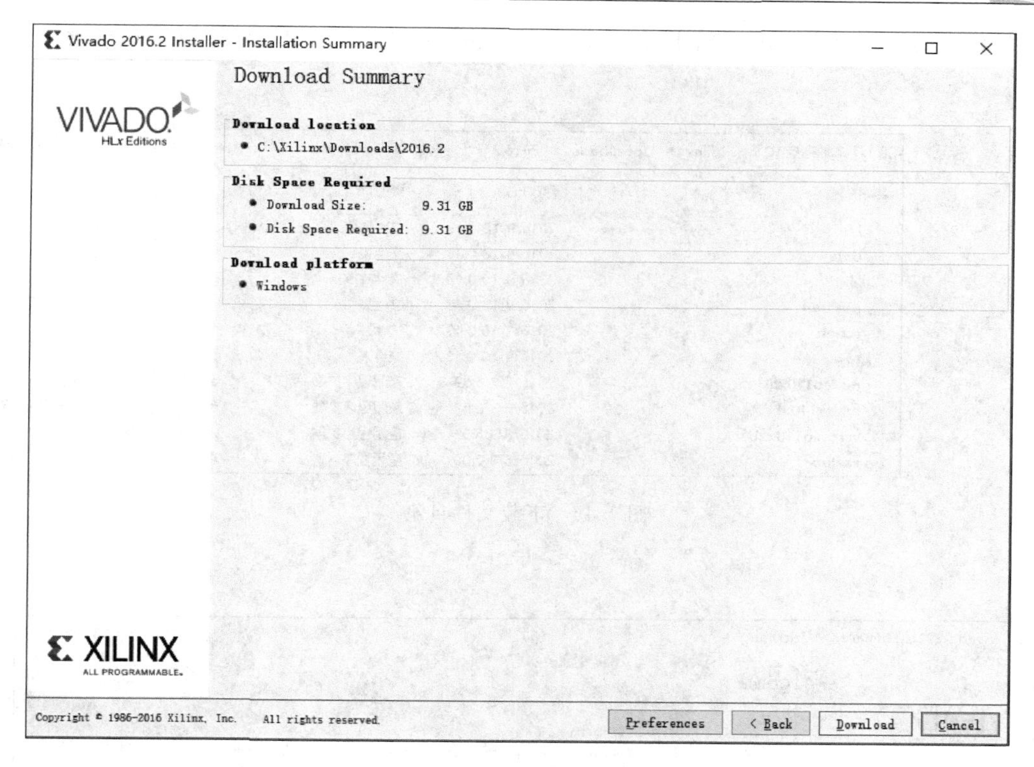

图 1.14　下载信息确认

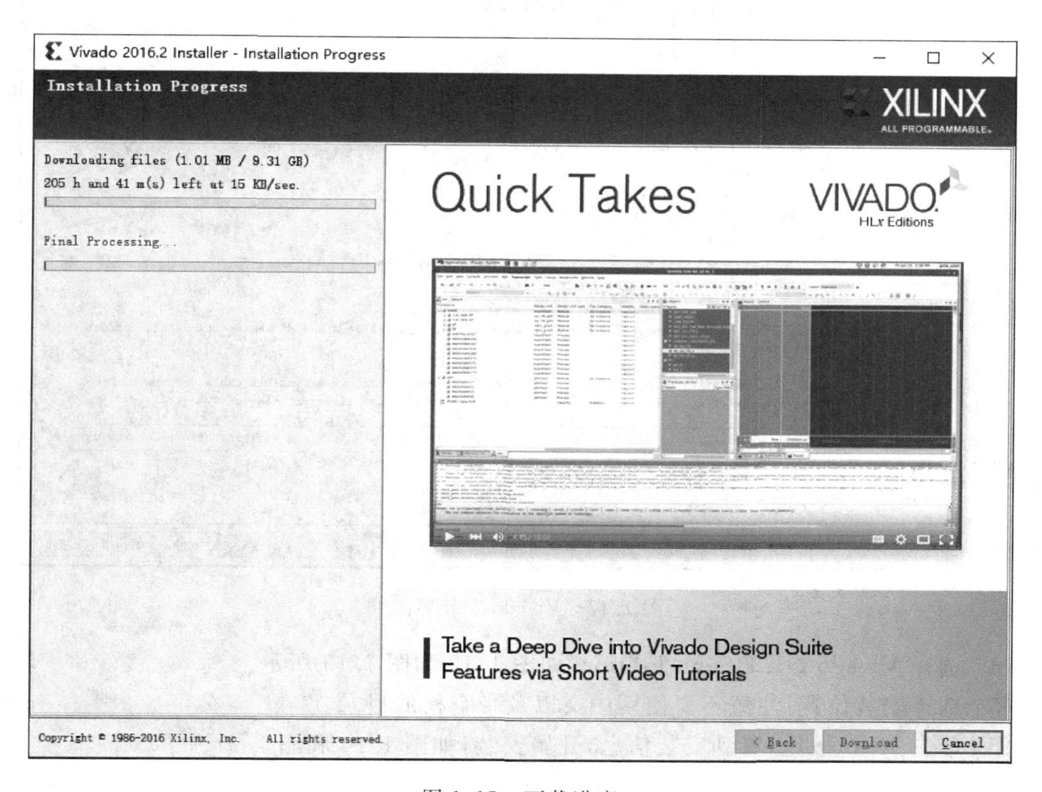

图 1.15　下载进度

(3) 下载完成后打开下载目录，双击 xsetup.exe 进行安装，如图 1.16 和图 1.17 所示。

电脑 › 本地磁盘 (C:) › Xilinx › Downloads › 2016.2

名称	修改日期	类型	大小
bin	2016/9/10 0:43	文件夹	
data	2016/9/10 0:43	文件夹	
lib	2016/9/10 0:43	文件夹	
payload	2016/9/10 0:42	文件夹	
scripts	2016/9/10 0:43	文件夹	
tps	2016/9/10 0:43	文件夹	
msvcp110.dll	2016/6/3 6:59	应用程序扩展	523 KB
msvcr110.dll	2016/6/3 6:59	应用程序扩展	855 KB
vccorlib110.dll	2016/6/3 6:59	应用程序扩展	247 KB
xsetup	2016/6/3 7:00	应用程序	434 KB

图 1.16　下载文件目录

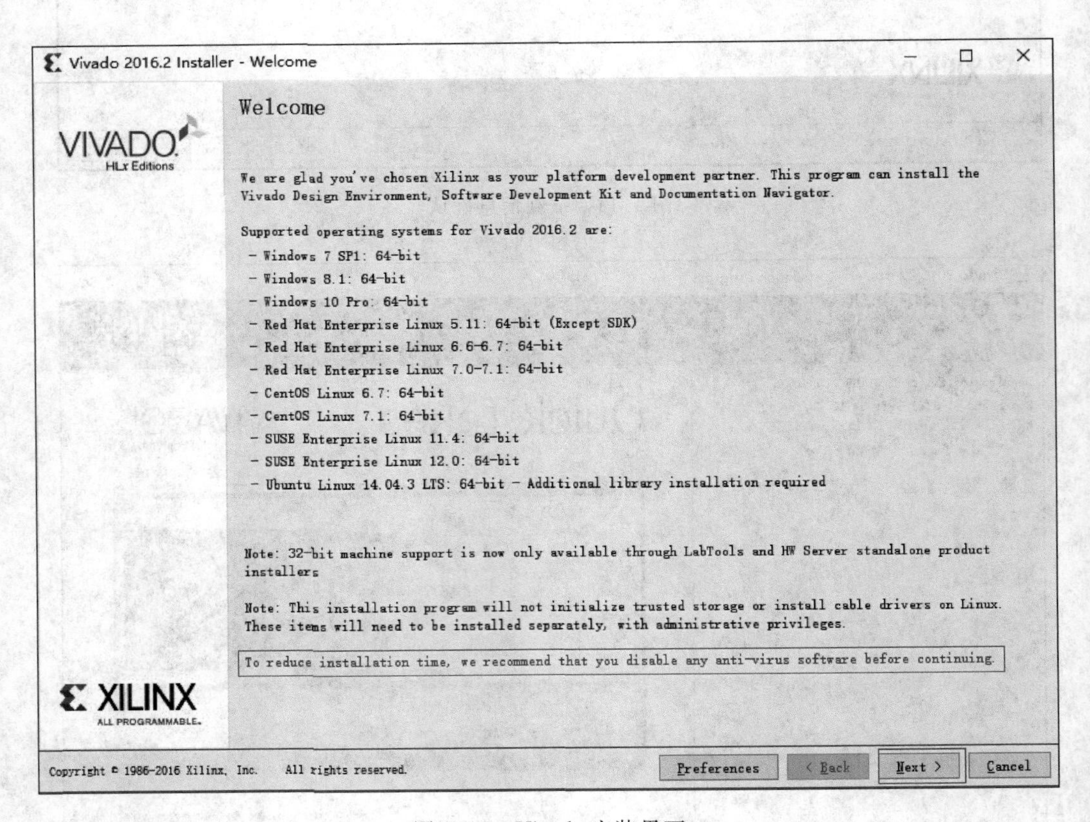

图 1.17　Vivado 安装界面

(4) 选择 Vivado HL Design Edition，如图 1.18 和图 1.19 所示。

(5) 选择安装位置，注意不要使用中文以及带空格的目录。

(6) 单击 Next 按钮，看到安装信息，开始安装，如图 1.20 和图 1.21 所示。

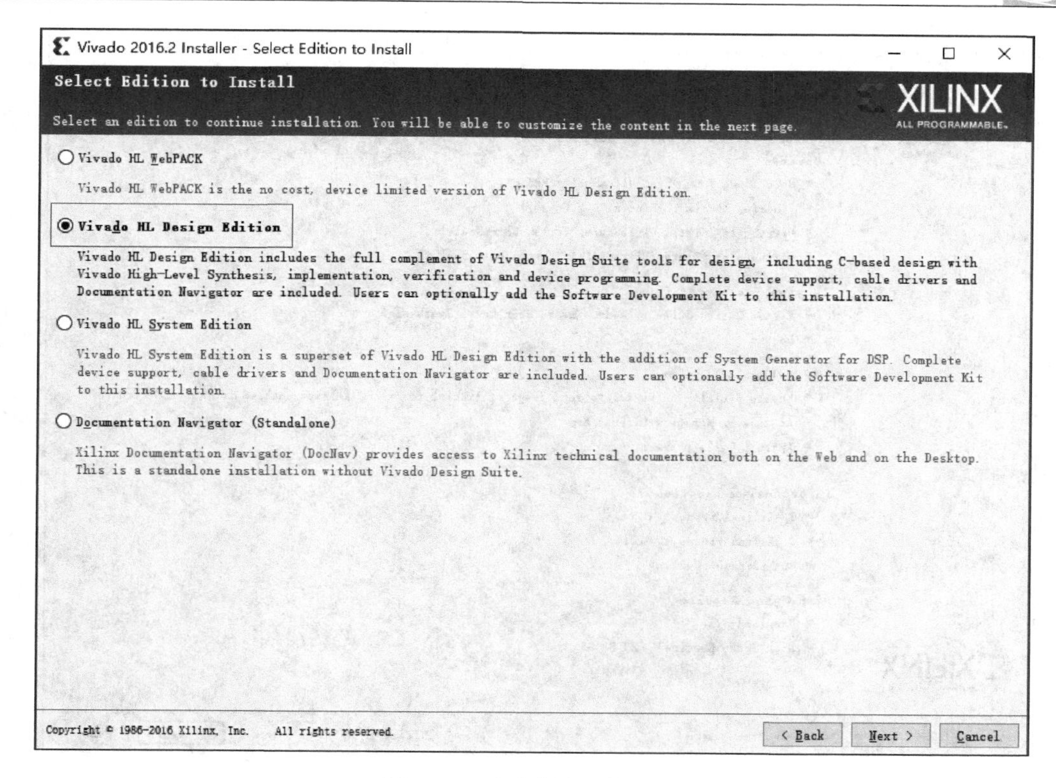

图 1.18　安装版本选择页面

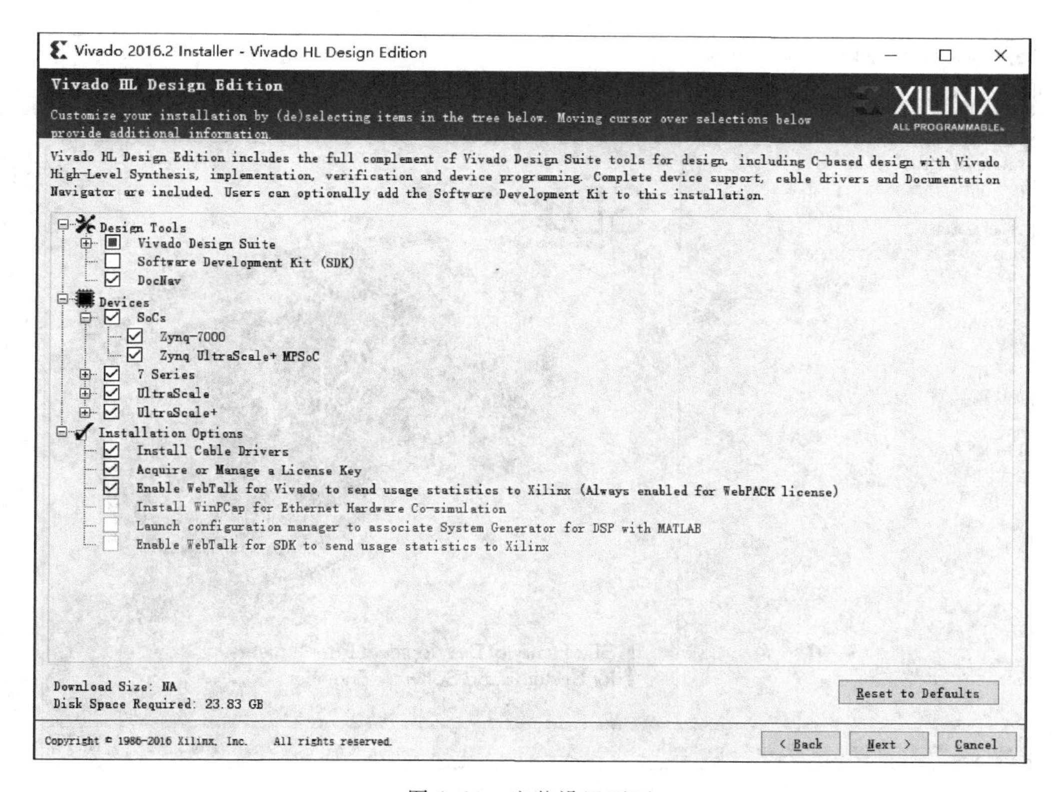

图 1.19　安装设置页面

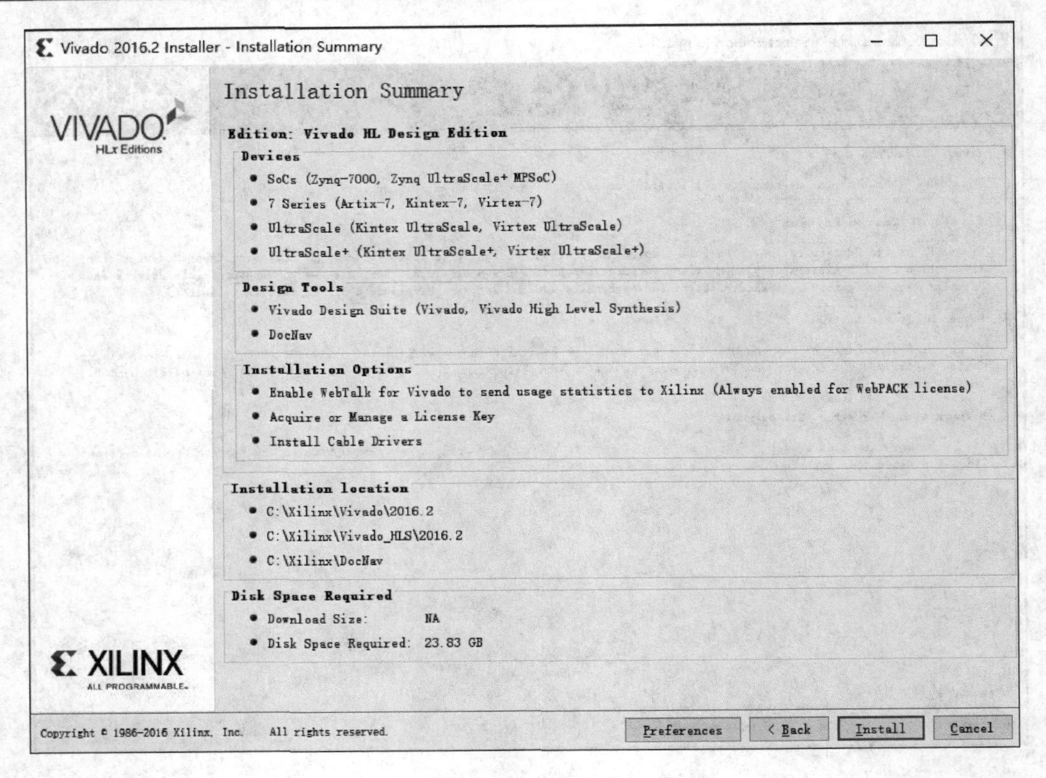

图 1.20 安装信息

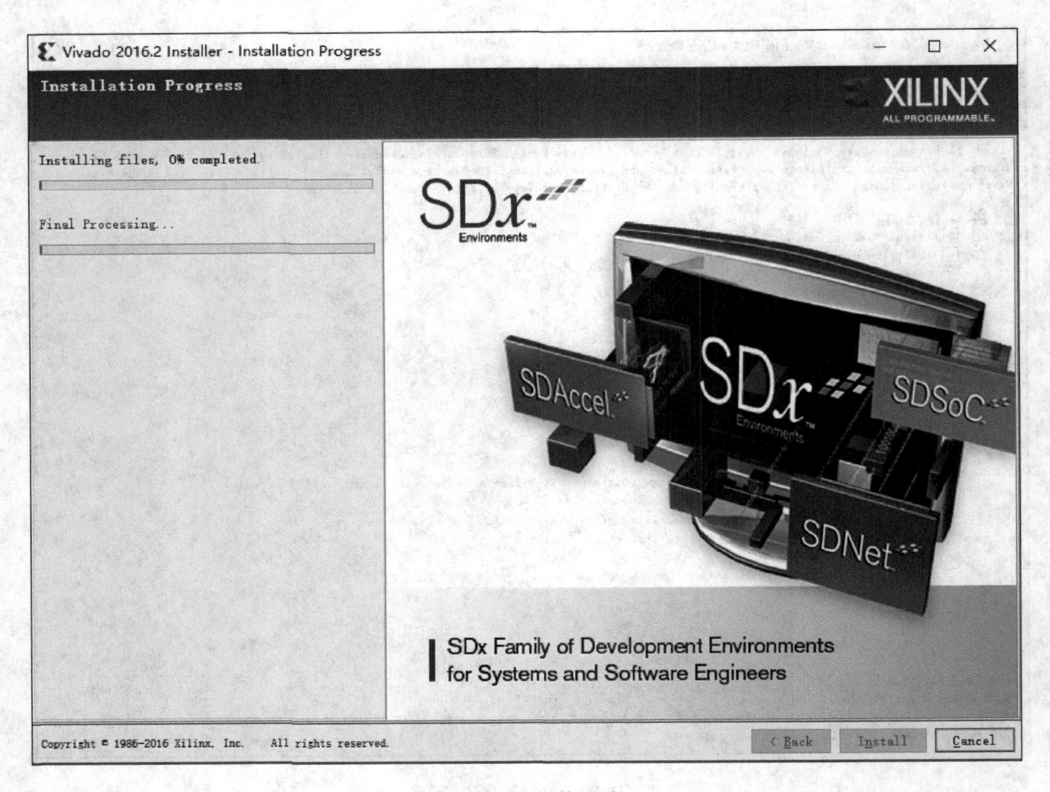

图 1.21 安装进度

(7) 安装过程中，提示安装的软件均选择安装，如图1.22～图1.24所示。

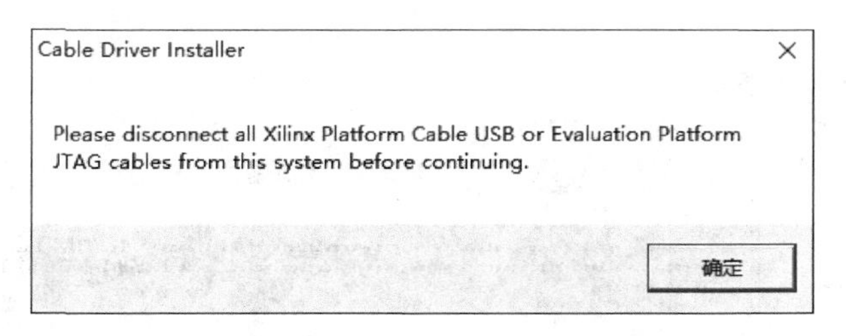

图1.22　安装确认对话框1

图1.23　安装确认对话框2

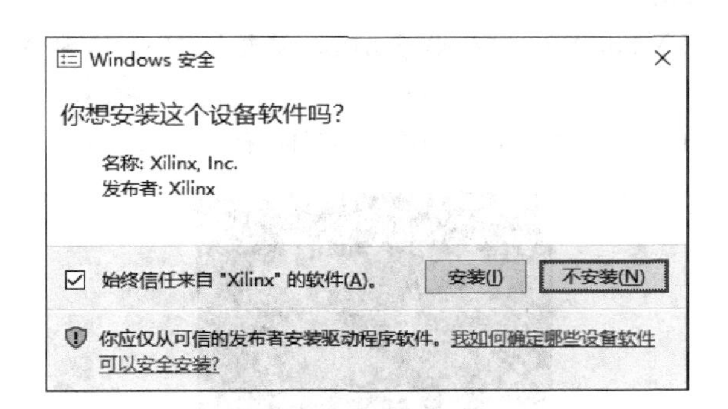

图1.24　安装确认对话框3

(8) 安装成功后，单击"确定"按钮，如图1.25所示。

图1.25　安装成功确认对话框

(9) 安装证书，选择左侧的Load License，然后单击Copy License按钮，选择证书，安装结束，如图1.26所示。

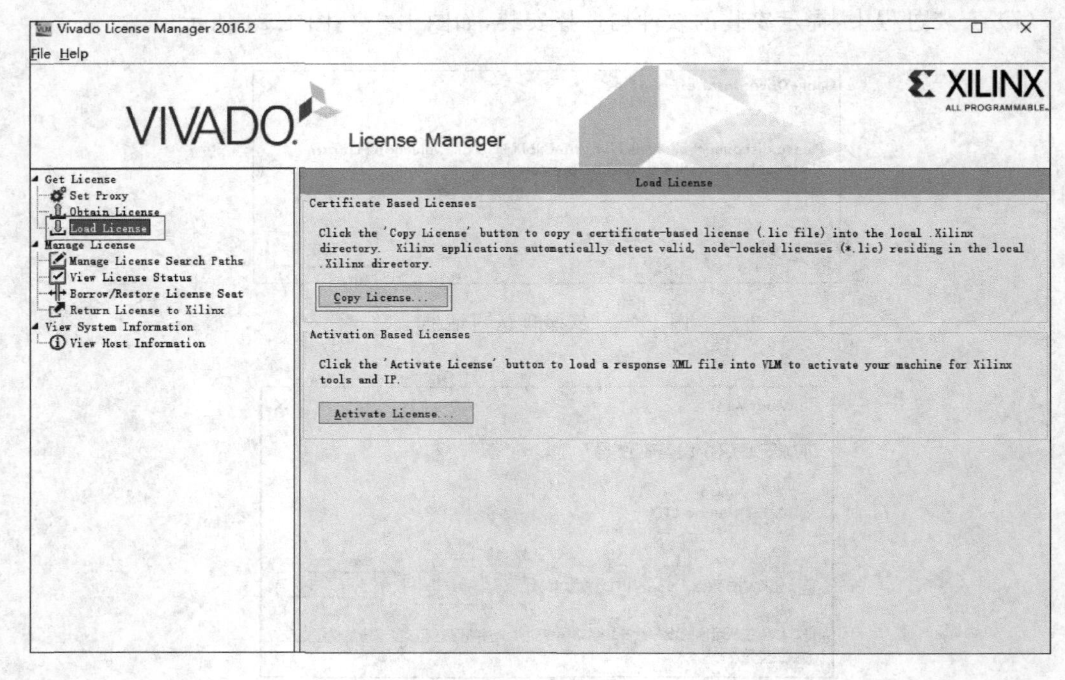

图 1.26　安装证书

2. Vivado 和 ModelSim 关联

为了使用 Vivado 和 ModelSim 进行联合仿真，需要将 Vivado 和 ModelSim 进行关联设置，过程如下。

（1）打开 Vivado 2016.2 Tcl Shell，如图 1.27 所示。

图 1.27　Vivado 2016.2 Tcl Shell

(2) 将以下代码粘贴进去，自动开始编译(可能时间比较长)，粗体的路径需要根据自己的安装路径进行更改，如图 1.28 所示。

```
compile_simlib –directory D:/xilinx_sim_lib –simulator modelsim
–simulator_exec_path C:/modeltech_pe_10.4c/win32pe
```

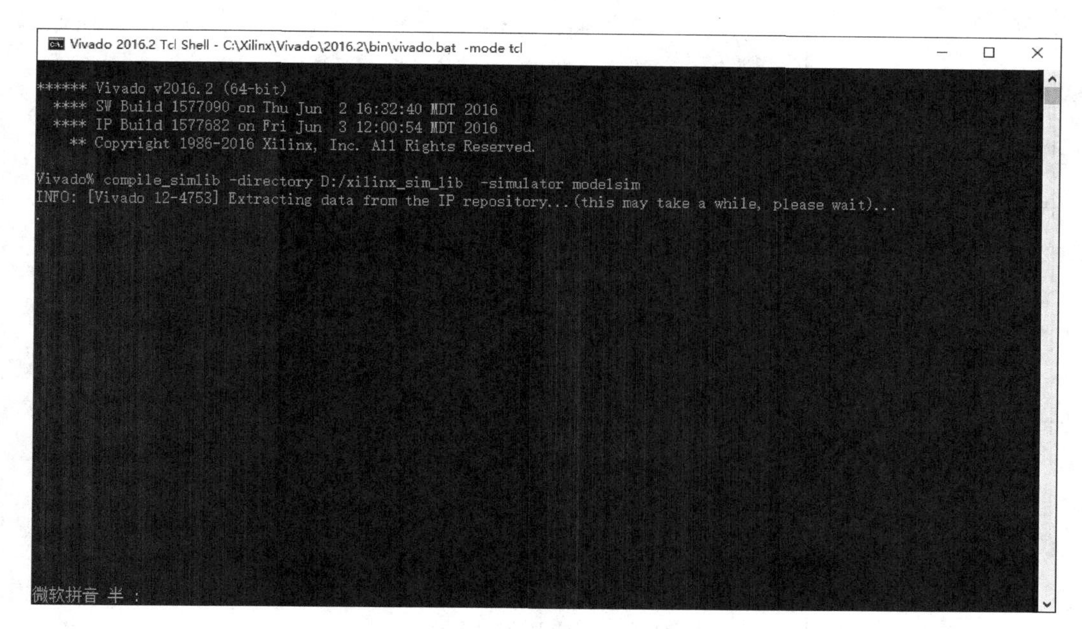

图 1.28　Vivado 2016.2 Tcl Shell 窗口

(3) 编译结束，查看 D:/xilinx_sim_lib 文件夹，已经生成了库文件，如图 1.29 所示。

```
Vivado 2016.2 Tcl Shell - C:\Xilinx\Vivado\2016.2\bin\vivado.bat -mode tcl
* v_smpte2022_12_tx_v2_0_6    | vhdl    | v_smpte2022_12_tx_v2_0_6    | 0 | 1   *
* v_smpte2022_56_rx_v5_0_5    | vhdl    | v_smpte2022_56_rx_v5_0_5    | 0 | 130 *
* v_smpte2022_56_rx_v5_0_5    | verilog | v_smpte2022_56_rx_v5_0_5    | 0 | 1   *
* v_smpte2022_56_tx_v4_0_7    | vhdl    | v_smpte2022_56_tx_v4_0_7    | 0 | 2   *
* v_tpg_v6_0_7                | vhdl    | v_tpg_v6_0_7                | 0 | 3   *
* v_voip_decap_v1_0_1         | vhdl    | v_voip_decap_v1_0_1         | 0 | 1   *
* v_voip_fec_rx_v2_0_1        | vhdl    | v_voip_fec_rx_v2_0_1        | 0 | 173 *
* v_voip_fec_rx_v2_0_1        | verilog | v_voip_fec_rx_v2_0_1        | 0 | 1   *
* v_voip_fec_tx_v2_0_1        | vhdl    | v_voip_fec_tx_v2_0_1        | 0 | 44  *
* v_ycrcb2rgb_v7_1_8          | vhdl    | v_ycrcb2rgb_v7_1_8          | 0 | 1   *
* xbip_dsp48_macro_v3_0_12    | vhdl    | xbip_dsp48_macro_v3_0_12    | 0 | 1   *
* xfft_v9_0_10                | vhdl    | xfft_v9_0_10                | 0 | 1   *
* xsdbs_v1_0_2                | verilog | xsdbs_v1_0_2                | 0 | 1   *

compile_simlib: Time (s): cpu = 00:01:02 ; elapsed = 00:20:21 . Memory (MB): peak = 708.047 ; gain = 501.332
Vivado%        -simulator_exec_path  C:/modeltech_pe_10.4c/win32pe
```

图 1.29　D:/xilinx_sim_lib 文件夹查看

(4) 设置关联，打开 Vivado。单击 Tools→Options→General 命令选择 ModelSim 的安装路径，如图 1.30 所示。

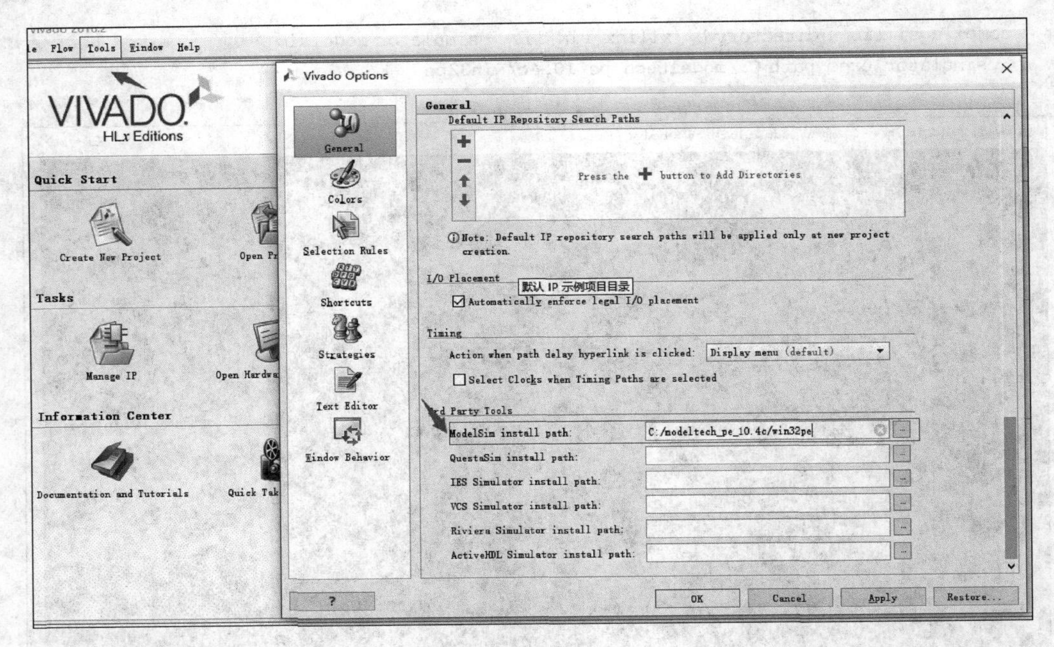

图 1.30 关联设置对话框

(5) 在工程中对仿真工具进行配置，如图 1.31 所示。

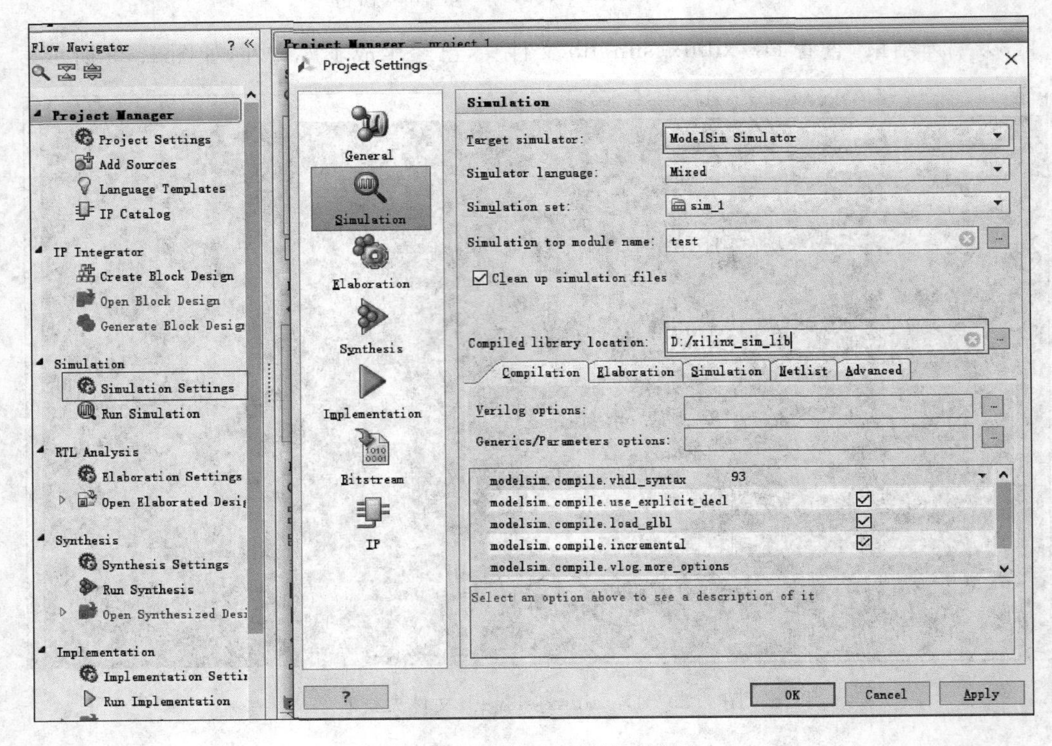

图 1.31 仿真工具配置对话框

选择 Simulation Settings→Simulation→将 Target simulator 设为 ModelSim，Compiled library location 设为 D：/xilinx_sim_lib。

（6）至此，设置完成，即可使用 Vivado 和 ModelSim 进行联合仿真。仿真时，单击图 1.31 中的 Simulation 中的 Run Simulation 即可调用 ModelSim 进行仿真（具体仿真过程会在后续章节详细讲解）。

第2章

Logisim 基础知识

Logisim 是一种逻辑模拟器，它提供了一个图形用户界面来帮助用户设计和仿真电路。根据 GNU 公共许可证，Logisim 被作为一款免费软件发布，可以在 Microsoft Windows，Mac OS X 以及 GNU/Linux 平台上运行。它的代码使用了 Swing 图形用户界面库，完全使用 Java 语言编写。自 2001 年 Logisim 开发初期，其主要的开发者，卡尔·伯奇，就一直致力于 Logisim 的研究。

2.1 Logisim 基本功能介绍

Logisim 是用于设计和模拟数字逻辑电路的一种教学工具。通过使用其简单的工具条界面和用户建立的仿真电路图，学习数字电路相关的基本概念将变得更为简易。它可以将一些子电路组合成为更大的电路，同时也可以使用简单的鼠标拖动来画出电路。到目前为止，Logisim 已被世界各地的学校在多种课程上用于教学，小到一个普及性计算机科学调研中的简单逻辑单元描述，大到出现在计算机组成原理课程中，或作为计算机体系结构课程的必备软件。

设计和仿真数字电路实验是 Logisim 所提供的主要功能。与传统的绘图程序相比，在 Logisim 中可以使用图形用户界面设计类似的电路。不同于大多数其他的模拟器，Logisim 有着更成熟的表现，它允许用户在仿真过程中编辑电路。虽然用户可以使用 Logisim 来设计完整的 CPU 并将其实现，但是该软件主要还是为教学用途而设计的。专业人员一般在设计大规模的电路时使用硬件描述语言，例如 Verilog 或是 VHDL。

Logisim 具有以下特点。

(1) 一款开源软件，能够有效地进行电路仿真和排除错误；

(2) 内置的电路元件包含输入、输出、门、多路复用器、运算电路、触发器和 RAM 存储器；

(3) 包含的“组合分析”模块可以方便地进行电路、真值表和布尔表达式之间的转换；

(4) 完成的电路设计图可以作为其他电路的子电路，方便进行分层电路设计；

(5) 完成的电路可以保存到文件中，也可以输出为一个 GIF 文件，或是使用打印机打印出来。

下面对 Logisim 提供的主要逻辑仿真工具进行简要介绍。在图 2.1 中可以看到 Logisim 被分为三个部分：浏览窗口 Explorer Pane，属性表 Attribute Table 和画布 Canvas。在这三者之上的是菜单栏 Menu Bar 和工具栏 Toolbar。

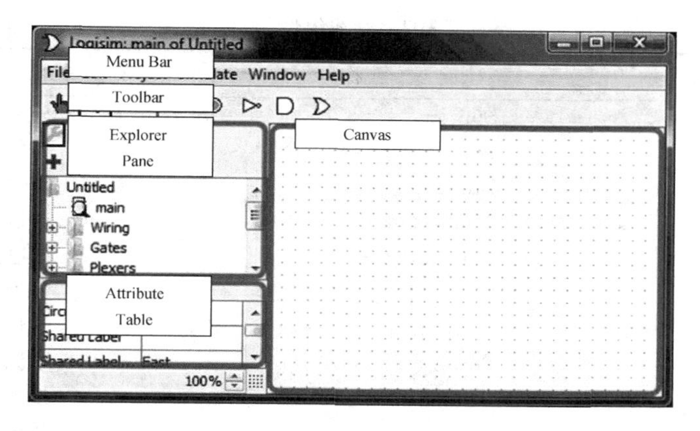

图 2.1　Logisim 功能分区

1. 浏览窗口

Logisim 把工具组织成一些库，而这些库以文件夹的形式在浏览窗口中显示。当设计者需要访问一个库的组件时，只需要双击相应的文件夹。在图 2.2 中，打开了包含各种门的库，并选择了与非门(NAND Gate)，此时 Logisim 激活了与非门的组件使之可以添加到电路中。

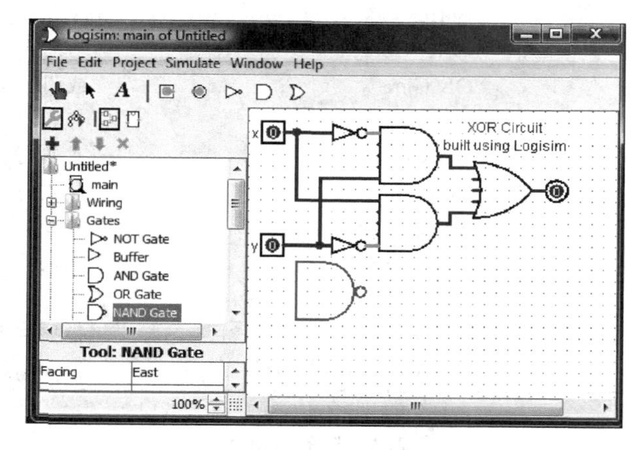

图 2.2　浏览窗口预览

创建一个项目时，它会自动包括如下所示多个库。

(1) 布线组件(Wiring)：直接与连线交互的组件。

(2) 门组件(Gates)：完成简单逻辑功能的组件。

(3) 复用相关组件(Plexers)：较复杂的组合部件，如多路复用器、编码器、多路选择器等。

(4) 算术相关组件(Arithmetic)：执行算术运算相关的组件。

(5) 内存组件(Memory)：记忆数据的组件，如触发器、寄存器和内存。

(6) 输入输出组件(I/O)：与用户交互的组件。

(7) 基本组件：使用 Logisim 时不可或缺的工具，通常已在菜单栏下方提供快捷方式。

表 2.1～表 2.7 列出了以上各库所包含的组件。

表 2.1 线组件

符号表示	英文名称	中文名称
	Splitter	分叉器
	Pin	引脚
	Probe	探针
	Tunnel	通道
	Pull Resistor	拉电阻
	Clock	时钟
	Constant	常量值
	Power	电源
	Ground	接地端
	Transistor	晶体管
	Transmission Gate	传输门
	Bit Extender	位扩展

表 2.2 门组件

符号表示	英文名称	中文名称
	NOT Gate	非门
	Buffer	缓存
	AND Gate	与门
	OR Gate	或门
	NAND Gate	与非门
	NOR Gate	或非门
	XOR Gate	异或门
	XNOR Gate	同或门
2k+1	Odd Parity	奇校验
2k	Even Parity	偶校验
	Controlled Buffer	带控制端的缓存器
	Controlled Inverter	带控制端的反相器

表 2.3 任务器组件

符号表示	英文名称	中文名称
	Multiplexer	多路复用器
	Demultiplexer	多路分配器
	Decoder	解码器
Pri	Priority Encoder	优先编码器
	Bit Selector	位选择器

表 2.4 算术组件

符号表示	英文名称	中文名称
+	Adder	加法
−	Subtractor	减法
×	Multiplier	乘法

续表

符号表示	英文名称	中文名称
	Divider	除法
	Negator	取反
	Comparator	比较
	Shifter	移位
	Bit Adder	位加法
	Bit Finder	位查找

表 2.5　存储组件

符号表示	英文名称	中文名称
	D Flip-Flop	D 触发器
	T Flip-Flop	T 触发器
	J-K Flip-Flop	J-K 触发器
	S-R Flip-Flop	S-R 触发器
	Register	寄存器
	Counter	计数器
	Shift Register	移位寄存器
	Random Generator	随机生成器
	RAM	随机存取存储器
	ROM	只读存储器

表 2.6　输入输出组件

符号表示	英文名称	中文名称
	Button	按钮
	Joystick	操纵杆
	Keyboard	键盘
	LED	发光二极管
	7-Segment Display	七段显示器
	Hex Digit Display	十六进制数字显示器
	LED Matrix	LED 矩阵
	TTY	TTY 显示终端

表 2.7　基本组件

符号表示	英文名称	中文名称
	Poke Tool	刺探工具
	Edit Tool	编辑工具
	Select Tool	选择工具
	Wiring Tool	连线工具
A	Text Tool	文本工具
	Menu Tool	菜单工具
A	Label	标签

2. 项目菜单

在该菜单下，我们将主要介绍库(Library)，涉及库的功能有以下两项。

1) 加载库(Load Library)

该功能将一个库加载到项目中来使用。一般可以加载以下三种类型的库。

(1) 内置库(Built-in libraries)是 Logisim 中自带的库，提供了常用的组件。

(2) Logisim 库(Logisim libraries)是由 Logisim 建立并保存的项目。设计者可以在单一的项目中开发一套电路，然后将其作为其他项目的库。

(3) JAR 库(JAR libraries)是使用 Java 开发的库，Logisim 本身没有提供。设计者可以下载其他人写的 JAR 库，或者自己写 JAR 库。JAR 库的开发比 Logisim 库的开发要难一些，但组件可以更丰富且美观，包括属性以及和用户的交互。

2) 卸载库(Unload Libraries)

该功能从当前的项目卸载库。Logisim 不允许卸载任何正在使用的库，包括在任何项目电路中使用的库组件，以及那些出现在工具栏或是映射到鼠标的工具。

3. 仿真菜单

Logisim 可以通过仿真菜单中的功能对设计电路进行逻辑仿真。下面将逐一介绍相关功能。

1) 启用仿真功能(Simulation Enabled)

如果开启，电路的视图将是活动的，也就是说，通过电路传输的值将随着 Poke 设置而更新。如果检测到电路振荡，该菜单选项将会自动关闭。

2) 重置仿真功能(Reset Simulation)

清除当前电路状态的一切信息，重置为刚刚打开文件时的状态。如果设计者正在查看一个子电路的状态，那么整个体系结构都将被清除。

3) 单步仿真(Step Simulation)

进入单步仿真的模式。为了识别在整个电路中哪些点已经改变，任何发生改变的点都会显示一个蓝色的圈。如果子电路包含已改变的任何一个点，那么也将画出一个蓝色的轮廓。

4) 跳出状态(Go Out To State)

当设计者通过子电路的 pop-up 菜单深入其状态时，"跳出状态"会列出上层电路的状态。

5) 进入状态(Go In To State)

如果设计者进入子电路状态后重新返回，那么"进入状态"会列出当前电路下的子电路。

6) 一次时钟计时单元(Tick Once)

根据一个时钟计时单元来进行单步模拟。这个功能在设计者手动单步调试时钟时会用到，特别是当时钟并不属于目前查看的电路时。

7) 启用多个时钟计时单元(Ticks Enabled)

该选项可以使得时钟开始自动走，只有当电路包含任何时钟设备时该选项才起作用。该选项默认禁用。

8) 时钟计时频率(Tick Frequency)

该选项允许设计者选择时钟计时单元发生的频率。例如，8Hz 意味着时钟计时单元每秒会发生 8 次。时钟计时单元是衡量时钟速度的基本单位。需要注意的是，时钟周期速度将低于时钟计时单元速度：最快的时钟将包含一个时钟计时单元上升周期和一个下降周期。如果时钟计时单元的频率为 8Hz，那么时钟将有 4Hz 的上升/下降周期率。

9）记录(Logging)

该选项允许设计者进入日志记录模块，这一功能有利于在电路中自动记录和保存值作为模拟的进度。

2.2　Logisim 使用入门

本节的主要内容是关于 Logisim 基础知识的介绍，涉及窗口以及功能图标的介绍。Logisim 是一种逻辑模拟器，它提供了一个图形用户界面来帮助用户设计和仿真电路。可以从菜单栏 Help 处获得更多的使用信息。当然也可以使用类似软件进行替换，例如 CAD(计算机辅助设计)等软件。

1. 准备工作

打开 Logisim 时，可以看到类似图 2.3 的一个窗口界面。由于各人使用的系统不同，因此在某些细节上可能存在一些差异。

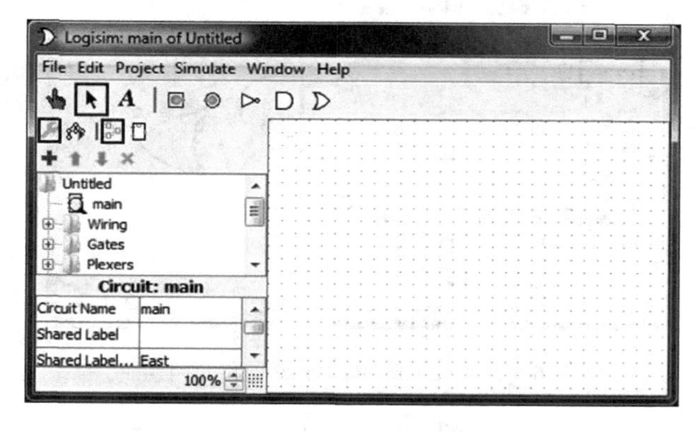

图 2.3　Logisim 初始窗口界面

2. 添加门

接下来在 Logisim 中构建出如图 2.4 所示的电路。

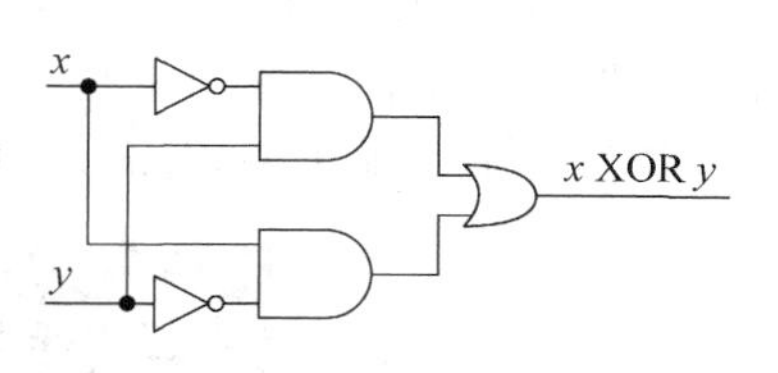

图 2.4　示例电路

在构建电路时，先把门插入并作为一种基准架构，然后再通过线路将这些门进行连接。如图 2.5 所示，要做的第一件事是添加两个与门(AND Gate)。单击工具栏上的与门，然后在编辑区需要放置与门的位置进行单击。注意一定要为左边留下足够的空间，以防后续添加其他的内容。然后再次单击与门，并把它放置在第一个与门下面。

注意在与门左侧的 5 个点，这几个点可用于线路的连接。在当前例子里，只需要使用其中的两个点来完成异或(XOR)电路；但对于其他电路，则有可能会需要两条以上的线路来和与门进行连接。

如图 2.6 所示，现在开始添加其他的门。首先单击或门(ᗒ ,OR)，然后将它放置在需要的位置。接下来选择非门(▷∘ ,NOT)并放置到画布上。

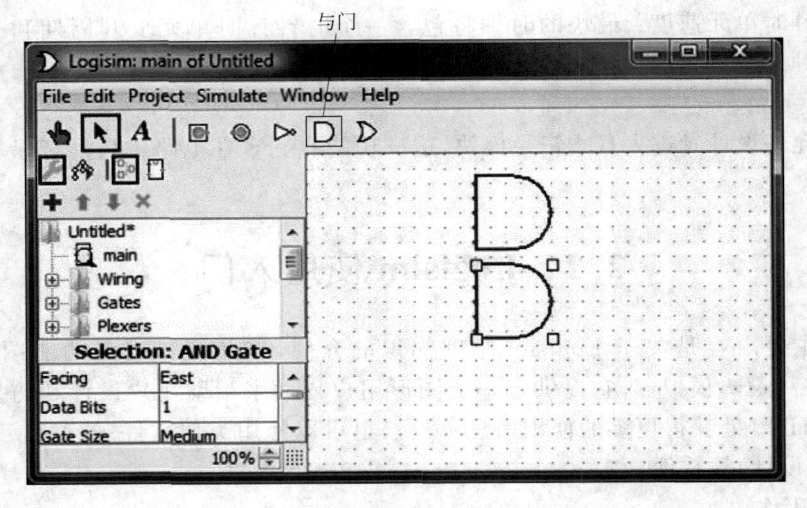

图 2.5 在 Logisim 中添加与门组件

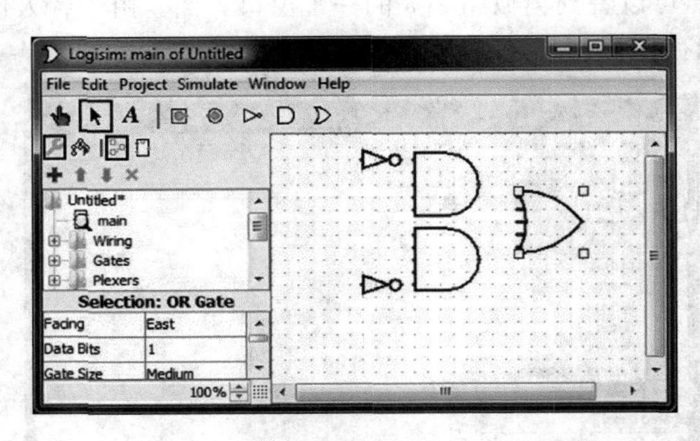

图 2.6 在 Logisim 中添加或门和非门组件

在非门和与门之间只留下了不大的空间。可以调整它们之间的距离,并在之后对它们进行连线。

现在,需要把两个输入 x 和 y 添加到图 2.7 中。选择输入工具(▣),然后将其放置在合适位置。接着使用输出工具(◉)在或门的边上放置一个输出。同样地,在或门和输出之间也仅仅留下了很小的空间,但可以将它们的位置重新调整。

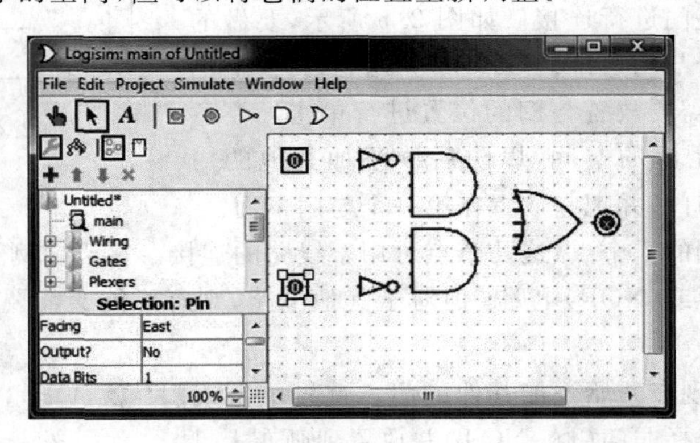

图 2.7 在 Logisim 中添加输入和输出组件

如果觉得某个模块的位置不是很合适，那么可以使用编辑工具(↖)选中它并将其拖曳到合适的位置。或者也可以通过“编辑”菜单中的“删除”命令或者键盘上的 Delete 键将该组件去除。

当放置电路的各个组件时，一旦组件被放好，Logisim 就会转向编辑工具，这一工具可以移动刚放好的组件或通过线路将组件连接到其他组件。如果想要复制刚放好的组件，那么按 Ctrl+D 组合键就可以。当然，有些计算机使用另一个键来打开菜单，如苹果计算机上的 Command 键，这时就需要使用 Command+D 组合键。

3. 增加连线

当所有组件都在画布上妥善放置之后，就可以开始添加连线。选择编辑工具(↖)。当光标指向线路上的一个点时，一个绿色的小圆圈会显示在那里。此时按住鼠标左键，就可以把线拖曳到需要的位置。

在添加连线时，Logisim 显得十分智能：当一根连线的末尾指向了另一连线，那么 Logisim 就会将它们自动连接起来。如果需要拉长或缩短连线，那么通过编辑工具来拖曳连线的末端就可以实现。在 Logisim 中连线必须是水平的或垂直的。从上输入端连接到非门和与门，加入三种不同的导线。

Logisim 可以将连线自动地连接到门和其他线路。当出现如图 2.8 所示的线路交叉情况，会自动画一个圈来表示连线相互连接。

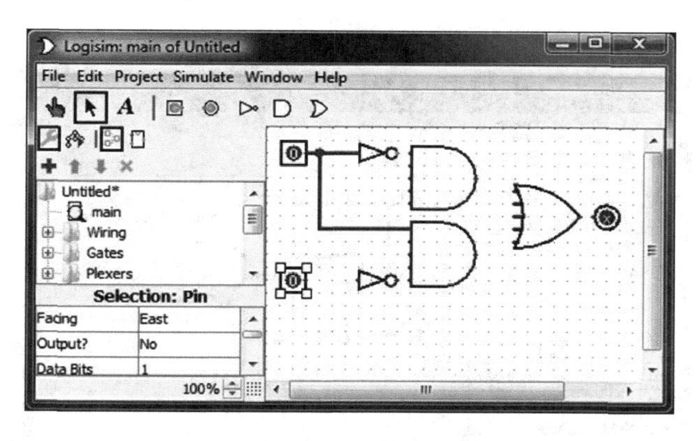

图 2.8 在 Logisim 中添加连线

在画线时，可能会看到一些蓝色或灰色的线。在 Logisim 中，蓝色表示在该点的值“未知”，而灰色则表示该线没有连接到任何东西。在构建电路的过程中，这些都是很常见的。但是当完成电路之后，除了或门中未连接的引脚依旧会是蓝色，其他任何连线都不应该是蓝色或灰色的。

如果所有应该连接的都已经连接完毕，但依旧存在蓝色或灰色的连线，那么电路一定存在错误。Logisim 在组件上显示小圆点来指示线路的连接点。当连线连上小圆点后，这些点从蓝色转为淡绿或深绿色。

在图 2.9 中可以看到，一旦把所有线路都连接好，所有插入的线路都会转为淡绿或深绿色。

如果需要设计大型的电路，那么在设计的时候可以使用 tunnel(▭)工具来代替复杂的连线，在设计复杂的地方，让设计者从蜘蛛网一样的连线中解脱出来。

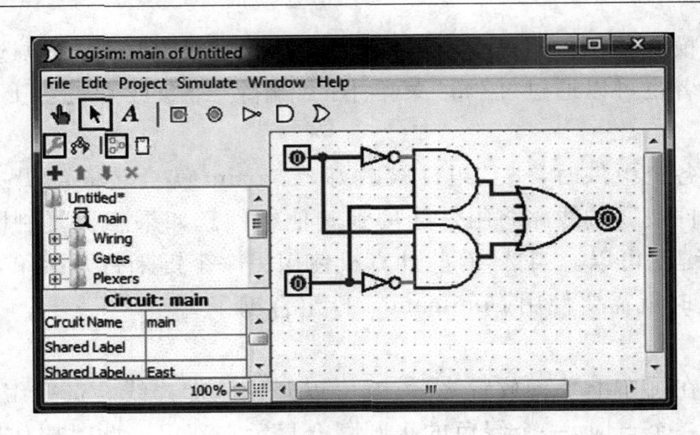

图 2.9　连线完成状态示例

4. 增加文本

添加文本到电路中对电路的实际工作并没有影响，但如果需要向他人介绍电路时，那么一些标签就可以很好地描述电路不同部分的作用。

首先选择文字工具(A)，然后单击一个输入引脚，并给它设置一个标签。通常建议直接在引脚上增加文本描述，这可以使得描述和引脚组合在一起。同样地，可以在输出引脚上做相同的操作，也可以单击任何地方并为其增加一个标签描述。在图 2.10 中展示了一个简单的示例。

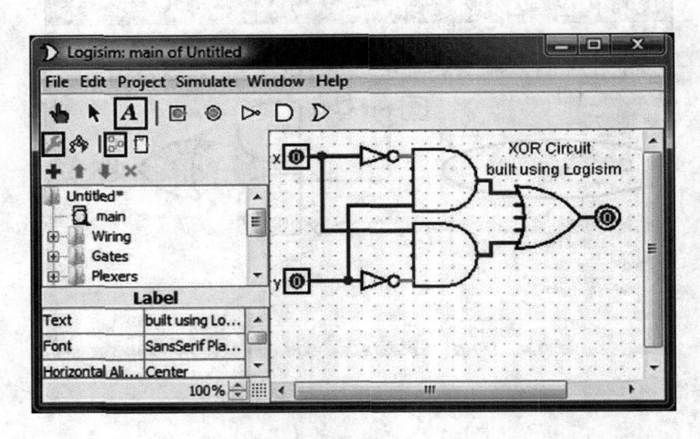

图 2.10　在 Logisim 中增加文本描述

5. 测试电路

最后一步就是测试电路以确保它可以按照预期来进行工作。Logisim 可以直接对电路进行仿真。

在图 2.11 中需要注意的是，所有的输入引脚都为 0，而输出引脚也是如此。这表示当输入都为 0 时，电路计算出的输出也为 0。

现在来尝试输入的另一组合。选择戳工具(poke tool)，每次通过该工具输入时，它的值就会切换。例如，首先使用戳工具单击位于下方的输入。

当你更改了输入值，Logisim 会显示各种值的传输线路，用浅绿色来表示 1，用深绿色来表示 0。可以发现，图 2.11 中的输出值已变更为 1。

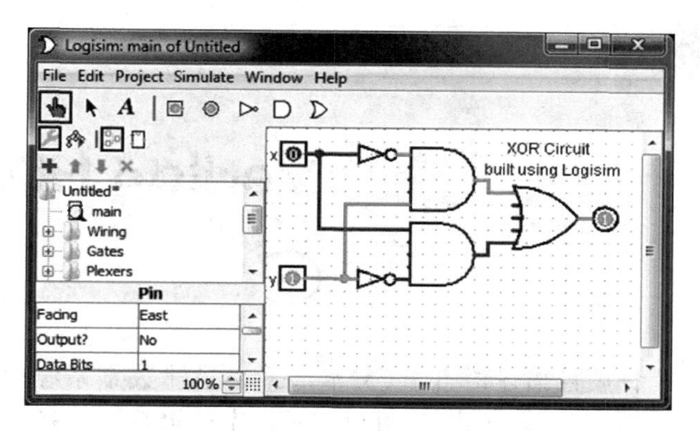

图 2.11 输入为 0 和 1 的测试电路

到目前为止，已经测试了真值表的前两行，并且输出也与预期的相符，如图 2.12 所示。

x	y	x XOR y
0	0	0
0	1	1
1	0	1
1	1	0

图 2.12 输入输出对应表

通过不同的组合，其他的两行也一样可以进行验证。根据图 2.12，如果输出与期望的匹配，那么该电路就设计成功了。要保存完成的工作，可以通过“文件”菜单来保存或打印电路。

根据以上的 Logisim 使用入门描述，设计者可以使用 Logisim 来建立自己的电路进行实验。以上的过程只是 Logisim 最基础的用法，在建立功能更复杂的电路时，设计者可以通过 Logisim 的“帮助”菜单来了解更加高级的用法。

第3章

Verilog HDL 基础

Verilog HDL 是一种硬件描述语言，以文本形式来描述数字系统硬件的结构和行为。用它可以表示逻辑电路图、逻辑表达式，还可以表示数字逻辑系统所完成的逻辑功能。本章主要对 Verilog HDL 相关的语法知识和代码编写规范等内容进行介绍。

3.1 Verilog HDL 门级描述

门级建模比较接近电路底层，设计时主要考虑使用到了哪些门，然后按照一定的连接线组成一个大的电路，所以注重的是门的使用，关键的语法在于门的实例化引用。一个完整的门级描述实例一般包含模块定义、端口声明、内部连线声明、门级调用几个部分。程序 3.1 中给出了如图 3.1 所示电路图的门级描述实例。

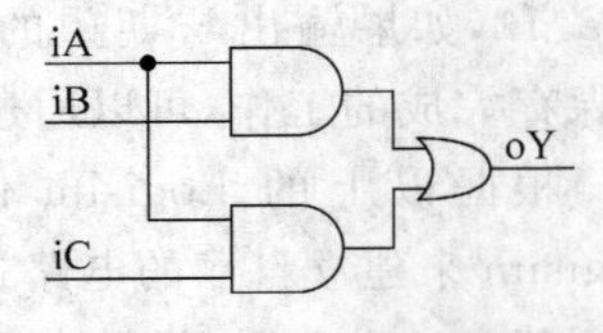

图 3.1 门级描述实例电路图

程序 3.1 门级描述实例

```
module logic_gates(oY, iA, iB, iC);
    output oY;
    input  iA, iB, iC;

    and  (and1, iA, iB);
    and  (and2, iA, iC);
    or  (oY, and1, and2);
endmodule
```

下面将结合程序 3.1 中的例子对门级描述基本语法进行介绍。

3.1.1 模块定义

模块定义以关键字 module 开始，以关键字 endmodule 结束，在这两个关键字之间的代码被识别为一个模块，描述一个具有某种基本功能的电路模型，其基本语法结构如下：

```
module 模块名(端口名 1,端口名 2,…);
…
endmodule
```

这种定义方式与 C 语言中的主函数定义类似，其目的就是为了标识一个代码的界限。

module 和 endmodule 是 Verilog HDL 的基本语法，除部分编译指令语法之外的任何 Verilog HDL 代码都要写在这两个关键字之中。按语法来说，在一个 Verilog HDL 源文件中可以编写多个模块，即一个“.v”文件中可以包含多个 module，但是为了便于管理，一般在一个“.v”文件中仅编写一个 module。在关键字 module 之后还要跟上一个字符串作为该模块的名称，与 module 以空格隔开。这个名称是设计者自己来定义的，只要满足语法要求都可以作为模块名称来使用。此类由设计者自己定义的字符串称为标识符。程序 3.1 中的 logic_gates 就是这个模块的名称。

在模块的名称之后还可以有端口列表，如上述代码中的(oY,iA,iB,iC)就是端口列表。端口是模块和外界环境交换数据的接口，端口列表中必须出现本模块所具有的全部输入和输出端口，端口列表一般都是分为输入和输出两部分来书写，可以先写输入端口后写输出端口，也可以反过来。端口列表用括号区分，括号内部写出所有的端口，每个端口的名称可以自己命名，属于标识符。不同的端口之间以逗号隔开，仅列出名称，而不用体现该端口所具有的位宽。当把 module 关键字、模块名称、端口列表都写完后，需要在此行的末尾添加一个分号，作为本行结束的标志，模块的定义也就完成了。

在模块定义中，自定义的标识符需要满足一定的语法规范。Verilog HDL 中的标识符由字母、数字、下画线(_)和美元符($)组成。标识符是区分大小写的。Verilog HDL 标识符的第一个字符必须是字母或下画线，不能以数字或美元符开始。以美元符开始的标识符是为系统函数保留的。另外还有一些 Verilog HDL 基本语法中使用到的关键字作为保留字，是不能用作标识符的，如 always、and、assign、include、automatic、initial、begin、inout、buf、input、bufif0、instance、bufif1、integer、signed、case、join、small、casex、large、specify、casez、specparam、cell、library、cmos、localparam、strong、config、supply0、deassign、supply1、default、module、defparam、nand、task、design、negedge、time、disable、nmos、else、edge、posedge、use、primitive、endtask、wait、event、for、pulldown、weak0、force、forever、while、fork、wire、function、generate、real、xnor、xor、reg、release、if、repeat 等。

3.1.2 端口声明

模块定义中的端口列表仅列出了本模块具有哪些端口，但这些端口是输入还是输出并没有定义，这就需要在模块中声明。端口声明的作用就是声明端口的类型、宽度等信息。端口的类型有输入端口、输出端口和双向端口三种，关键字分别是 input、output 和 inout。端口定义时默认 1 位宽度，即只能传播 1 位的有效信息，如果定义的端口中包含多位信息，需要指定端口的宽度，其语法结构如下：

```
端口类型  [端口宽度]  端口名;
```

端口类型即上述 input、output 和 inout。中间的“[]”区域就是端口宽度的定义，然后接端口名称，代码行的末尾添加分号“;”表示结束。例如，可以做如下声明：

```
input  [2:0]  cin;
output [0:4]  cout;
```

第一行代码声明了一个名为 cin 的输入端口，端口宽度为 3 位，按从左至右的顺序依次是 cin[2]、cin[1]和 cin[0]。第二行声明了一个名为 cout 的输出端口，端口宽度为 5 位，从左至右依次是 cout[0]、cout[1]、cout[2]、cout[3]和 cout[4]。

端口声明中默认会把定义的端口声明为 wire 类型，即线网类型。对于端口的三种类型，除了 output 可能是寄存器类型(reg 类型)外，input 和 inout 都必须是 wire 类型。线网类型和寄存器类型的区别在于：线网类型描述的电路形式是连线，线的一端有了数据立刻会传送到另外一端，一端的数据消失则另一端数据也消失，不能够保存数值；寄存器类型描述的电路形式是寄存器，可以保存某个数值直到下次更新。

3.1.3 门级调用

端口声明之后的部分就是门级调用，门级调用的语法格式如下：

```
逻辑门类型 <实例名称(可选)> (端口连接);
```

逻辑门类型指的是常用的基本逻辑门，如程序 3.1 中的 and 和 or 就是基本逻辑门。基本逻辑门一般可以分为两大类：单输入逻辑门和多输入逻辑门。单输入逻辑门包括两种：缓冲器 buf 和非门 not，其电路符号图如图 3.2 所示。

A—▷—Y A—▷o—Y

缓冲器 非门not

图 3.2 单输入逻辑门

这两个逻辑门的功能如表 3.1 所示。

表 3.1 单输入逻辑门功能表

关 键 字	buf				not			
输入信号 A	0	1	x	z	0	1	x	z
输出信号 Y	0	1	x	z	1	0	x	z

下面是一个非门调用的例子：

```
not  n1(o, i);
```

逻辑门类型 not 就表示在本模块内调用了一个非门，实例名称就表示在本模块内这个非门就叫作 n1。原有的非门定义的信号在调用模块中都不再继续使用，而是使用调用语句中给出的输入信号 i 和输出信号 o。这个调用过程在 Verilog HDL 中称为模块的实例化过程。

在同一个模块中实例名称不要重复。逻辑门实例名称也可以不定义，如：

```
not  (nS1,S1);
```

此代码就是调用了一个非门，该非门的输入为 S1，输出为 nS1。这里要强调一点，没有定义实例名称并不意味着该逻辑门没有名称，而是 Verilog HDL 的内建语法会在编译的过程中自动给这个逻辑门进行命名，使得每个逻辑门都会有自己独有的实例名称。

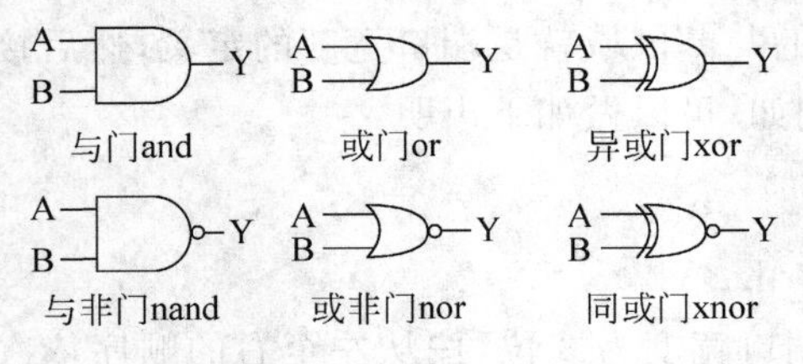

图 3.3 多输入逻辑门

多输入逻辑门中比较常见的有 6 种，分别是与门 and、与非门 nand、或门 or、或非门 nor、异或门 xor 和同或门 xnor，电路符号如图 3.3 所示，电路功能见表 3.2，表格中为输出信号 Y 的值。

多输入逻辑门可以有多个输入，但仅有一个输出，下面是多输入逻辑门调用的例子。

```
and  a1(out1,in1,in2,in3);
or   (out1,in1,in2);
xor  x1(out1,in1,in2);
```

表 3.2 多输入逻辑门功能表

与门 and		B 0	1	x	z
A	0	0	0	0	0
	1	0	1	x	x
	x	0	x	x	x
	z	0	x	x	x

与非门 nand		B 0	1	x	z
A	0	1	1	1	1
	1	1	0	x	x
	x	1	x	x	x
	z	1	x	x	x

异或门 xor		B 0	1	x	z
A	0	0	1	x	x
	1	1	0	x	x
	x	x	x	x	x
	z	x	x	x	x

或门 or		B 0	1	x	z
A	0	0	1	x	x
	1	1	1	1	1
	x	x	1	x	x
	z	x	1	x	x

或非门 nor		B 0	1	x	z
A	0	1	0	x	x
	1	0	0	0	0
	x	x	0	x	x
	z	x	0	x	x

同或门 xnor		B 0	1	x	z
A	0	1	0	x	x
	1	0	1	x	x
	x	x	x	x	x
	z	x	x	x	x

还有一类比较特殊的门，是带有控制信号的，包括 bufif1、bufif0、notif1 和 notif0，在原有的 buf 和 not 门上增加了一个控制信号，当控制信号生效时，输出有效数据，当控制信号不生效时，输出数据变为高阻态，所以也称为三态门，电路符号如图 3.4 所示。

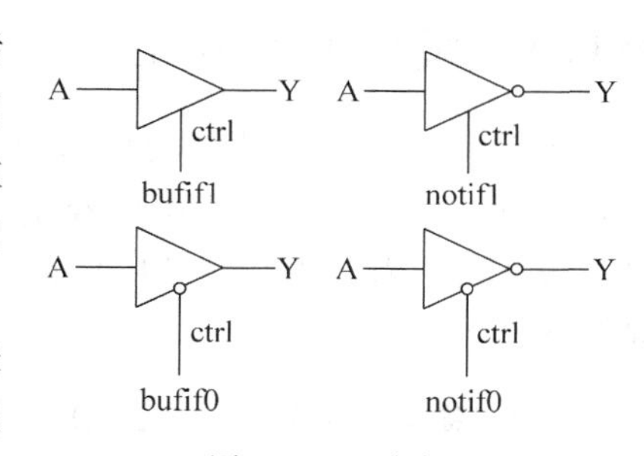

图 3.4 三态门

这 4 个带控制信号的逻辑门功能如表 3.3 所示，表中的“0/z”和“1/z”表示根据输入信号和控制信号的强度值不同可以得到不同的输出值。

表 3.3 三态门功能表

三态门 bufif1		ctrl 0	1	x	z
A	0	z	0	0/z	0/z
	1	z	1	1/z	1/z
	x	z	x	x	x
	z	z	x	x	x

三态门 bufif0		ctrl 0	1	x	z
A	0	0	z	0/z	0/z
	1	1	z	1/z	1/z
	x	x	z	x	x
	z	x	z	x	x

三态门 notif1		ctrl 0	1	x	z
A	0	z	1	1/z	1/z
	1	z	0	0/z	0/z
	x	z	x	x	x
	z	z	x	x	x

三态门 notif0		ctrl 0	1	x	z
A	0	1	z	1/z	1/z
	1	0	z	0/z	0/z
	x	x	z	x	x
	z	x	z	x	x

调用三态门的语法如下：

```
三态门类型  实例名称 (输出信号,输入信号,控制信号);
```

图 3.4 中的 4 个三态门可以写成如下代码：

```
bufif1  b1(Y,A,ctrl);
bufif0  b2(Y,A,ctrl);
bufif1  n1(Y,A,ctrl);
bufif0  n2(Y,A,ctrl);
```

如果在一个模块中需要调用多个同种逻辑门，也可以使用如下的语法：

```
nand  n[2:0]  (Y,A,B);
```

该行语句等同于下面 3 条语句：

```
nand  n2(Y2,A2,B2);
nand  n1(Y1,A1,B1);
nand  DWn0(Y0,A0,B0);
```

这种语法称为实例数组，在使用实例数组的时候，实例名称必须定义。

3.1.4 模块的实例化

前面介绍了一些基本逻辑门的调用，这些被调用的逻辑门也属于模块，只不过在 Verilog HDL 的内建语法中已经定义好了，设计过程中直接拿来使用即可。Verilog HDL 的语法将模块内调用其他模块来完成设计的过程统称为模块的实例化。模块实例化语法结构如下：

```
模块名称  实例名称(端口连接);
```

模块名称即设计者已经定义好的其他模块的模块名，实例名称是在本模块内定义的新名称。端口连接是在当前模块中把实例化的模块所包含的端口进行连接，有两种连接方式：按顺序连接和按名称连接。

程序 3.2 按顺序连接实例化端口

```
module Test;
      reg a,b,c;          //定义为 reg 是因为它们要连接实例化模块的输入端
      wire y;             //定义为 wire 是因为它们要连接实例化模块的输出端
      …
      logic_gates mylogic_gates(y,a,b,c);
endmodule

module logic_gates(oY, iA, iB, iC);
       output oY;
       input iA, iB, iC;
       …
endmodule
```

按顺序连接要求连接到实例的信号必须与模块声明时目标端口在端口列表中的位置保持一致。另外，把实例化模块的输入端口所连接的信号定义为reg，把实例化模块的输出端口所连接的信号定义为wire，若实例化模块中有双向端口，所连接的信号也要定义为wire，这是必须遵守的语法要求。观察程序3.2中的代码。此代码共有两个模块，第二个模块就是程序3.1中定义的门电路logic_gates，这里只给出了模块定义和端口声明部分。第一个模块是一个测试模块Test，在这个模块中调用了模块logic_gates，实例化时重新命名为mylogic_gates，连接顺序按照下面logic_gates模块中定义的接口顺序依次连接。可以看出，连接的顺序与logic_gates中的端口声明部分无关，仅考虑模块定义中的端口列表顺序，即：

```
module logic_gates(oY, iA, iB, iC);
```

按此顺序完成模块的实例化后，在顶层的Test模块中，仅能看到logic_gates这个模块和其外部的abc等连接信号，而内部结构就看不到了，需要查看logic_gates实例的原定义模块才能看到它的内部结构。当模块的端口比较多的时候，端口的先后次序就容易混淆，按顺序连接方式就容易发生错误，此时就可以使用按名称连接的方式。按名称连接方式的端口连接语法如下：

```
.原模块中端口名称(新模块中连接信号名称)
```

在程序3.3中特地把端口顺序调整得与原logic_gates中端口列表的顺序不同。在实际设计过程中，端口连接线最好和原有模块的端口名称一致，或者名称具有实际意义，以增加代码的可读性和可维护性。

程序3.3 按名称连接实例化端口

```
module Test;
   reg a,b,c;
   wire y;
   …
   logic_gates my logic_gates (.oY(y),iB(b),iC(c),.iA(a));      //按名称连接
endmodule
```

如果在模块实例化的过程中，有些端口没有使用到，不需要进行连接，可以直接悬空。对于按顺序连接方式，可以在不需要连接的端口位置直接留一个空格，以逗号来表示这个端口在原模块中的存在。对于按名称连接方式，没有出现的端口名称就直接被认为是没有连接的端口。

两种端口连接方式在语法上都是可行的，通常按顺序连接只使用在门级建模和规模比较小的代码中，如简单的实验、课程的作业、自己编写研究的小段代码等。按名称连接可以使用在所有的代码中，而且在实际设计中使用的端口名称都是具有实际意义的，使用按名称连接方式可以方便代码的调试，增加代码的可读性，所以在正式的设计代码中大都是使用按名称连接方式的。

3.1.5 内部连线声明

内部连线是在模块实例化过程中,在被实例化的各个模块之间连接输入和输出信号的数据连线,即前面提到的 wire 类型,其定义语法如下:

```
wire [线宽] 线名称;
```

在 Verilog HDL 代码的编译过程中,凡是在模块实例化中没有定义过的端口连接信号均被默认为 1 位的 wire 类型。设计中都要把这些信号显式地声明出来,避免出现位宽不匹配的现象。在程序 3.4 中已加上声明,使程序 3.1 的实例变得完整。

程序 3.4 完整的门级建模实例代码

```
module logic_gates(oY, iA, iB, iC);
   output oY;
   input iA, iB, iC;
   wire and1, and2;        //连接线

   and (and1, iA, iB);
   and (and2, iA, iC);
   or (oY, and1, and2);
endmodule
```

3.1.6 层次化设计

掌握了基本的 Verilog HDL 门级语法后,就可以从整体上了解数字电路设计的自顶向下的流程了。如图 3.5 所示,在电路设计过程中,设计者先完成一个整体设计规划,然后把这个设计拆分为几个子模块,这些子模块都具有某种功能,完成了这些功能子模块就可以组建起整个设计。这些子模块内部还可以继续划分,也包含一些功能子模块……以此类推,直到最后得到了底层的子模块为止,然后依次完成这些子模块的建模,最后把这些模块使用 Verilog HDL 的实例化语句依次组建成整体设计。

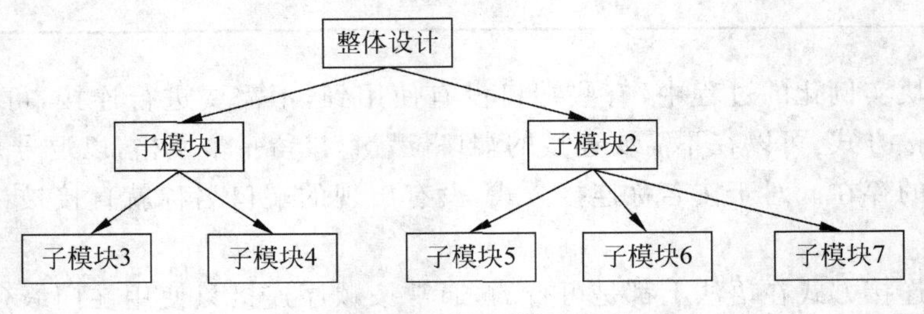

图 3.5 自顶向下设计流程

以如图 3.6 所示的在 7 段数码管上显示 4 位十六进制数的电路为例,模块 x7seg 的设计为顶层模块设计,而 4 位 4 选 1 多路选择器模块 MUX44、7 段数码管显示驱动模块 hex7seg、7 段数码管数位选择器模块 ancode、时钟分频计数器模块 ctr2bit 的设计则分别是底层模块的设计,顶层模块通过实例化调用底层模块,实现在 4 个 7 段显示管上显示 4 位十六进制数的功能。

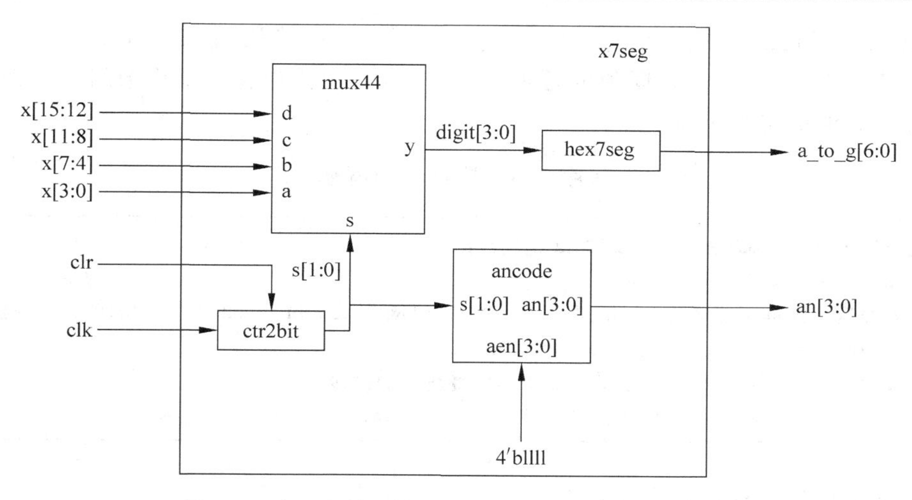

图 3.6 在 7 段数码管上显示 4 位十六进制数的电路

3.2 Verilog HDL 数据流级描述

对于规模比较小的电路采用 3.1 节介绍的门级描述方法，设计者能够直观地进行电路逻辑功能建模。当电路规模变大时，如果仅使用门级描述依次完成所有逻辑门的实例化，建模工作就变得非常烦琐而且容易出错。这就要求设计者能够从更高的抽象层次对硬件电路进行描述建模。数据流级描述便是抽象层次描述的一种。它从数据流动的角度来描述整个电路，所以大多数情况下它依然离不开基本的电路结构图或逻辑表达式。但是数据流语句的描述重点是数据如何在电路中“流动”，即数据的传输和变化情况，所以体现在描述语句中，重点是在整个电路从输入到输出的过程中，输入信号经过哪些处理或者运算，最终才能得到最后的输出信号。而这些数据的处理过程，就是通过等式右侧的由操作符和操作数组成的运算表达式来获得的。如图 3.1 所示的电路图还可以采用数据流级建模，代码如程序 3.5 所示。

程序 3.5 数据流级建模实例

```
module logic_gates(oY, iA, iB, iC);
   output oY;
   input iA, iB, iC;

   assign oY = (iA&iB)|(iA&iC)
endmodule
```

3.2.1 assign 语句

连续赋值语句(assign 语句)是 Verilog HDL 数据流建模的基本语句，用于对线网进行赋值。它等价于门级描述，然而是从更高的抽象角度来对电路进行描述。连续赋值语句必须以关键词 assign 开始，其语法如下：

```
assign [drive_strength] [delay] net_value = expression
```

注意,上面语法中的[drive_strength]是可选项,其默认值为 strong1 和 strong0。[delay]也是可选项,用于指定赋值的延迟。expression 由操作符和操作数组成。程序 3.6 给出了连续赋值语句的样例。

程序 3.6 连续赋值样例

```
//连续赋值语句。out 是线网,i1 和 i2 也是线网
assign out = i1&i2;
//向量线网的连续赋值语句。addr 是 16 位的向量线网,addr1 和 addr2 是 16 位的向量寄存器
assign addr[15:0] = addr1[15:0] ^ addr2[15:0];
//拼接操作。赋值操作符左侧是标量线网和向量线网的拼接
assign {c_out, sum[3:0]} = a[3:0] + b[3:0] + c_in;
```

连续赋值语句具有以下特点。

(1) 连续赋值语句等号左边的 net_value 必须是一个标量或向量线网,或者是标量或向量线网的拼接,而不能是向量或向量寄存器。

(2) 连续赋值语句总是处于激活状态。只要任意一个操作数发生变化,表达式就会被立即重新计算,并且将结果赋给等号左边的线网。

(3) 等号右边表达式 expression 的操作数可以是标量或向量的线网或寄存器,也可以是函数调用。

(4) 赋值延迟用于控制对线网赋予新值的时间,根据仿真时间单位进行说明。赋值延迟类似于门延迟,对于描述实际电路的时序是非常有用的。

隐式连续赋值:除了首先声明然后对其进行连续赋值以外,Verilog 还提供了另一种对线网赋值的简便方法,即在线网声明的同时对其进行赋值。由于线网只能被声明一次,因此对线网的隐式声明赋值只能有一次。下面的例子中对隐式声明赋值和普通的连续赋值进行了比较。

```
//普通的连续赋值
wire out;
assign out = in1 & in2;
//使用隐式连续赋值实现与上面两条语句同样的功能
wire out = in1 & in2;
```

隐式线网声明:如果一个信号名被用在连续赋值语句的左侧,那么 Verilog 编译器认为该信号是一个隐式声明的线网。如果线网被连接到模块的端口上,则 Verilog 编译器认为隐式声明线网的宽度等于模块端口的宽度。举例如下。

```
//连续赋值,out 为线网类型
wire i1, i2;
assign out = i1 & i2;
//注意 out 并未声明为线网,但 Verilog 仿真器会推断出 out 是一个隐式声明的线网
```

连续赋值语句中的延迟用于控制任一操作数发生变化到语句左值被赋予新值之间的时间间隔。指定赋值延迟的方法有三种:普通赋值延迟、隐式赋值延迟和线网声明延迟。

1. 普通赋值延迟

即在连续赋值语句中说明延迟值，延迟值位于关键字 assign 的后面。例如：

```
assign #10 out = in1 & in2;        //连续赋值语句中的延迟
```

在上面的例子中，# 表示时间延迟，如果 in1 和 in2 中的任意一个发生变化，那么在计算表达式 in1&in2 的新值并将新值赋给语句左值之前，会产生 10 个时间单位的延迟。如果在此 10 个时间单位期间，即左值获得新值之前，in1 或 in2 的值再次发生变化，那么在计算表达式的新值时会取 in1 或 in2 的当前值。这种性质被称为惯性延迟。也就是说，脉冲宽度小于赋值延迟的输入变化不会对输出产生影响。

2. 隐式连续赋值延迟

使用隐式连续赋值语句来说明对线网的赋值以及赋值延迟。隐式连续赋值等效于声明一个线网并且对其进行连续赋值。举例如下。

```
wire #10 out = in1 & in2;          //隐式连续赋值延迟
```

3. 线网声明延迟

Verilog 允许在声明线网的时候指定一个延迟，这样对该线网的任何赋值都会被推迟指定的时间。举例如下。

```
wire #10 out;                      //线网声明延迟
assign out = in1 & in2;
```

上面的线网延迟声明和赋值语句和下面两条语句是等效的。

```
wire out;
assign #10 out = in1 & in2;
```

3.2.2 操作符

Verilog HDL 的操作符有很多种，按其功能大致可以分为逻辑操作符、位操作符、算术操作符、关系操作符、移位操作符、拼接操作符、缩减操作符、条件操作符。如果按其处理操作数的个数可以分为单目操作符、双目操作符和三目操作符。相关操作符的介绍见附录 A。操作符之间有优先级的概念，如果不注意使用会产生错误，操作符的优先级高低可见表 3.4。

表 3.4 操作符优先级

<table>
<tr><th>操　　作</th><th>操作符号</th><th>优先级别</th></tr>
<tr><td>按位取反，逻辑非</td><td>!　~</td><td rowspan="13">最高
↓
最低</td></tr>
<tr><td>乘、除、取模</td><td>*　/　%</td></tr>
<tr><td>加、减</td><td>+　-</td></tr>
<tr><td>移位</td><td><<　>></td></tr>
<tr><td>关系</td><td><　<=　>　>=</td></tr>
<tr><td>等价</td><td>==　!=　===　!==</td></tr>
<tr><td rowspan="3">缩减、按位</td><td>&　~&</td></tr>
<tr><td>^　^~</td></tr>
<tr><td>|　~|</td></tr>
<tr><td rowspan="2">逻辑</td><td>&&</td></tr>
<tr><td>||</td></tr>
<tr><td>条件</td><td>?:</td></tr>
</table>

3.2.3 操作数

在操作数中首先要介绍的是数字,数字并不是数据类型中的某一种,但可以使用数字对数据类型进行赋值。数字的基本格式如下:

```
<位宽>'<进制><数值>
```

Verilog HDL 中支持 4 种进制形式:二进制、八进制、十进制和十六进制,分别用 b、o、d、h 来表示(不区分大小写)。数值部分指在相应进制下的数值。位宽表示了一个数字包含几位信息,指明了数字的精确位数,这个位数是以该数字转化为二进制后所具有的宽度来表示的,举例如下。

```
2'b01
4'd11
```

当位宽大于数值宽度时,如果数值部分是确切的数值,缺少的部分采用补零原则;当位宽小于数值宽度时,采用低位对其直接截取的方式,保留位宽中定义的宽度。在数值部分出现不定态 x 和高阻态 z 时,x 和 z 也会根据进制的不同被扩展为不同的宽度。例如,在八进制中一个 x 相当于三位的二进制数 xxx,在十六进制中就变为四位的二进制数 xxxx。特别的,在数值的首位为 x 和 z 时,如果出现了位宽大于数值宽度的情况,则缺少的位分别按 x 或 z 补齐。

如果格式中缺少了位宽或进制,则会有其他等效方法。如果数字中只包含进制和数值部分,则位宽采用默认宽度,主要取决于所使用机器的系统宽度和仿真器所支持的宽度,一般为 32 位。如果仅有数值部分,则在默认宽度的基础上默认进制为十进制。数字也可以表示负数,在数字前直接添加负号即可,此时表示的是当前负数的二进制补码,负号不可以放在数值部分,举例如下。

```
-4'd6
```

操作数有很多数据类型,本节对几种在设计和仿真中常用的数据类型进行介绍。

1. 线网

线网(net)表示硬件单元之间的连接。就像在真实的电路中一样,线网由其连接器件的输出端连续驱动,包括 wire, wand, wor, tri, triand, trior 以及 trireg 等,其中,wire 类型的线网声明最为常用。wire 这个术语和 net 经常互换使用。如果没有显式地说明为向量,则默认线网的位宽为 1。线网的默认值为 z(trireg 类型的线网例外,其默认值为 x)。线网的值由其驱动源确定,如果没有驱动源,则线网的值为 z。举例如下。

```
wire a;              //声明 a 是 wire(连线)类型
wire d = 1'b0;       //连线 d 在声明时,d 被赋值为逻辑值 0
```

2. 寄存器

用来表示存储元件,它保持原有的数值,直到被改写。注意,不要将这里的寄存器与实际电路中由边沿触发的触发器构成的硬件寄存器混淆。在 Verilog 中,术语 register 仅仅意味着一个保存数值的变量。与线网不同,寄存器不需要驱动源,而且也不像硬件寄存器那样需要时钟信号。在仿真过程中的任意时刻,寄存器的值都可以通过赋值来改变。寄存器数据类型一般通过使用关键字 reg 来声明,默认值为 x。举例如下。

```
reg reset;                     //声明能保持数值的变量 reset
reset = 1'b1;                  //把 reset 初始化为 1,使数字电路复位
#100 reset = 1'b0;             //经过 100 个时间单位后,reset 置逻辑 0
```

寄存器也可以声明为带符号(Signed)类型的变量,这样的寄存器就可以用于带符号的算术运算。举例如下。

```
reg signed [63:0] m;           //64 位带符号的值
```

3. 向量

线网和寄存器类型的数据均可以声明为向量(位宽大于 1)。如果在声明中没有指定位宽,则默认为标量(1 位)。举例如下。

```
wire a;                        //标量线网变量,默认宽度
wire [7:0] bus;                //8 位的总线
reg c;                         //标量寄存器,默认宽度
reg [0:40] virtual_addr;       //向量寄存器,41 位宽的虚拟地址
```

向量通过[high: low]或[low: high]进行说明,方括号中左边的数总是代表向量的最高有效位。在上面的例子中,向量 virtual_addr 的最高有效位是它的第 0 位。

向量域选择:对于上面例子中声明的向量,可以指定它的某一位或若干个相邻位。举例如下。

```
bus [7]                        //向量 bus 的第 7 位
bus [2:0]                      //向量 bus 的最低 3 位
```

上面例子如果写成 bus[0:2]是非法的,因为高位应该写在范围说明的左侧。

可变的向量域选择:除了用常量指定向量域以外,Verilog HDL 还允许指定可变的向量域选择,设计者可以通过 for 循环来动态地选取向量的各个域。下面是动态域选择的两个专用操作符。

```
[<starting_bit>+:width]        //从起始位开始递增,位宽为 width
[<starting_bit>-:width]        //从起始位开始递减,位宽为 width
```

起始位可以是一个变量,但是位宽必须是一个常量。程序 3.7 说明了可变的向量域选择的使用方法。

程序 3.7 可变向量域选择方法

```
reg [255:0] data1;             //data1[255]是最高有效位
reg [0:255] data2;             //data2[0]是最高有效位
reg [7:0] byte;                //用变量选择向量的一部分
byte = data1[31-:8];           //从第 31 位算起,宽度为 8 位,相当于 data1[31:24]
byte = data1[24+:8];           //从第 24 位算起,宽度为 8 位,相当于 data1[31:24]
byte = data2[31-:8];           //从第 31 位算起,宽度为 8 位,相当于 data2[24:31]
byte = data2[24+:8];           //从第 24 位算起,宽度为 8 位,相当于 data2[24:31]
```

```
//起始位可以是变量:但宽度必须是常数.因此可以通过可变域选择
//用循环语句选取一个很长的向量的所有位
for (j = 0; j <= 31; j = j + 1)
byte = data1[(j * 8) + : 8];            //次序是[7:0], [15:8]… [255:248]
```

4. 整数

整数是一种通用的寄存器数据类型,用于对数量进行操作,使用关键字 integer 进行声明。虽然可以使用 reg 类型的寄存器变量作为通用的变量,但声明一个整数类型的变量来完成计数等功能显然更为方便。整数的默认位宽为主机的字的位数。与具体实现有关,但最小应为 32 位。声明为 reg 类型的寄存器变量为无符号数,而整数类型的变量则为有符号数。举例如下。

```
integer counter;                        //一般用途的变量,作为计数器
counter =  - 1;                         //把 - 1 存储到计数器中
```

5. 实数

实常量和实数寄存器数据类型使用关键字 real 来声明,可以用十进制或科学记数法(例如 3e6 代表 3 000 000)来表示。实数声明不能带有范围,其默认值为 0。如果将一个实数赋给一个整数,那么实数将会被取整为最接近的整数。举例如程序 3.8 所示。

程序 3.8　实数声明样例

```
real delta;                             //定义一个名为 delta 的实型变量
delta = 4e10;                           //delta 被赋值, 用科学计数法表示
delta = 2.13;                           //delta 被赋值为 2.13
integer i;                              //定义一个名为 i 的整型变量
i = delta;                              //i 得到值 2(2.13 取整数部分)
```

6. 时间寄存器

仿真是按照仿真时间进行的,Verilog 使用一个特殊的时间寄存器数据类型来保存仿真时间。时间变量通过使用关键字 time 来声明,其宽度与具体实现有关,最小为 64 位。通过调用系统函数 $time 可以得到当前的仿真时间。举例如下。

```
time save_sim_time;                     //定义时间类型的变量 save_sim_time
save_sim_time =  $time;                 //把当前的仿真时间记录下来
```

仿真时间的单位为秒(s),和真实时间的表示方法相同。但是,真实时间和仿真时间的对应关系需要由用户来定义。

7. 数组

在 Verilog 中允许声明 reg, integer, time, real, realtime 及其向量类型的数组,对数组的维数没有限制,即可以声明任意维数的数组。线网数组也可用于连接实例的端口,数组中的每个元素都可以作为一个标量或向量,以同样的方式来使用,形如<数组名>[<下标>]。对于多维数组来讲,用户需要说明其每一维的索引。举例如程序 3.9 所示。

程序 3.9 数组声明样例

```
integer count[0:7];                         //由 8 个计数变量组成的数组
reg bool[31:0];                             //由 32 个 1 位的布尔(boolean)寄存器变量组
                                            //成的数组
time chk_point[1:100];                      //由 100 个时间检查变量组成的数组
reg [4:0] port_id[0:7];                     //由 8 个端口标识变量组成的数组,端口变量
                                            //的位宽为 5
integer matrix[4:0][0:255];                 //二维的整数型数组
reg [63:0] array_4d[15:0][7:0][7:0][255:0]; //四维 64 位寄存器型数组
wire [7:0] w_array2[5:0];                   //声明 8 位向量的数组
wire w_array1 [7:0][5:0];                   //声明 1 位线型变量的二维数组
```

注意,不要将数组和线网或寄存器向量混淆起来。向量是一个单独的元件,它的位宽为 n; 数组由多个元件组成,其中的每个元件的位宽为 n 或 1。程序 3.10 给出了对数组元素赋值的例子。

程序 3.10 数组元素赋值样例

```
count[5] = 0;           //把 count 数组中的第 5 个整数型单元(32 位)复位
port_id[3] = 0;         //把 port_id 数组中的第 3 个寄存器型单元(5 位)复位
matrix[1][0] = 33559;   //把数组中第 1 行第 0 列的整数型单元(32 位)置为 33559
port_id = 0;            //非法,企图写整个数组
matrix [1] = 0;         //非法,企图写数组的整个第 2 行
```

8. 存储器

在数字电路仿真中,人们常常需要对寄存器文件、RAM 和 ROM 建模。在 Verilog 中,使用寄存器的一维数组来表示存储器。数组的每个元素称为一个元素或一个字,由一个数组索引来指定,每个字的位宽为 1 位或多位。注意,n 个 1 位寄存器和一个 n 位寄存器是不同的。如果需要访问存储器中的一个特定的字,则可以通过将字的地址作为数组的下标来完成。

```
reg mem1bit[0:1023];        //1KB(1 位)存储器 mem1bit
reg [7:0] membyte[0:1023];  //1KB(8 位)存储器 membyte
membyte[511] = 0;           //将存储器 membyte 地址 511 处所存的内容清零
```

9. 参数

Verilog 允许使用关键字 Parameter 在模块内定义常数。参数代表常数,不能像变量那样赋值,但是每个模块实例的参数值可以在编译阶段被重载。通过参数重载使得用户可以对模块实例进行定制。除此之外,还可以对参数的类型和范围进行定义。举例如下。

```
parameter port_id = 5;                //定义常数 port_id 为 5
parameter cache_line_width = 256;     //定义高速缓冲器总线宽度为常数 256
parameter signed [15:0] WIDTH;        //把参数 WIDTH 规定为有正负号,宽度为 16 位
```

通过使用参数,用户可以更加灵活地对模块进行说明。用户不但可以根据参数来定义

模块，还可以方便地通过参数值重定义来改变模块的行为：通过模块实例化或使用 defparam 语句改变参数值。在参数定义时需要注意避免使用硬编码。Verilog 中的局部参数使用关键字 localparam 来定义，其作用等同于参数，区别在于它的值不能改变，不能通过参数重载语句(defparam)或通过有序参数列表或命名参数赋值来直接修改。例如，状态机的状态编码是不能被修改的，为了避免被意外地更改，应当将其定义为局部参数。举例如下。

```
localparam state1 = 4'b0001,
           state2 = 4'b0001,
           state3 = 4'b0001,
           state4 = 4'b0001;
```

10. 字符串

保存在 reg 类型的变量中，每个字符占用 8 位(一个字节)，因此寄存器变量的宽度应足够大，以保证容纳全部字符。如果寄存器变量的宽度大于字符串的大小(位)，则 Verilog 使用 0 来填充左边的空余位；如果寄存器变量的宽度小于字符串的大小(位)，则 Verilog 截去字符串最左边的位。因此，在声明保存字符串的 reg 变量时，其位宽应当比字符串的位长稍大。举例如下。

```
reg [8 * 18:1] string_1;                  //声明变量 string_1,其宽度为 18 个字节
initial
string_1 = "Hello Verilog World";         //字符串可以存储在变量中
```

有一些特殊字符在显示字符串时具有特定的意义，例如换行符、制表符和显示参数的值。如果需要在字符串中显示这些特殊的字符，则必须加前缀转义字符。

3.3 Verilog HDL 行为级描述

在 3.2 节的数据流级描述中已经将硬件建模从比较底层的门级结构提升到了数据流级。但数据流级描述除了个别语句外，主要的部分还是使用操作符来描述电路的逻辑操作或者计算公式，没有实现真正意义上的功能描述。行为级描述则可以实现从抽象层次更高的级别来描述功能电路。本节内容将对行为描述的语法进行详细介绍。

3.3.1 initial 结构和 always 结构

在 Verilog 中有两种结构化过程语句：initial 语句和 always 语句，它们是行为级建模的两种语句。其他所有的行为语句只能出现在这两种结构化过程语句里。Verilog 中各个执行流程并发执行，而不是顺序执行的。每个 initial 语句和 always 语句代表一个独立的执行过程，每个执行过程从仿真时间 0 开始执行，并且这两种语句不能嵌套使用。

1. initial 结构

所有在 initial 语句内的语句构成了一个 initial 块。initial 块从仿真 0 时刻开始执行，在整个仿真过程中只执行一次。如果一个模块中包括若干个 initial 块，则这些 initial 块从仿真 0 时刻开始并发执行，且每个块的执行是各自独立的。如果在块内包含多条行为语句，那么需要将这些语句组成一组，一般是使用关键字 begin 和 end 将它们组合为一个块

语句；如果块内只有一条语句，则不必使用 begin 和 end。程序 3.11 给出了使用 initial 语句的例子。三条 initial 语句在仿真 0 时刻开始并行执行。如果在某一条语句前面存在延迟 #<delay>，那么对这条 initial 语句的仿真将会停顿下来，在经过指定的延迟时间之后再继续执行。

程序 3.11 initial 语句

```
module stimulus;
reg x,y,a,b,m;
initial
    m = 1'b0;
initial
begin
    #5 a = 1'b1;
    #25 y = 1'b1;
end
initial
begin
    #10 x = 1'b0;
    #25 y = 1'b1;
end
initial
    #50 $finish;
endmodule
```

2. always 结构

always 语句包括的所有行为语句构成了一个 always 语句块。该 always 语句块从仿真 0 时刻开始顺序执行其中的行为语句；在最后一条执行完成之后，再次开始执行其中的第一条语句，如此循环往复，直至整个仿真结束。因此 always 语句通常用于对数字电路中一组反复执行的活动进行建模。程序 3.12 给出了用 always 语句为时钟发生器建立模型的一种方法。

程序 3.12 always 语句

```
module clock_gen (output reg clock);
initial
   clock = 1'b0;
always
   #10 clock = ~clock;      //每半个周期把 clock 信号的值翻转一次(周期 = 20)
initial
   #1000 $finish;
endmodule
```

在这个例子中，clock 信号是在 initial 语句中进行初始化的，如果将初始化放在 always 块内，那么 always 语句的每次执行都会导致 clock 被初始化。如果没有 $stop 或 $finish 语句停止仿真，那么这个时钟发生器将一直工作下去。

基于事件的控制在实际建模中使用最多，也是行为级建模的一个重要控制方式，其控制方式为“@”引导的事件列表，也称为敏感列表，如下所示。

```
always @ (敏感事件列表)
```

敏感事件列表是由设计者来指定的。在模块中，任何信号的变化都可以称为事件。一旦这些事件发生了，always 结构中的语句就会被执行。换言之，always 结构时刻观察敏感事件列表中的信号，等待敏感事件出现，然后执行本结构中的语句。如果敏感事件有多个，可以使用 or 或“,”来隔开，这些事件是或的关系，只需要满足一个就会触发并执行 always 结构，如程序 3.13 所示。

程序 3.13 基于事件控制 always 语句

```
always @ (a,b)
begin
    e = c&d;
    f = c|d;
end
```

这段代码中都是以信号的名称作为敏感事件，表示的是对信号的电平敏感，即信号只要发生了变化，就要执行 always 结构，这个变化指的是仿真器可以识别的任意变化，例如，从 0 变到 1 或从 1 变到 0。使用这种控制方式可以设计对电平信号敏感的电路，所有的组合逻辑电路采用的都是这种控制方式。敏感事件列表中的事件可以用“*”代替，这个“*”表示的是该 always 结构中所有的输入信号。时序电路采用的敏感列表一般是边沿敏感的，信号的边沿用 posedge(上升沿)和 negedge(下降沿)来表示，但边沿敏感不能使用“*”来省略。

3.3.2 顺序块和并行块

块语句包括两种类型：顺序块和并行块。

1. 顺序块

关键字 begin 和 end 用于将多条语句组成顺序块。顺序块具有以下特点。

(1) 顺序块中的语句是一条接一条按顺序执行的；只有前面的语句执行完成之后才能执行后面的语句(带有内嵌延迟控制的非阻塞赋值语句除外)。

(2) 如果语句包括延迟或事件控制，那么延迟总是相对于前面那条语句执行完成的仿真时间的。如程序 3.14 中的例子 1，在仿真 0 时刻，x，y，z 和 w 的最终值分别为 0，1，1 和 2。在例子 2 中，这 4 个变量的最终值也是 0，1，1 和 2。但是块语句完成时的仿真时刻为 35。

程序 3.14 顺序块

```
//例子 1
reg x, y;
```

```
reg [1:0] z,w;
initial
begin
    x = 1'b0;
    y = 1'b1;
    z = {x,y};
    w = {y,x};
end

//例子 2:带延迟的顺序块
reg x,y;
reg [1:0]z,w;
initial
begin
    x = 1'b0;                 // 在仿真时刻 0 完成
    #5 y = 1'b1;              // 在仿真时刻 5 完成
    #10 z = {x,y};            // 在仿真时刻 15 完成
    #20 w = {y,z};            // 在仿真时刻 35 完成
end
```

2. 并行块

并行块由关键字 fork 和 join 声明。并行块具有以下特性。

(1) 并行块内的语句并发执行。

(2) 语句执行的顺序是由各自语句中的延迟或事件控制决定的。

(3) 语句中的延迟或事件控制是相对于块语句开始执行的时刻而言的。

注意,顺序块和并行块之间的根本区别在于:并行块中所有的语句同时开始执行,语句之间的先后顺序是无关紧要的。将程序 3.14 中带有延迟的顺序块转换为一个并行块,转换后代码见程序 3.15。除了所有语句在仿真 0 时刻开始执行以外,仿真结果是完全相同的。这个并行块执行结束的时间是仿真时刻 20,而不是仿真时刻 35。

程序 3.15 并行块

```
reg x, y;
reg [1:0] z, w;
initial
fork
    x = 1'b0;                 // 在仿真时刻 0 完成
    #5 y = 1'b1;              // 在仿真时刻 5 完成
    #10 z = {x,y};            // 在仿真时刻 10 完成
    #20 w = {y,z};            // 在仿真时刻 20 完成
 join
```

并行块提供了并行执行语句的机制。可以将并行块的关键字 fork 看成是将一个执行流分成多个独立的执行流,而关键字 join 则是将多个独立的执行流合并为一个执行流。每个独立的执行流之间是并发执行的。在使用并行块时需要注意,如果两条语句在同一时刻

对同一个变量产生影响，那么将会引起隐含的竞争，这种情况是需要避免的。

3. 块语句的特点

下面讨论块语句具有的三个特点：嵌套块、命名块和命名块的禁用。

(1) 嵌套块：顺序块和并行块可以嵌套使用，使用时要注意每一个嵌套块开始的时间，如程序 3.16 所示。

程序 3.16　嵌套块

```
initial
begin
   x = 1'b0;
fork
   #5 y = 1'b1;
   #10 z = {x, y};
join
   #20 w = {y, x};
end
```

(2) 命名块：块可以具有自己的名字，称为命名块。程序 3.17 给出了命名块和命名块的层次名引用。命名块具有如下特点：

① 命名块中可以声明局部变量。

② 命名块是设计层次的一部分，命名块中声明的变量可以通过层次名引用进行访问。

③ 命名块可以被禁用，例如停止其执行。

程序 3.17　命名块

```
module top;
initial
begin: block1              //名字为 block1 的顺序命名块
integer i;                 //整型变量 i 是 block1 命名块的静态局部变量
                           //可以通过层次名 top.block1.i 被其他模块访问
 …
end

initial
fork: block2               //名字为 block2 的并行命名块
reg i;                     //寄存器变量 i 是 block2 命名块的静态局部变量
                           //可以通过层次名 top.block2.i 被其他模块访问
 …
join
```

(3) 命名块的禁用：Verilog 通过关键字 disable 提供了一种终止命名块执行的方法。disable 可以用来从循环中退出、处理错误条件以及根据控制信号来控制某些代码段是否被执行。对块语句的禁用导致紧接在块后面的那条语句被执行。对于 C 程序员来说，这一点非常类似于使用 break 退出循环。两者的区别在于 break 只能退出当前所在的循环，而使用 disable 则可以禁用设计中的任意一个命名块，如程序 3.18 所示。

程序 3.18 命名块的禁用

```
//从标志寄存器的最低有效位开始查找第一个值为 1 的位
reg [15:0] flag;
integer i;                    //用于计数的整数

initial
begin
flag = 16'b 0010_0000_0000_0000;
i = 0;
  begin: block1               //while 循环声明中的主模块是命名块 block1
  while (i<16)
     begin
     if(flag[i])
        begin
        $display("Encountered a TRUE bit at element number %d", i);
        disable block1;       //在标志寄存器中找到了值为真(1)的位,禁用 block1
        end
        i = i + 1;
        end
  end
end
```

3.3.3 if 语句

条件语句用于根据某个条件来确定是否执行其后的语句,关键字 if 和 else 用于表示条件语句。Verilog 语言共有三种类型的条件语句,条件语句的用法见程序 3.19。if 条件成立或不成立时,执行的语句可以是一条语句,也可以是一组语句。如果是一组语句,则通常使用 begin 和 end 关键字将它们组成一个块语句。

程序 3.19 条件语句举例

```
//第一类条件语句:没有 else 语句
if(!lock) buffer = data;
if(enable) out = in;
//第二类条件语句:有一个 else 语句
if(number_queued < MAX_Q_DEPTH)
  begin
    data_queue = data;
    number_queued = number_queued + 1;
  end
else
 $display("Queue Full. Try again");
//第三类条件语句:嵌套的 if - else - if 语句
if(alu_control == 0)
  y = x + z;
```

```
else if (alu_control == 1)
  y = x - z;
else if (alu_control == 2)
  y = x * z;
else
  $display("Invalid ALU control signal ");
```

3.3.4 case 语句

case 语句使用关键字 case、default 和 endcase 来表示。

```
case (expression)
 alternative1: statement1;
 alternative2: statement2;
  ⋮
 default: default_statement;
endcase
```

case 语句中的每一条分支语句都可以是一条语句或一组语句。多条语句需要使用关键字 begin 和 end 组合为一个块语句。在执行时,首先计算条件表达式的值,然后按顺序将它和各个候选项进行比较。如果等于第一个候选项,则执行对应的语句 statement1;如果和全部候选项都不相等,则执行 default_statement 语句。注意,default_statement 语句是可选的,而且在一条 case 语句中不允许有多条 default_statement。另外,case 语句可以嵌套使用。程序 3.20 给出了 case 语句的一个例子。

程序 3.20 case 语句举例

```
reg [1:0] alu_control;
…
Case (alu_control)            //根据不同的 alu_control 信号,执行不同的语句
   2'd0 : y = x+z;
   2'd1 : y = x-z;
   2'd2 : y = x*z;
default : $display("Invalid ALU control signal");
endcase
```

case 语句逐位比较表达式的值和候选项的值,每一位的值可能是 0,1,x 或 z。如果两者的位宽不相等,则使用 0 填补空缺位来使两者的位宽相等。若选择信号中有不确定值 x,则输出为 x;若选择信号中没有不确定值 x,但有高阻值 z,则输出为 z。程序 3.21 给出了带 x 和 z 的 case 语句举例。在程序中,把引起同一输出块执行的多个选择信号组合,如2'bz0,2'bz1,2'bzz,2'b0z 和 2'b1z 放在同一个语句块的候选项中,使用逗号将其分开。

程序 3.21 带 x 和 z 的 case 语句举例

```
module demultiplexer1_to_4 (out0, out1, out2, out3, in, s1, s0);
output out0, out1, out2, 0ut3;
reg out0, out1, out2, out3;
input in;
input s1,s0;

always @(s1 or s0 or in)
begin
case ({s1,s0})
   2'b00 :
   begin out0 = in; out1 = 1'bz; out2 = 1'bz; out3 = 1'bz; end
   2'b01 :
   begin out0 = 1'bz; out1 = in; out2 = 1'bz; out3 = 1'bz; end
   2'b10 :
   begin out0 = 1'bz; out1 = 1'bz; out2 = in; out3 = 1'bz; end
   2'b11 :
   begin out0 = 1'bz; out1 = 1'bz; out2 = 1'bz; out3 = in; end
   2'bx0, 2'bx1, 2'bxz, 2'bxx, 2'b0x, 2'b1x, 2'bzx:
   begin out0 = 1'bx; out1 = 1'bx; out2 = 1'bx; out3 = 1'bx; end
   2'bz0, 2'bz1, 2'bzz, 2'b0z, 2'b1z:
   begin out0 = 1'bz; out1 = 1'bz; out2 = 1'bz; out3 = 1'bz; end
default : $display("Unspecified control signals");
endcase
end
endmodule
```

除了上面讲述的 case 语句之外，case 语句还有两个变形，分别使用关键字 casex 和 casez 来表示。casex 语句将条件表达式或候选项表达式中的 x 作为无关值。casez 语句将条件表达式或候选项表达式中的 z 作为无关值，所有值为 z 的位也可以用“?”来代表；casex 和 casez 的使用可以让我们在 case 表达式中只对非 x 或非 z 的位置进行比较。程序 3.22 给出了 casex 的用法举例。casez 的使用与 casex 的使用类似。

程序 3.22 casex 的用法举例

```
reg [3:0] encoding;
integer state;

casex (encoding)         //逻辑值 x 表示无关位
   4'b1xxx : next_state = 3;
   4'bx1xx : next_state = 2;
   4'bxx1x : next_state = 1;
   4'bxxx1 : next_state = 0;
   default : next_state = 0;
endcase
```

3.3.5 循环语句

Verilog 语言中有 4 种类型的循环语句：while，for，repeat 和 forever。这些循环语句的语法与 C 语言中的循环语句类似。循环语句只能在 always 或 initial 块中使用，循环语句可以包含延迟表达式。

1. while 循环

while 循环使用关键字 while 来表示。while 循环执行的中止条件是 while 表达式的值为假。如果遇到 while 语句时 while 表达式的值已经为假，那么循环语句一次也不执行。如果循环中有多条语句，则必须将它们组合成为 begin 和 end 块。程序 3.23 给出了 while 循环的例子。

程序 3.23 while 循环

```
// 说明 1:计数器变量 count 从 0 到 127,并显示 count 值,到 128 时停止计数
   integer count;

   initial
   begin
      count = 0;
      while(count < 128)            // 执行循环直到计数器为 127,当计数器为 128 时退出
      begin
         $display("Count =  %d", count);
         count = count + 1;
      end
  end
```

2. for 循环

for 循环使用关键字 for 来表示，它由以下三个部分组成。

(1) 初始条件；

(2) 检查终止条件是否为真；

(3) 改变控制变量的过程赋值语句。

程序 3.23 中用 while 循环语句描述的计数器也可以用 for 循环语句来描述，见程序 3.24。由于初始条件和完成自加操作的过程赋值语句都包括在 for 循环中，无须另外说明，因此 for 循环的写法较 while 循环更为紧凑。但是要注意 while 循环比 for 循环更为通用，并不是在所有情况下都能使用 for 循环来代替 while 循环。for 循环一般用于具有固定开始和结束条件的循环。如果只有一个执行循环的条件，最好还是使用 while 循环。

程序 3.24 for 循环

```
// 数组元素的初始化
integer state [0:31];
integer i;
initial
begin
for (i = 0; i < 32; i = i + 2)       // 把所有偶元素初始化为 0
    state[i] = 0;
for (i = 1; i < 32; i = i + 2)       // 把所有奇元素初始化为 1
    state[i] = 1;
end
```

3. repeat 循环

用关键字 repeat 来表示。repeat 循环的功能是执行固定次数的循环，它不能像 while 循环那样根据一个逻辑表达式来确定循环是否继续进行。repeat 循环的次数必须是一个常量、一个变量或者一个信号。如果循环重复次数是变量或者信号，循环次数是循环开始执行时变量或者信号的值，而不是循环执行期间的值。

程序 3.25 给出了如何使用 repeat 循环对数据缓冲区建模，这个数据缓冲区的功能是在收到开始信号之后第 8 个时钟上升沿处锁存输入数据。

程序 3.25 repeat 循环

```
module data_buffer (data_en, data, clock);
parameter cycles = 8;
input data_en;
input [15:0] data;
input clock;
reg [15:0] buffer [0:7];
integer i;

always @(posedge clock)
begin
if (data_en)                  //data_en 信号为真
begin
   i = 0;
   repeat (cycles)            //在接下来的 8 个时钟周期的正跳变沿存储数据
      begin
        @(posedge clock) buffer[i] = data;
        i = i+1;
      end
  end
end
endmodule
```

4. forever 循环

关键字 forever 用来表示永久循环。在永久循环中不包含任何条件表达式，只执行无限的循环，直到遇到系统任务 $finish 为止。forever 循环等价于条件表达式永远为真的 while 循环，例如 while(1)。如果需要从 forever 循环中退出，可以使用 disable 语句。

通常情况下，forever 循环是和时序控制结构结合使用的：如果没有时序控制结构，那么仿真器将无限次地执行这条语句，并且仿真时间不再向前推进，使得其余部分的代码无法执行。程序 3.26 给出了 forever 循环的使用举例。

程序 3.26 forever 循环

```
//例 1:时钟发生器
reg clock;
initial
begin
```

```
   clock = 1'b0;
   forever #10 clock = ~clock;              //时钟周期为20个单位时间
end

//例2:在每个时钟正跳变沿处使两个寄存器的值一致
reg clock;
reg x, y;

initial
   forever @(posedge clock) x = y;
```

3.3.6 过程赋值语句

过程赋值语句的更新对象是寄存器、整数、实数或时间变量。这些类型的变量在被赋值后,其值将保持不变,直到被其他过程赋值语句赋予新值。这与连续赋值语句是不同的。连续赋值语句总是处于活动状态,任意一个操作数的变化都会导致表达式的重新计算以及重新赋值,但过程赋值语句只有在执行到的时候才会起作用。Verilog 包括两种类型的过程赋值语句:阻塞赋值语句和非阻塞赋值语句。

1. 阻塞赋值语句

顺序块语句中的阻塞赋值语句按顺序执行,它不会阻塞其后并行块中语句的执行。阻塞赋值语句使用"="作为赋值符。由于阻塞赋值语句是按顺序执行的,因此如果在一个begin-end 块中使用了阻塞赋值语句,那么这个块语句表现的是串行行为。在程序 3.27 中,只有在语句 x = 0 执行完成之后,才会执行 y = 1,而语句 count = count + 1 按顺序在最后执行。begin-end 块中各条语句执行的仿真时间如下。

(1) x = 0 到 reg_b = reg_a 之间的语句在仿真 0 时刻执行;

(2) 语句 reg_a[2] = 0 在仿真时刻 15 执行;

(3) 语句 reg_b[15 : 13]={x, y, z}在仿真时刻 25 执行;

(4) 语句 count = count + 1 在仿真时刻 25 执行。

程序 3.27 阻塞赋值语句

```
reg x,y,z;
reg [15:0] reg_a,reg_b;
integer count;

//所有行为语句必须放在 initial 或 always 块内部
initial
begin
   x = 0; y = 1; z = 1;                  //标量赋值
   count = 0;                            //整型变量赋值
   reg_a = 16'b0; reg_b = reg_a;         //向量的初始化
   #15 reg_a[2] = 1'b1;                  //带延迟的位选赋值
   #10 reg_b[15:13] = {x,y,z}            //把拼接操作的结果赋值给向量的部分位(域)
   count = count + 1;                    //给整型变量赋值(递增)
end
```

注意，在对寄存器类型变量进行过程赋值时，如果赋值符两侧的位宽不相等，则采用以下原则。

(1) 如果右侧表达式的位宽较宽，则将保留从最低位开始的右侧值，把超过左侧位宽的高位丢弃；

(2) 如果左侧位宽大于右侧位宽，则不足的高位补0。

2. 非阻塞赋值语句

非阻塞赋值语句允许赋值调度，但它不会阻塞位于同一个顺序块中其后语句的执行。非阻塞赋值使用"<="作为赋值符。读者会注意到，它与"小于等于"关系操作符是同一个符号，但在表达式中它被解释为关系操作符，而在非阻塞赋值的环境下被解释成非阻塞赋值。为了说明非阻塞赋值的意义以及与阻塞赋值的区别，让我们来考虑将程序3.27中的部分阻塞赋值改为非阻塞赋值后的结果，程序3.28给出了修改后的语句。

程序 3.28 非阻塞赋值语句

```
reg x,y,z;
reg [15:0] reg_a,reg_b;
integer count;

initial
begin
    x = 0; y = 1; z = 1;                    //标量赋值
    count = 0;                              //整型变量赋值
    reg_a = 16'b0; reg_b = reg_a;           //向量的初始化
    reg_a[2] <= #15 1'b1;                   //带延迟的位选赋值
    reg_b[15:13] <= #10 {x,y,z};            //把拼接操作的结果赋值给向量的部分位(域)
    count <= count + 1;                     //给整型变量赋值(递增)
end
```

在这个例子中，从 x = 0 到 reg_b = reg_a 之间的语句是在仿真0时刻顺序执行的，之后的三条非阻塞赋值语句在 reg_b = reg_a 执行完成后并发执行。

(1) reg_a[2] = 0 被调度到15个时间单位之后执行，即仿真时刻为15；

(2) reg_b[15:13] = {x, y, z}被调度到10个时间单位之后执行，即仿真时刻为10；

(3) count = count + 1 被调度到无任何延迟执行，即仿真时刻为0。

从上面的分析中可以看到，仿真器将非阻塞赋值调度到相应的仿真时刻，然后继续执行后面的语句，而不是停下来等待赋值的完成。一般情况下，非阻塞赋值是在当前仿真时刻的最后一个时间步，即阻塞赋值完成之后才执行的。在上面的例子中，我们把阻塞和非阻塞赋值语句混合在一起使用，目的是想更清楚地比较和说明它们的行为。需要提醒读者注意的是，不要在同一个 always 块中混合使用阻塞和非阻塞赋值语句。非阻塞赋值可以被用来为常见的硬件电路行为建立模型，例如当某一事件发生后，多个数据并发传输的行为。

3.3.7 任务与函数

在程序设计过程中，设计者经常需要在程序的许多不同地方实现相同的功能，此时可以把这些公共的部分提取出来，写成子程序供重复使用，在需要的位置直接调用子程序。

Verilog HDL 语法中也提供了类似的语法，就是任务和函数，设计者可以把所需的代码编写成任务和函数的形式，使代码更简洁。

1. 任务

任务的弹性程度比函数大，在任务中可以调用其他任务或函数，还可以包含延迟、时间控制等语法。从一个模块的代码结构上来讲，任务应该和 initial、always 结构同处于一个层次，严格来说它属于行为级建模，所以只要行为级可以使用的语法在任务中都是支持的，这一点要和后面的函数区分。任务的声明格式如程序 3.29 所示。

程序 3.29 任务的声明格式

```
task     任务名称;
input    [宽度声明] 输入信号名;
output   [宽度声明] 输出信号名;
inout    [宽度声明] 双向信号名;
reg      任务所用变量声明;
begin
 ⋮       任务包含语句
end
endtask
```

针对任务格式的语法要求，依次解释如下。

(1) 任务声明以 task 开始，以 endtask 结束，中间部分是任务包含的语句。

(2) 任务名称就是一个标识符，满足标识符语法要求即可。

(3) 任务可以有输入信号 input、输出信号 output、双向信号 inout 和供本任务使用的变量，变量不仅包括上面写出的 reg 型，行为级中支持的类型如 integer、time 等都可以使用。

(4) 任务从整体形式上看和模块十分相似，task 和 endtask 类似于 module 和 endmodule，但任务虽然有输入输出信号，却没有端口列表。

(5) 完成信号和变量的声明后，可以用 begin 和 end 封装 task 功能描述语句，也可以使用 fork 和 join 并行块来封装，但要注意此语句块结构前没有 initial 和 always 结构。

(6) 对于 begin…end 所包含的任务语句部分，遵循行为级建模语法即可。

举例如程序 3.30 所示。

程序 3.30 4 位全加器的任务

```
task   add4;
input  [3:0] x,y;
input  cin;
output [3:0] s;
output cout;

begin
   {cout,s} = x + y + cin;
end
endtask
```

任务调用时应采用如下格式：

```
任务名(信号对照列表);
```

例如，对程序3.30中的add4任务进行调用，就可以使用如下语句：

```
add4(a,b,c,d,e);
```

任务的调用要注意以下几点。

(1) 任务调用时要写出任务调用的名称来进行调用，这一点与模块实例化过程相似，但是任务调用不需要使用实例化名称，像add4这个任务名可直接写出调用对应任务。

(2) 任务的功能描述虽然和always、initial处于同一层次，但是任务调用必须发生在initial、always、task中。

(3) 任务中如果有输入、输出或双向信号，按照类似实例化语句中按名称连接的方式连接信号。

(4) 任务的信号连接也要遵循基本的连接要求。

(5) 任务调用后需要添加分号，作为行为级语句的一个语句处理。

(6) 任务不能实时输出内部值，而是只能在整个任务结束时得到一个最终的结果，输出的值也是这个最终结果的值。

2. 函数

函数与任务不同，任务其实没有太多的语法限制，可以把组合逻辑编写成任务，也可以使用时序控制等语法来完成任务。但对函数来说，仅仅可以把组合逻辑编写成函数，因为函数中不能有任何的时序语句，而且函数不能调用任务，这是受函数自身语法要求限制的。函数声明格式如程序3.31所示。

程序3.31 函数的声明格式

```
function 返回值的类型和范围 函数名;
input [端口范围] 端口声明;
reg、integer 等变量声明;
begin
   阻塞赋值语句块
end
endfunction
```

函数的基本要求和注意事项如下。

(1) 函数以关键字function开头，以关键字endfunction结尾。

(2) 在关键字function后和函数名称之间，要添加返回值的类型和范围。定义返回值类型时如果不指定类型，则会默认定义为reg类型，如果没有指定范围，默认为1位。

(3) 函数至少需要一个输入信号，没有输出信号，所以output之类的声明是无效的。函数的运算结果就是通过上一步定义的返回值进行传递的，也就是说函数只能得到一个运算结果，相当于只有一个输出。

(4) 函数内部可以定义自身所需的变量。

(5) 函数的功能语句也可以用begin…end进行封装。虽然使用fork…join在语法上是允许的，但出于可综合的角度考虑，一般还是使用顺序块。

(6) 函数的 begin…end 块内部有一些要求。首先不能有任何时间相关的语法，如@引导的事件、#引导的延迟等，而且用于时序电路描述的非阻塞语句也不能使用，但 if 语句、case 语句或循环语句等与时序电路没有直接关系的语句仍然可以使用；其次必须要有语句明确规定函数中的返回值是如何得到赋值的。

举例如程序 3.32 所示。

程序 3.32 阶乘计算函数

```
function integer factorial;
input [3:0] a;
integer i;
begin
   factorial = 1;
   for(i = 2;i <= a;i = i + 1)
       factorial = i * factorial;
end
endfunction
```

函数调用格式如下：

```
待赋值变量 = 函数名称(信号对照表);
```

函数的调用需要注意以下事项。

(1) 函数的调用不像任务调用一样可以只出现任务名，函数调用之后必须把返回值赋给某个变量。任务有输出信号，直接通过输出信号的连接就可以把任务所得的结果进行输出。而函数没有直接定义的输出信号，是通过返回值，采用把函数的返回值赋值给某个变量的形式完成输出。

(2) 信号对照列表部分需要按照函数内部声明的顺序出现。

(3) 函数调用也作为行为级建模的一条语句，出现在 initial、always、task、function 结构中，即函数可以被任务调用，但任务不能被函数调用。

Verilog HDL 除了可以允许设计者自己编写任务和函数外，还提供了可以直接使用的系统任务和系统函数。系统任务和函数都以 $ 作为开头，如 $monitor、$finish、$time 等，其调用方法和设计者自己编写的任务和函数完全相同。

3.3.8 设计的可综合性

用 Verilog HDL 编写的设计模块最终要生成实际工作的电路，因此，设计模块的语法和编写代码风格会对后期电路产生影响，所以，若要编写可实现的设计模块，就需要注意一些问题，本节将对此进行着重介绍。

1. 可综合语法

可综合的设计是最终实现电路所必需的，所以弄清哪些语法是可综合的、哪些语法是不可综合的非常有必要。而且设计者也必须知道一个代码能否被综合成最终电路，像写一个简单的除法 a/b，想妄图直接通过综合工具生成一个除法器是不现实的。类似的情况还可能会出现在设计有符号数、浮点数等输入情况时，设计者的思路一定要从软件角度转变到硬件角度，很多在软件中可以直接使用的情况到了硬件电路就需要从很底层的角度来编写。

可综合设计先要弄清哪些语法可以被综合，按在模块中出现的顺序总结如下。

(1) module 和 endmodule 作为模块声明的关键字，必然是可以被综合的。

(2) 输入 input、输出 output 和双向端口 inout 的声明是可以被综合的。

(3) 变量类型 reg、wire、integer 都是可以被综合的。

(4) 参数 parameter 和宏定义 define 是可以被综合的。

(5) 所有的 Verilog HDL 内建门都是可以使用的，如 and、or 之类都是可以在可综合设计中使用的。

(6) 数据流级的 assign 语句是可以被综合的。

(7) 行为级中敏感列表支持电平和边沿变化，类似 posedge、negedge 都是可以被综合的。

(8) always、function 是可以被综合的，task 中若不含延迟也可以被综合。

(9) 顺序块 begin…end 可以被综合。

(10) if 和 case 语句可以被综合。

在 Verilog HDL 中不可被综合的语法这里也简单列出来，读者在设计可综合模型时应注意避免出现。

(1) 初始化 initial 结构不能被综合，电路中不会存在这样的单元。电路中一旦通电就会自动获得初始值，除此之外时序电路可以用复位端完成初始化组合，电路不需要初始化。

(2) #带来的延迟不可被综合。电路中同样也不会存在这样简单的延迟电路，所有的延迟都要通过计时电路或交互信号来完成。

(3) 并行块 fork…join 不可被综合，并行块的语义在电路中不能被转化。

(4) 用户自定义原语 UP 不可被综合。

(5) 时间变量 time 和实数变量 real 不能被综合。

(6) wait、event、repeat、forever 等行为级语法不可被综合。

(7) 一部分操作符可能不会被综合，例如，除法/操作和求余数%操作。

由于综合工具也在不断更新和加强，有些现在不能被综合的语法慢慢地会变得可以综合。像比较简单的 initial 结构在一些 FPGA 工具中也可以被识别，同时能被转化为电路形式。而有些语句是由于语法特点被综合工具限制了，比较典型的就是 for 语句。for 循环语句简洁明了，编写代码非常方便，但在综合过程中会被完全展开，如 for(i=0; 1<9; i=i+1)这条语句在综合工具中就会被展开成 10 个语句并形成 10 个相似的电路，这些电路都会出现在最终的电路图里，造成电路规模展开过大。而且 for 循环中的 i 一般都比较大，这样展开的效果就更加明显。但使用 for 的时候设计者的思路其实是想要通过一个简单的电路完成判断，然后执行 for 所包含的语句，这样设计者和综合工具之间的处理过程不一样，只能以综合工具为准。在一些生成语句中可以由 for 循环生成一些基本单元门，此时设计思路和综合工具的处理过程一致，这时就是可以综合的。

不可综合的语句在仿真工具中是编译不出来的，因为仿真工具只能检查仿真相关的语法，不能考虑后期综合电路的情况，而仿真所用的测试模块没有语法限制，所以无法提供可综合语法的帮助。在实际的设计过程中读者可以直接使用一些 FPGA 的工具来尝试编译所写代码，理解哪些语法是可综合的、哪些是不可综合的。

2. 代码风格

Verilog HDL 的代码风格会影响到最后的电路实现，本节中仅对一些共通的规范做介绍，说明可能出现的问题。读者在学习过程中要注意养成一个基本的习惯，形成比较良好的代码风格。

1）阻塞与非阻塞

使用的赋值类型依赖于所描述的逻辑类型：在时序块 RTL 代码中使用非阻塞赋值，非阻塞赋值保存值直到时间片段的结束，从而避免仿真时的竞争情况或结果的不确定性；在组合的 RTL 代码中使用阻塞赋值，阻塞赋值立即执行。

当用 always 块为组合逻辑建模，使用“阻塞赋值”；当在同一个 always 块里面既为组合逻辑又为时序逻辑建模，使用“非阻塞赋值”；不要在同一个 always 块里面混合使用“阻塞赋值”和“非阻塞赋值”。

2）多重驱动问题

多重驱动问题是初学者最容易犯的错误之一，主要原因就是逻辑划分不清。在可综合的模块中，一个信号的赋值只发生在一个 always 结构中，如果出现在两个 always 结构中就构成了多重驱动，综合工具会认为这两个电路会尝试对同一个变量赋值，实际效果就会造成电路信号的碰撞，然后生成无法预料的结果。所以设计者在设计模块的时候一般都会在一个 always 结构中把某个输出的所有情况都写清楚，确保没有考虑不全的情况，然后再去编写其他输出的情况。多重驱动问题一般发生在有多个判断条件的情况时，此时的设计思路不要考虑“在这些情况下设计模块的输出都应该是什么”，而是要考虑“每个输出在这些情况下都应该输出什么”，也就是不要从情况入手，而要从输出的角度来看待电路。而在 Verilog HDL 编写设计模块的语法指导中也建议设计者每个 always 结构完成一个信号的赋值，除非几个信号产生变化的情况都相同或者信号之间有强烈的依赖关系时才放在一起。

3）敏感列表不完整

在@引导的敏感列表中必须包含完整的敏感列表，这是针对组合逻辑电路而言的。时序电路中@的敏感事件只是 clock 的边沿或 reset 一类信号的边沿情况，若出现其他变量就会变成异步电路，而异步电路的设计很多综合工具并不支持或支持得很差，需要人工帮助。组合逻辑电路敏感列表不完备就会造成仿真结果不正确，以及最终实现的电路结构不正确或出现锁存器结构。例如如下代码：

```
always @(a)
c = a ^ ~b;
```

这个代码中希望生成的是同一个电路，但是敏感列表缺少了 b，这样 b 的变化不会促使 always 结构发生变化。此代码综合后可能会生成一个带控制端的锁存器的电路形式，当然也可能是正确的，但设计者不能过分依赖综合工具。把敏感列表补充完整如下：

```
always@(a or b)
c = a ^ ~b;
```

4）if 与 else 不成对出现

观察如下程序 3.33。

程序 3.33　if 与 else 不成对出现举例

```
reg [1:0] out;
always @ (posedge clock)
begin
   if (s == 2'b00) out <= 2'b00;
   if (s == 2'b11) out <= 2'b11;
end
```

存在两个问题：代码优先级问题和 if…else 问题。

代码优先级问题是指两个 if 先判断哪一个？如果电路整体资源情况包括时序、面积等比较充裕，先执行哪个都可以，但如果电路资源情况比较紧张，这两个 if 语句的先后就可能决定了时序上的成功和失败。因为这两个 if 语句最后实现电路的情况完全由不同的综合工具自己定义，最终电路不可确定。

所谓 if…else 问题，就是出现了一个 if，必然要出现与之对应的 else，否则电路中就容易出现锁存器。锁存器这种电路结构在非故意使用的情况下出现就是错误的，而 else 的不使用是造成锁存器被综合出来的原因之一。将上述代码修改如下可以避免这两个问题如程序 3.34 所示。

程序 3.34　if 与 else 不成对出现修正举例

```
reg [1:0] out;
always @ (posedge clock)
begin
   if (s == 2'b00) out <= 2'b00;
   else if (s == 2'b11) out <= 2'b11;
   else out <= 2'b11;
end
```

5) case 语句缺少 default

在 case 语句中也容易出现锁存器，如程序 3.35 所示。

程序 3.35　case 语句缺少 default 举例

```
reg [1:0] sel;
 always @(sel,a,b)
 begin
 case (sel)
     2'b00:out = a + b;
     2'b01:out = a - b;
     2'b00:out = a + b;
     2'b00:out = a + b;
 end
```

该 case 语句中缺少了 default，效果和 if 语句中缺少 case 一样，容易被综合工具综合成锁存器，无论 default 情况是否存在都要添加这一项，而且不要对其赋值为 x，类似于：

```
default:out = 2'bxx;
```

这样在仿真过程中是可以的,运行时比较类似电路刚启动所处的未知状态,但实际综合过程中 x 值是被忽略的,所以要给出一个明确的赋值。如果设计者不知道应该在 default 中产生什么输出值,或者在 else 中产生什么输出值,也可以仅添加一个 default 而不添加任何语句,如下:

```
default:;
```

6) 组合和时序混合设计

组合和时序混合设计是因为设计划分不清造成的,观察程序 3.36。

程序 3.36 组合和时序混合设计举例

```
reg x,y,z;
always @(x,y,z,posedge reset)
begin
if (reset)
    out = 0;
else
    out = x^y^z;
end
```

这个例子中,设计者一方面希望完成异或,另一方面又希望能在一个 always 结果中完成清零过程,得到一个混合设计模块。从根本上将二者划分开是最好的解决途径,拆分代码如程序 3.37 所示。

程序 3.37 组合和时序混合设计拆分举例

```
reg x,y,z;
always @(posedge reset)
begin
if (reset)
   begin
      x<=0;
      y<=0;
      z<=0;
   end
else…
end
assign out = x^y^z;
```

在建立可综合模型时,能使用数据流语句实现组合逻辑电路时应尽量使用数据流描述建模,而不要使用行为级的阻塞赋值,因为 assign 语句层次较低,综合转化不容易发生歧义,所写语句与最后实现电路一致性较高。

3.4 Verilog HDL 测试平台描述

编写 TestBench 的目的主要是对使用硬件描述语言(HDL)设计的电路进行仿真验证,测试设计电路的功能、部分性能是否与预期的目标相符。编写 TestBench 进行测试的过程大致如下。

(1) 实例化需要测试的设计;

(2) 产生模拟激励(波形);

(3) 将产生的激励加入到被测试模块并观察其输出响应;

(4) 将输出响应与期望进行比较,从而判断设计的正确性。

3.4.1 基本的 TestBench 结构

TestBench 模块没有输入输出,在 TestBench 模块内实例化待测设计的顶层模块,并把测试行为的代码封装在内,直接对测试系统提供测试激励。下面是一个基本的 TestBench 结构模块。

```
module testbench;
    //数据类型声明
    //对被测试模块实例化
    //产生测试激励
    //对输出响应进行收集
endmodule
```

程序 3.38 是程序 3.39 带复位端的 D 触发器的测试模块,代码如下。

程序 3.38 对带复位端的 D 触发器进行验证的测试模块

```
`timescale 1ns/1ns
module tb92;
reg clock,reset,d;
wire q2,q3;                              //变量声明

initial clock = 0;
always #5 clock = ~clock;                //生成时钟信号
initial d = 1;
begin
   reset = 1;
   #12 reset = 0;
   #11 reset = 1;                        //仿真信号产生
   #17 $stop;                            //仿真控制
end
dff2 dff2(clock,reset,d,q2);             //待测模块的模块实例化
endmodule
```

程序 3.39 带复位端的 D 触发器

```
module dff2(clock,reset,d,q);
input clock,reset,d;
output q;
reg q;

always @(posedge clock or negedge reset)
begin
```

```
    if(!reset)
        q<=0;
    else
        q<=d;
end
endmodule
```

3.4.2 激励信号描述

1. 时钟信号

时钟信号是时序电路所必需的信号之一，该信号可以由多种方式产生。可以使用 initial 和 always 结构共同生成时钟信号，被动地检测响应时使用 always 语句，主动响应时使用 initial 语句。它们的区别是：initial 语句只执行一次，always 语句不断地重复执行，如程序 3.40 所示。

程序 3.40　initial 和 always 结构生成时钟信号

```
reg clock1;
 initial
    clock1 = 0;
 always
   #5 clock1 = ~clock1;
```

采用此代码生成的是一个占空比为 50%的时钟。还可以只用 always 结构生成时钟，如程序 3.41 所示。

程序 3.41　always 结构占空比为 50%的时钟举例

```
reg clock2;
always
begin
   #5 clock2 = 0;
   #5 clock2 = 1;
end
```

采用这种方式还可以生成任意占空比的时钟信号，如下代码生成了一个占空比为 75%的时钟，如程序 3.42 所示。

程序 3.42　always 结构任意占空比时钟举例

```
reg clock3;
always
begin
   #15 clock3 = 0;
   #5 clock3 = 1;
end
```

还可以仅使用 initial 结构来生成时钟，如程序 3.43 所示。

程序 3.43 initial 结构生成时钟举例

```
initial
begin
 clock4 = 0;
 forever
   #10 clock4 = ~clock4;
end
```

或者在 forever 基础上添加 begin…end 块，生成任意占空比的时钟信号，如程序 3.44 所示。

程序 3.44 forever 结构任意占空比时钟举例

```
initial
begin
    clock5 = 0;
    forever
    begin
      #10 clock5 = 1;
      #10 clock5 = 0;
    end
end
```

上述代码中的时钟周期值可以借助参数完成，将参数设置为全周期时间长度，然后采用除法完成所需周期，如程序 3.45 所示。

程序 3.45 时钟周期设置举例

```
reg clock6
parameter cycle = 15;
always
begin
   #(cycle/3) clock6 = 0;
   #((cycle/3) * 2) clock6 = 1;
end
```

2. 复位信号

由于时序电路一般会有一个复位端把电路回归到初始状态，所以为了保证时序电路的工作正确，仿真开始时会给电路一个复位信号使其完成初始化。出于电路稳定性和节约功耗两方面考虑，选择高电平作为复位信号，电路正常工作时只需要维持低电平即可。

复位信号可分为异步复位信号和同步复位信号。同步复位信号是指时钟有效沿到来时对触发器进行复位所产生的信号；异步复位信号不依赖于时钟信号，只在系统复位有效时产生复位信号。代码如程序 3.46 所示。

程序 3.46 复位信号举例

```
//异步复位信号
parameter PERIOD = 10;
reg Rst_n;
initial
begin
    Rst_n = 1;
    #PERIOD Rst_n = 0;          //10ns 时开始复位,持续时间 50ns
    #(5 * PERIOD)Rst_n = a;
end

//同步复位信号
initial
begin                           //将 Rst_n 初始化为 1,在第一个时钟下降沿复位,延时 30ns,
    Rst_n = 1;                  //在下一个时钟下降沿撤销复位
    @(negedge clock);           //等待时钟 clock 下降沿
    Rst_n = 0;
    #30
    @(negedge clock);
    Rst_n = 1;
end
```

3.4.3 编译指令

Verilog HDL 和 C 语言一样也提供了编译预处理的功能。Verilog HDL 允许在程序中使用几种特殊的命令,编译系统通常先对这些特殊的命令进行"预处理",然后将预处理的结果和源程序一起再进行通常的编译处理。在 Verilog HDL 中,为了和一般的语句相区别,这些预处理命令以符号"`"开头(位于主键盘左上角,其对应的上键盘字符为"~"。注意这个符号是不同于单引号"'"的)。这些预处理命令的有效作用范围为定义命令之后到本文件结束或到其他命令定义替代该命令之处。本节对部分常用编译指令进行介绍。

1. 时间尺度 `timescale

`timescale 命令用来说明跟在该命令后的模块的时间单位和时间精度。使用`timescale 命令可以在同一个设计里包含采用了不同时间单位的模块。例如,一个设计中包含两个模块,其中一个模块的时间延迟单位为纳秒(ns),另一个模块的时间延迟单位为皮秒(ps)。EDA 工具仍然可以对这个设计进行仿真测试。`timescale 命令的格式如下:

```
`timescale <时间单位>/<时间精度>
```

在这条命令中,时间单位参量是用来定义模块中仿真时间和延迟时间的基准单位的。时间精度参量是用来声明该模块的仿真时间的精确程度的,该参量被用来对延迟时间值进行取整操作(仿真前),因此该参量又可以被称为取整精度。如果在同一个程序设计里,存在多个`timescale 命令,则用最小的时间精度值来决定仿真的时间单位。另外,时间精度值不能大于时间单位值。

在`timescale 命令中,用于说明时间单位和时间精度参量值的数字必须是整数,其有效数字为 1,10,100,单位为秒(s)、毫秒(ms)、微秒(μs)、纳秒(ns)、皮秒(ps)、飞秒(fs)。在程序 3.47 例子中,`timescale 命令定义了模块 test 的时间单位为 10ns、时间精度为 1ns。因此,在模块 test 中,所有的时间值应为 10ns 的整数倍,且以 1ns 为时间精度。这样经过取整操作,存在参数 d 中的延迟时间实际是 16ns(即 1.6×10ns)。这意味着在仿真时刻为 16ns 时寄存器 set 被赋值 0,在仿真时刻为 32ns 时寄存器 set 被赋值 1。

程序 3.47 `timescale 命令

```
`timescale 10 ns/1 ns
module test;
reg set;
parameter d = 1.55;
initial
begin
   #d set = 0;
   #d set = 1;
end
endmodule
```

2. 宏定义`define

用一个指定的标识符(即名字)来代表一个字符串,它的一般形式为:

```
`define 标识符(宏名)字符串(宏内容)
```

例如:

```
`define signal string
```

它的作用是指定用标识符 signal 来代替 string 这个字符串,在编译预处理时,把程序中在该命令以后所有的 string 都替换成 signal。这种方法使用户能以一个简单的名字代替一个长的字符串,也可以用一个有含义的名字来代替没有含义的数字和符号。因此,把这个标识符(名字)称为"宏名",在编译预处理时将宏名替换成字符串的过程称为"宏展开"。`define 是宏定义命令。

关于宏定义需要注意以下几个问题。

(1) 宏名可以用大写字母表示,也可以用小写字母表示。建议使用大写字母,以与变量名相区别。

(2) `define 命令可以出现在模块定义里面,也可以出现在模块定义外面。宏名的有效范围为定义命令之后到原文件结束。通常 `define 命令写在模块定义的外面,作为程序的一部分,在此程序内有效。

(3) 在引用已定义的宏名时,必须在宏名的前面加上符号"`",表示该名字是一个经过宏定义的名字。

(4) 使用宏名代替一个字符串,可以减少程序中重复书写某些字符串的工作量。当需要改变某一个变量时,可以只改变 `define 命令行,一改全改。

(5) 宏定义是用宏名代替一个字符串,也就是做简单的置换,不做语法检查。预处理时照样代入,不管含义是否正确。只有在编译已被宏展开后的源程序时才报错。

(6) 宏定义不是 Verilog HDL 语句,不必在行末加分号。如果加了分号会连分号一起进行置换。

(7) 宏定义可以嵌套使用,如程序 3.48 所示。

程序 3.48　宏定义嵌套使用举例

```
module test;
reg a,b,c;
wire out;
`define aa a + b
`define cc c + `aa
assign out = `cc;
endmodule
```

(8) 如果不想让宏定义生效,可以使用 `undef 指令取消前面定义的宏,如程序 3.49 所示。

程序 3.49　宏定义取消举例

```
`define WORD 16
…
wire [1:`WORD] bus;
…
`undef WORD          //此语句之后,WORD 无效
reg [0:`WORD - 1] cev;
```

3. 条件编译命令 `ifdef、`else、`endif

一般情况下,Verilog HDL 源程序中所有的行都将参加编译,但是有时希望对其中的一部分内容只有在满足条件时才进行编译,也就是对一部分内容指定编译的条件,这就是条件编译。条件编译命令的一般形式如下:

```
`ifdef 宏名(标识符)
程序段 1
`else
程序段 2
`endif
```

它的作用是当宏名已经被定义过(用`define 命令定义),则对程序段 1 进行编译,程序段 2 将被忽略;否则编译程序段 2,程序段 1 被忽略。其中,`else 部分可以没有。这里的"程序段"可以是 Verilog HDL 语句组,也可以是命令行。需要注意的是:被忽略掉不进行编译的程序段部分也要符合 Verilog HDL 程序的语法规则。通常在 Verilog HDL 程序中用到 `ifdef、`else、`endif 编译命令的情况有以下几种。

(1) 选择一个模块的不同代表部分。

(2) 选择不同的时序或结构信息。

(3) 对不同的 EDA 工具,选择不同的激励。

最常用的情况是：Verilog 代码中的一部分可能适用于某个编译环境，但不适用于另一个环境。如设计者不想为两个环境创建两个不同版本的 Verilog 设计，还有一种方法就是所谓的条件编译，即设计者在代码中指定其中某一部分只有在设置了特定的标志后，这一段代码才能被编译。

4. 文件包含处理 `include

所谓"文件包含"处理是一个源文件可以将另外一个源文件的全部内容包含进来，即将另外的文件包含到本文件之中。Verilog HDL 提供了 `include 命令用来实现文件包含的操作。其一般形式为：

```
`include"文件名"
```

文件包含命令可以节省程序设计人员的重复劳动；可以将一些常用的宏定义命令或任务(task)组成一个文件，然后用 `include 命令将这些宏定义包含到自己所写的源文件中。

关于文件包含处理命令要注意以下几个问题。

(1) 一个 `include 命令只能指定一个被包含的文件，如果要包含 $n$ 个文件，要用 $n$ 个 `include 命令。

(2) `include 命令可以出现在 Verilog HDL 源程序的任何地方，被包含文件名可以是相对路径名，也可以是绝对路径名。

(3) 可以将多个 `include 命令写在一行，在 `include 命令行，可以出现空格和注释行。例如，下面的写法是合法的。

```
`include "fileB"  `include "fileC"
```

(4) 如果文件 1 包含文件 2，而文件 2 要用到文件 3 的内容，则可以在文件 1 中用两个 `include 命令分别包含文件 2 和文件 3，而且文件 3 应出现在文件 2 之前。这样在文件 2 中不用包含文件 3。

(5) 文件的包含可以嵌套。

许多 Verilog 编译器支持多模块编译，也就是说只要把需要用 `include 包含的所有文件都放置在一个项目中。建立存放编译结果的库，用模块名就可以把所有有关的模块联系在一起，此时在程序模块中就不必使用 `include 编译预处理指令。

3.4.4 测试相关的系统任务和系统函数

1. 显示任务 $display 和 $write

这两个任务能够把指定的信息输出到输出设备中，如仿真器的显示窗口。任务格式如下：

```
$display/ $write (p1,p2, … ,pn);
```

这两个任务的作用基本相同，即将参数 p2 到 pn 按参数 p1 给定的格式输出。$display 自动地在输出后进行换行，$write 则不换行。如果想在一行里输出多个信息，可以使用 $write。参数 p1 通常称为"格式控制"，参数 p2 至 pn 通常称为"输出表列"。在 $display 和 $write 中，其输出格式控制是用双引号括起来的字符串，它包括以下两种信息。

(1) 格式说明，由"%"和格式字符组成。它的作用是将输出的数据转换成指定的格式输出。表 3.5 中给出了常用的几种输出格式。

表 3.5 输出格式及说明

输出格式	说明	输出格式	说明
%h 或 %H	以十六进制数的形式输出	%s 或 %S	以字符串形式输出
%d 或 %D	以十进制数的形式输出	%e 或 %E	以指数的形式输出实型数
%o 或 %O	以八进制数的形式输出	%t 或 %T	以当前的时间格式输出
%b 或 %B	以二进制数的形式输出	%f 或 %F	以十进制数的形式输出实型数
%c 或 %C	以 ASCII 码字符的形式输出	%g 或 %G	以指数或十进制数的形式输出实型数,以较短的结果输出
%v 或 %V	输出网络型数据信号强度	%m 或 %M	输出等级层次的名字

(2) 特殊字符,用于格式字符串参数中显示特殊的字符。其输出方式见表 3.6。

表 3.6 特殊字符输出方式

输出格式	功能	输出格式	功能
\n	换行	\"	双引号字符"
\t	横向跳格	%%	百分符号%
\\	反斜杠字符\	\o	将 o 表示的 1～3 位八进制数代表的字符输出

在 $display 和 $write 的参数列表中,其"输出列表"需要输出一些数据,可以是表达式,如程序 3.50 所示。

程序 3.50 显示任务输出举例

```
module disp;
initial
begin
    $display("\\\t%%\n\"\123");
end
endmodule
```

输出结果为:

```
\ %
"S
```

如果输出列表中表达式的值包含不确定的值或高阻值,其结果输出遵循以下规则。

(1) 在输出格式为十进制的情况下:

① 如果表达式值的所有位均为不定值,则输出结果为小写的 x。

② 如果表达式值的所有位均为高阻值,则输出结果为小写的 z。

③ 如果表达式值的部分位为不定值,则输出结果为大写的 X。

④ 如果表达式值的部分位为高阻值,则输出结果为大写的 Z。

(2) 在输出格式为十六进制和八进制的情况下:

① 每 4 位二进制数为一组代表一位十六进制数,每三位二进制数为一组代表一位八进制数。

② 如果表达式值相对应的某进制数的所有位均为不定值,则该位进制数的输出的结果

为小写的x。

③ 如果表达式值相对应的某进制数的所有位均为高阻值，则该位进制数的输出结果为小写的z。

④ 如果表达式值相对应的某进制数的部分位为不定值，则该位进制数输出结果为大写的X。

⑤ 如果表达式值相对应的某进制数的部分位为高阻值，则该位进制数输出结果为大写的Z。

(3) 对于二进制输出格式，表达式值的每一位的输出结果为0、1、x、z。

2. 监视任务$monitor

任务$monitor提供了监控和输出参数列表中的表达式或变量值的功能，格式如下：

```
$monitor(p1,2, … ,pn);
$monitor;
$monitoron;
$monitoroff;
```

其参数列表中输出控制格式字符串和输出表列的规则和$display中的一样。当启动一个带有一个或多个参数的$monitor任务时，仿真器则建立一个处理机制，使得每当参数列表中变量或表达式的值发生变化时，整个参数列表中变量或表达式的值都将输出显示。如果同一时刻，两个或多个参数的值发生变化，则在该时刻只输出显示一次。但在$monitor中，参数可以是$time系统函数。这样参数列表中变量或表达式的值同时发生变化的时刻可以通过标明同一时刻的多行输出来显示。例如：

```
$monitor($time,,"rxd = %b txd = %b",rxd,txd);
```

在$display中也可以这样使用。注意在上面的语句中，“,,”代表一个空参数。空参数在输出时显示为空格。$monitoron和$monitoroff任务的作用是通过打开和关闭监控标志来控制监控任务$monitor的启动和停止，这样使得程序员可以很容易地控制$monitor何时发生。其中，$monitoroff任务用于关闭监控标志，停止监控任务$monitor，$monitoron则用于打开监控标志，启动监控任务$monitor。在默认情况下，控制标志在仿真的起始时刻就已经打开了。在多模块调试的情况下，许多模块中都调用了$monitor，因为任何时刻只能有一个$monitor起作用，因此需配合$monitoron与$monitoroff使用，把需要监视的模块用$monitoron打开，在监视完毕后及时用$monitoroff关闭，以便把$monitor让给其他模块使用。$monitor与$display的不同处还在于$monitor往往在initial块中调用，只要不调用$monitoroff，$monitor便不间断地对所设定的信号进行监视。

3. 探测任务$strobe

探测任务的语法和显示任务完全相同，也是把信息显示出来，格式如下：

```
$strobe(p1,p2, … ,pn);
```

$strobe命令和$display命令的区别是：$strobe命令会在当前时间步骤结束时完成，即发生在向下一个时间步骤运行之前；$display是只要被仿真器看到，就会立即执行。

4. 仿真控制任务$finish

系统任务$finish的作用是退出仿真器，返回主操作系统，也就是结束仿真过程，格式如下：

```
$finish;
$finish(n);
```

任务 $finish 可以带参数，根据参数的值输出不同的特征信息。如果不带参数，默认 $finish 的参数值为 1。下面给出了对于不同的参数值，系统输出的特征信息。

0：不输出任何信息。

1：输出当前仿真时刻和位置。

2：输出当前仿真时刻、位置和在仿真过程中所用 memory 及 CPU 时间的统计。

5. 仿真控制任务 $stop

$stop 任务的作用是把 EDA 工具(例如仿真器)置成暂停模式，在仿真环境下给出一个交互式的命令提示符，将控制权交给用户，格式如下：

```
$stop;
$stop(n);
```

这个任务可以带有参数表达式。根据参数值(0,1 或 2)的不同，输出不同的信息。参数值越大，输出的信息越多。

6. 文件控制任务 $readmemb 和 $readmemh

在 Verilog HDL 程序中有两个系统任务 $readmemb 和 $readmemh 用来从文件中读取数据到存储器中。$readmemb 要求文件中必须是二进制数值，$readmemh 要求文件中必须是十六进制数值。这两个系统任务可以在仿真的任何时刻被执行使用，其使用格式共有以下几种。

```
$readmemb/ $readmemh ("<数据文件名>",<存储器名>);
$readmemb/ $readmemh ("<数据文件名>",<存储器名>,<起始地址>);
$readmemb/ $readmemh ("<数据文件名>",<存储器名>,<起始地址>,<结束地址>);
```

在这两个系统任务中，被读取的数据文件的内容只能包含：空白位置(空格、换行、制表符和换页符)，注释行(//形式的和/ * … * /形式的都允许)、二进制或十六进制的数字。数字中不能包含位宽说明和格式说明，数字中不定值 x 或 X，高阻值 z 或 Z 和下画线(_)的使用方法及代表的意义与一般 Verilog HDL 程序中的用法及意义是一样的。另外，数字必须用空白位置或注释行来分隔开。

当数据文件被读取时，每一个被读取的数字都被存放到地址连续的存储器单元中去。存储器单元的存放地址范围由系统任务声明语句中的起始地址和结束地址来说明，每个数据的存放地址在数据文件中进行说明。当地址出现在数据文件中，其格式为字符“@”后跟上十六进制数。对于这个十六进制的地址数中，允许大写和小写的数字。在字符“@”和数字之间不允许存在空白位置。可以在数据文件里出现多个地址。当系统任务遇到一个地址说明时，系统任务将该地址后的数据存放到存储器中相应的地址单元中去。代码如程序3.51 所示。

程序 3.51 系统函数 $readmemb 仿真样例

```
module test;
  reg [7:0] memory [0:7];                         //声明有 8 个 8 位的存储单元
  integer i;
```

```
    initial
    begin
      $readmemb("init.dat",memory);                //读取存储器文件 init.dat 到存储器中的
                                                   //给定地址
    for (i=0;1<8;i=i+1)
      $display("Memory[ %d] = %b",i,memory[i] );   //显示初始化后的存储器内容
    end
endmodule
```

文件 init.dat 包含初始化数据。用@<地址>在数据文件中指定地址，地址以十六进制数说明。数据用空格符分隔。数据可以包含 x 或者 z。未初始化的位置默认值为 x。名为 init.dat 的样本文件内容如下所示：

```
@002
11111111   01010101
00000000   10101010

@006
1111zzzz   00001111
```

当仿真测试模块时，将得到下面的输出：

```
Memory [0] = xxxxxxxx
Memory [1] = xxxxxxxx
Memory [2] = 11111111
Memory [3] = 01010101
Memory [4] = 00000000
Memory [5] = 10101010
Memory [6] = 1111zzzz
Memory [7] = 00001111
```

对于 $readmemb 和 $readmemh 系统任务格式，需要补充说明以下 5 点。

(1) 如果系统任务声明语句中和数据文件里都没有进行地址说明，则默认的存放起始地址为该存储器定义语句中的起始地址。数据文件里的数据被连续存放到该存储器中，直到该存储器单元存满为止或数据文件里的数据存完。

(2) 如果系统任务中说明了存放的起始地址，没有说明存放的结束地址，则数据从起始地址开始存放，存放到该存储器定义语句中的结束地址为止。

(3) 如果在系统任务声明语句中，起始地址和结束地址都进行了说明，则数据文件里的数据按该起始地址开始存放到存储器单元中，直到该结束地址，而不考虑该存储器的定义语句中的起始地址和结束地址。

(4) 如果地址信息在系统任务和数据文件里都进行了说明，那么数据文件里的地址必须在系统任务中地址参数声明的范围之内。否则将提示错误信息，并且装载数据到存储器中的操作被中断。

(5) 如果数据文件里的数据个数和系统任务中起始地址及结束地址暗示的数据个数不同的话，也要提示错误信息。

7. 仿真时间函数 $time

在 Verilog HDL 中有两种类型的时间系统函数：$time 和 $realtime。用这两个时间

系统函数可以得到当前的仿真时刻。

系统函数 $time 可以返回一个 64 位的整数来表示当前仿真时刻值。该时刻是以模块的仿真时间尺度为基准的，如程序 3.52 所示。

程序 3.52　系统函数 $time 仿真样例

```
`timescale 10 ns/1 ns
module test;
    reg set;
    parameter p = 1.6;
    initial
    begin
      $monitor( $time,,"set = ",set);
      #p set = 0;
      #p set = 1;
    end
endmodule
```

输出结果为：

```
0 set = x
2 set = 0
3 set = 1
```

在这个例子中，模块 test 想在时间为 16ns 时设置寄存器 set 为 0，在时间为 32ns 时设置寄存器 set 为 1。但是由 $time 记录的 set 变化时刻却和预想的不一样。这是由下面两个原因引起的。

(1) $time 显示时刻受时间尺度比例的影响。在程序 3.52 中，时间尺度是 10ns，因为 $time 输出的时刻总是时间尺度的倍数，这样将 16ns 和 32ns 输出为 1.6 和 3.2。因为 $time 总是输出整数，所以，在将经过尺度比例变换的数字输出时，要先进行取整。程序 3.52 中的 1.6 和 3.2 经取整后为 2 和 3 输出。

(2) $realtime 系统函数和 $time 的作用是一样的，只是 $realtime 返回的时间数字是一个实型数，该数字也是以时间尺度为基准的，如程序 3.53 所示。

程序 3.53　系统函数 $realtime 仿真样例

```
`timescale 10 ns/1 ns
module test;
    reg set;
    parameter p = 1.55;
    initial
    begin
        $monitor( $realtime,,"set = ",set);
        #p set = 0;
        #p set = 1;
    end
endmodule
```

输出结果为：

```
0 set = x
1.6 set = 0
3.2 set = 1
```

从上述结果可以看出，$realtime 将仿真时刻经过尺度变换以后输出，无须进行取整操作。注意，时间的精确度不影响取整过程。

8. 随机函数 $random

这个系统函数提供了一个产生随机数的手段。当函数被调用时返回一个 32 位的随机数。它是一个带符号的整型数。$random 一般的用法是：

```
$random % b,其中,b > 0.
```

它给出了一个范围在(−b+1)：(b−1)中的随机数。下面给出一个产生随机数的例子。

```
reg [23:0] rand;
rand =  $random % 60;
```

上面的例子给出了一个范围在−59～59 的随机数，下面的例子通过位并接操作产生一个值在 0～59 的数。

```
reg[23:0] rand;
rand = { $random} % 60;
```

利用这个系统函数可以产生随机脉冲序列或宽度随机的脉冲序列，以用于电路的测试。程序 3.54 中的 Verilog HDL 模块可以产生宽度随机的随机脉冲序列的测试信号源。

程序 3.54 生成宽度随机的随机脉冲序列的测试信号源

```
`timescale 1ns/1ns
module random_pulse(dout);
output [9:0] dout;
reg [9:0] dout;

integer delay1,delay2,k;
initial
   begin
      #10 dout = 0;
      for (k = 0; k < 100; k = k + 1)
         begin
           delay1 = 20 * ({ $random} % 6);              // delay1 在 0～100ns 变化
           delay2 = 20 * (1 + { $random} % 3);          // delay2 在 20～60ns 变化
           #delay1 dout  =  1 <<({ $random} % 10);
           //dout 的 0～9 位中随机出现 1,并且出现的时间在 0～100ns 变化
           #delay2 dout = 0;                            //脉冲的宽度在 20～60ns 变化
        end
    end
endmodule
```

3.5 状态机描述

状态机通常用于构建转移状态有限的系统。其中,转移的过程取决于当前状态和外部输入。在实际操作中,状态机的主要应用是作为大型数字系统的控制器,该系统将检查外部命令和状态,并激活适当的控制信号来控制一个数据通路,该数据通路通常是由常规的时序电路组成。这也被称为带有数据通路的状态机。本章将首先对状态机的类型和表示方法进行概述,其次给出状态机的 Verilog HDL 描述方法。

3.5.1 状态机类型

如图 3.7 所示,状态机和常规时序电路的基本框图是相同的。它由一个状态寄存器,下一状态逻辑以及输出逻辑共同组成。状态机通常分为两类:若输出只和状态有关而与输入无关,则称为摩尔状态机;若输出不仅和状态有关,而且和输入也有关系,则称为米里状态机。这两种类型的输出都可能存在于一个复杂的状态机中,我们简单地称其包含摩尔输出和米里输出。摩尔输出和米里输出相似但不尽相同,了解它们的细微差异是设计控制器的关键。

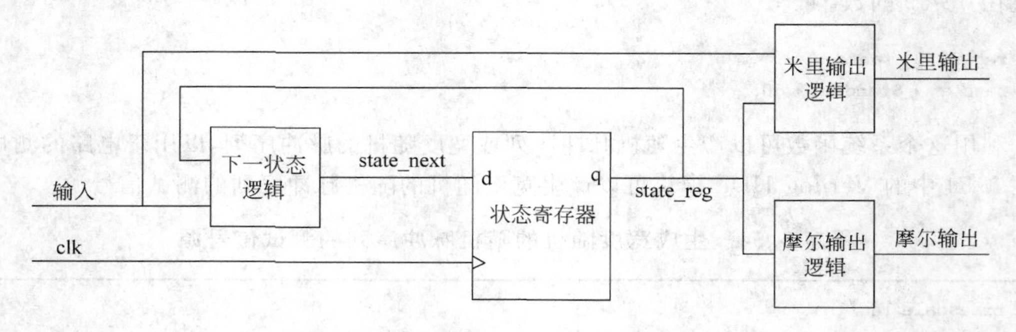

图 3.7 同步状态机原理框图

3.5.2 状态机表示方法

状态机通常由抽象的状态图或算法状态机图(ASM 流程图)来表示,这两种表示方法提供了相同的信息,都会在图形表示中给出状态机的输入、输出、状态和转移。状态图表示方法对于简单的应用能够很好地描述,而 ASM 流程图表示方法有点儿像一个流程图,对于转移条件复杂的应用能够更好地描述。

1. 状态图

状态图是由结点和带注释的转移弧组成的,每一个结点被画成一个圆用来表示状态。一个单一的结点和它的转移弧如图 3.8(a)所示。以输入信号表示的逻辑表达式与每一个转移弧相关联,并用来表示一个特定的条件。当相应的表达式被确定为真时,此转移弧就被选中。

一个具有代表性的状态图如图 3.9(a)所示。状态机有三种状态,两个外部输入信号(a 和 b),一个摩尔输出信号(y1),和一个米里输出信号(y0)。当状态机处于 s0 或 s1 的状态中，y1 信号就会置为有效。当状态机处于 s0 的状态中，并且 a 和 b 的信号都为 1，y0 信号就会置为有效。由于摩尔的输出值只依赖于当前状态，所以它被放置在了结点中。而米里的输出值则关联了转移弧的条件，因为它们依赖于当前状态和外部输入。为了减少图表中的分支，只有有效的输出值被列出，其他情况下输出信号采用默认值。

2. ASM 流程图

ASM 流程图的基本单元是 ASM 块，整个 ASM 流程图由 ASM 块的连接组成。一个 ASM 块包含一个状态框，一个可选的决策框，以及条件输出框。图 3.8(b)给出了 ASM 块示例。

每一个状态框都表示了状态机的一种状态，同时也列出了有效的摩尔输出值。需要注意的是，它只存在一个出口路径。决策框会对输入条件进行判断，并确定需要选择的出口路径。决策框有两个出口路径，标记为 T 和 F，分别与条件值的真和假相对应。条件输出框则列出了有效的米里输出值，并且通常是放在决策框之后。它表明了只有决策框中相应的条件满足时，其所列的输出信号才可以被激活。

一个状态图可以很容易地转换为一个 ASM 流程图，反之亦然。图 3.9(b)给出了状态图 3.9(a)对应的 ASM 流程图。

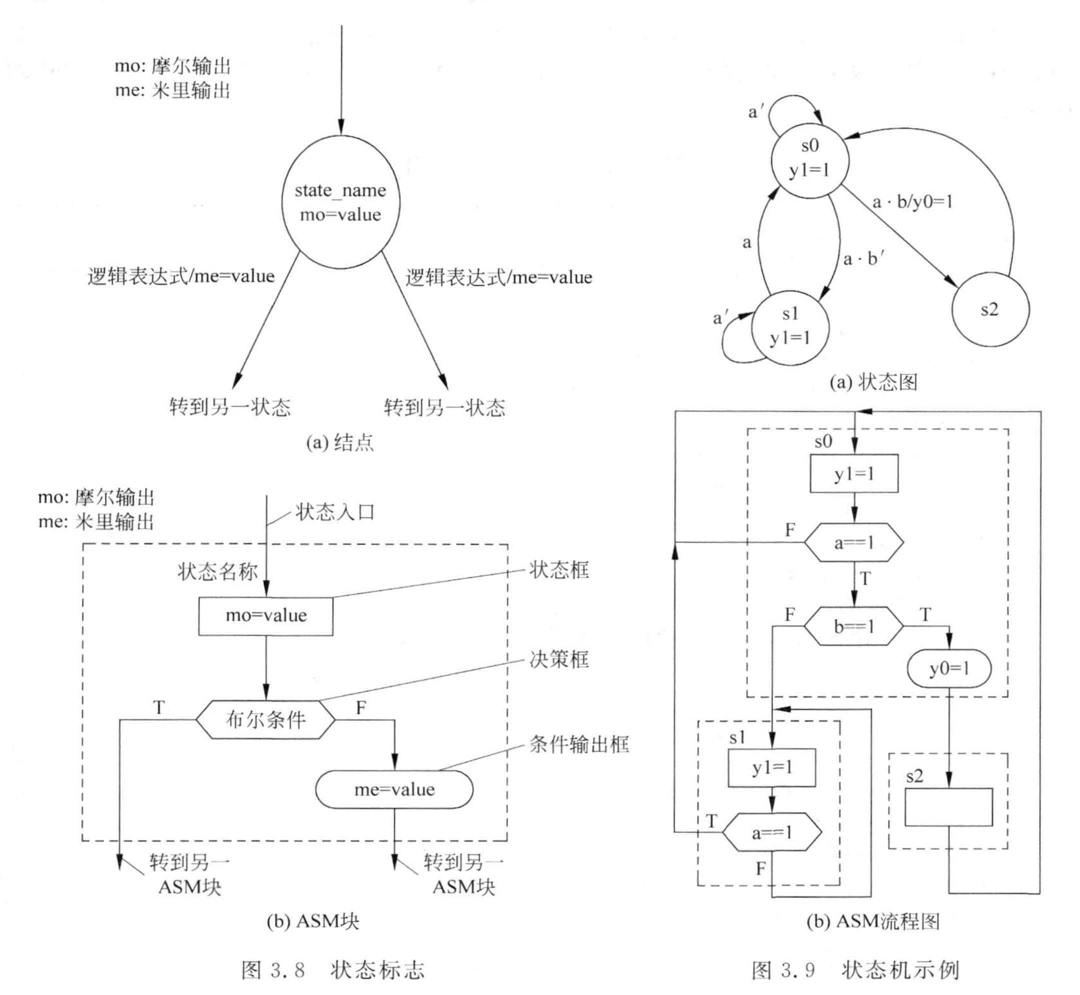

图 3.8 状态标志

图 3.9 状态机示例

3.5.3 状态机的 Verilog HDL 描述方法

状态机描述的整体流程和常规时序电路类似。首先需要分配状态寄存器，然后给出下一状态逻辑和输出逻辑的组合代码。其中主要的区别就是下一状态的逻辑。对于状态机而言，下一状态逻辑的代码通常遵循状态流程或 ASM 流程图。

为了清晰和灵活，常使用符号常量来表示状态机的状态。举例来说，在图 3.9 中的三种状态可以被定义为

```
localparam [1:0] s0 = 2'b00,
                 s1 = 2'b01,
                 s2 = 2'b10;
```

在综合过程中，软件通常可以识别状态机的结构，并且可以把这些符号常数映射为不同的二进制表示(例如独热码)，这一过程被称为状态分配。

状态机的完整源代码在程序 3.55 中给出。其中包含状态寄存器、下一状态逻辑、摩尔输出逻辑，以及米里输出逻辑几个部分。其中的关键部分是下一状态逻辑。它使用了包含 state_reg 信号的 case 语句来作为选择表达式。下一状态(state_next 信号)是由当前状态(state_reg)和外部输入来确定的。每个状态的代码基本上是对应图 3.9(b)中每个 ASM 块内的活动。

程序 3.55 状态机样例

```
module fsm_eg_mult_seg
   (
    input wire clk, reset,
    input wire a, b,
    output wire y0, y1
   );
   // 符号状态声明
   localparam [1:0] s0 = 2'b00,
                    s1 = 2'b01,
                    s2 = 2'b10;
   //信号声明
    reg [1:0] state_reg, state_next;
   //状态寄存器
    always @(posedge clk, posedge reset)
    begin
       if (reset)
          state_reg <= s0;
       else
          state_reg <= state_next;
    end
   //下一状态逻辑
   always @ *
      case (state_reg)
         s0: begin
         if (a)
```

```
            begin
                if(b)
                    state_next = s2;
                else
                    state_next = s1;
            end
            else
                state_next = s0;
            end
        s1:begin
            if(a)
                state_next = s0;
            else
                state_next = s1;
            end
        s2: state_next = s0;
        default: state_next = s0;
    endcase
    end
  //摩尔输出逻辑
  assign y1 = (state_reg == s0) || (state_reg == s1);
  //米里输出逻辑
  assign y0 = (state_reg == s0) & a & b;

endmodule
```

状态机的另一种 Verilog HDL 代码描述方式是将下一状态逻辑和输出逻辑合并为一个单独的组合模块，如程序 3.56 所示。下一状态逻辑和输出逻辑的代码都严格地遵循 ASM 流程图。一旦画出了详细的状态图或 ASM 流程图，将状态机转换成 Verilog HDL 代码几乎只是一个机械过程。程序 3.55 和程序 3.56 可以作为模板来完成这个过程。

程序 3.56　合并组合逻辑的状态机

```
module fsm_eg_2_seg
    (
     input wire clk, reset,
     input wire a, b,
     output reg y0, y1
    );
     //符号状态声明
    localparam [1:0] s0 = 2'b00,
                     s1 = 2'b01,
                     s2 = 2'b10;
    //信号声明
     reg [1:0] state_reg, state_next;
    //状态寄存器
     always @(posedge clk, posedge reset)
     begin
```

```
        if (reset)
            state_reg <= s0;
        else
            state_reg <= state_next;
    end
    //下一状态逻辑和输出逻辑
    always @ *
    begin
        state_next = state_reg;                 // 默认 next_state: state_reg
        y1 = 1'b0;                              // 默认输出: 0
        y0 = 1'b0;                              // 默认输出: 0
        case (state_reg)
            s0: begin
                    y1 = 1'b1;
                    if (a)
                    begin
                        if (b)
                            begin
                                state_next = s2;
                                y0 = 1'b1;
                            end
                        else
                            state_next = s1;
                    end
                end
            s1: begin
                  y1 = 1'b1;
                  if (a)
                      state_next = s0;
                  end
            s2: state_next = s0;
            default: state_next = s0;
        endcase
    end
endmodule
```

3.5.4 状态机设计实例——上升沿检测器

当输入信号从0转为1时,电路会生成一个很短的时间周期标记,也就是上升沿检测器。它通常用来表示一个随时间缓慢变化的输入信号的开始。本节将分别基于摩尔状态机和米里状态机进行上升沿检测器的设计,并比较它们的不同之处。

1. 基于摩尔状态机的设计

基于摩尔状态机的边缘检测器的状态图和ASM流程图见图3.10。状态zero和one表示在一段时间里输入信号为0和1。当输入在zero状态变为1时则出现上升沿。状态机将会进入到edg状态并使得输出tick置为有效。比较典型的时序图可以参考图3.11的中间部分,代码见程序3.57。

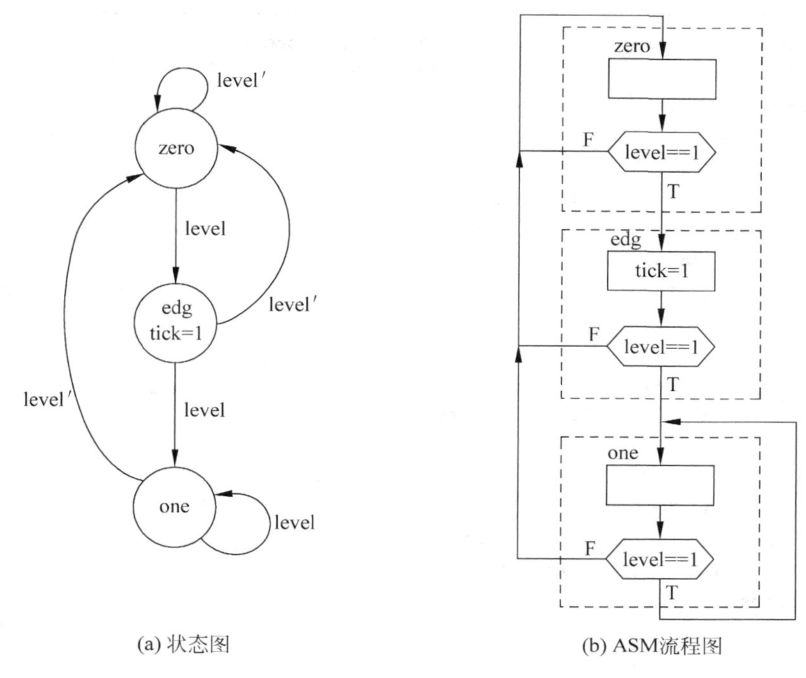

(a) 状态图　　(b) ASM流程图

图 3.10　基于摩尔状态机的上升沿检测器

程序 3.57　基于摩尔状态机的上升沿检测器代码实现

```
module edge_detect_moore
    (
     input wire clk, reset,
     input wire level,
     output reg tick
    );
    //符号状态声明
    localparam [1:0]
        zero  =  2'b00,
        edg  =  2'b01,
        one  =  2'b10;
    //信号声明
    reg [1:0] state_reg, state_next;
    //状态寄存器
    always @(posedge clk, posedge reset)
    begin
        if (reset)
            state_reg <=  zero;
        else
            state_reg <=  state_next;
    end
    //下一状态逻辑和输出逻辑
    always @ *
    begin
```

```
            state_next = state_reg;          //默认状态: state_reg
            tick = 1'b0;                     //默认输出: 0
            case (state_reg)
                zero:
                    if (level)
                        state_next = edg;
                edg:
                    begin
                        tick = 1'b1;
                        if (level)
                            state_next = one;
                        else
                            state_next = zero;
                    end
                one:
                    if (~level)
                        state_next = zero;
                default: state_next = zero;
            endcase
        end
endmodule
```

2. 基于米里状态机的设计

基于米里状态机的上升沿检测器的状态图和ASM流程图见图3.12。在zero和one状态具有类似的含义。当状态机处于零状态且输入变为1时，输出立即置为有效。当状态机在下一时钟周期的上升沿进入one状态时，输出被置为无效。典型的时序图可以参考图3.11的下面部分。

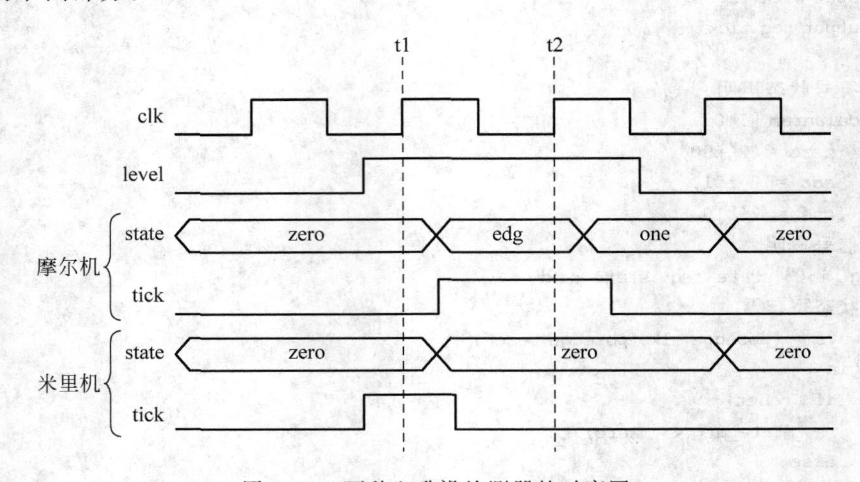

图3.11　两种上升沿检测器的时序图

需要注意的是，由于传输延迟，输出信号在下一时钟周期的上升沿依然有效(t1区间中)。具体代码见程序3.58。

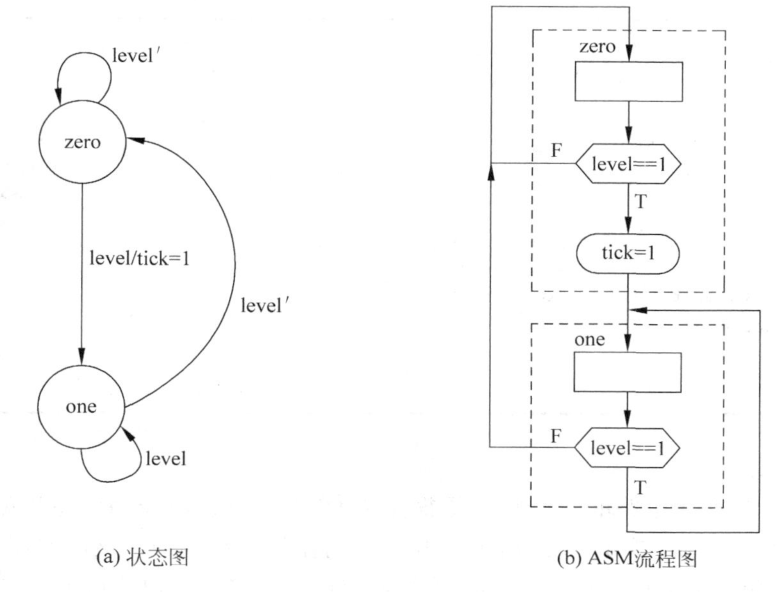

(a) 状态图 (b) ASM流程图

图 3.12 基于米里状态机的上升沿检测器

程序 3.58 基于米里状态机的上升沿检测器代码实现

```
module edge_detect_mealy
    (
     input wire clk, reset,
     input wire level,
     output reg tick
    );
    //符号状态声明
    local param zero = 1'b0,
                one = 1'b1;
    //信号声明
    reg state_reg, state_next;
    //状态寄存器
    always @(posedge clk, posedge reset)
    begin
        if (reset)
           state_reg <= zero;
        else
           state_reg <= state_next;
    end
    //下一状态逻辑和输出逻辑
    always @ *
    begin
        state_next = state_reg;          //默认状态: state_reg
        tick = 1'b0;                     //默认输出: 0
        case (state_reg)
            zero:begin
                if (level)
```

```
                    begin
                        tick = 1'b1;
                        state_next = one;
                    end
                end
            one:
                if (~level)
                    state_next = zero;
            default: state_next = zero;
        endcase
    end
endmodule
```

3. 直接实现

由于上升沿检测器电路的转换状态是很简单的,因此可以不借助状态机就直接实现。为了进行更直观的比较,图 3.13 给出了上升沿检测器的门级实现。该电路图可以这样理解,只有在当前输入是 1 且保存在寄存器中的前一输入为 0 时,输出才认为是有效的。相应的代码可以参考程序 3.59。

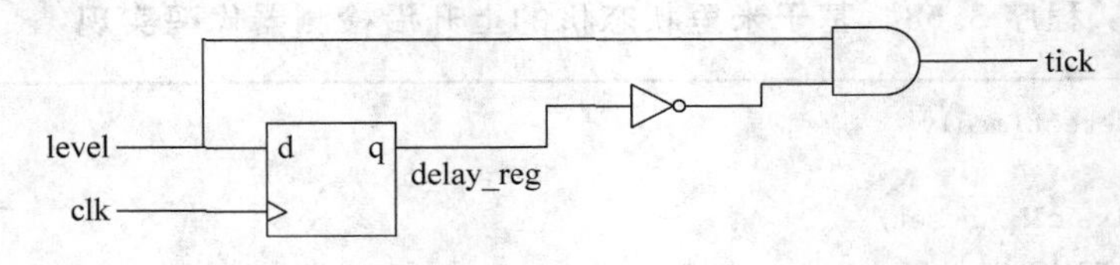

图 3.13 上升沿检测器的门级实现

程序 3.59 上升沿检测器的门级实现

```
module edge_detect_gate
    (
     input wire clk, reset,
     input wire level,
     output wire tick
    );
    //信号声明
    reg delay_reg;
    //延时寄存器
     always @(posedge clk, posedge reset)
     begin
        if (reset)
            delay_reg <= 1'b0;
        else
            delay_reg <= level;
     end
    //解码逻辑
     assign tick = ~delay_reg & level;
endmodule
```

尽管在程序3.58和程序3.59中的描述似乎有很大的差异，但实际上它们描述的是同样的电路。如果将0和1作为zero和one状态，那么电路图可以由状态机得到。

4. 对比

鉴于基于摩尔状态机和基于米里状态机的设计都可以在输入信号的上升沿产生一个短的时间基准，故只有几个细微的差别。基于米里状态机的设计需要较少的状态且响应速度快，但它的输出宽度会发生变化，并且输入错误可能影响输出。

对于两种设计之间的选择，主要取决于使用输出信号的子系统。多数情况下，子系统是共享时钟信号的同步系统。由于状态机的输出仅在时钟周期的上升沿采样，只要输出信号在边沿保持稳定，输出宽度和输入错误并不会造成影响。需要注意的是，米里输出信号在t1阶段就可用于采样，而摩尔输出要在t2阶段才可以采样，故米里输出相比于摩尔输出快了一个时钟周期。因此，基于米里状态机的电路更适合这种类型的应用。

第4章

Xilinx FPGA 开发板及软件工具

4.1 Xilinx FPGA 开发板

4.1.1 Nexys 4 DDR 开发板介绍

Nexys 4 DDR 开发板搭载 Xilinx® Artix™-7 FPGA 芯片，是一个打开即用型的数字电路开发平台，帮助使用者能够在课堂环境下实现诸多工业领域的应用。相比早期版本，经优化后的 Artix-7 FPGA 芯片能够实现更高性能的逻辑，并且能提供更多的容量，更好的性能以及更丰富的资源。Nexys 4 DDR 开发板集成了 USB、以太网和其他端口，能实现从理论型组合电路到强大的嵌入式处理器的多种设计。几个内置的外设：包括一个加速度计，一个温度传感器，微机电系统数字麦克风，扩音器和大量的 I/O 设备使 Nexys 4 DDR 在不需要任何其他组件的情况下就能满足广泛的设计需求。新一代的 Nexys 4 DDR 最值得被关注的改良是将原先的 16MB 的 CellularRAM 升级为 128MB 的 DDR2 SDRAM 内存。Nexys 4 DDR 开发板如图 4.1 所示，表 4.1 给出了 Nexys 4 DDR 开发板功能说明。

表 4.1　Nexys 4 DDR 开发板功能说明

编　号	构件描述	编　号	构件描述
1	电源选择跳线	13	FPGA 复位按钮
2	UART/JTAG 共享 USB 接口	14	CPU 复位按钮
3	外部配置条线(SD/USB)	15	用于 XADC 信号的 Pmod
4	Pmod 端口	16	程序模式选择
5	麦克风	17	音频接口
6	电源测试点	18	VGA 接口
7	16×LED	19	FPGA 编程完成 LED
8	16×开关	20	以太网端口
9	8×7 段数码管	21	USB 主机端口
10	JTAG 端口	22	PIC24 编程端口
11	5×按键	23	电源开关
12	温度传感器	24	外接电源

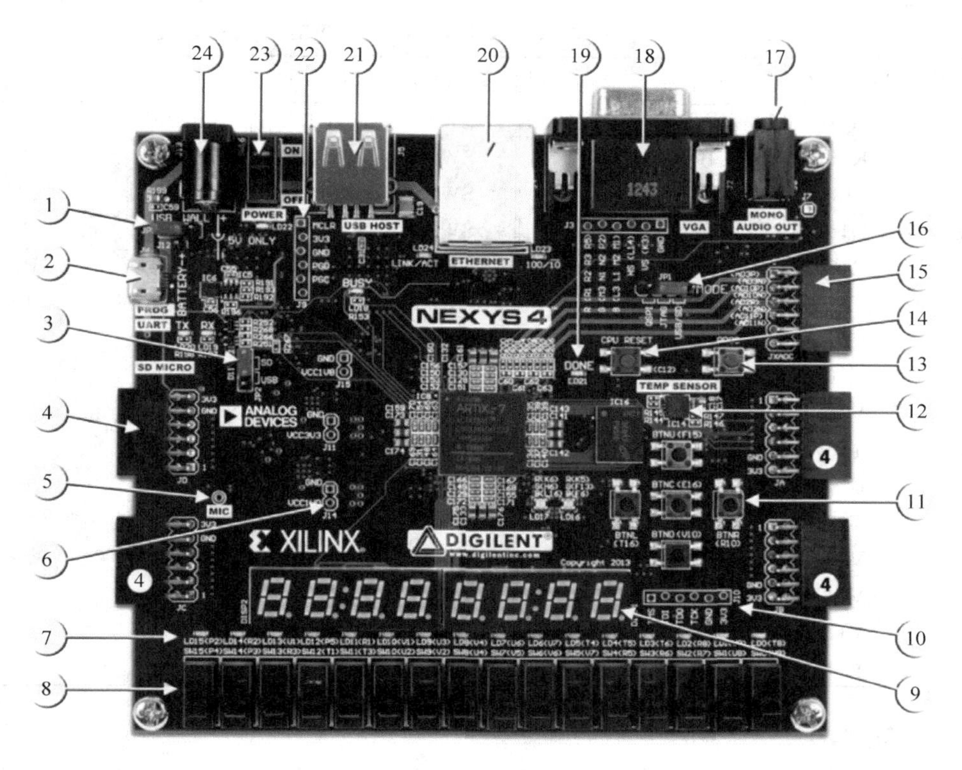

图 4.1　Nexys 4 DDR 开发板

4.1.2　主要外围接口电路介绍

1. Nexys 4 DDR Artix-7 FPGA 引脚分配

板卡包含 16 个拨动开关、5 个按键、16 个独立的 LED 指示灯和 8 位 7 段数码管，如图 4.2 所示。实际应用中，如果误把分配给按键或拨动开关的 FPGA 引脚定义为输出，将容易出现短路现象。因此，按键与拨动开关通过电阻与 FPGA 相连，以防止短路损坏 FPGA。5 个按键作为瞬时开关，默认状态为低电平，当被按下时输出高电平。拨动开关根据拨动位置产生恒定高电平或低电平信号。16 个独立高效率的 LED 指示灯的阳极分别通过 330Ω 电阻与 FPGA 相连，当对应 I/O 引脚为高电平时，点亮相应的 LED 指示灯。此外，上电指示灯、FPGA 编程状态指示灯和 USB 端口状态指示灯，用户不能使用。

板卡上 Nexys 4 DDR Artix-7 FPGA 的引脚分配如表 4.2 所示，表中给出了用户 I/O 信号、7 段数码管信号与 FPGA 引脚的对应关系。

2. LED 灯电路

LED 灯电路如图 4.2 所示。当 FPGA 输出为高电平时，相应的 LED 点亮；否则，LED 熄灭。板上配有 16 个 LED。在实验中灵活应用，可用作标志显示或代码调试结果显示。

3. 拨码开关电路

拨码开关电路如图 4.2 所示。使用该 16 位拨码开关时需要注意：当开关拨到下挡时，表示 FPGA 输入为低电平。

表 4.2　板卡 I/O 信号与 Nexys 4 DDR Artix-7 FPGA 引脚分配表

LED 信号	FPGA 引脚	数码管信号	FPGA 引脚	SW 信号	FPGA 引脚	其他 I/O 信号	FPGA 引脚
LD0	H17	CA	T10	SW0	J15	BTNC	N17
LD1	K15	CB	R10	SW1	L16	BTNU	M18
LD2	J13	CC	K16	SW2	M13	BTNL	P17
LD3	N14	CD	K13	SW3	R15	BTNR	M17
LD4	R18	CE	P15	SW4	R17	BTND	P18
LD5	V17	CF	T11	SW5	T18	CLK100MHz	E3
LD6	U17	CG	L18	SW6	U18		
LD7	U16	DP	H15	SW7	R13		
LD8	V16	AN[0]	J17	SW8	T8		
LD9	T15	AN[1]	J18	SW9	U8		
LD10	U14	AN[2]	T9	SW10	R16		
LD11	T16	AN[3]	J14	SW11	T13		
LD12	V15	AN[4]	P14	SW12	H6		
LD13	V14	AN[5]	T14	SW13	U12		
LD14	V12	AN[6]	K2	SW14	U11		
LD15	V11	AN[7]	U13	SW15	V10		

4. 按键电路

按键电路如图 4.2 所示。板上配有 5 个按键，当按键按下时，表示 FPGA 的相应输入脚为高电平。在开发学习过程中，建议每个工程项目都有一个复位输入，这样有利于代码调试。

5. 数码管电路

数码管电路如图 4.2 所示。板卡使用的是两个 4 位带小数点的 7 段共阳数码管，每一位都由 7 段 LED 组成。每一段 LED 可以单独描述，当相应的输出脚为低电平时，该段位的 LED 点亮。虽然每一位数码管都有 128 种状态，但是实际中常用的是十进制数。位选位也是低电平选通。

每一位数码管的 7 段 LED 的阳极都连接在一起，形成共阳极结点，7 段 LED 的阴极都是彼此独立的，如图 4.3 所示。共阳极信号用于 4 位数码管的输入信号使能端，4 位数码管中相同段位的阴极连接到一起，分别命名为 CA～CG。例如，4 个数码管的 D 段 LED 的阴极都连接在一起，形成一个单独的电路结点，命名为 CD。这些 7 段 LED 的阴极信号用于 4 位数码管显示，这种信号连接方式会产生多路显示，用户必须根据数码管的阳极使能信号来分别点亮相应数码管的段位。

为了点亮一段 LED，阳极应为高电平，阴极为低电平。然而，板卡使用晶体管驱动共阳极结点，使得共阳极的使能反向。因此 AN0～AN3、AN4～AN7 和 CA～CG/DP 信号都是低电平有效。当 AN0～AN3、AN4～AN7 为高电平时，数码管均不亮；AN0～AN3、AN4～AN7 为低电平时，对应数码管的共阳极端为高电平，如果该数码管的阴极信号 CA～CG 和小数点 DP 为低电平，则对应 LED 段点亮。如果 AN0～AN3、AN4～AN7 同时为低电平，则数码管会显示同样的内容。

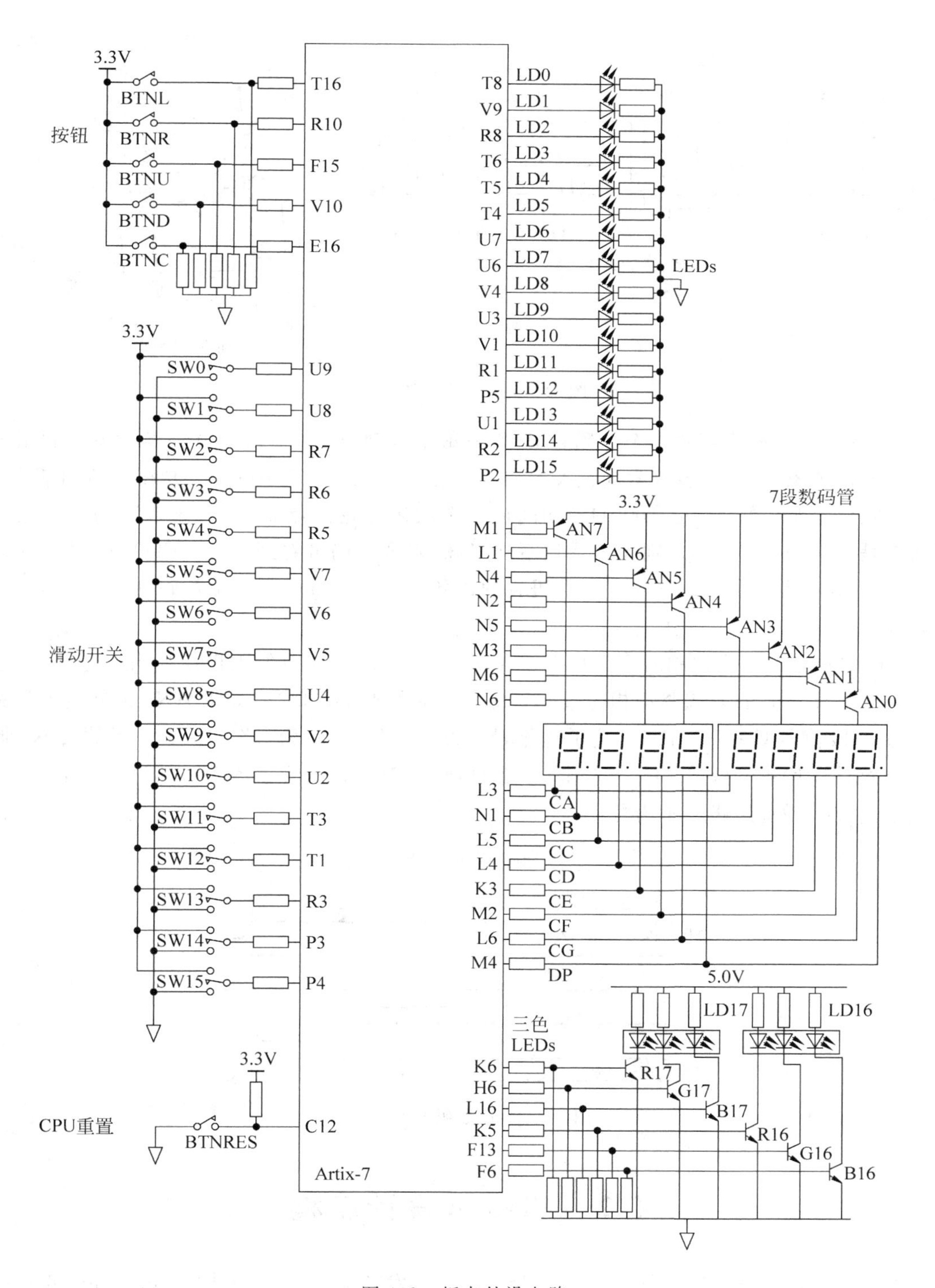
3.3V
按钮
BTNL
BTNR
BTNU
BTND
BTNC
T16
R10
F15
V10
E16
3.3V
滑动开关
SW0
SW1
SW2
SW3
SW4
SW5
SW6
SW7
SW8
SW9
SW10
SW11
SW12
SW13
SW14
SW15
U9
U8
R7
R6
R5
V7
V6
V5
U4
V2
U2
T3
T1
R3
P3
P4
3.3V
CPU重置
BTNRES
C12
Artix-7
T8 LD0
V9 LD1
R8 LD2
T6 LD3
T5 LD4
T4 LD5
U7 LD6
U6 LD7
V4 LD8
U3 LD9
V1 LD10
R1 LD11
P5 LD12
U1 LD13
R2 LD14
P2 LD15
LEDs
3.3V
7段数码管
M1 AN7
L1 AN6
N4 AN5
N2 AN4
N5 AN3
M3 AN2
M6 AN1
N6 AN0
L3 CA
N1 CB
L5 CC
L4 CD
K3 CE
M2 CF
L6 CG
M4 DP
5.0V
LD17
LD16
三色
LEDs
K6 R17
H6 G17
L16 B17
K5 R16
F13 G16
F6 B16
图 4.2 板卡外设电路

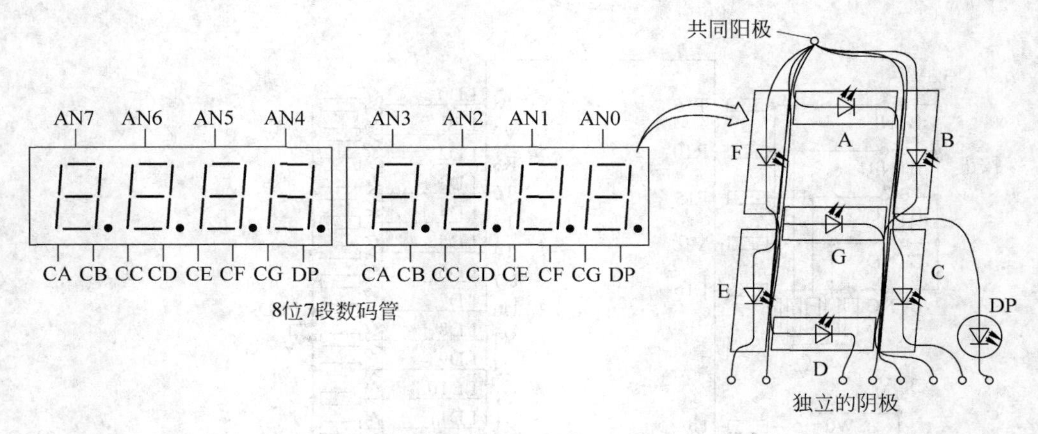

图 4.3 共阳极电路结点

实际应用中，经常需要多个数码管显示，一般采取动态扫描显示方式。这种方式利用了人眼的滞留现象，即多个发光管轮流交替点亮。板卡上的 8 个数码管，只要在刷新周期 1～16ms(对应刷新频率为 60～1000Hz)期间使 8 个数码管轮流点亮一次(每个数码管的点亮时间就是刷新周期的 1/8)，则人眼感觉不到闪烁，宏观上仍可看到 8 位 LED 同时显示的效果。例如，刷新频率为 62.5Hz，8 个数码管的刷新周期为 16ms，每一位数码管应该点亮 1/8 刷新周期，即 2ms。

8 位数码管的扫描控制时序图如图 4.4 所示，当数码管对应的阳极信号为高电平时，控制器必须按照正确的方式驱动相应数码管的阴极为低电平。例如，如果 AN1 为低电平且保持 4ms，7 段信号 CA、CA 和 CC 为低电平，则对应数码管显示为“7”；若 AN1 无效，AN0 低电平有效且保持 4ms，7 段信号 CB 和 CC 为低电平，对应数码管显示为“1”，这样周而复始，则两个高位数码管始终显示为“71”。

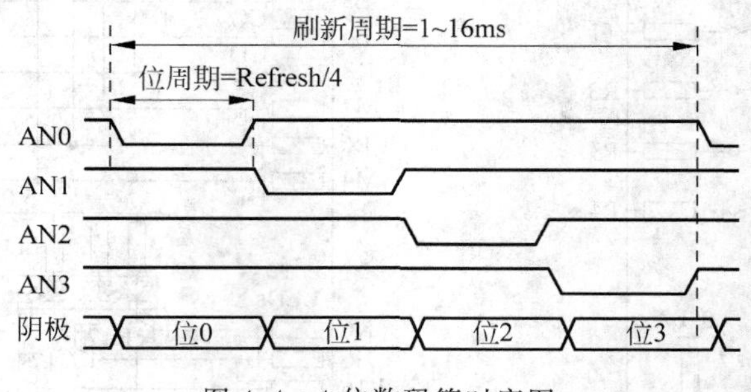

图 4.4 4 位数码管时序图

4.2 Vivado 设计流程

Xilinx 公司前一代的软件平台基于 ISE 集成开发环境，这是在早期 Foundation 系列基础上发展并不断升级换代的一个开发软件，包含集设计输入、仿真、逻辑综合、布局布线、时序分析、下载与配置等几乎所有 FPGA 开发工具于一体的集成化环境。

Xilinx 公司于 2012 年发布了新一代的 Vivado 设计套件，改变了传统的设计环境和设计方法，打造了一个最先进的设计实现流程，可以让用户更快地实现设计收敛。Vivado 设计套件不仅包含传统上寄存器传输级（RTL）到比特流的 FPGA 设计流程，而且提供了系统级的设计流程，全新的系统级设计的中心思想是基于知识产权（Intellectual Property, IP）核的设计。与前一代的 ISE 设计平台相比，Vivado 设计套件在各方面的性能都有了明显的提升。

Vivado 设计分为 Project Mode 和 Non-project Mode 两种模式，一般简单设计中，我们常用的是 Project Mode。在本节中，我们通过一个实验案例，按步骤完成 Vivado 的整个设计流程。在本次实验中，将会学习如何使用 Xilinx Vivado 2016.2 创建、综合、实现等功能。本实验通过点亮 LED 灯来展示使用 Xilinx Vivado 进行基本的 FPGA 设计。实验流程如图 4.5 所示。

Vivado 流程处理主界面如图 4.6 所示，在 Vivado 设计主界面左侧的 Flow Navigator（流程向导）界面中给出了工程项目的主要处理流程。

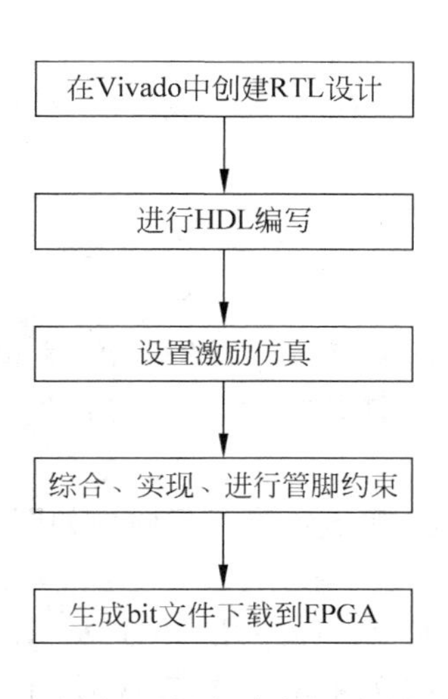

图 4.5　实验流程图

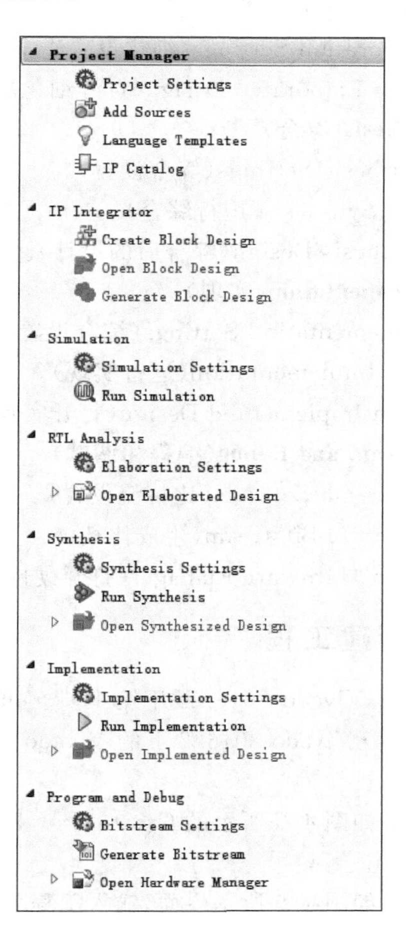

图 4.6　Vivado 流程处理主界面

1. Project Manager(工程项目管理器)

(1) Project Settings(工程项目设置):配置设计合成、设计仿真、设计实现及和 IP 有关的选项。

(2) Add Sources(添加源文件):在工程项目中添加或创建源文件。

(3) Language Template(语言模板):显示语言模板窗口。

(4) IP Catalog(IP 目录):浏览、自定义和生成 IP 核。

2. IP Integrator(IP 集成器)

(1) Create Block Design(创建模块设计)。

(2) Open Block Design(打开模块设计)。

(3) Generate Block Design(生成模块设计):生成输出需要的仿真、综合、实现设计。

3. Simulation(仿真)

(1) Simulation Settings(仿真设置)。

(2) Run Simulation(运行仿真)。

4. RTL Analysis(RTL 分析)

(1) Elaboration Settings(细化设置)。

(2) Open Elaborated Design(打开细化后的设计)。

5. Synthesis(综合)

(1) Synthesis Settings(综合设置)。

(2) Run Synthesis(运行综合)。

(3) Synthesis Design(综合后的设计)。

6. Implementation(实现)

(1) Implementation Settings(综合设置)。

(2) Run Implementation(运行实现)。

(3) Open Implemented Design(打开实现后的设计)。

7. Program and Debug(编程和调试)

(1) Bitstream Settings(比特流设置)。

(2) Generate Bitstream(生成比特流)。

(3) Open Hardware Manager(打开硬件管理器)。

4.2.1 新建工程

(1) 打开 Vivado 2016.2 开发工具。可通过桌面快捷方式或"开始"菜单中 Xilinx Design Tools→Vivado 2016.2 下的 Vivado 2016.2 命令打开软件。开启后,界面如图 4.7 所示。

(2) 单击如图 4.7 所示的 Create New Project 图标,弹出新建工程向导如图 4.8 所示,单击 Next 按钮。

(3) 弹出如图 4.9 所示界面,输入工程名称、选择工程存储路径,并选择 Create project subdirectory 选项,为工程在指定存储路径下建立独立的文件夹,设置完成后,单击 Next 按钮。注意:工程名称和存储路径中不能出现中文和空格,建议工程名称以字母、数字、下画线来组成。

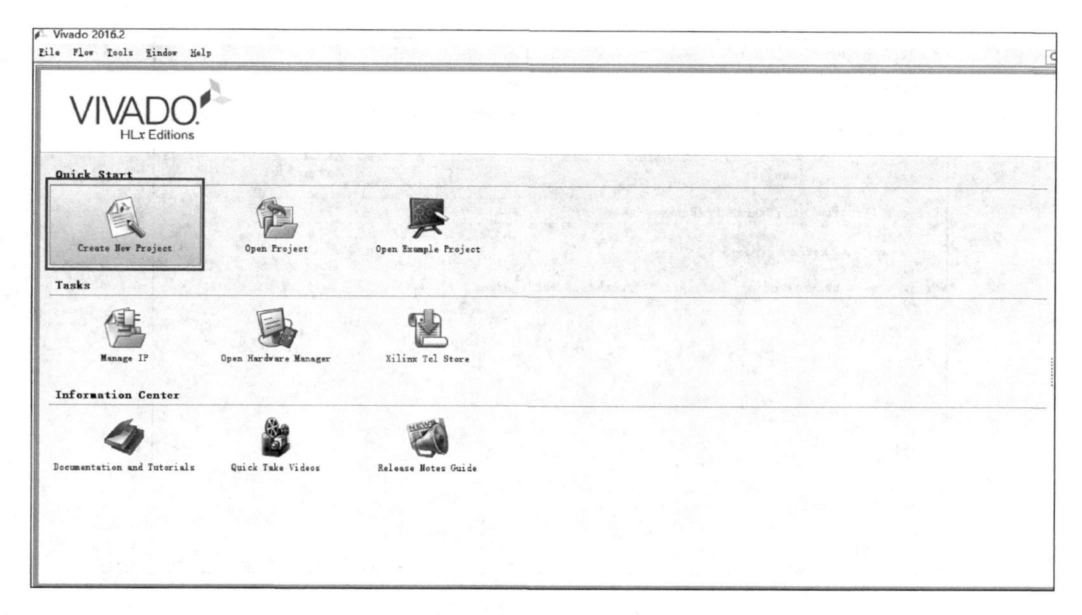

图 4.7 Vivado 2016.2 初始界面

图 4.8 新建工程向导

(4) 在弹出的如图 4.10 所示界面中，选择 RTL Project 一项，并选择 Do not specify sources at this time，选择该选项是为了跳过在新建工程的过程中添加设计源文件，单击 Next 按钮。

(5) 在如图 4.11 所示界面中，根据使用的 FPGA 开发平台，选择对应的 FPGA 目标器件。本节 FPGA 采用 Artix-7 XC7A100T-1CSG324C 的器件，即 Family 和 Subfamily 均为 Artix-7，封装形式(Package)为 csg324，速度等级(Speed grade)为 -1，温度等级(Temp Grade)为 C，单击 Next 按钮。

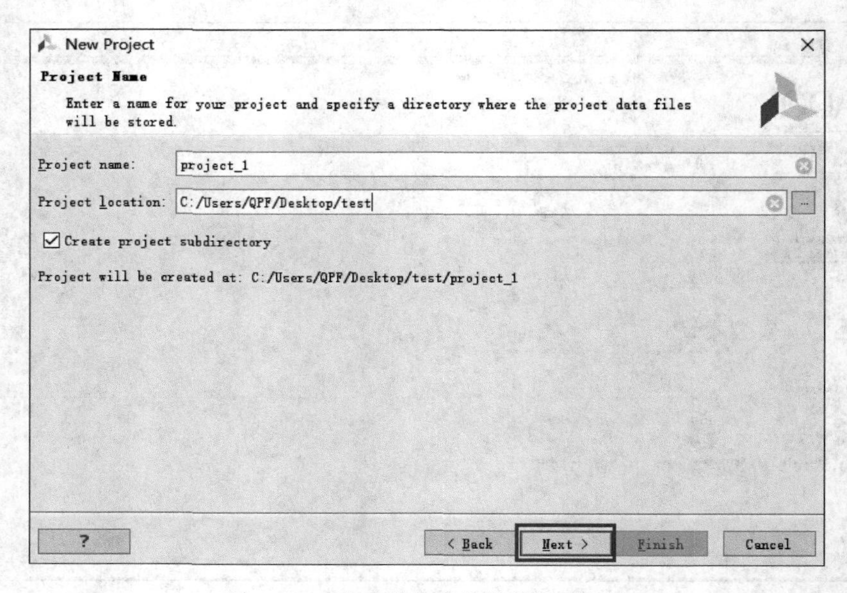

图 4.9 工程名称和存储路径设置页面

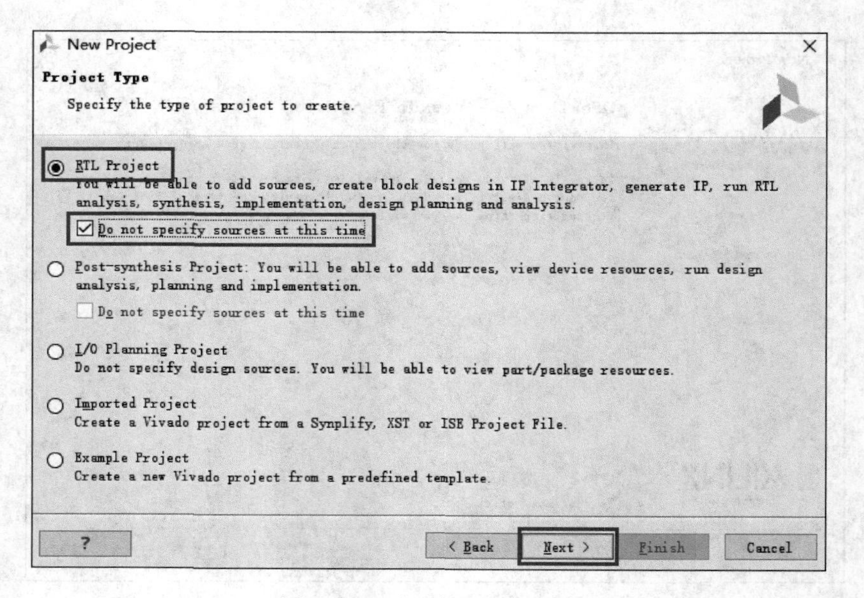

图 4.10 项目类型选择页面

(6) 在弹出的如图 4.12 所示界面中，确认相关信息与设计所用的 FPGA 器件信息是否一致，一致请单击 Finish 按钮，如果不一致，请返回上一步修改。

(7) 得到如图 4.13 所示的空白 Vivado 工程界面，完成空白工程新建。

4.2.2 设计文件输入

(1) 如图 4.14 所示，单击 Flow Navigator 下的 Project Manager→Add Sources 或中间 Sources 中的对话框打开设计文件导入添加对话框。

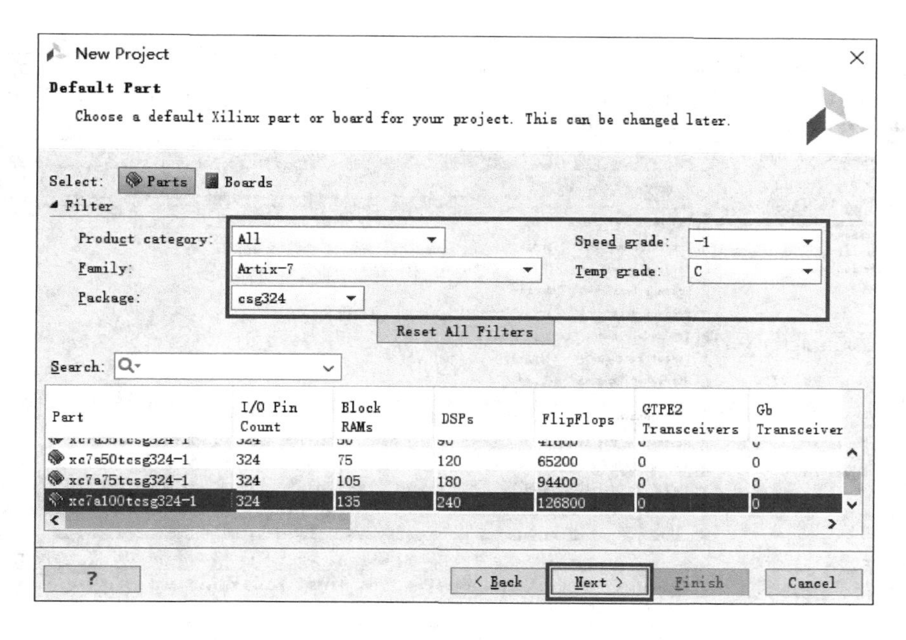

图 4.11　FPGA 目标器件选择页面

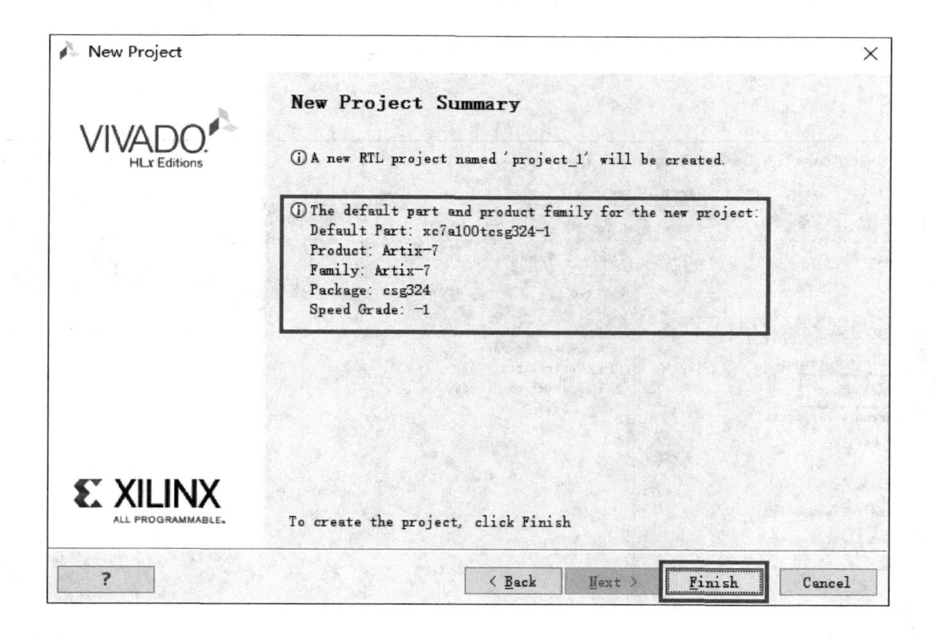

图 4.12　FPGA 器件信息确认页面

(2) 在如图 4.15 所示界面中，选择第二项 Add or create design sources，用来添加或新建 Verilog 或 VHDL 源文件，单击 Next 按钮。

(3) 如果有现有的 .V/.VHD 文件，可以通过 Add Files 按钮添加。在这里要新建文件，所以单击 Create File 按钮，如图 4.16 所示。

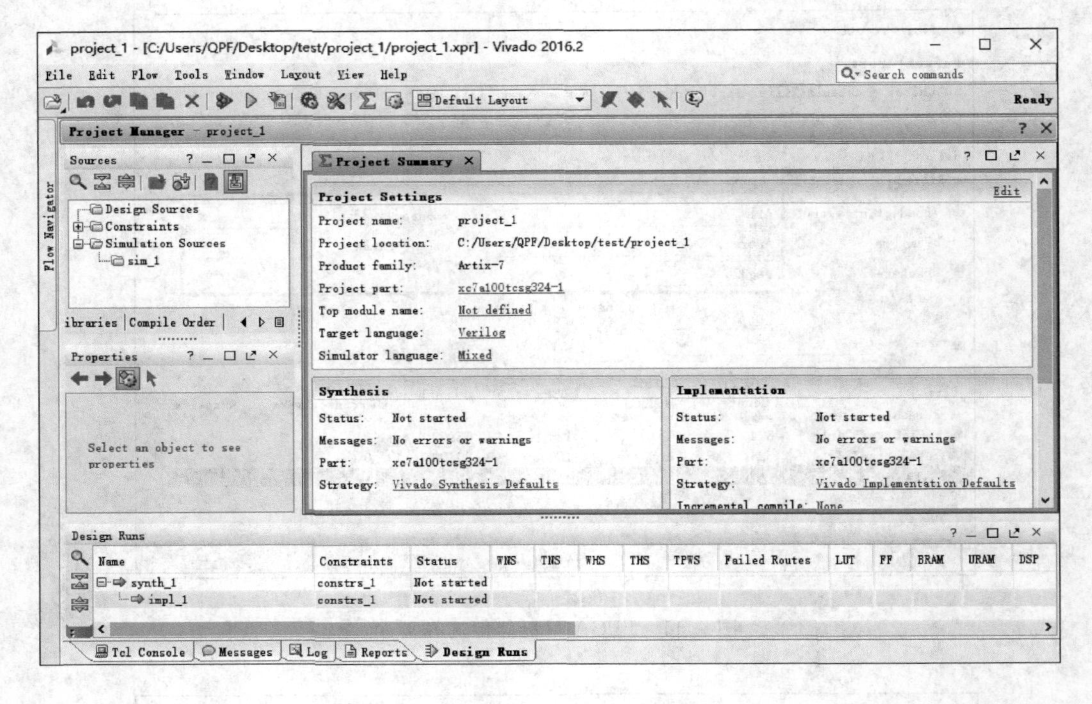

图 4.13　空白工程界面

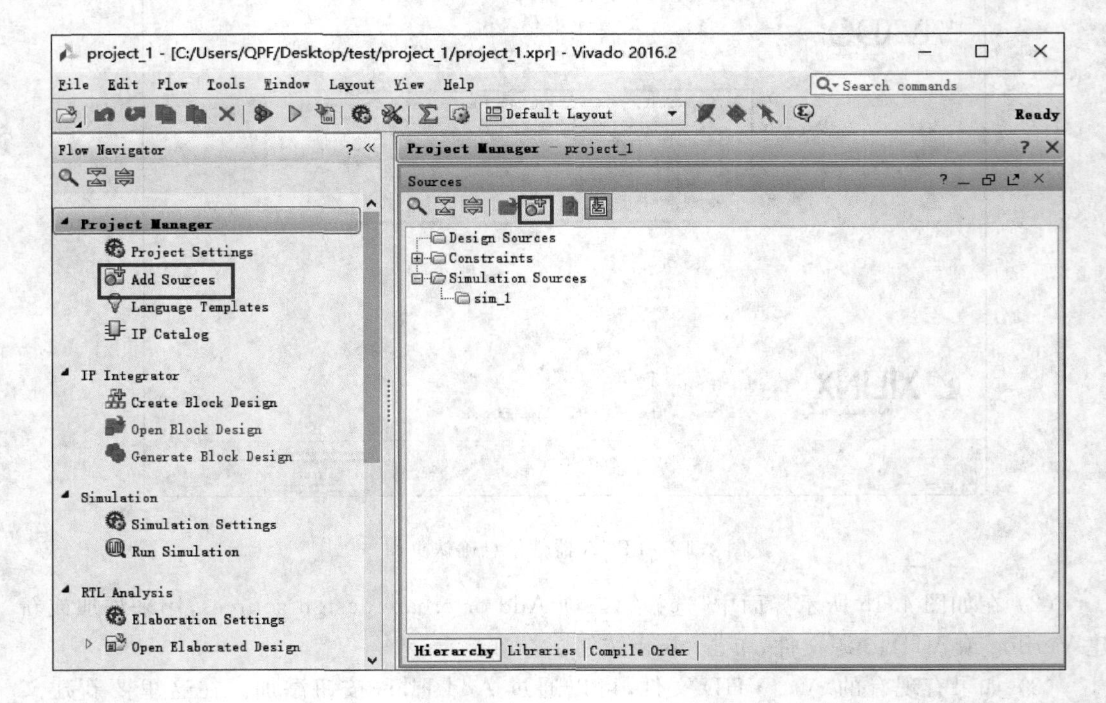

图 4.14　文件导入

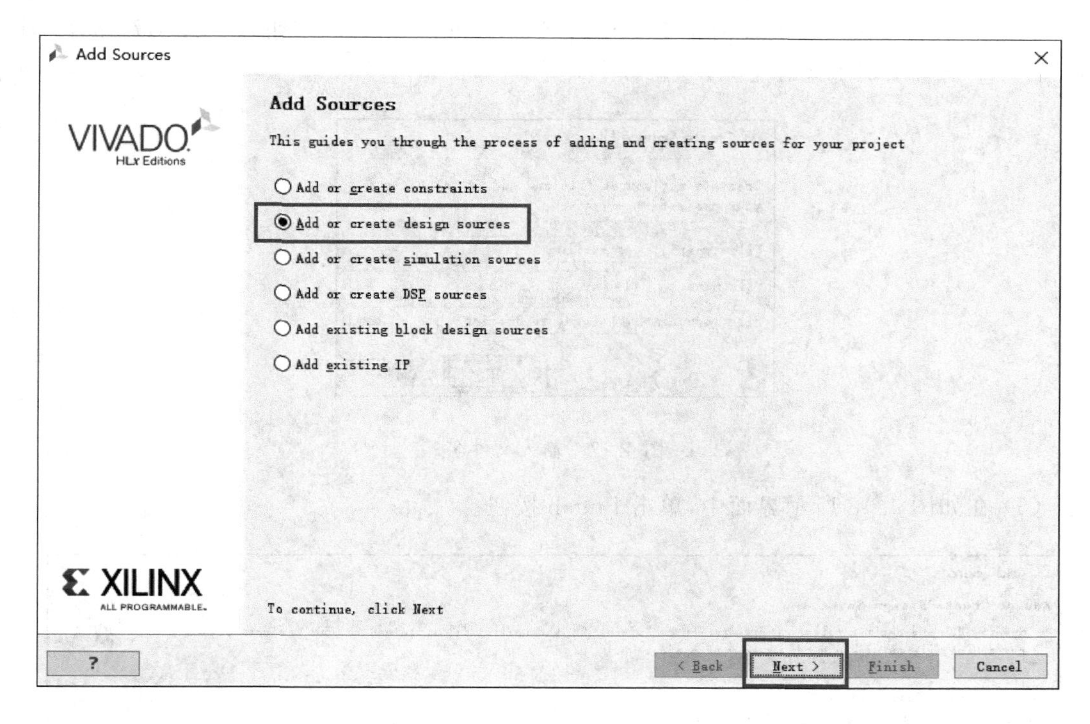

图 4.15 源文件类型选择页面

图 4.16 新建文件

(4) 在 Create Source File 对话框中输入 File name，单击 OK 按钮，如图 4.17 所示。注意：名称中不可出现中文和空格。

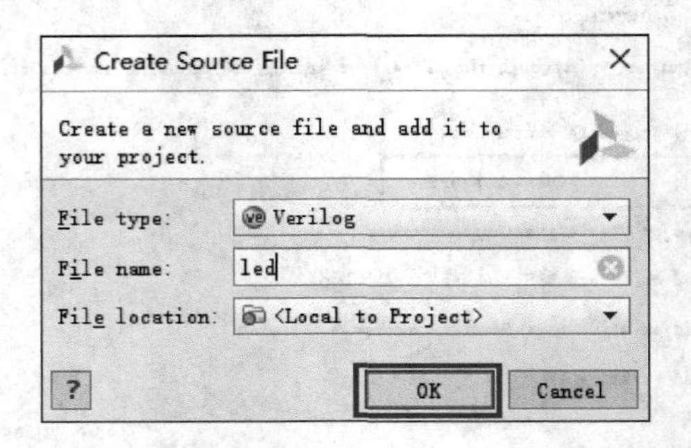

图 4.17　输入文件名

(5) 在如图 4.18 所示界面中，单击 Finish 按钮。

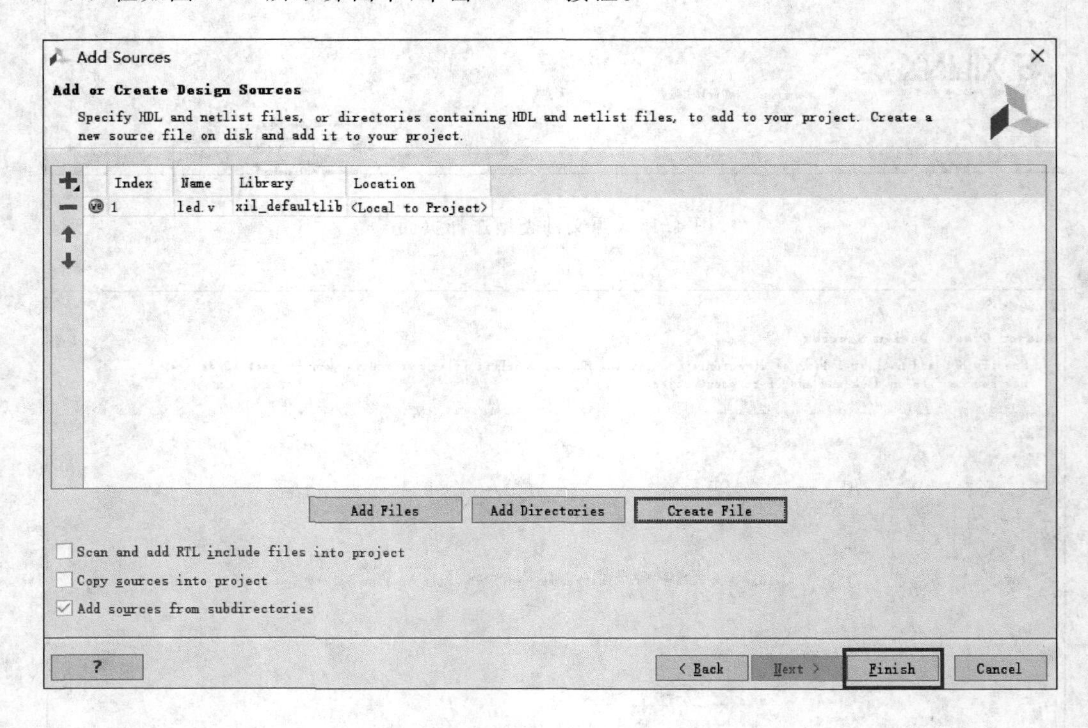

图 4.18　创建源文件确认页面

(6) 在弹出的 Define Module 界面中 I/O Port Definitions 区域，输入设计模块所需的端口，并设置端口方向，如果端口为总线型，勾选 Bus 选项，并通过 MSB 和 LSB 确定总线宽度，完成后单击 OK 按钮。界面如图 4.19 所示。注意，led 实际宽度与代码中一致，也可在代码中修改。

(7) 如图 4.20 所示，新建的设计文件(此处为 led.v)即存在于 Sources 中的 Design Sources 中。双击打开该文件，打开后界面如图 4.21 所示，输入程序 4.1 中的设计代码。

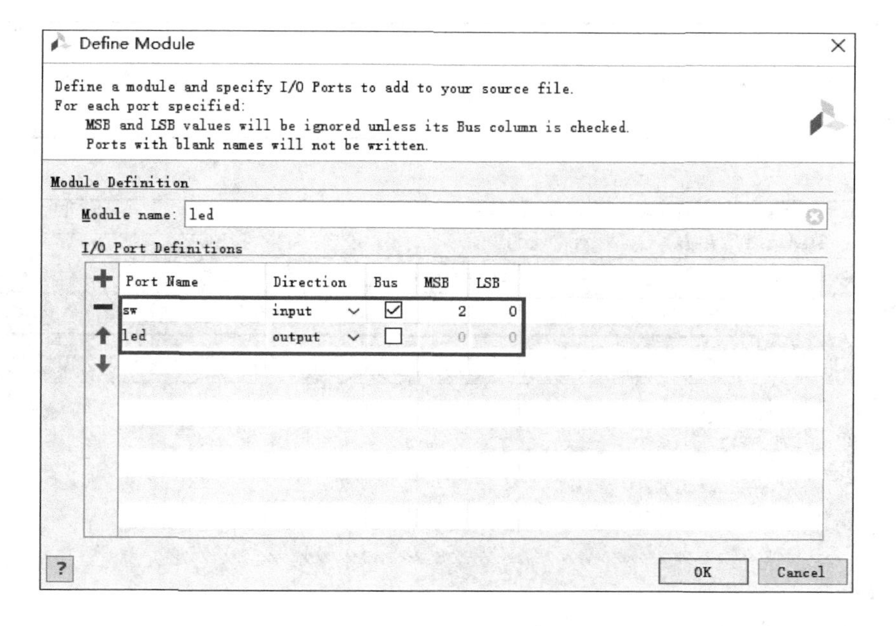

图4.19 定义模块

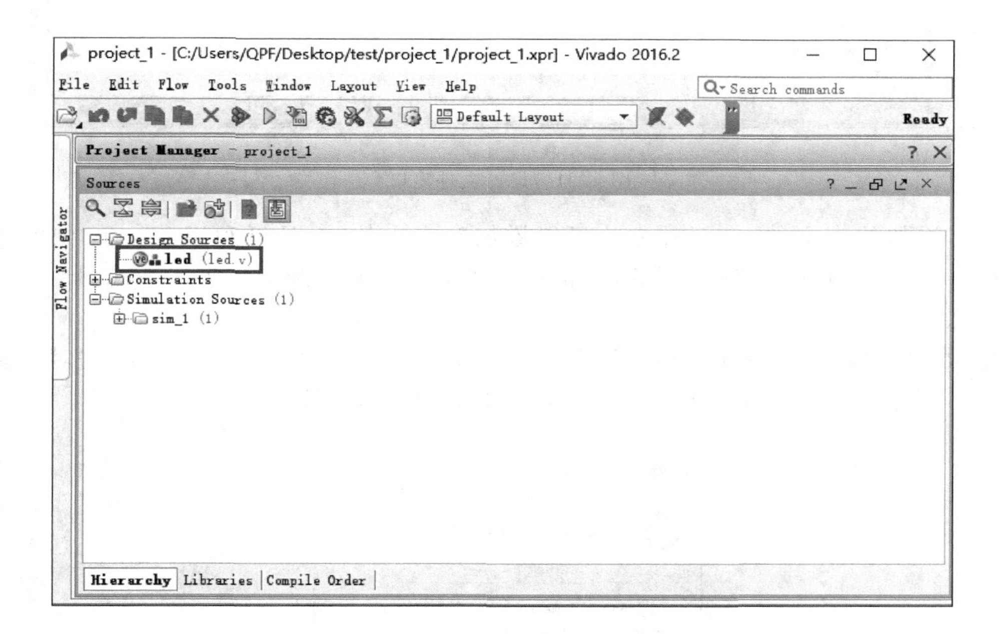

图4.20 Design Sources

程序4.1 点亮LED灯实验代码

```
module led(
    input [2:0] sw,
    output led
```

```
    );
    assign led = sw[2]&sw[1]&sw[0];
endmodule
```

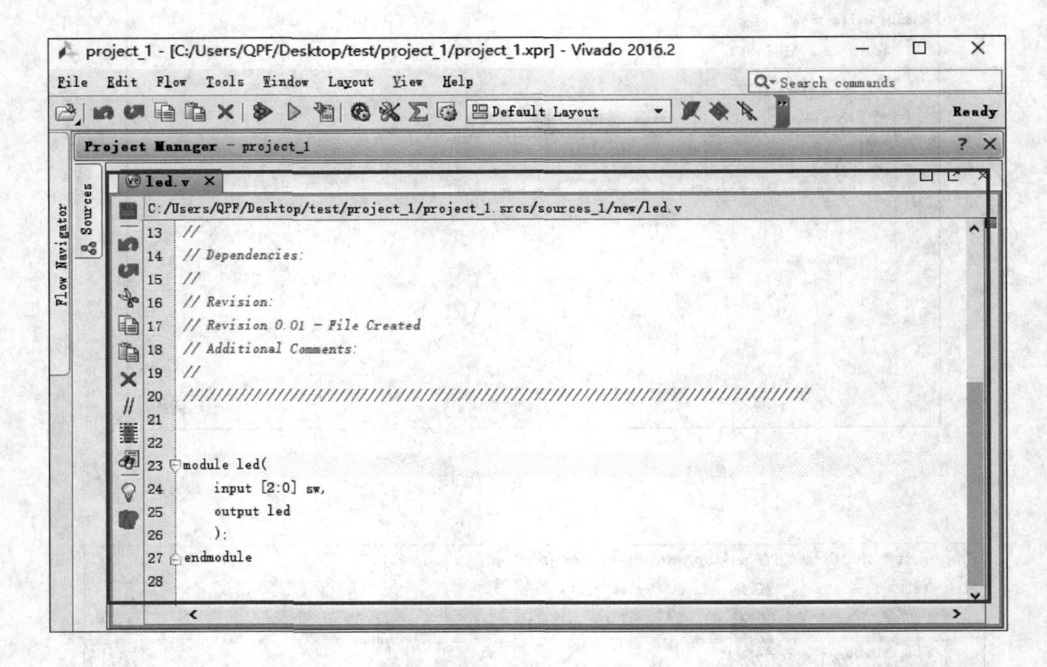

图 4.21 设计文件窗口

(8) 添加约束文件，有两种方法可以添加约束文件，一是可利用 Vivado 中的 I/O Planning 功能，二是可以直接新建 XDC 的约束文件，手动输入约束命令。

方法一：利用 I/O Planning。

① 如图 4.22 所示，单击 Flow Navigator 中 Synthesis 中的 Run Synthesis，先对工程进行综合。综合完成之后，选择 Open Synthesized Design，打开综合结果。

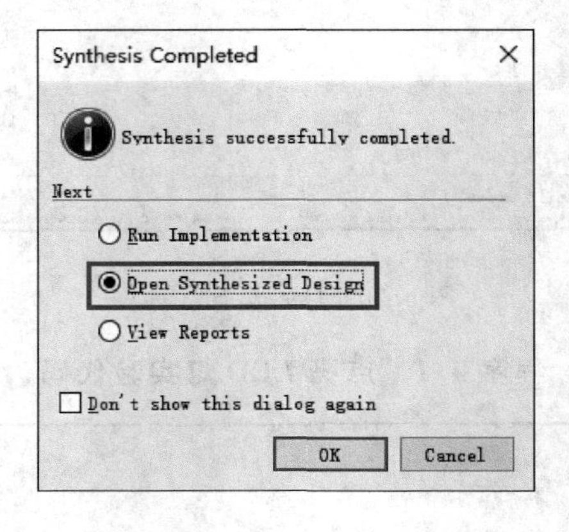

图 4.22 综合完成对话框

② 得到如图 4.23 所示界面，若未显示该界面，在图示位置选择 I/O Planning 菜单项。

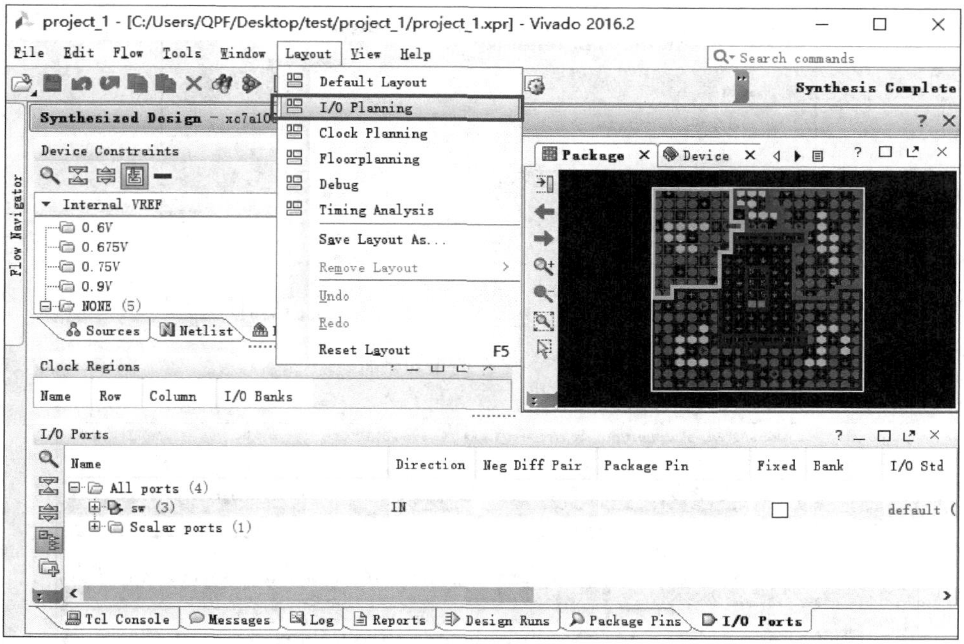

图 4.23 选择 I/O Planning 菜单项

③ 在如图 4.24 所示界面右下方的选项卡中切换到 I/O Ports 一栏，并在对应的信号后，输入对应的 FPGA 管脚标号（或将信号拖曳到右上方 Package 图中对应的管脚上），并指定 I/O Std。具体的 FPGA 约束管脚和 I/O 电平标准，可参考对应板卡的用户手册或原理图。

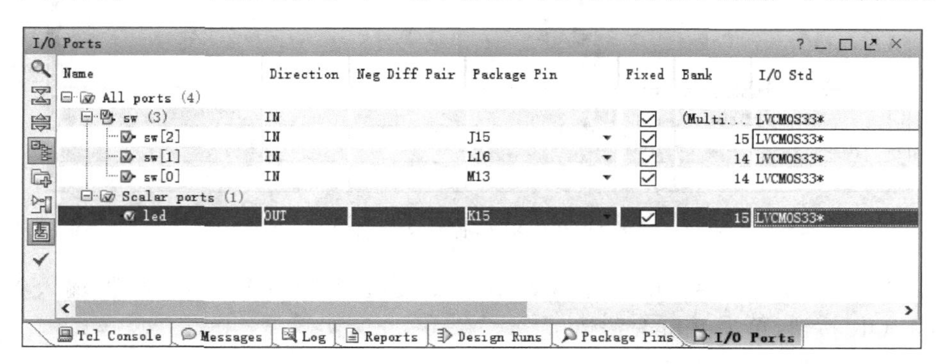

图 4.24 I/O Ports 栏

④ 完成之后，单击界面左上方工具栏中的“保存”按钮，工程提示新建 XDC 文件或选择工程中已有的 XDC 文件。在这里，选择 Create a new file，输入 File name，单击 OK 按钮完成约束过程，如图 4.25 所示。

⑤ 如图 4.26 所示，在 Sources 下的 Constraints 中会看到新建的 XDC 文件。

方法二：手动输入约束命令。

① 单击 Add Sources，在如图 4.27 所示界面中，选择第一项 Add or create constraints，单击 Next 按钮。

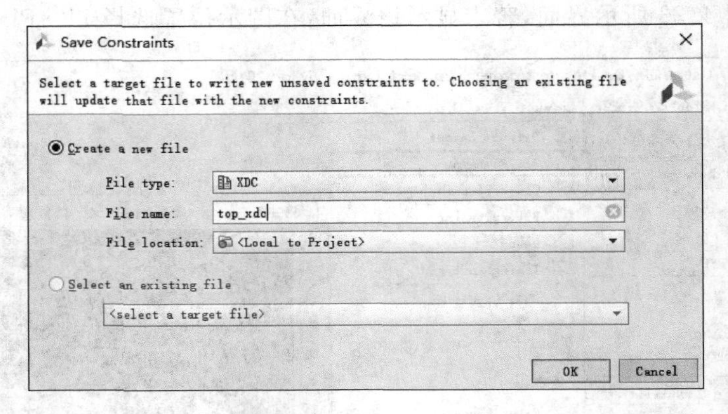

图 4.25　保存约束对话框

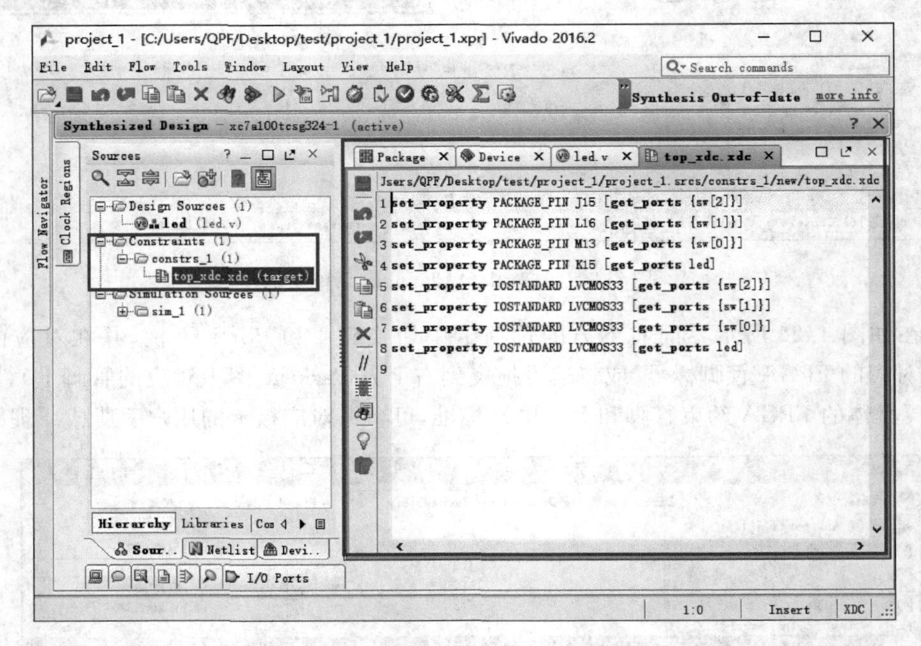

图 4.26　XDC 查看文件窗口

② 在如图 4.28 所示界面中，单击 Create File 按钮，新建一个 XDC 文件，输入 XDC 文件名，单击 OK 按钮，单击 Finish 按钮。

③ 在如图 4.29 所示界面中，双击打开新建好的 XDC 文件，并按照程序 4.2 所示规则，输入相应的 FPGA 管脚约束信息和电平标准。

程序 4.2　点亮 LED 灯实验管脚约束信息和电平标准

```
set_property PACKAGE_PIN M13 [get_ports {sw[0]}]
set_property PACKAGE_PIN L16 [get_ports {sw[1]}]
set_property PACKAGE_PIN J15 [get_ports {sw[2]}]
set_property PACKAGE_PIN K15 [get_ports led]
```

```
set_property IOSTANDARD LVCMOS33 [get_ports led]
set_property IOSTANDARD LVCMOS33 [get_ports {sw[2]}]
set_property IOSTANDARD LVCMOS33 [get_ports {sw[1]}]
set_property IOSTANDARD LVCMOS33 [get_ports {sw[0]}]
```

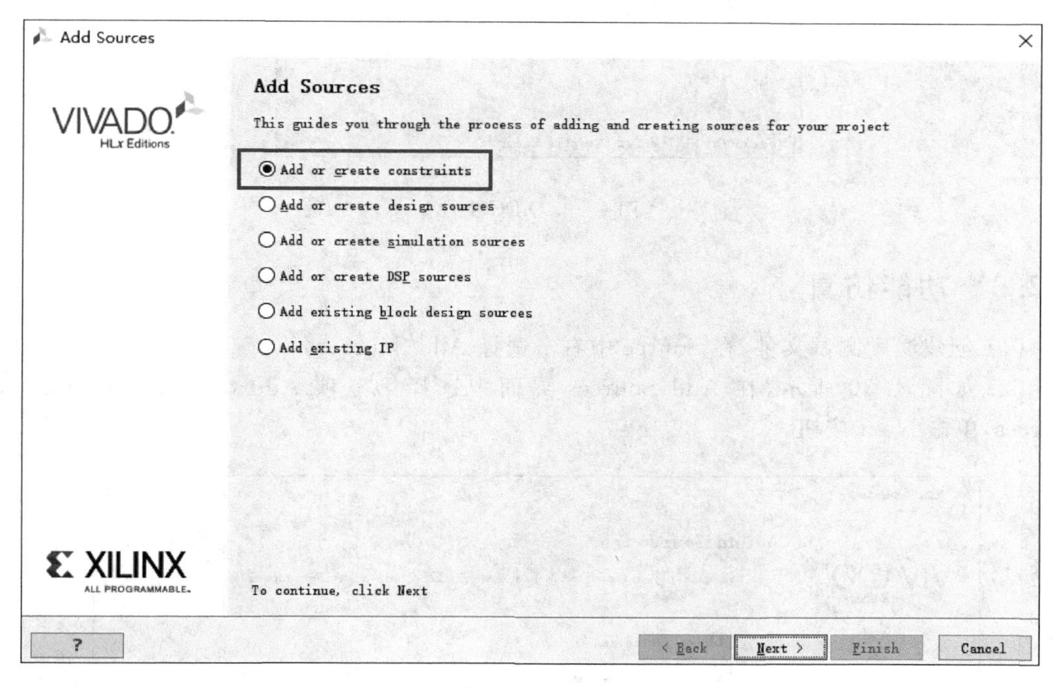

图 4.27 创建 XDC 文件类型选择页面

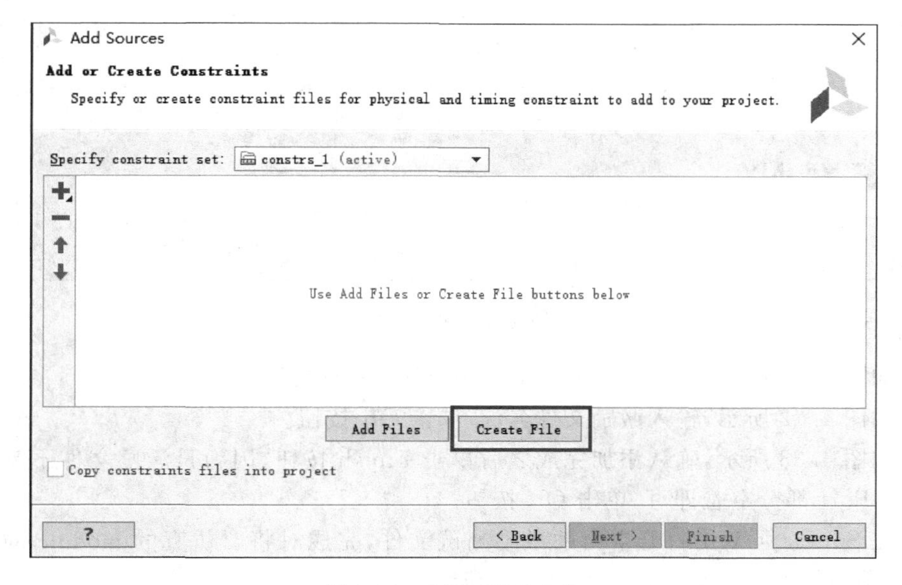

图 4.28 创建 XDC 文件

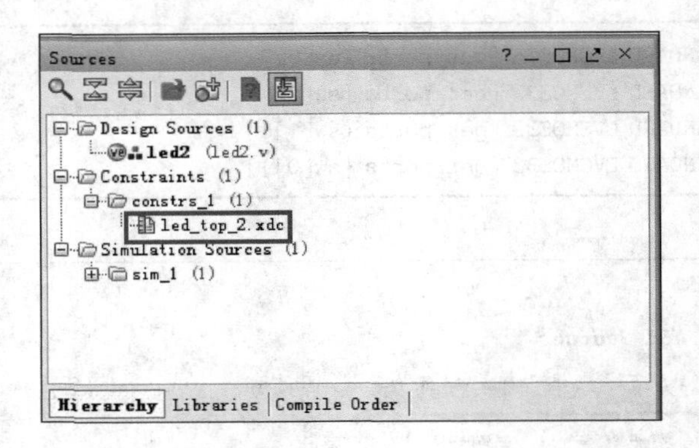

图 4.29　XDC 文件

4.2.3　功能仿真

(1) 创建激励测试文件，在 Source 中右击选择 Add Sources。

(2) 如图 4.30 所示，在 Add Sources 界面中选择第三项 Add or create simulation sources，单击 Next 按钮。

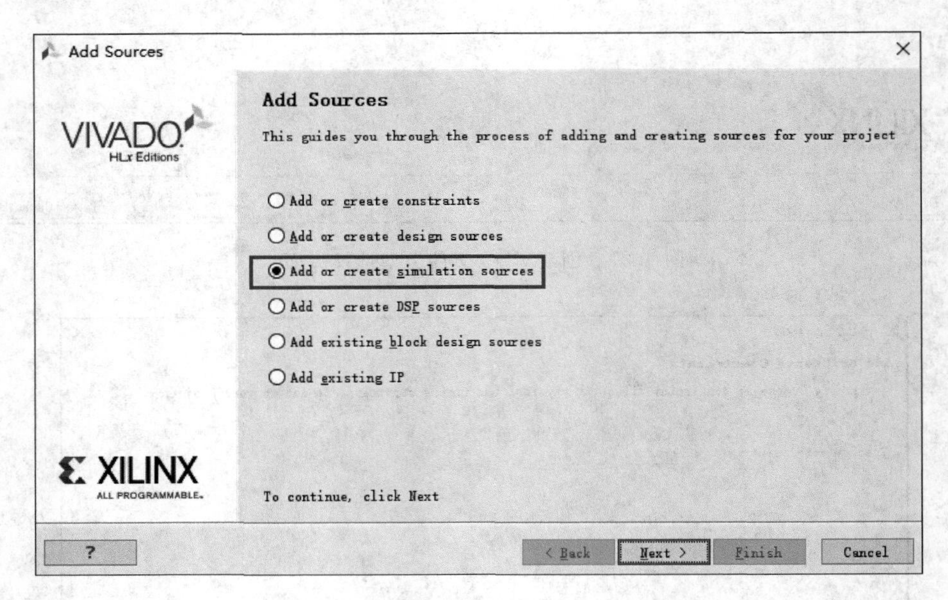

图 4.30　创建激励测试文件选择页面

(3) 如图 4.31 所示，单击 Create File 按钮创建一个仿真激励文件。

(4) 如图 4.32 所示，输入激励文件名称，单击 OK 按钮。

(5) 如图 4.33 所示，确认添加完成之后单击 Finish 按钮，因为是激励文件不需要对外端口，所以 Port 部分空着即可，单击 OK 按钮。

(6) 在 Source 下双击打开空白的激励测试文件，完成对将要仿真的 module 的实例化和激励代码的编写，本实验代码如程序 4.3 所示。

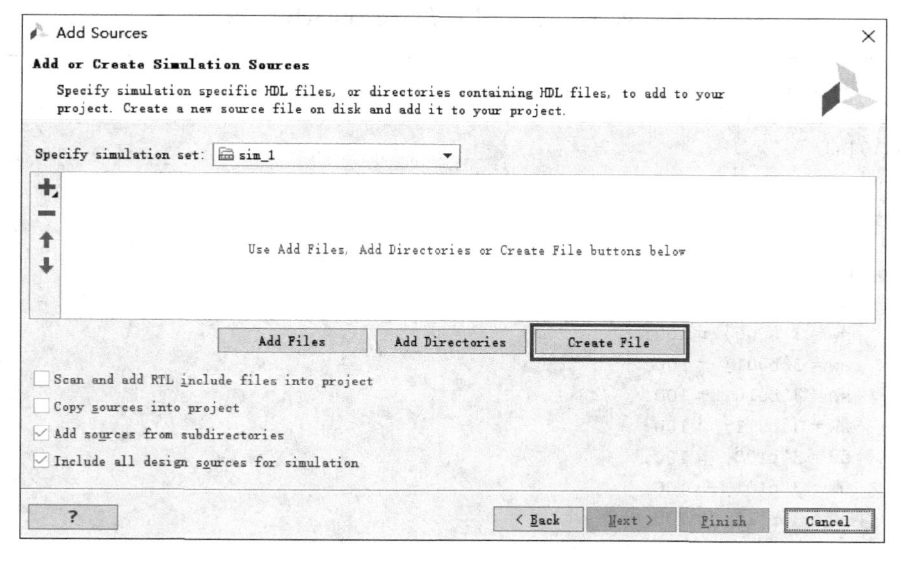

图 4.31　激励文件创建页面

Create Source File

Create a new source file and add it to your project.

File type: Verilog

File name: led_tb.v

File location: <Local to Project>

? OK Cancel

图 4.32　激励文件创建确认对话框

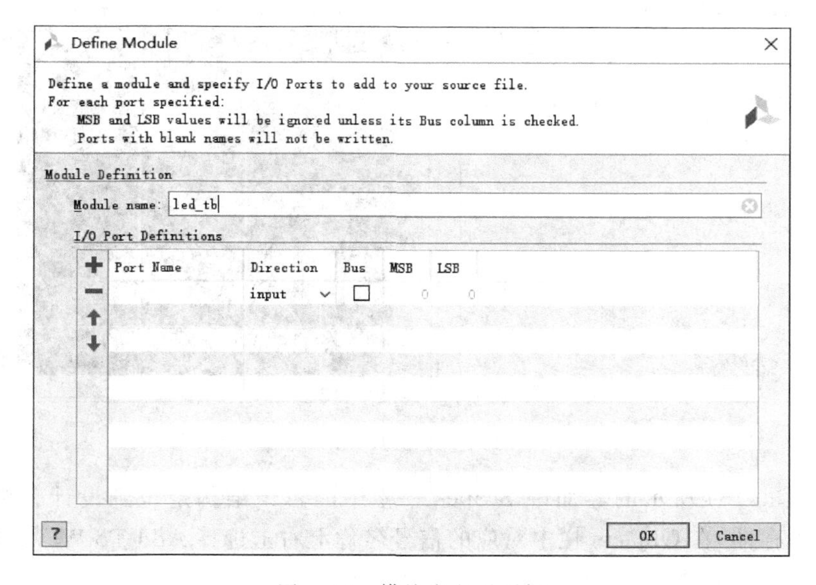

图 4.33　模块定义对话框

程序 4.3 点亮 LED 灯 TestBench 代码

```
`timescale 1ns / 1ps
module led_tb();
reg [2:0]sw;
wire led;?
led uut(sw,led);
initial
    begin
        #100;
        sw = 3'b000; #100;
        sw = 3'b001; #100;
        sw = 3'b010; #100;
        sw = 3'b011; #100;
        sw = 3'b100; #100;
        sw = 3'b101; #100;
        sw = 3'b110; #100;
        sw = 3'b111; #100;
    end
endmodule
```

(7) 进行仿真，在如图 4.6 所示的 Vivado 流程处理主界面 Flow Navigator 中选择 Simulation 下的 Run Simulation 选项，并选择 Run Behavioral Simulation 一项，进入仿真界面。

(8) 仿真界面如图 4.34 所示。

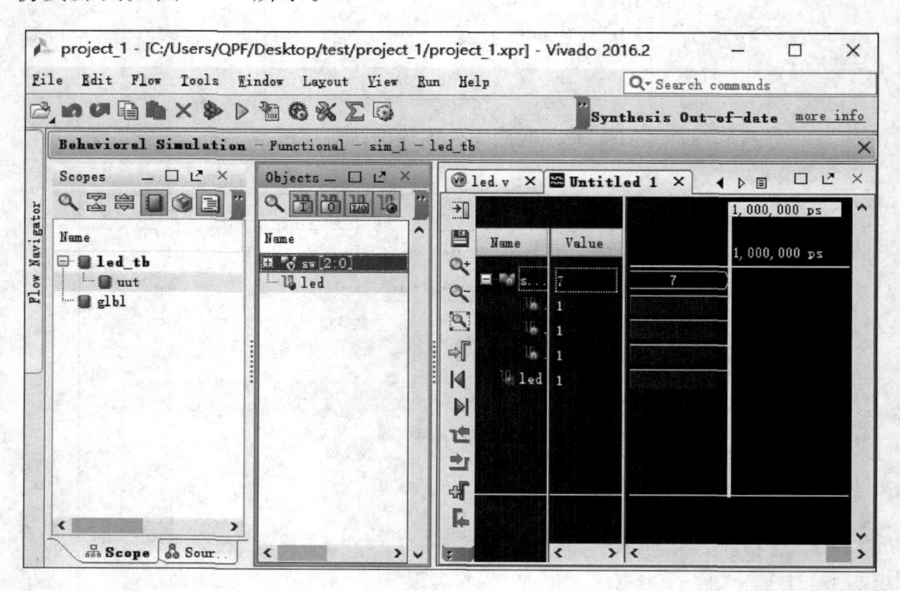

图 4.34 仿真界面

可通过如图 4.34 所示的界面中 Scopes 一栏中的目录结构定位到设计者想要查看的 module 内部寄存器，在 Objects 栏中对应的信号名称上右击选择 Add To Wave Window，将信号加入波形图中，如图 4.35 所示。

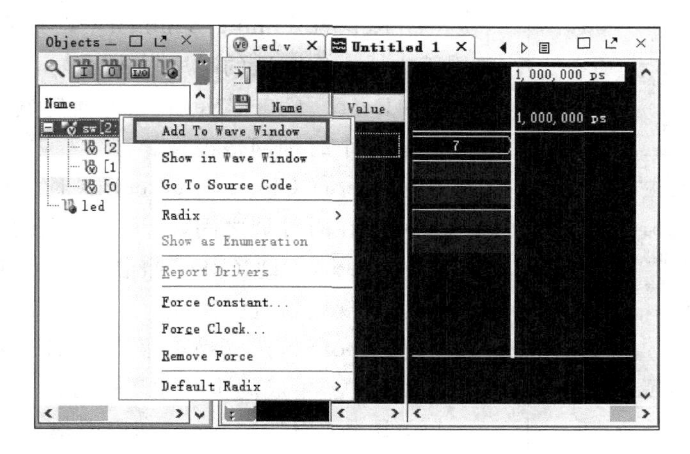

图 4.35 添加波形

还可以通过如图 4.36 所示选择工具栏中圈出的选项来进行波形的仿真时间控制。圈出的工具条,分别是复位波形(即清空现有波形)、运行仿真、运行特定时长的仿真、仿真时长设置、仿真时长单位、单步运行、暂停等。

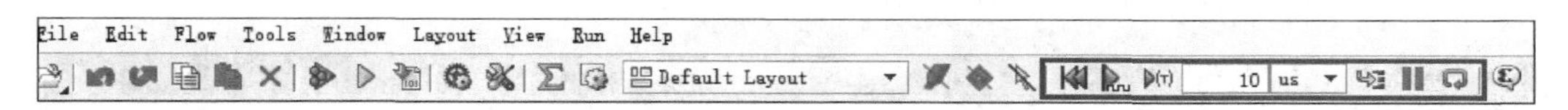

图 4.36 仿真波形工具条

(9) 核对最终得到的仿真效果图波形与预设的逻辑功能是否一致,完成仿真。

4.2.4 设计综合

在如图 4.6 所示的 Vivado 流程处理主界面 Flow Navigator 窗口下找到 Synthesis 选项并展开。在展开项中,选择 Run Synthesis 选项,对项目执行设计综合,在完成综合后得到如图 4.37 所示对话框。

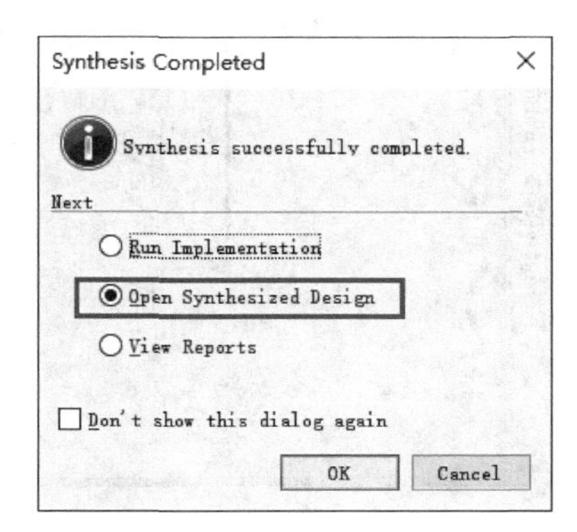

图 4.37 综合完成对话框

该对话框中有以下三个选项。

(1) Run Implementation(运行实现过程)。

(2) Open Synthesized Design(打开综合后的设计)。

(3) View Reports(打开报告)。

如果不需要打开综合后的设计进行查看,选择第一项 Run Implementation,直接进入设计实现步骤。如果需要查看综合后的设计,首先选择 Open Synthesized Design 选项,单击 OK 按钮。完成上述过程后,可以展开 Flow Navigator 窗口中的 Synthesized Design 选项,如图 4.38 所示。

(1) Constraints Wizard(约束向导)。

(2) Edit Timing Constraints(编辑时序约束):该选项用于启动时序约束标签。

(3) Set Up Debug(设置调试):该选项用于启动设计调试向导,然后根据设计要求添加或删除需要观测的网络结点。

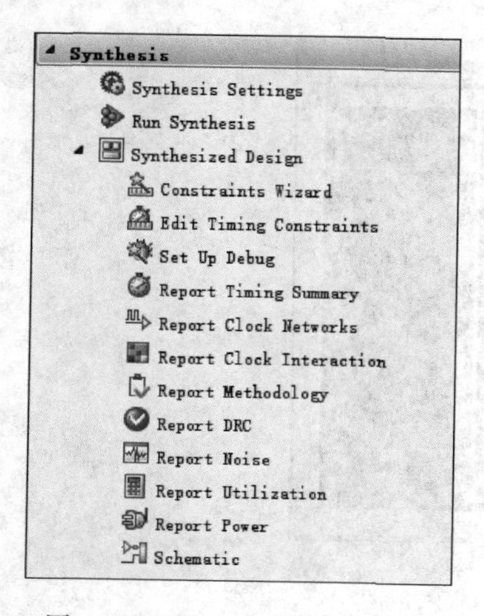

图 4.38 Flow Navigator 窗口

(4) Report Timing Summary(时序总结报告)：该选项用于生成一个默认的时序报告。

(5) Report Clock Networks(时钟网络报告)：该选项用于创建一个时钟网络报告。

(6) Report Clock Interaction(时钟相互作用报告)：该选项用于在时钟域之间,验证路径上的约束收敛。

(7) Report RDC(RDC 报告)：该选项用于对整个设计执行设计规则检查。

(8) Report Noise(噪声报告)：该选项针对当前的封装和引脚分配,生成同步开关噪声分析报告。

(9) Report Utilization(利用率报告)：该选项用于创建一个资源利用率报告。

(10) Report Power(报告功耗)：该选项用于生成一个详细的功耗分析报告。

(11) Schematic(原理图)：该选项用于打开原理图界面。

选择 Schematic 打开综合后的原理图如图 4.39 所示。

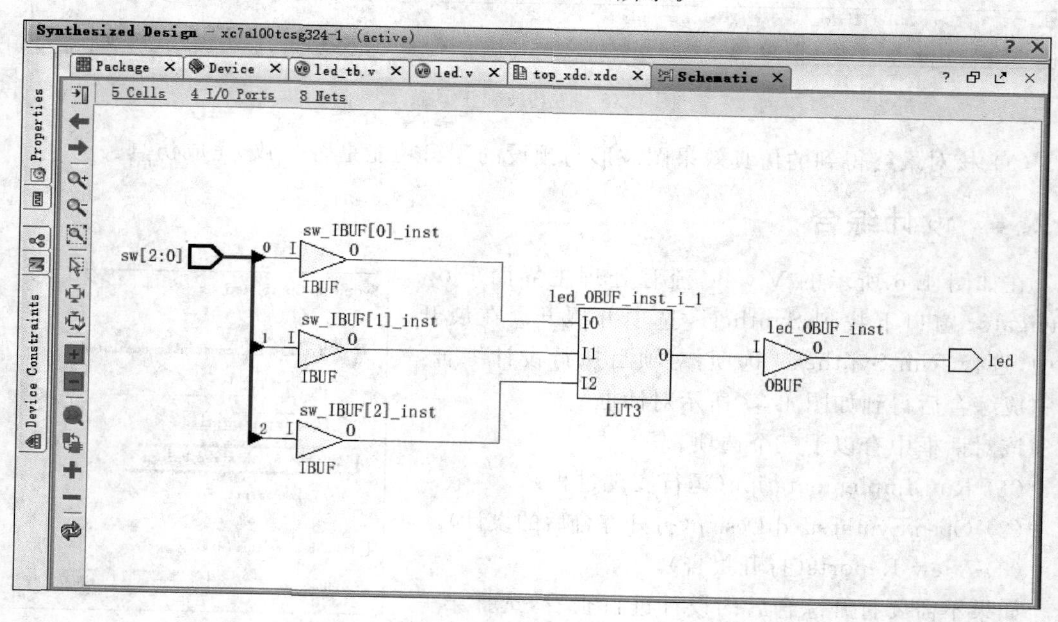

图 4.39 原理图

经过综合后的设计项目,不仅进行了逻辑优化,而且将 RTL 级推演的网表文件映射到 FPGA 器件的原语,生成新的、综合的网表文件。

4.2.5 工程实现

(1) 在如图 4.6 所示的 Vivado 流程处理主界面 Flow Navigator 中单击 Program and Debug 下的 Generate Bitstream 选项,工程会自动完成综合、实现、Bit 文件生成过程,完成

之后，弹出如图 4.40 所示界面，单击 Open Implemented Design 来查看工程实现结果。

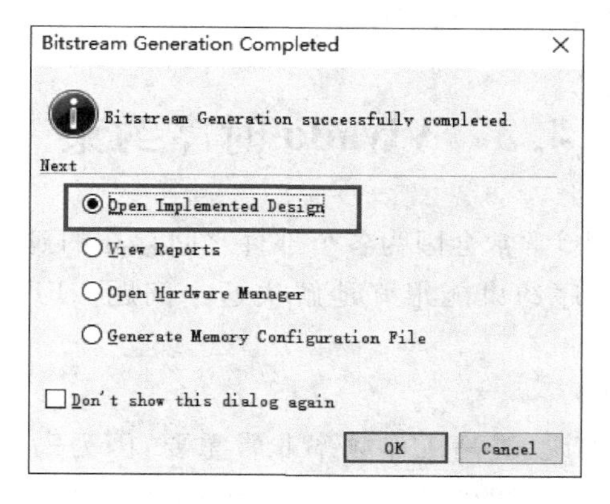

图 4.40　工程实现完成对话框

（2）单击 Flow Navigator 中 Open Hardware Manager 一项，进入硬件编程管理界面。

（3）在提示的信息中，选择 Open Hardware Manager 或在 Flow Navigator 中展开 Hardware Manager，单击 Open target。在如图 4.41 所示界面中选择 Auto Connect 连接到板卡。

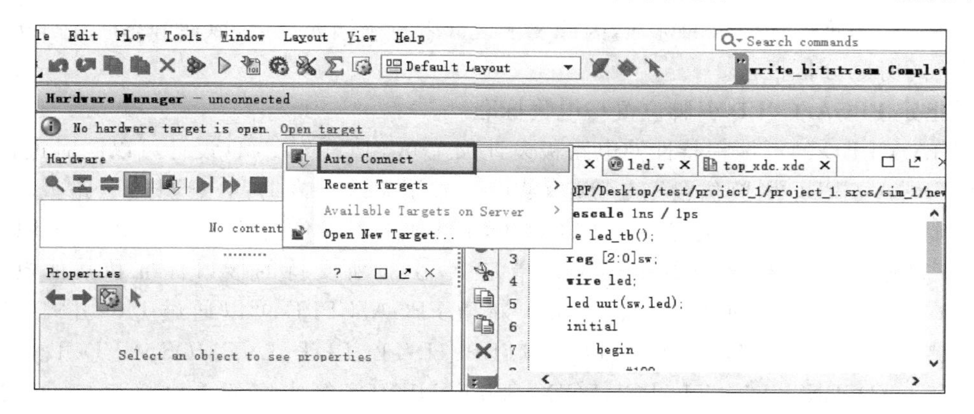

图 4.41　硬件编程管理界面

（4）如图 4.42 所示，连接成功后，在目标芯片上右击，选择 Program Device。在弹出的对话框中 Bitstream file 一栏中已经自动加载本工程生成的比特流文件，单击 Program 按钮对 FPGA 芯片进行编程。

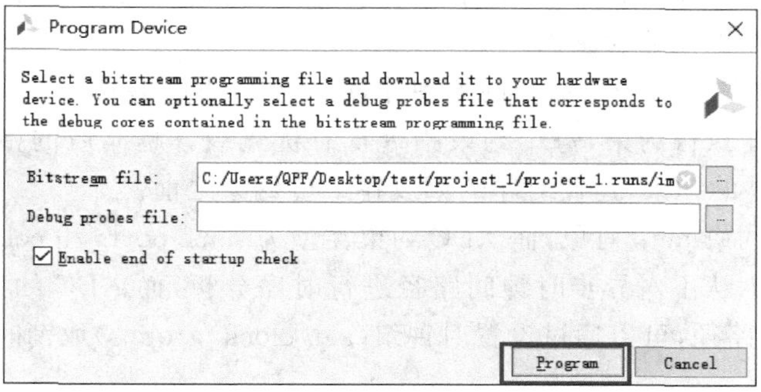

Program Device
Select a bitstream programming file and download it to your hardware device. You can optionally select a debug probes file that corresponds to the debug cores contained in the bitstream programming file.
Bitstream file: C:/Users/QPF/Desktop/test/project_1/project_1.runs/im
Debug probes file:
Enable end of startup check
Program　Cancel

图 4.42　芯片编程确认对话框

(5) 下载完成后，在板子上观察实验结果。拨动最右边的三个开关同时向上，右起第二个 led 灯会亮起(根据自己的引脚选择)，实验成功。

4.3 Vivado 时序约束

在 FPGA 的设计过程中，常常会因为各个部件之间存在的延迟导致整体功能上的偏差甚至无法实现，而恰当的时序约束能很好地解决这个问题。FPGA 的时序约束功能主要如下。

1. 提高设计的工作频率

对很多数字电路设计来说，提高工作频率非常重要，因为高工作频率意味着高处理能力。通过附加约束可以控制逻辑的综合、映射、布局和布线，以减小逻辑和布线延时，从而提高工作频率。

2. 获得正确的时序分析报告

几乎所有的 FPGA 设计平台都包含静态时序分析工具，利用这类工具可以获得映射或布局布线后的时序分析报告，从而对设计的性能做出评估。静态时序分析工具以约束作为判断时序是否满足设计要求的标准，因此要求设计者正确输入约束，以便静态时序分析工具输出正确的时序分析报告。

3. 指定 FPGA/CPLD 引脚位置与电气标准

FPGA/CPLD 的可编程特性使电路板设计加工和 FPGA/CPLD 设计可以同时进行，而不必等 FPGA/CPLD 引脚位置完全确定，从而节省了系统开发时间。这样，电路板加工完成后，设计者要根据电路板的走线对 FPGA/CPLD 加上引脚位置约束，使 FPGA/CPLD 与电路板正确连接。另外，通过约束还可以指定 IO 引脚所支持的接口标准和其他电气特性。为了满足日新月异的通信发展，Xilinx 新型 FPGA/CPLD 可以通过 I/O 引脚约束设置支持诸如 AGP、BLVDS、CTT、GTL、GTLP、HSTL、LDT、LVCMOS、LVDCI、LVDS、LVPECL、LVDSEXT、LVTTL、PCI、PCIX、SSTL、ULVDS 等丰富的 I/O 接口标准。通过区域约束还能在 FPGA 上规划各个模块的实现区域，通过物理布局布线约束，完成模块化设计等。

Vivado 软件相比于 ISE 的一大转变就是约束文件，ISE 软件支持的是 UCF(User Constraints File)，而 Vivado 软件转换到了 XDC(Xilinx Design Constraints)。XDC 主要基于 SDC(Synopsys Design Constraints)标准，另外集成了 Xilinx 的一些约束标准，可以说这一转变是 Xilinx 向业界标准的靠拢。

UCF 和 XDC 文件除了约束命令的差别外，还存在以下的差别。

(1) XDC 是顺序执行约束，每个约束指令都有优先级。越靠后的指令优先级越高，会覆盖之前对相同部件的约束，建议时序约束放在 I/O 约束之前。

(2) UCF 一般约束 nets 对象，而 XDC 约束类型为 pins、ports 和 cells 对象。

(3) UCF 约束默认不对异步时钟间路径进行时序分析，而 XDC 约束默认所有时钟是相关的，会分析所有路径，可以通过设置时钟组(set_clock_groups)取消时钟间的相关性。

4.3.1 时钟约束简介

在使用 Vivado 进行 FPGA 设计时常涉及的时钟约束如下。

1. Clock

(1) Create Clock：时钟约束必须最早创建，对 7 系列 FPGA 来说，端口进来的主时钟以及 GT 的输出 RXCLK/TXCLK 都必须由用户使用 create_clock 自主创建。Vivado 进行时序分析时，以主时钟的源端点作为延时计算起始点。

(2) Create Generated Clock：衍生时钟是由设计内部产生，一般由时钟模块(MMCM or PLL)或逻辑产生，并且对应有一个源时钟，源时钟可以是系统的主时钟或者另外一个衍生时钟。约束衍生时钟时，除了定义周期，占空比，还需要指明与源时钟的关系。

(3) Set Clock Latency：FPGA 内部时钟通常由外部时钟源提供，经过 PLL/MMCM 生成内部所用时钟。从时钟源比如晶振或者上游芯片经过板级走线到 FPGA 的专用时钟管脚，这个过程必然有板级走线延迟；由 create_clock 定义的时钟端口到同步元件的时钟端口也必然有延迟。这两类延迟共同构成了时钟延迟，前者为时钟源延迟(Source Latency)，后者为时钟网络延迟(Network Latency)。对于时钟网络延迟，Vivado 会自行分析计算；对于时钟源延迟，通过 set_clock_latency 来定义。

2. Inputs

Set Input Delay：用于数据输入端口，调节数据输入与时钟输入到来的相互关系。当 FPGA 外部送入 FPGA 内部寄存器数据时，会有两个时钟 launch clock 和 latch clock，前者负责将数据从外部寄存器中送出，后者要在 setup 与 hold 都满足的条件下，将数据锁入 FPGA 内部寄存器。在这个过程中，如果 launch clock 已经将数据送出，并到达 FPGA 内部寄存器端口，而上一次的数据的 hold 时间还不足，就会冲掉前面的这个数据，导致 latch clock 锁存数据错误！方法就是用 set_input_delay 在数据到达时间(data_arrival)上加延时，让数据推迟到达，让 latch lock 有足够的时间(一般是 hold time)对数据锁存。

3. Outputs

Set Output Delay：用于数据输出端口，调节数据输出与时钟输出的相互关系。当 FPGA 内部送出数据给外部器件时，有两个时钟 launch clock 与 latch clock，前者负责将数据从内部寄存器中送出，后者要在 setup 与 hold 都满足的条件下，将数据锁入外部寄存器。在这个过程中，就是要保证在时钟到来时数据准备好，并让时钟有足够的时间将数据打入外部寄存器中。但如果 latch clock 已经到来，由于板级延时等问题，数据未能如时到达，那 latch clock 就没有足够的 setup 时间对数据采样，导致 clock 猜到的数据错误。解决方法就是用 set_output_delay 在数据到达时间(data_arrival)上加延时(负值)，或者说对 latch clock 加延时(正值)，表现为数据提前到达，或认为 latch clock 推迟到达，而其实质就是以时钟为参考，对数据进行的操作，让 latch clock 有足够的时间(一般为 setup time)对数据锁存。

4.3.2 添加时钟约束

(1) 时钟约束必须最早创建，对 7 系列 FPGA 来说，端口进来的主时钟以及 GT 的输出 RXCLK/TXCLK 都必须由用户使用 create_clock 自主创建。如图 4.43 所示，在 Flow

Navigator 中选择 Synthesis→Synthesized Design→Edit Timing Constraints。

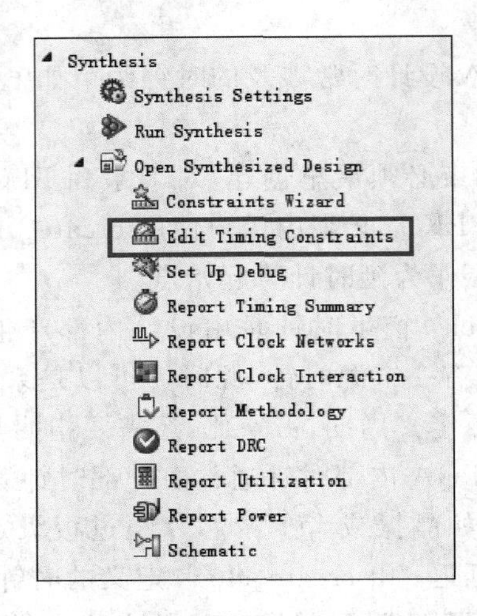

图 4.43 选择时钟约束

(2) 打开如图 4.44 所示时序约束界面,开始进行时序约束。

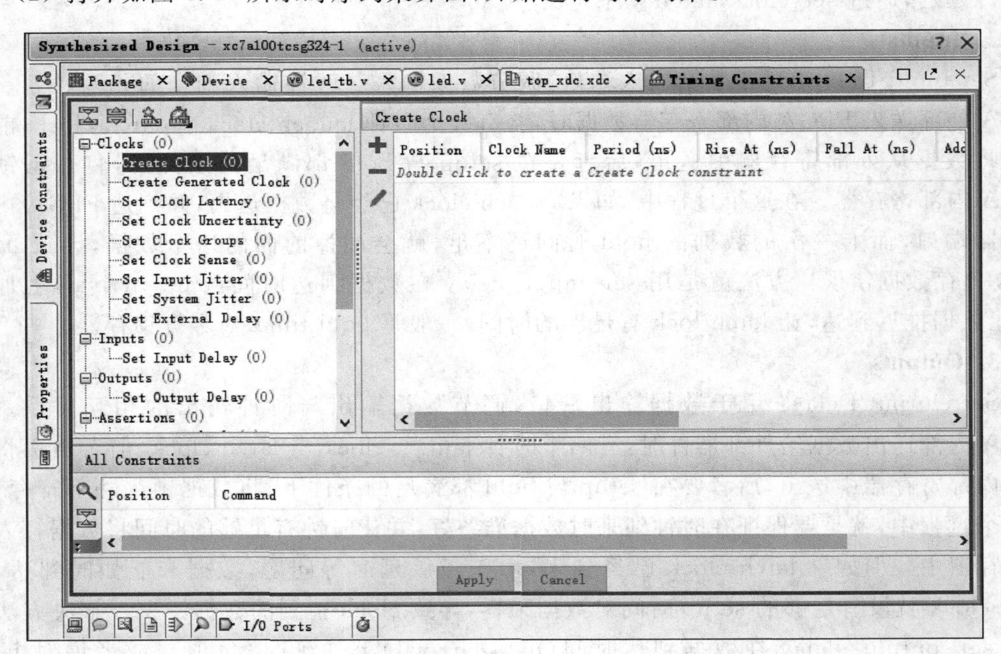

图 4.44 时钟约束

(3) 双击左边 Clock→Create Clock,进入如图 4.45 所示的 Create Clock 界面,在 Clock name 文本框中输入时钟变量名,此处为 clk_pin。单击 Source objects 右边的按钮。

(4) 在如图 4.46 所示 Specify Clock Source Objects 界面中,Find names of type 选项选择 I/O Ports 后单击 Find 按钮,并将查找到的 clk 选中移到选中框中。完成选择后单击 Set 按钮。此步骤将之前 I/O 约束中约束过的 clk 变量选中,为覆盖做好准备。

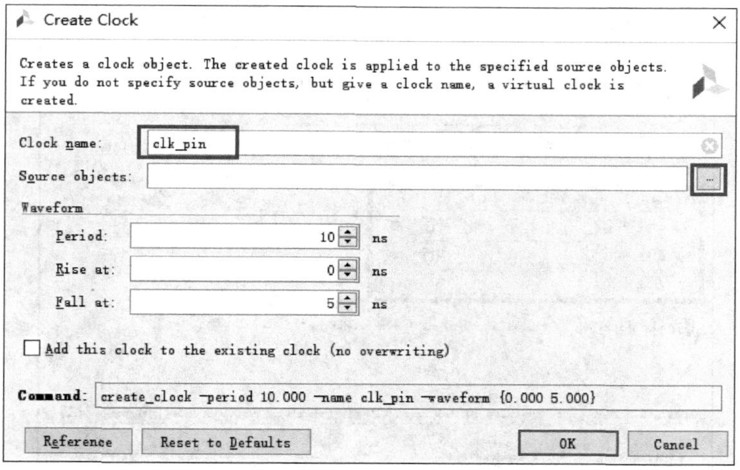

Create Clock

Creates a clock object. The created clock is applied to the specified source objects. If you do not specify source objects, but give a clock name, a virtual clock is created.

Clock name: clk_pin

Source objects:

Waveform

Period: 10 ns

Rise at: 0 ns

Fall at: 5 ns

Add this clock to the existing clock (no overwriting)

Command: create_clock -period 10.000 -name clk_pin -waveform {0.000 5.000}

Reference　Reset to Defaults　OK　Cancel

图 4.45　时钟变量名设置

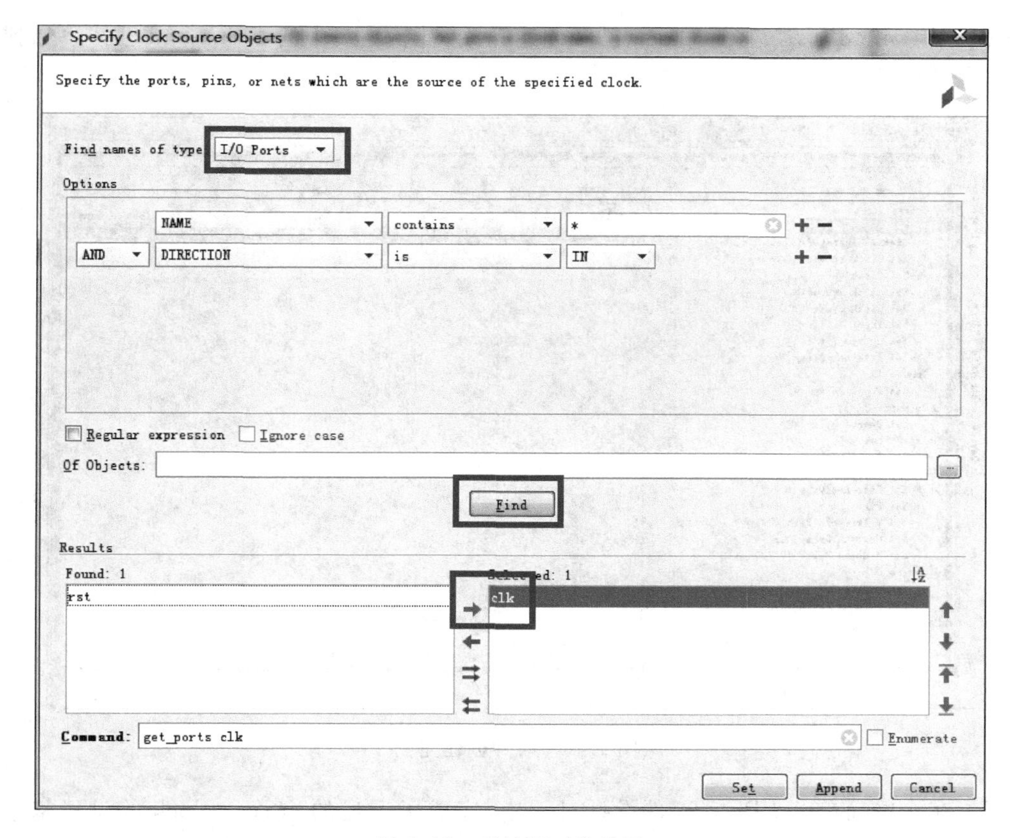

图 4.46　时钟源对象设置

(5) 在如图 4.47 所示界面中将 Period 设置成 10ns、Rise at 设置成 0ns、Fall at 设置成 5ns，并单击 OK 按钮。事实上，Xilinx 的 7 系列开发板的主频就是 100MHz，即周期为 10ns，此步骤在一定程度上相当于对主频的降频。

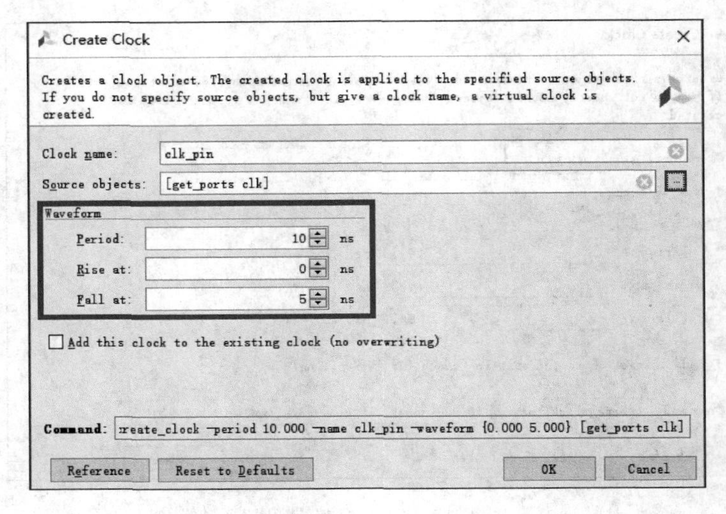

图 4.47 创建时钟

(6) 如图 4.48 所示，这时 Clock 已经创建完成。图 4.47 中的 Command 已经添加到工程 xdc 文件中。

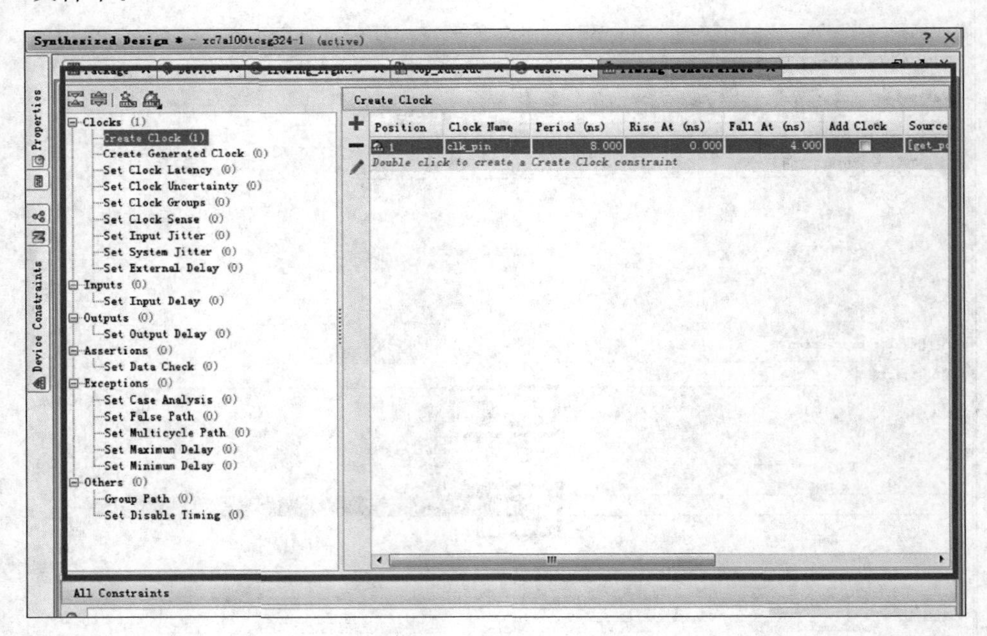

图 4.48 时钟创建完成

(7) 在一些简单的 FPGA 部件设计过程中，完成了上述的 create_clock 的设置基本上就能使得时序满足要求。在一些比较复杂的设计中可能还会涉及更多设置，其中使用较多的有 set_input_delay/set_output_delay。如果对 FPGA 的 I/O 不加任何约束，Vivado 会默认认为时序要求为无穷大，不仅综合和实现时不会考虑 I/O 时序，而且在时序分析时也不会报出这些未约束的路径。接下来将设置 Input Setup Delay，如图 4.49 所示，双击左边 Input→Set Input Delay。

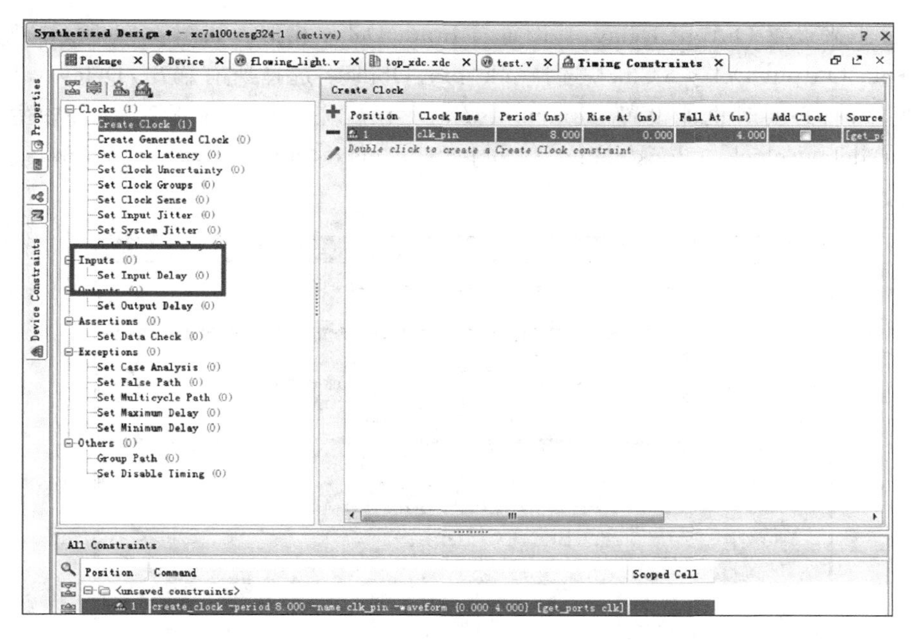

图 4.49　设置 Input Setup Delay

(8) 进入 Set Input Delay 对话框，按照图 4.50 配置，Clock 选择 clk_pin，指明了对 Objects 进行时序分析所用的时钟，Objects 选择 rst，这是想要设定 input 约束的端口名。Delay 选择需要的延迟时间，这里忽略之，设置成 0。如有必要，Min/Max 选择 max 时描述了用于 setup 分析的包含板级走线和外部期间的延时；选择 min 时描述了用于 hold 分析的包含板级走线和外部期间的延时。完成设置后单击 OK 按钮。设置完之后在 XDC 文件中会生成一句 set_input_delay -clock < clock_name > < objects > -max < maxdelay > -min < mindelay >的约束代码。

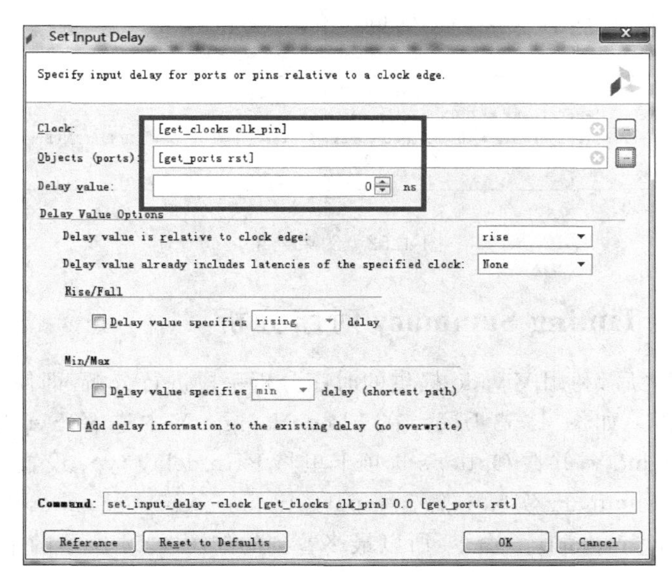

图 4.50　Set Input Delay 对话框

(9) 接下来设置 Output Delay,其设置与 Input Delay 相似。如图 4.51 所示,双击左边 Output→Set Output Delay。Clock 选择 clk_pin、Objects 选择所有输出,Delay value 设置为 0ns,当然,有必要时也能设置 max/min delay。设置完之后会在 XDC 文件中生成一句 set_output_delay -clock <clock_name> <objects> -max <maxdelay> -min <mindelay>的约束代码。

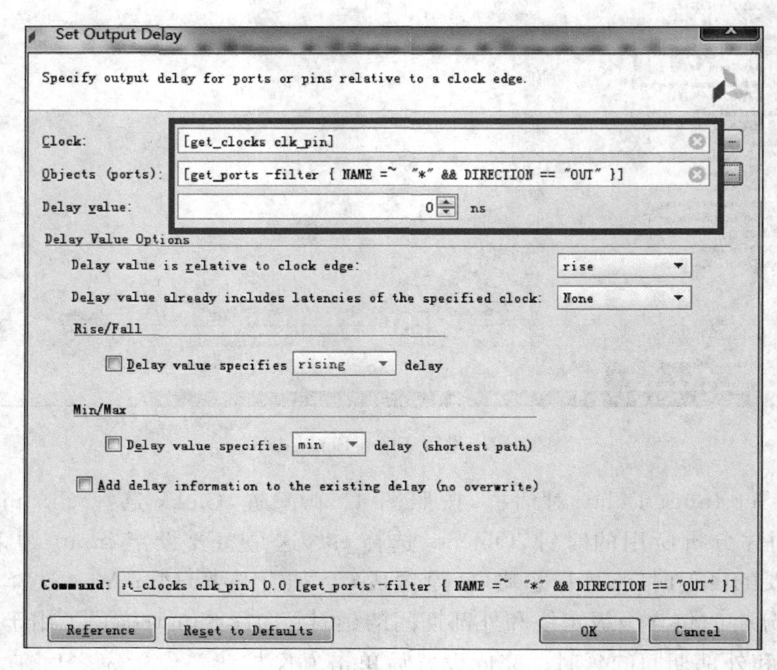

图 4.51 Set Output Delay 对话框

(10) 完成以上约束后选择 File→Save Constraints 将设置的约束保存,之后可以在 XDC 文件中看到如图 4.52 所示的约束结果。

```
44 create_clock -period 10.000 -name clk_pin -waveform {0.000 5.000} [get_ports clk]
45 set_input_delay -clock [get_clocks *] 0.000 [get_ports rst]
46 set_output_delay -clock [get_clocks *] 0.000 [get_ports -filter { NAME =~ "*" && DIRECTION == "OUT" }]
47
```

图 4.52 约束结果

4.3.3 Report Timing Summary 时序分析

完成时序约束之后,利用 Vivado 提供的时序分析手段进行分析,即使用 Report Timing Summary 进行分析。如图 4.53 所示,在 Flow Navigator 中选择 Synthesized Design→Report Timing Summary,并在 Options 选项卡里将 Path delay type 设置成 min_max。

report_timing_summary 实际上隐含 report_timing、report_clocks、check_timing 以及部分的 report_clock_interaction 命令,所以最终看到的如图 4.54 所示的报告中也包含这几部分的内容。

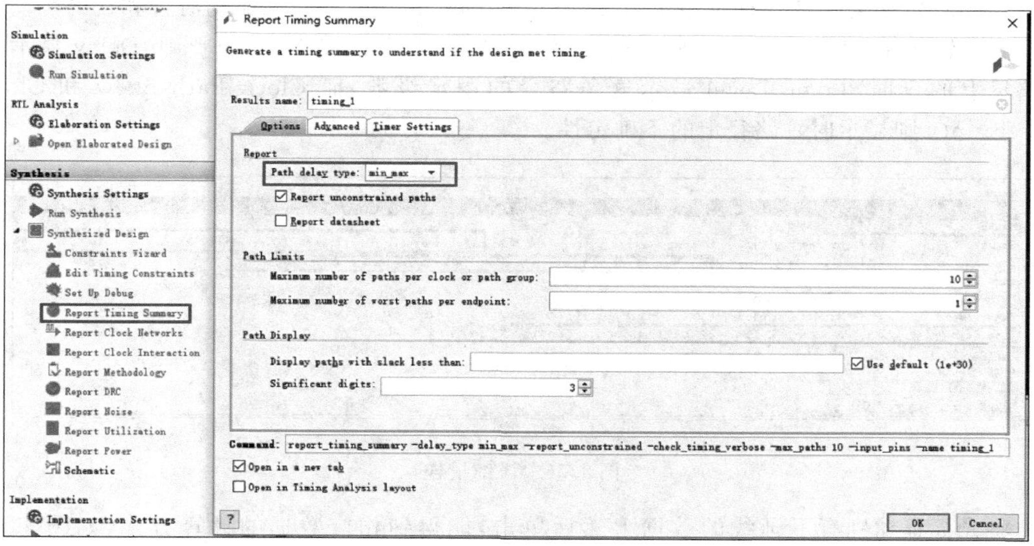

图 4.53　时序分析

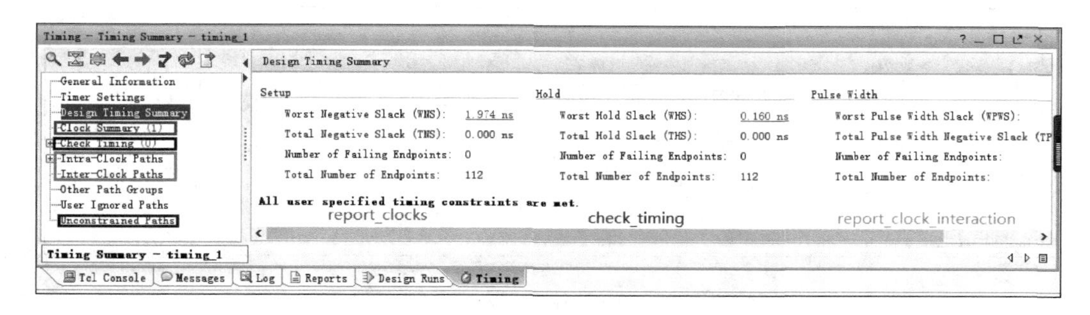

图 4.54　时序分析报告

Timing Summary 报告把路径按照时钟域分类，如图 4.55 所示，每个组别下默认会报告 Setup、Hold 以及 Pulse Width 检查最差的各 10 条路径，还可以看到每条路径的具体延时报告，并支持与 Device View、Schematic View 等窗口之间的交互。

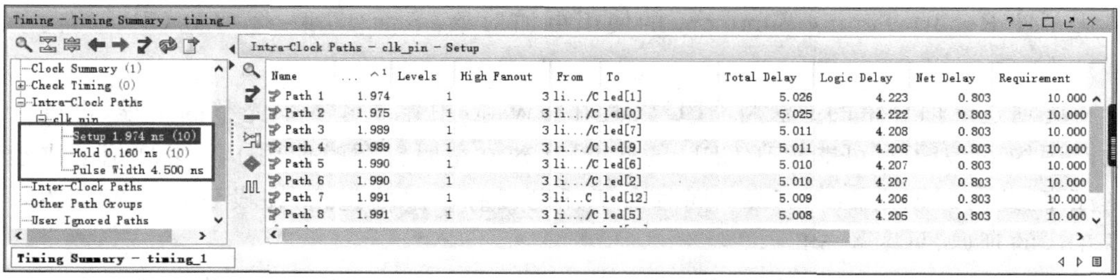

图 4.55　时序分析报告分类

如图 4.56 所示，每条路径具体的报告会分为 Summary、Source Clock Path、Data Path 和 Destination Clock Path 几部分，详细报告每部分的逻辑延时与连线延时。用户首先要关注的就是 Summary 中的几部分内容，发现问题后再根据具体情况来检查详细的延时数据。

其中，Slack 显示路径是否有时序违例，Source 和 Destination 显示源驱动时钟和目的驱动时钟及其时钟频率，Requirement 显示这条路径的时序要求是多少，Data Path Delay 显示数据路径上的延时，Logic Level 显示这条路径的逻辑级数，而 Clock Path Skew 和 Clock Uncertainty 则显示时钟路径上的不确定性。

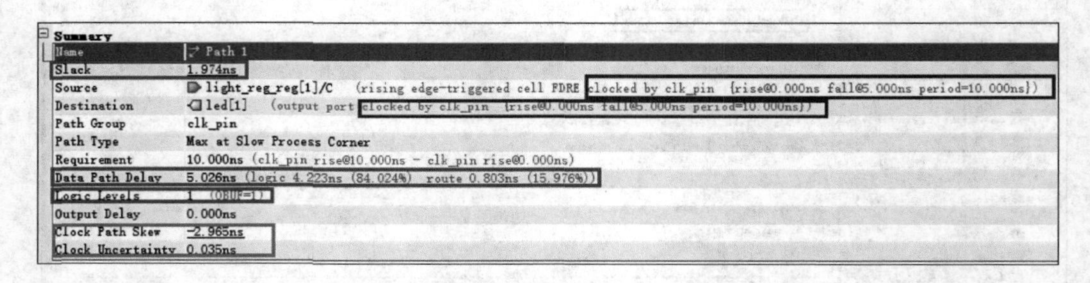

图 4.56 详细报告

将光标移动到有下画线的数据上然后单击，能得到相应数据的计算方式，如图 4.57 所示。

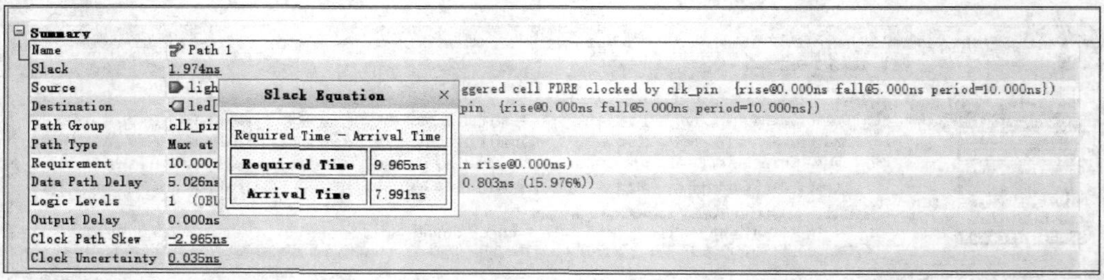

图 4.57 数据计算方式

通过 Summary 可以得知这一条 clk 时钟域内的路径的时钟周期，从 Slack 的值看出是否存在时序违例。而通过 Data Path Delay 和 Logic Levels 的值可以看出是否是因为连线延时比例过高或者是逻辑级数较高导致的数据链路延时较大，从而可以从改进布局、降低扇出或者是减少逻辑级数的方向优化。

为了使 Report Timing Summary 的使用更加形象，下面使用一个完整 CPU 的例子进行描述。

首先通过之前介绍的方法将 CPU 工程在 Vivado 中建立起一个完整的工程，再进行简单的时序约束，为了尽可能提高 CPU 的性能，在建立主时钟源时使用了一个理论上比较合适的频率，此时周期是 24.025ns。同时由于开发板有一定的延迟，在设置输入延迟的时候设置 1ns 的延迟，见图 4.58。

接下来用上文中提到的方法打开相应的界面，此时初次调试界面如图 4.59 所示。

由图 4.59 可以看到，设计上存在着一些违例，导致出现红色的警示数字，为此，可以单击图 4.60 左侧栏中的红色条目，展开至具体时钟线路。

此时再双击右侧具体条目，可以看到如图 4.61 所示界面。

Edit Set Input Delay

Specify input delay for ports or pins relative to a clock edge.

Clock: [get_clocks *]

Objects (ports): [get_ports reset]

Delay value: 1 ns

Delay Value Options 延迟值

Delay value is relative to clock edge: rise

Delay value already includes latencies of the specified clock: None

Rise/Fall

Delay value specifies rising delay

Min/Max

Delay value specifies min delay (shortest path)

Add delay information to the existing delay (no overwrite)

图 4.58　输入延迟设置

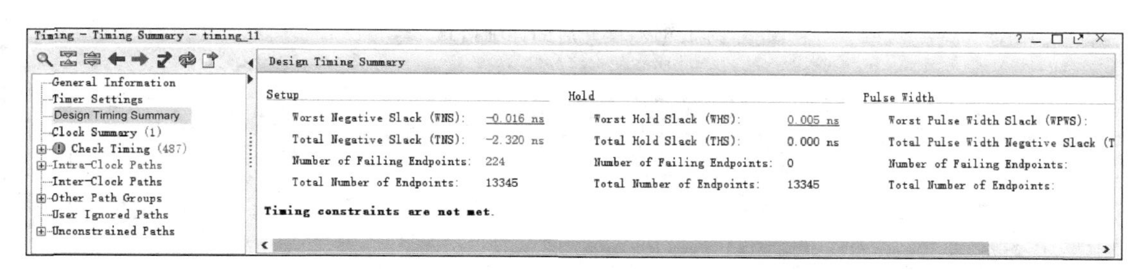

图 4.59　初次调试界面

Timing - Timing Summary - timing_11

Clock Summary (1)
Check Timing (487)
Intra-Clock Paths
clk
Setup -0.016 ns (10)
Hold 0.005 ns (10)
Pulse Width 10.763 ns
Inter-Clock Paths
Other Path Groups
User Ignored Paths

Intra-Clock Paths - clk - Setup

Name	... ^1	Levels	High Fanout	From	To	Total Delay	Logic Delay	Net Delay	Requirement
Path 1	-0.016	21	164	sc.../C	scdmem/...64E_B/I	11.519	4.294	7.225	12.013
Path 2	-0.016	21	164	sc.../C	scdmem/...64E_B/I	11.519	4.294	7.225	12.013
Path 3	-0.016	21	164	sc.../C	scdmem/...64E_B/I	11.519	4.294	7.225	12.013
Path 4	-0.016	21	164	sc.../C	scdmem/...64E_B/I	11.519	4.294	7.225	12.013
Path 5	-0.016	21	164	sc.../C	scdmem/...64E_B/I	11.519	4.294	7.225	12.013
Path 6	-0.016	21	164	sc.../C	scdmem/...64E_B/I	11.519	4.294	7.225	12.013
Path 7	-0.016	21	164	sc.../C	scdmem/...64E_B/I	11.519	4.294	7.225	12.013
Path 8	-0.016	21	164	sc.../C	scdmem/...64E_B/I	11.519	4.294	7.225	12.013

图 4.60　具体时钟线路

从图 4.61 左侧栏中高亮条目可以看出是 array_reg_reg[28][0]_C 这个变量出现了违例现象，并且可以从右侧红色方框中看出变量的具体路径。此时找到相应代码，如图 4.62 所示。

此时发现第 48 行的代码使用了非阻塞赋值，这会导致某时钟线路的 setup time 不足从而出现错误，故将其改为阻塞赋值。再重新综合工程进行时序分析，此时从图 4.63 中可以发现时序基本正常。

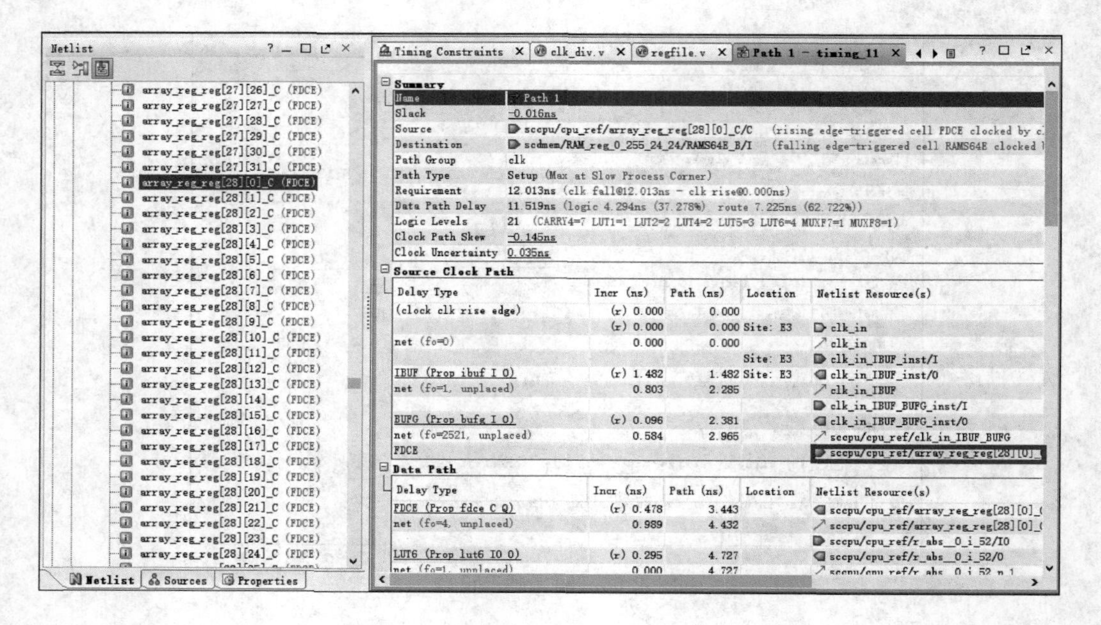

图 4.61　展开后的详细信息

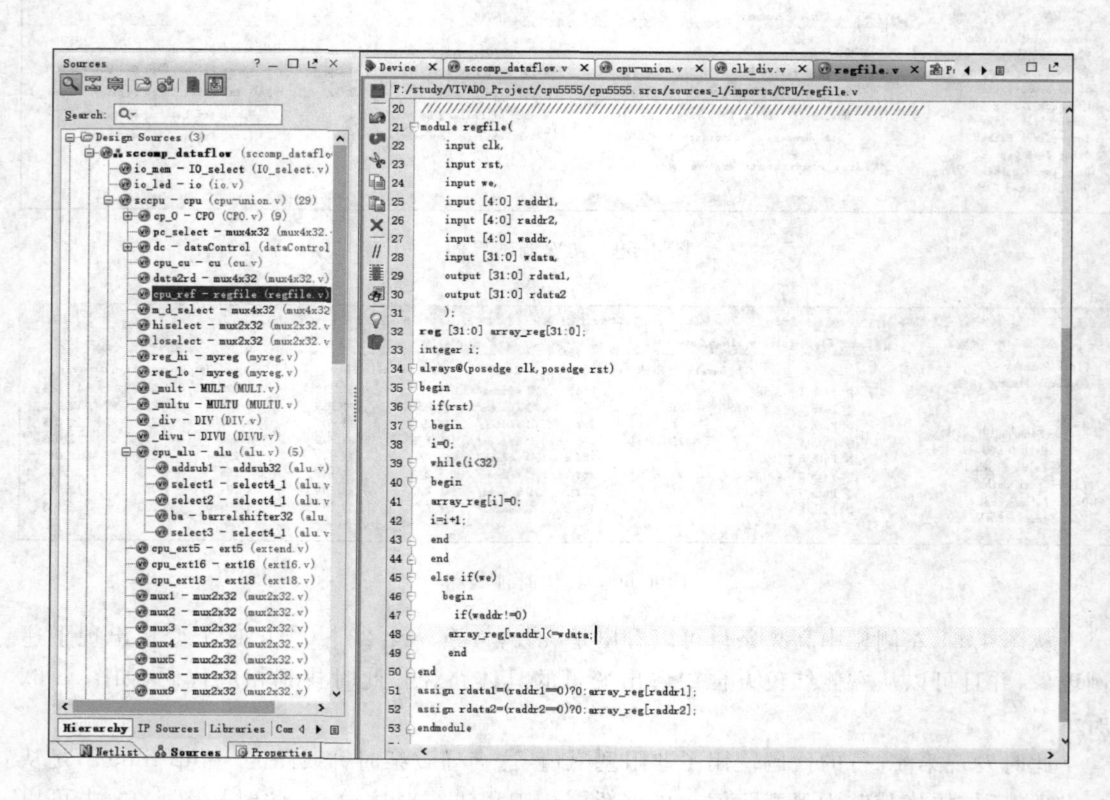

图 4.62　违例对应代码

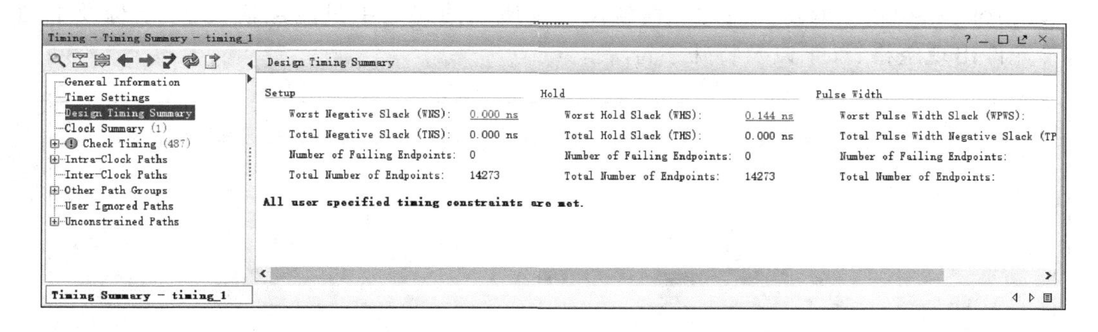

图 4.63　时序分析结果

4.4　IP 核封装及模块化设计

由于 FPGA 所实现功能的复杂性，若在项目实施过程中独立开发所有的功能模块，则开发任务繁重、工作量大，而且不能保证自我开发的功能模块的正确性，需要经过长时间的测试，影响产品的上市时间。在产品设计和开发过程中，采用成熟且已经验证正确的 FPGA 设计成果，集成到 FPGA 设计中，可以加快开发过程。由于采用的 FPGA 功能设计已经经过验证，可以减少开发过程中的调试时间。IP 核是 Intelligent Property Core 的简称，是具有知识产权的集成电路芯核，是反复验证过的、具有特定功能的宏模块，与芯片制造工艺无关，可以移植到不同的半导体工艺中。IP 核设计的主要特点是可以重复使用已有的设计模块，缩短设计时间，降低设计风险。在保证 IP 核功能和性能经过验证且合乎指标的前提下，FPGA 生产厂商和第三方公司都可提供 IP 核。IP 核可作为独立设计成果被交换、转让和销售，FPGA 生产厂商可将 IP 核集成到开发工具中免费提供给开发者使用，或以 License 方式有偿提供给开发人员。第三方公司设计 IP 核，直接有偿转让给 FPGA 生产厂商或销售给开发者。随着 FPGA 资源规模的不断增加，可实现的系统越来越复杂，采用集成 IP 核完成 FPGA 设计已经成为发展趋势。

本节将以流水灯实验，将已完成的 RTL 设计封装成可以调用的模块(IP 核)，并通过 Block Design 的方式进行模块化设计，实验流程如图 4.64 所示。

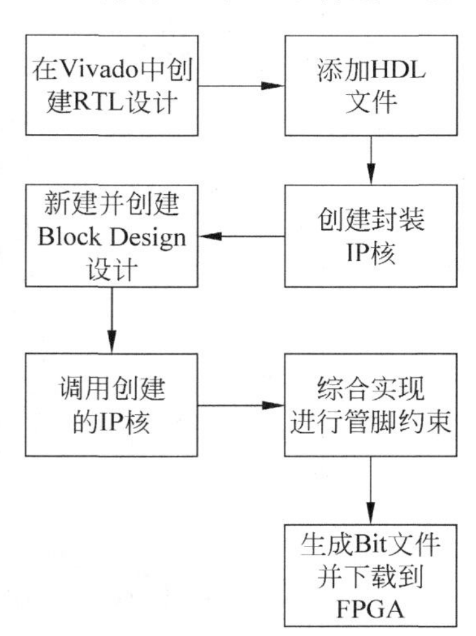

图 4.64　IP 核封装流程图

4.4.1　创建工程

(1) 如图 4.65 所示，打开 Vivado 2016.2，单击 Create New Project，创建一个新的工程。

(2) 进入如图 4.66 所示新建工程向导。

(3) 如图 4.67 所示，单击 Next 按钮，输入工程名并指定工程所在的目录，确认勾选

Create project subdirectory。注意工程名及工程所在的路径中只能包括数字、字母及下画线,不允许出现空格、汉字以及特殊字符等。

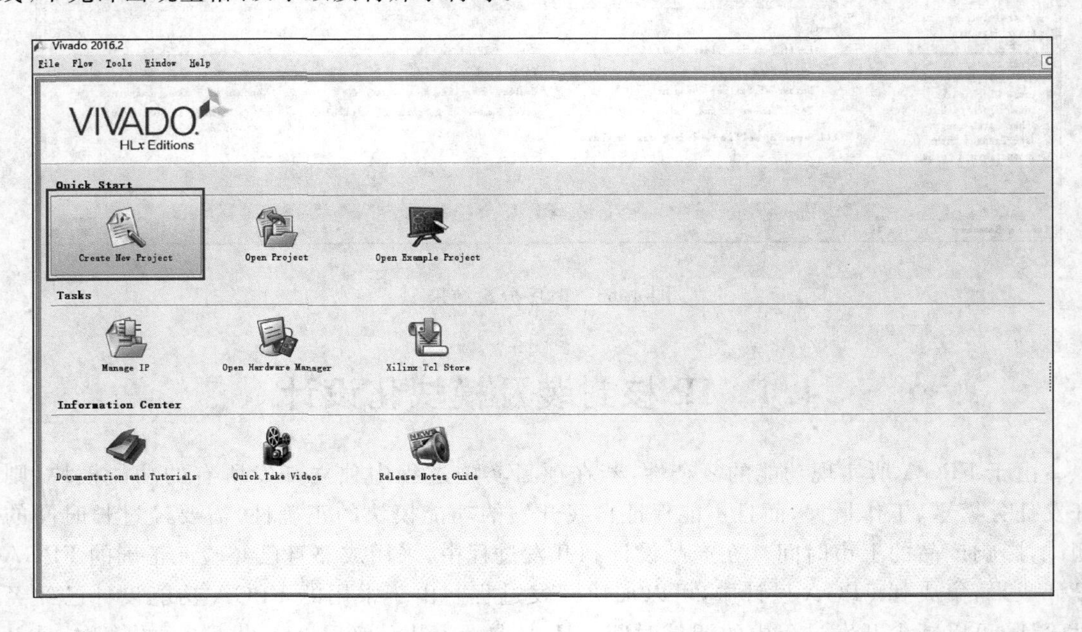

图 4.65　Vivado 2016.2 开始界面

图 4.66　新建工程向导

(4) 如图 4.68 所示,单击 Next 按钮,指定创建的工程类型,选择 RTL Project。

(5) 连续单击 Next 按钮。

(6) 进入如图 4.69 所示的器件选择界面,通过下拉按钮选择器件的系列、封装形式,速度等级和温度等级,在符合条件的器件中选中板卡对应的芯片。

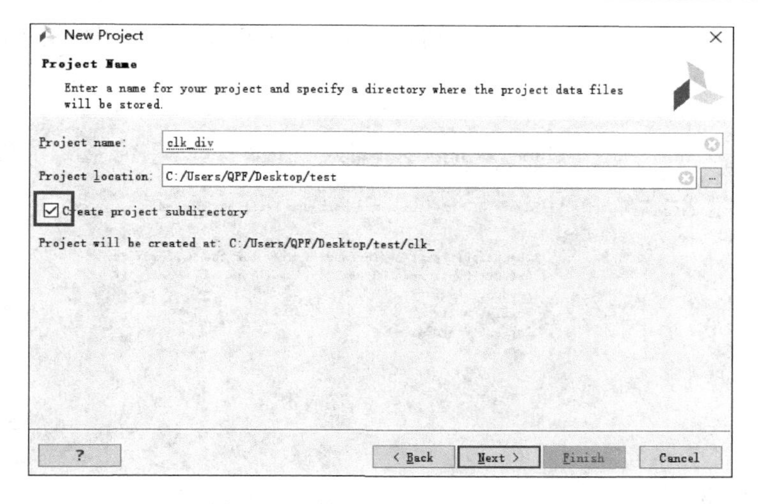

图 4.67　设置工程名及工程目录

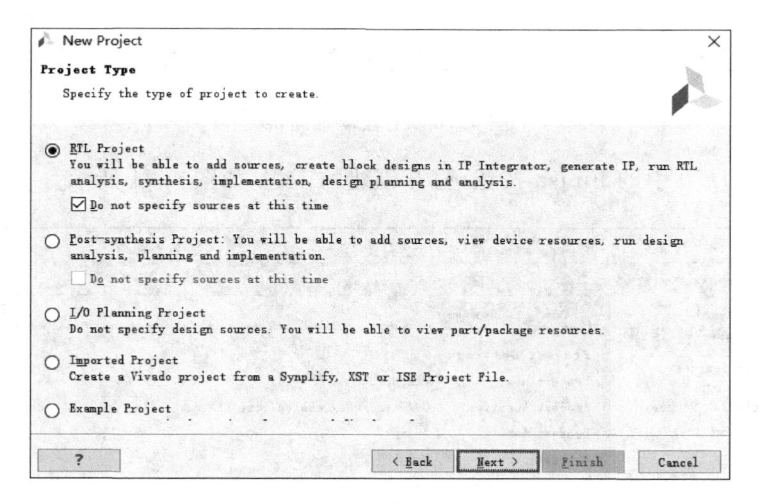

图 4.68　工程类型选择窗口

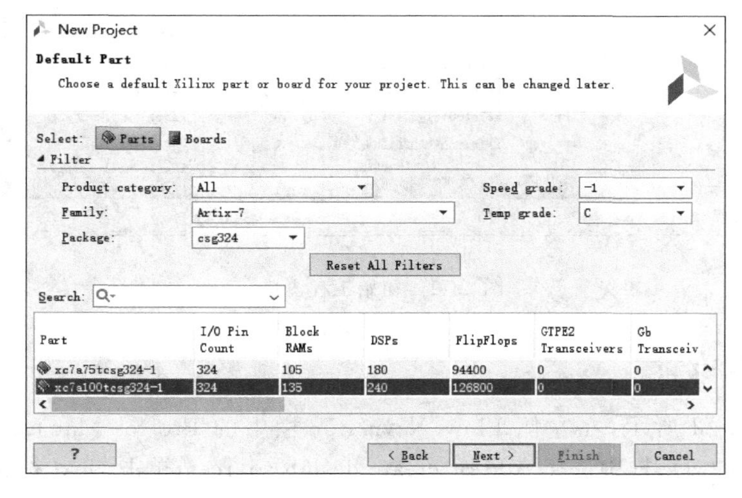

图 4.69　器件选择界面

(7) 单击 Next 按钮，进入如图 4.70 所示 Summary 界面查看所创建工程的相关信息。

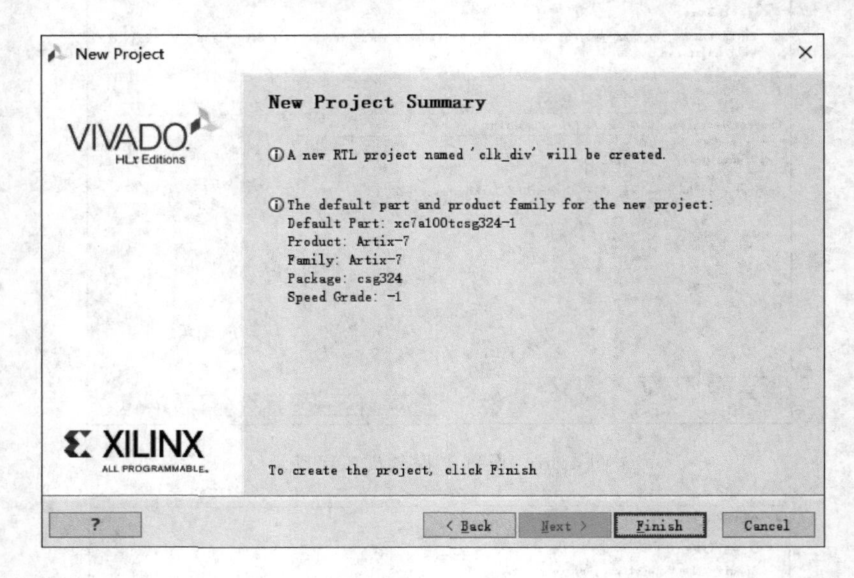

图 4.70 工程信息确认

(8) 单击图 4.70 中的 Finish 按钮，打开创建的工程，如图 4.71 所示。

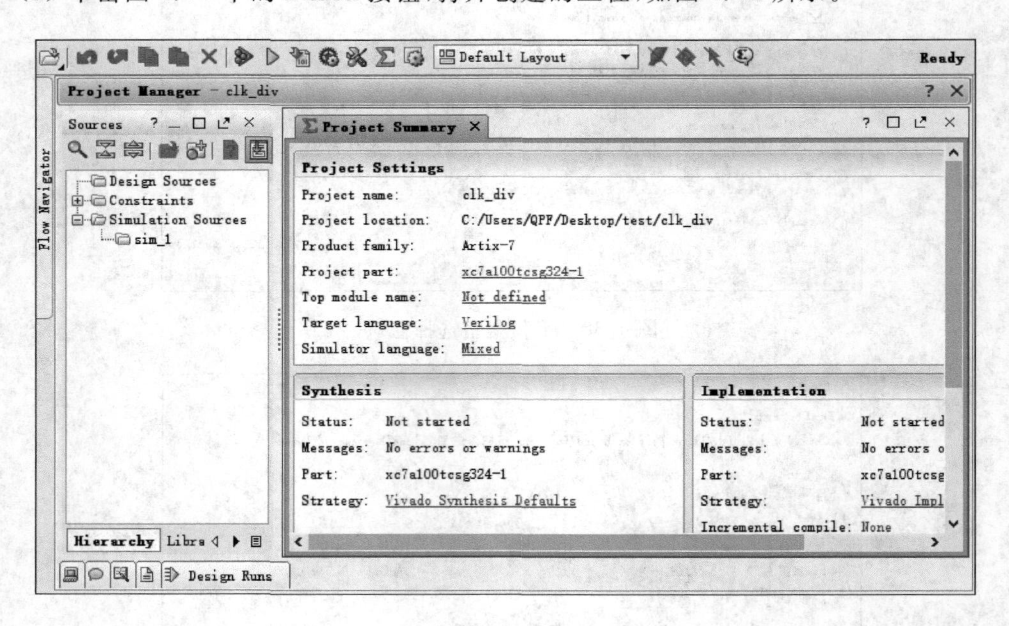

图 4.71 初始工程窗口

4.4.2 输入设计

(1) 如图 4.72 所示，在左侧 Flow Navigator 栏中的 Project Manager 下单击 Add Sources，在弹出的对话框中选择 Add or create design sources，单击 Next 按钮。

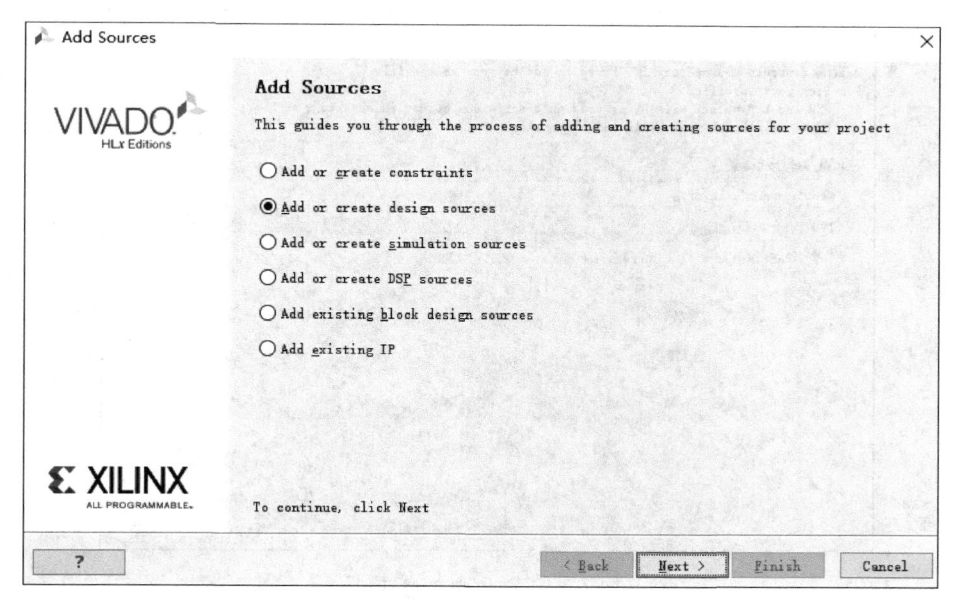

图 4.72　创建源文件

(2) 如图 4.73 所示，单击 Create File 按钮，输入文件名 clk_div，单击 OK 按钮，然后单击 Finish 按钮。

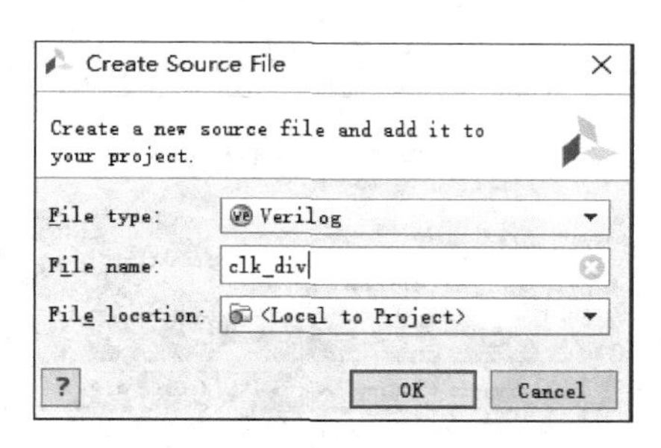

图 4.73　文件名录入对话框

(3) 在如图 4.74 所示界面中，单击 OK 按钮。

(4) 在如图 4.75 所示的对话框中单击 Yes 按钮。

(5) 在如图 4.76 所示 Sources 窗口中的 Design Sources 下双击创建的源文件 clk_div.v。

(6) 在图 4.77 中右侧的文档编辑窗口，用 Verilog 语言完成时钟分频模块 clk_div.v 的设计并保存，代码如程序 4.4 所示。

(7) 在如图 4.78 所示的 Flow Navigator 栏中的 Synthesis 下单击 Run Synthesis。右上角的进度条 Running synth_design 指示正在对工程进行综合。

(8) 如图 4.79 所示，在综合完成后弹出的对话框中单击 Cancel 按钮。

(9) 如图 4.80 所示，在 Project Summary 中查看综合后的信息，在 Synthesis 一栏中显示综合完成“Complete”，并且没有错误或警告“No errors or warnings”。如果 Project Summary 选项卡被关掉，可在工具栏中单击绿色的∑符号再次打开。

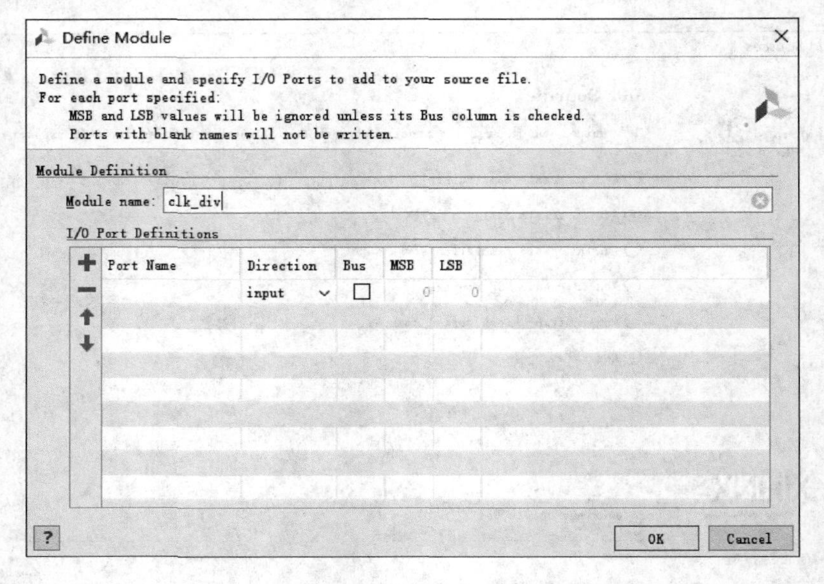

图 4.74 模块定义对话框

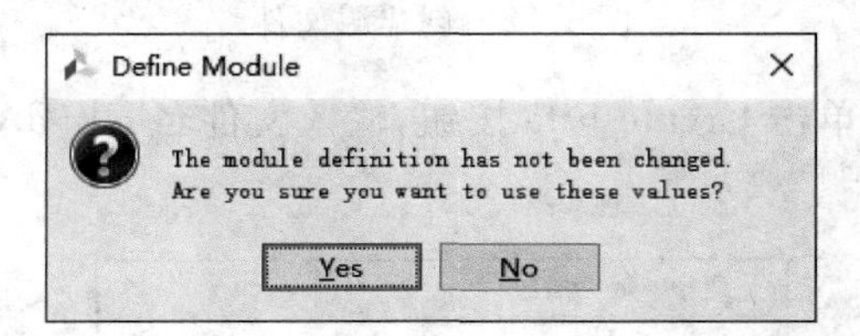

图 4.75 模块定义确认对话框

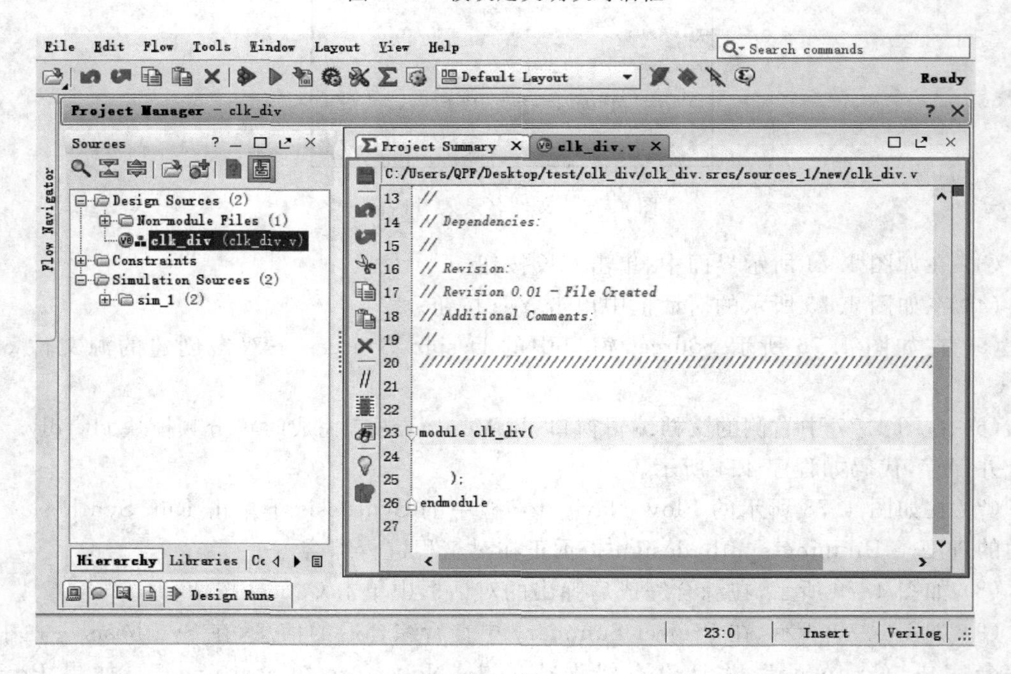

图 4.76 源文件

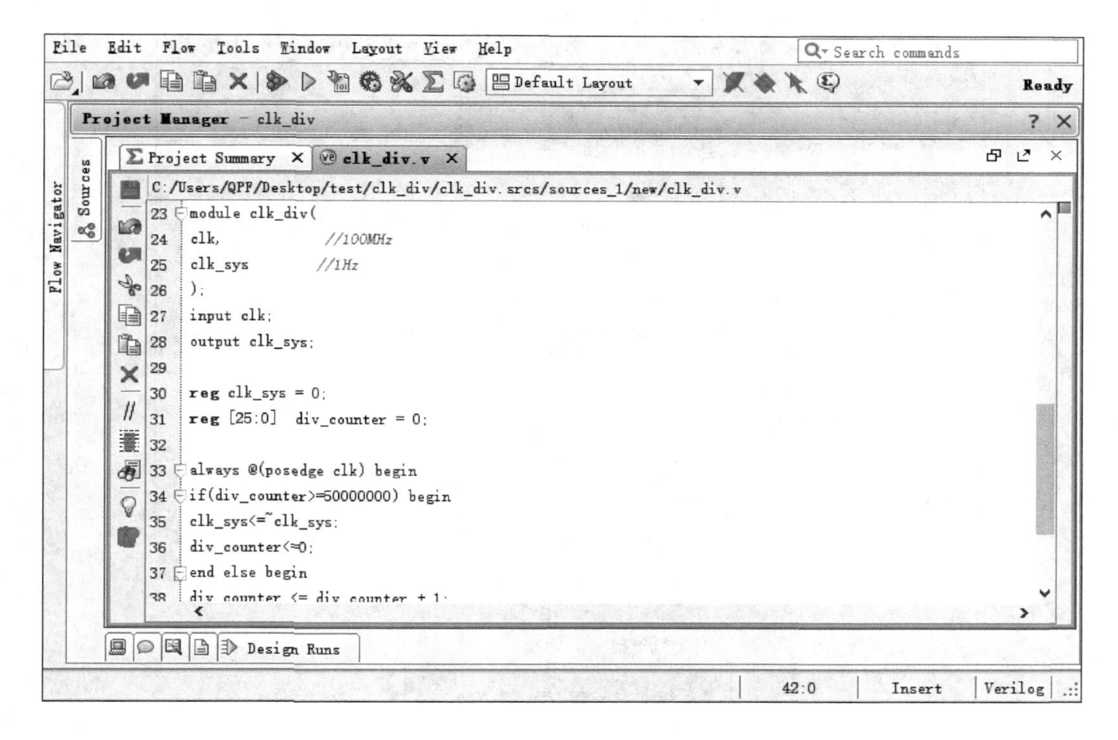

图 4.77　文档编辑窗口

程序 4.4　时钟分频模块代码

```
module clk_div(
clk,                    //100MHz
clk_sys                 //1Hz
);
input clk;
output clk_sys;

reg clk_sys = 0;
reg [25:0] div_counter = 0;

always @(posedge clk) begin
if(div_counter >= 50000000) begin
clk_sys <= ~clk_sys;
div_counter <= 0;
end else begin
div_counter <= div_counter + 1;
end
end
endmodule
```

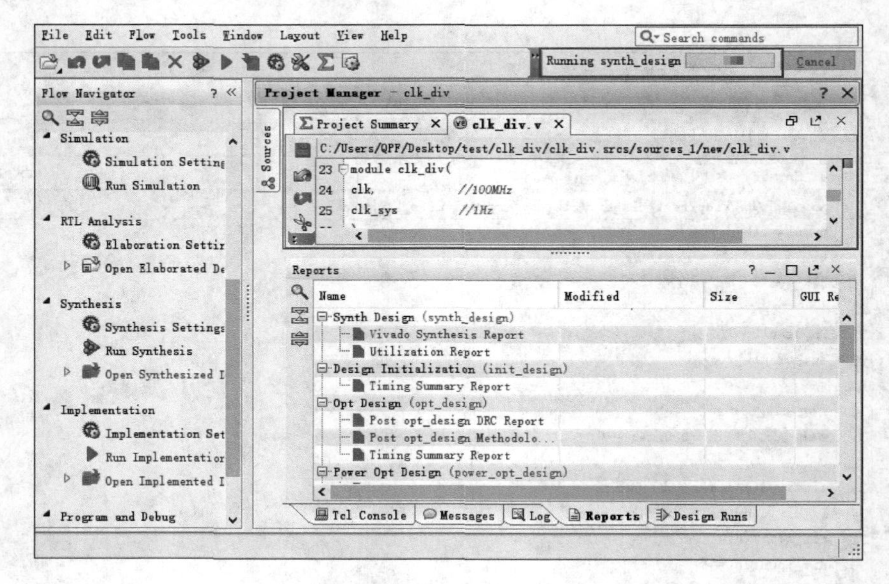

图 4.78 工程综合进度

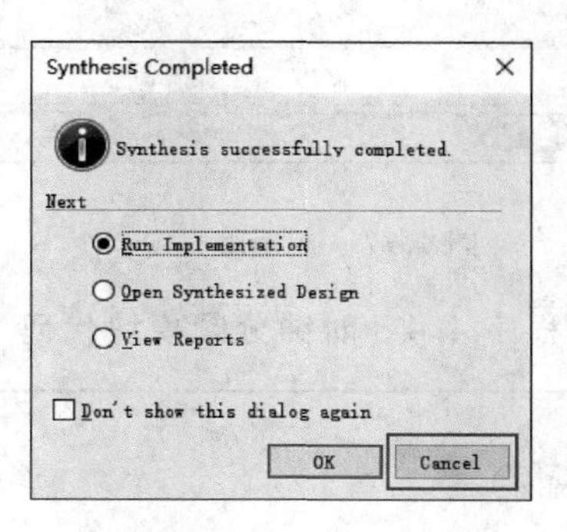

图 4.79 综合完成对话框

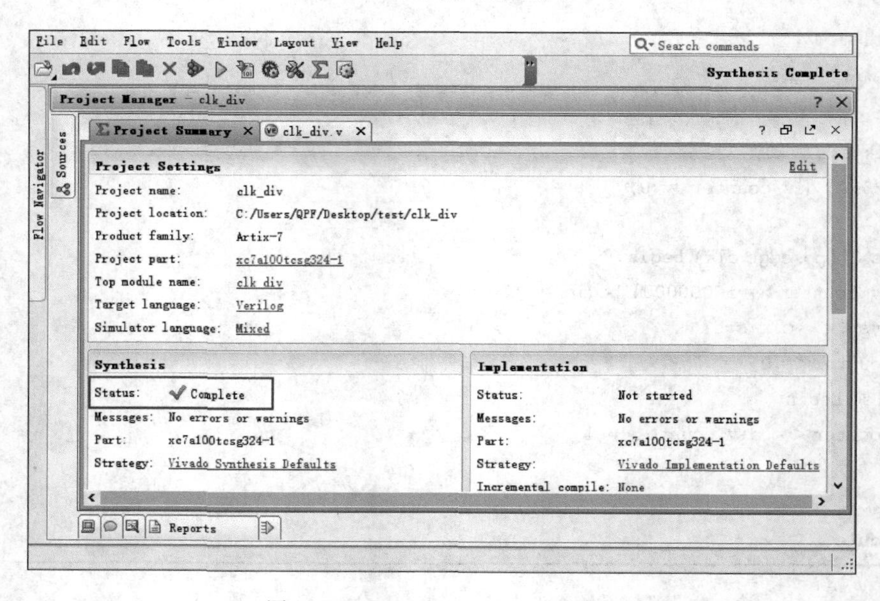

图 4.80 Project Summary 选项卡

4.4.3 IP 封装

(1) 如图 4.81 所示，在左侧 Flow Navigator 栏中的 Project Manager 下单击 Project Settings，在弹出对话框的左侧一列选择 IP。在 Packager 选项卡中，将 Default Values 下的 Library 设为 user，Category 设为"/User_IP"，IP location 设为"../ip_repo"。勾选 After Packaging 下的 Create archive of IP、Add IP to the IP Catalog of the current project 以及 Close IP Packager window。取消勾选 Edit IP in IP Packager 下的 Delete project after packaging。设置完成后单击 Apply 按钮，再单击 OK 按钮。

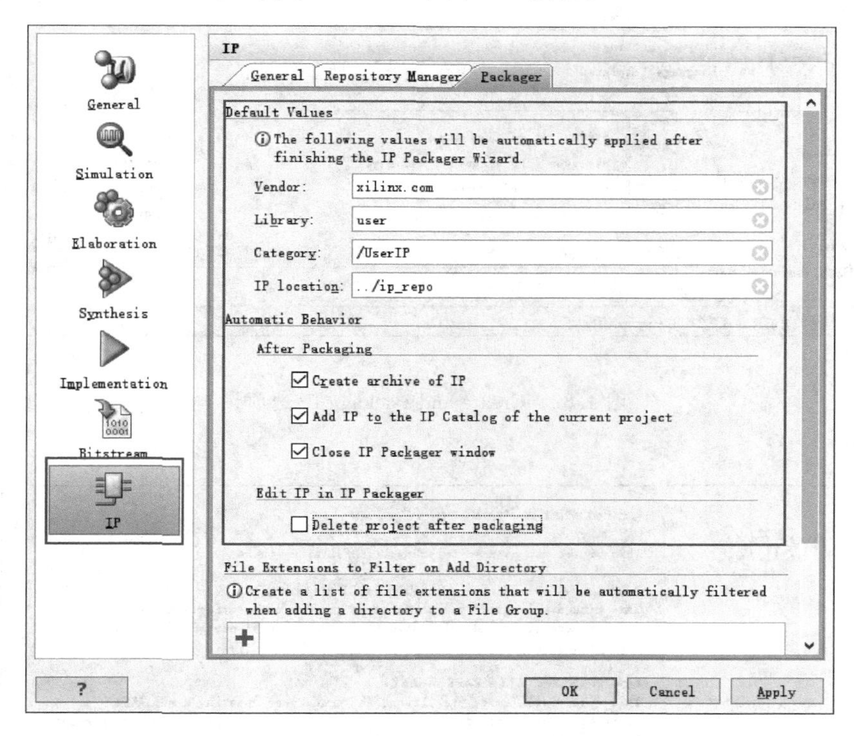

图 4.81 IP 封装设置

(2) 单击如图 4.82 所示菜单栏中的 Tools→Create and Package IP 命令。

(3) 如图 4.83 所示，单击 Next 按钮。

(4) 如图 4.84 所示，选择 Packaging Options 下的 Package your current project，单击 Next 按钮。

(5) 如图 4.85 所示，记住此处 IP Location 指向的位置，也可通过单击右侧带省略号的按钮来给 IP 指定新的位置。单击 Next 按钮。

(6) 如图 4.86 所示，单击 Finish 按钮。

(7) 在如图 4.87 所示的 Package IP 选项卡下，单击 Identification 可查看并修改 IP 的相关信息。

(8) 如图 4.88 所示，单击 Compatibility，然后单击右侧的加号，选择第一项 Add Family Explicitly...。

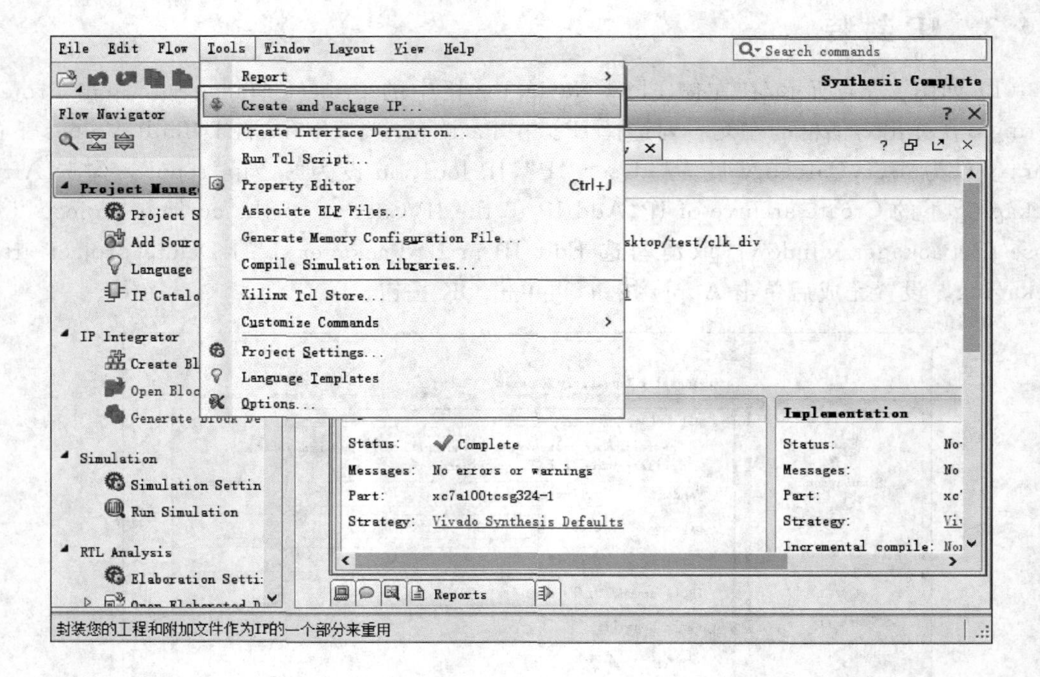

图 4.82　Create and Package IP 选项

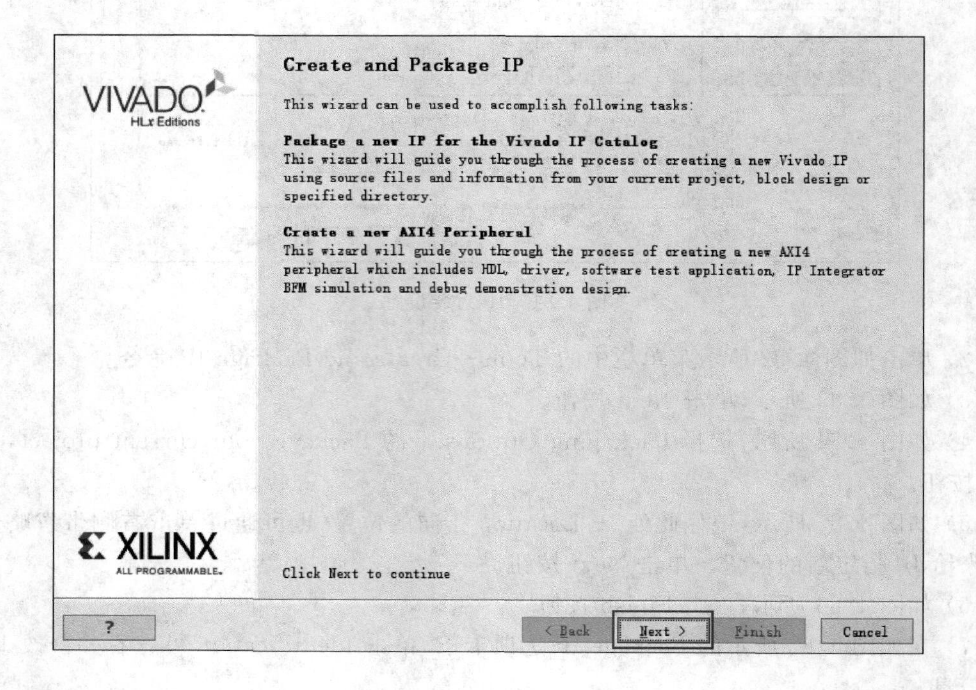

图 4.83　创建 IP 核确认

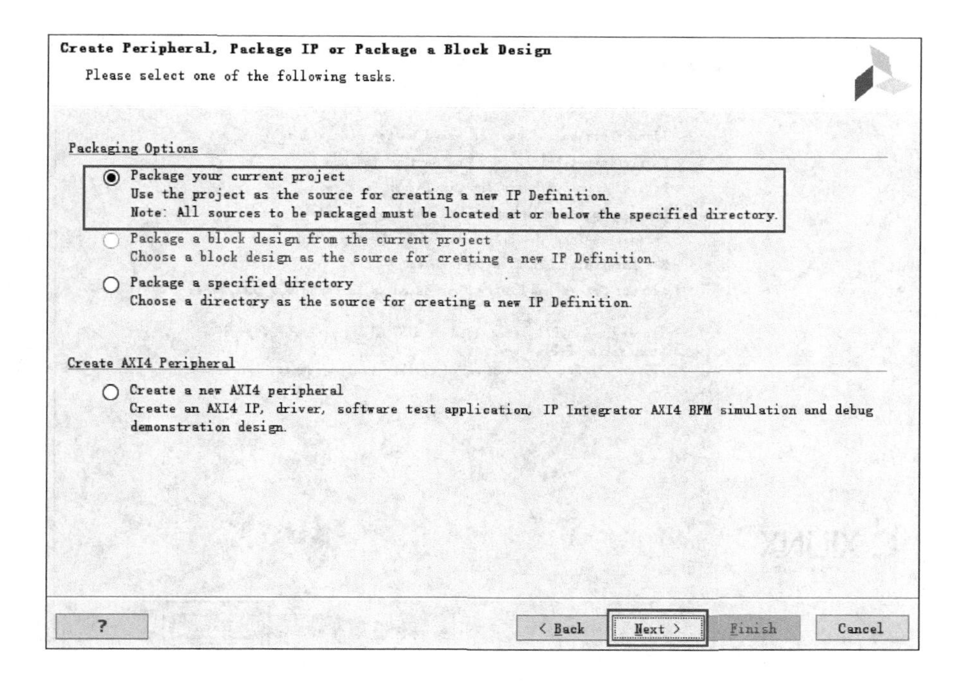

图 4.84 创建 IP 核选项

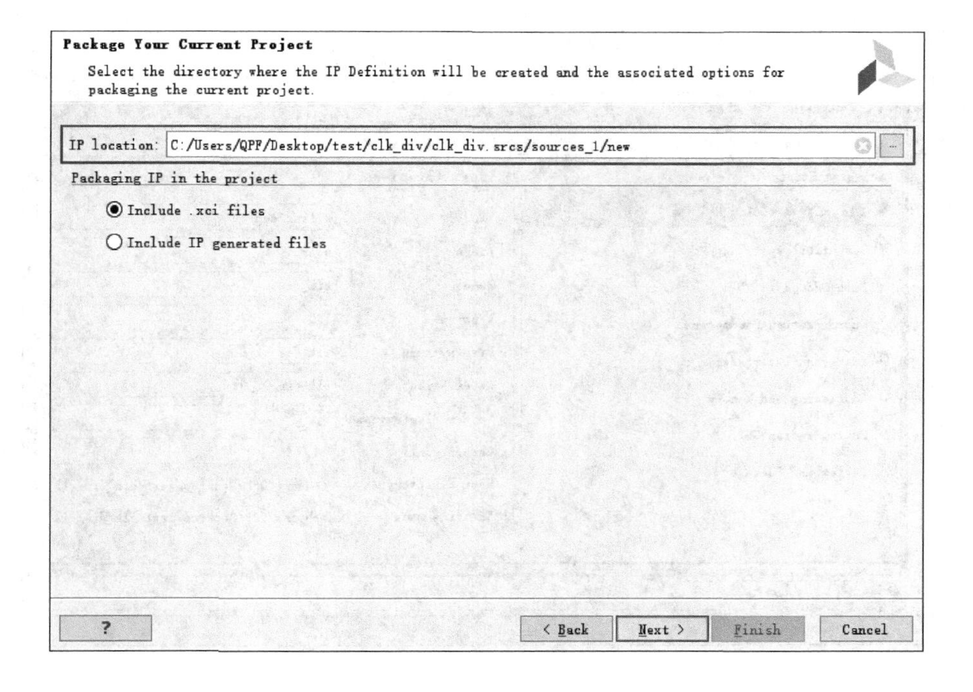

图 4.85 IP 核位置指定

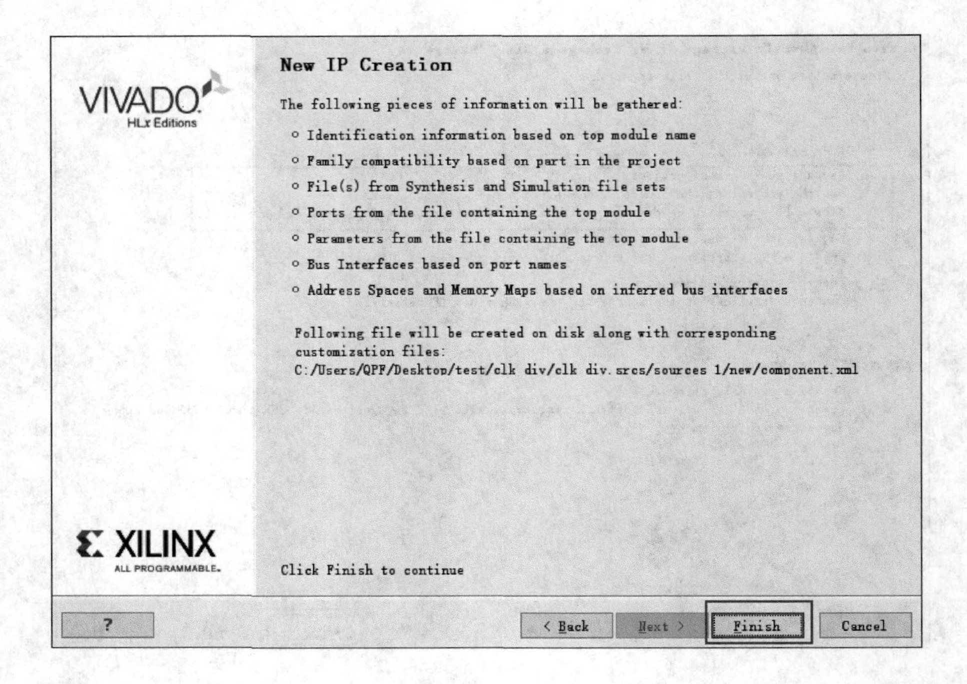

图 4.86　IP 核创建完成

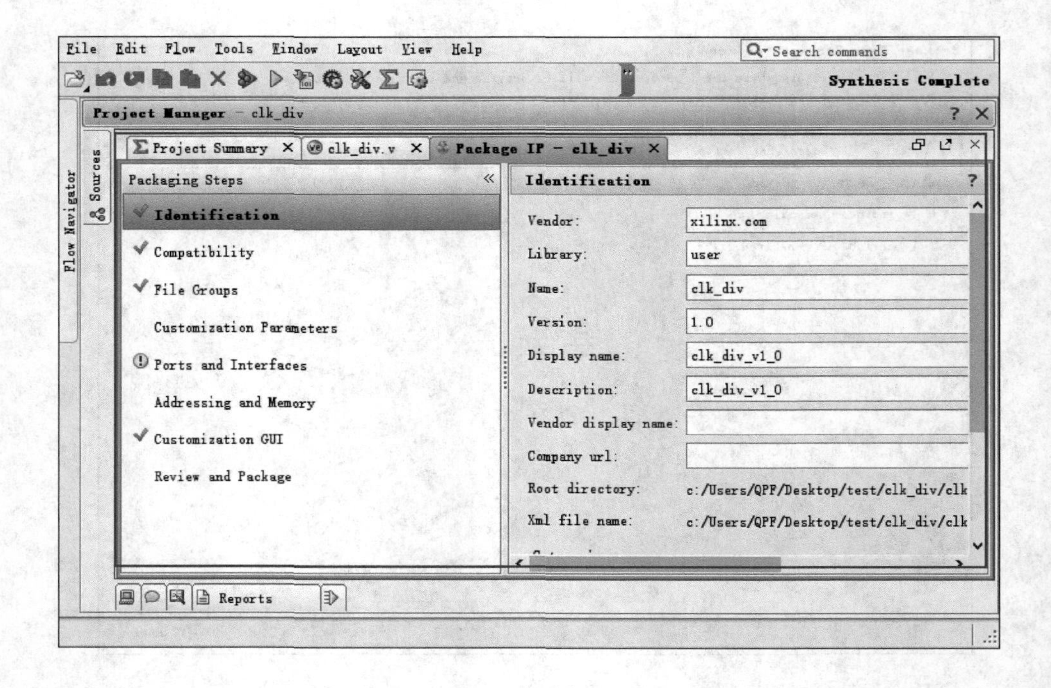

图 4.87　Package IP 选项卡

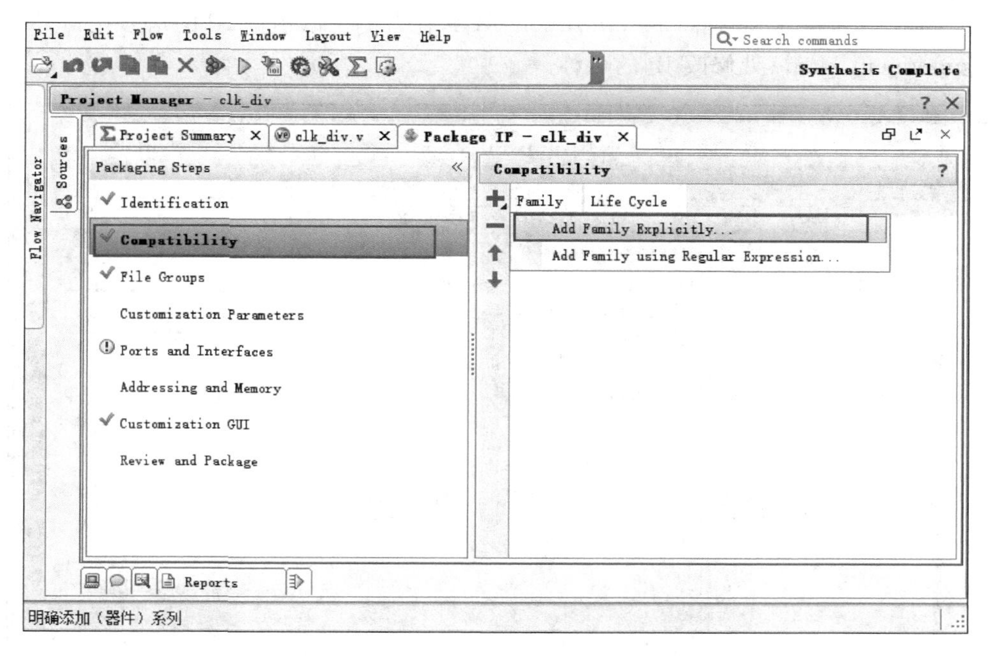

图 4.88　Add Family Explicitly 选项

(9) 如图 4.89 所示，在弹出的 Add Family 对话框中选中除了 artix7 (Artix-7)之外的所有器件系列，在下面的 Life-cycle 中选择 Production，单击 OK 按钮。

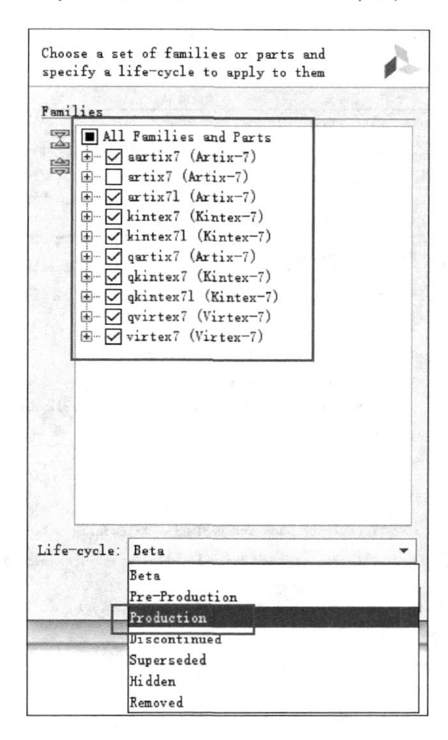

图 4.89　Add Family 窗口

(10) 如图 4.90 所示单击 Customization GUI,在右侧可以预览 IP 的信号接口,同时可以在 Component Name 处修改 IP 的名称。

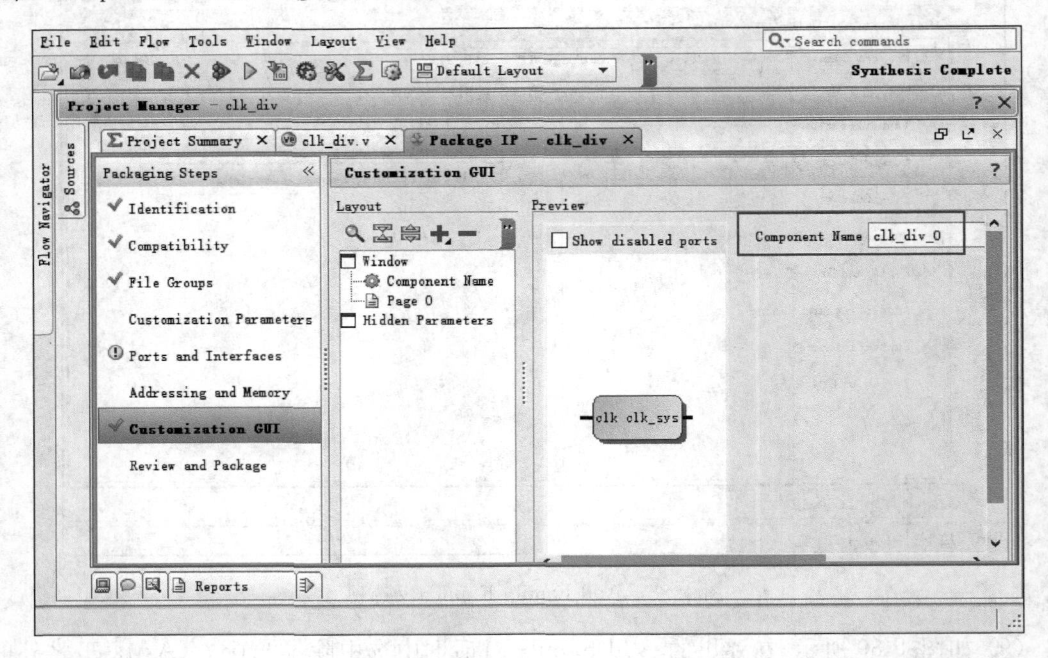

图 4.90　Customization GUI 选项

(11) 如图 4.91 所示,单击 Review and Package 可查看 IP 的最终信息,此处要留意 IP 的根目录 Root directory,确认无误后单击 Package IP 按钮。

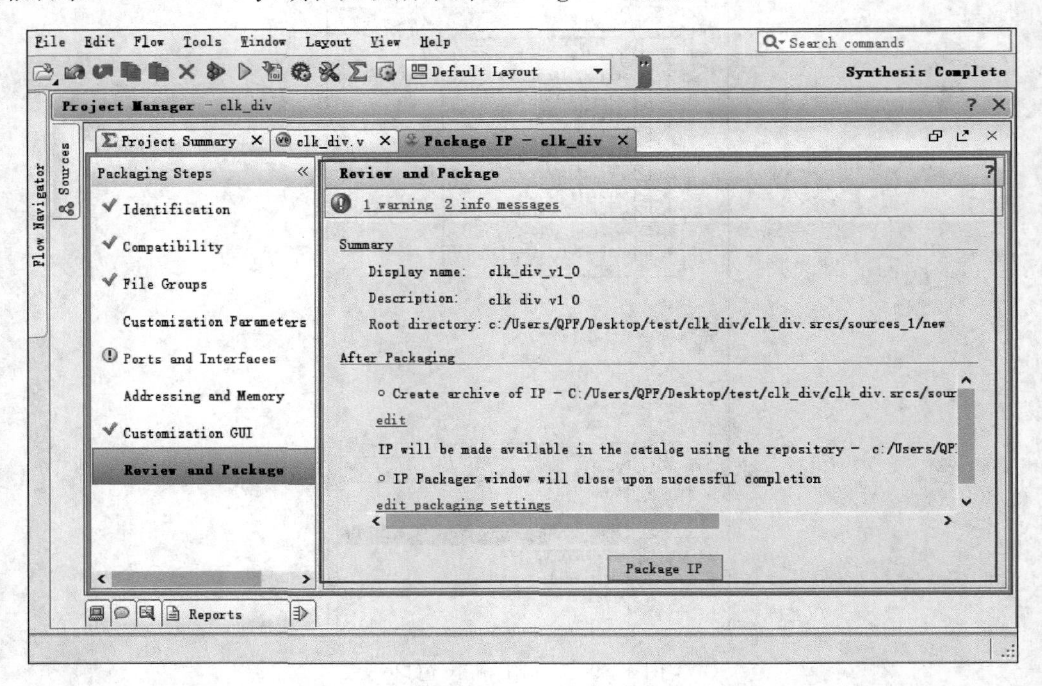

图 4.91　查看 IP 信息窗口

(12) IP 封装完成后，在如图 4.92 所示的弹出对话框中单击 OK 按钮。

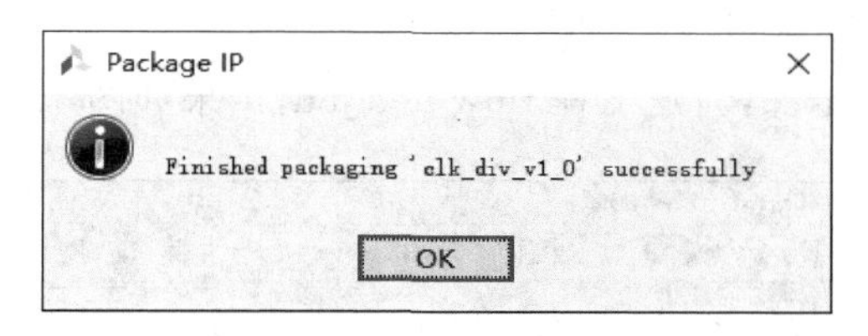

图 4.92　IP 封装完成对话框

(13) 如图 4.93 所示，在菜单栏单击 File→Close Project，在弹出的确认对话框中单击 OK，关闭当前工程。

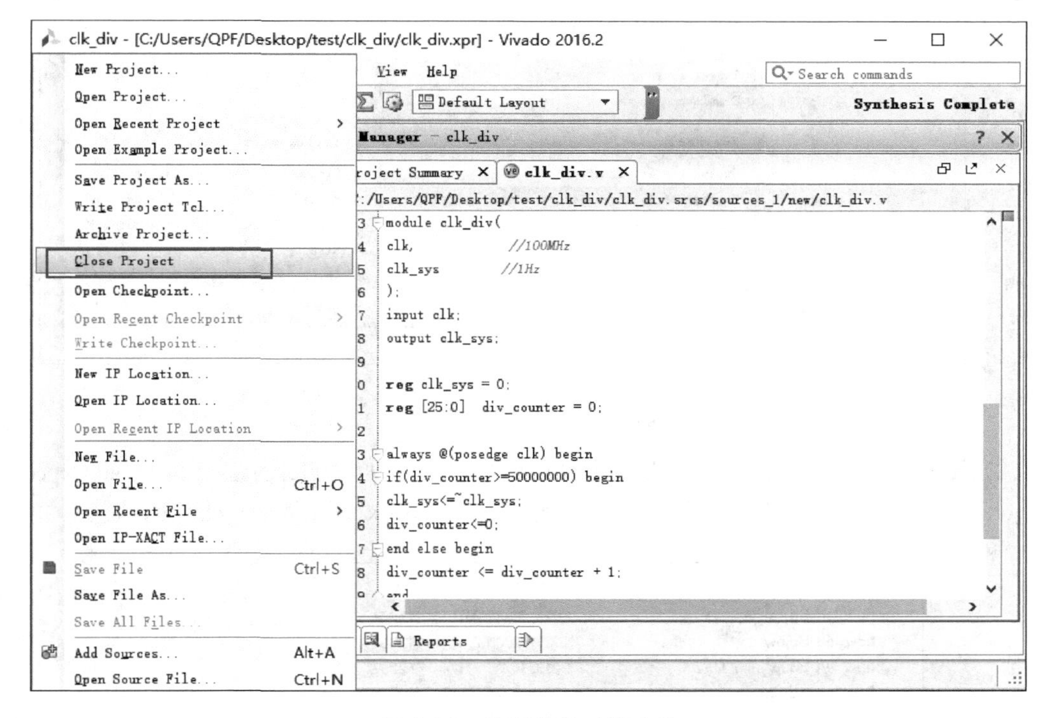

图 4.93　关闭当前工程选项

(14) 如图 4.94 所示，打开资源管理器，进入 IP 封装时指定的目录，可以看到用户封装自定义 IP 后生成的相关文件。

名称	修改日期	类型	大小
xgui	2017/10/28 21:02	文件夹	
clk_div.v	2017/10/28 20:52	V 文件	1 KB
component.xml	2017/10/28 21:10	XML Source File	7 KB
xilinx.com_user_clk_div_1.0.zip	2017/10/28 21:10	360压缩 ZIP 文件	3 KB

图 4.94　IP 封装目录

4.4.4 添加用户自定义 IP

(1) 按照文档开头的步骤,新建工程 flow_led_bd,结果如图 4.95 所示。

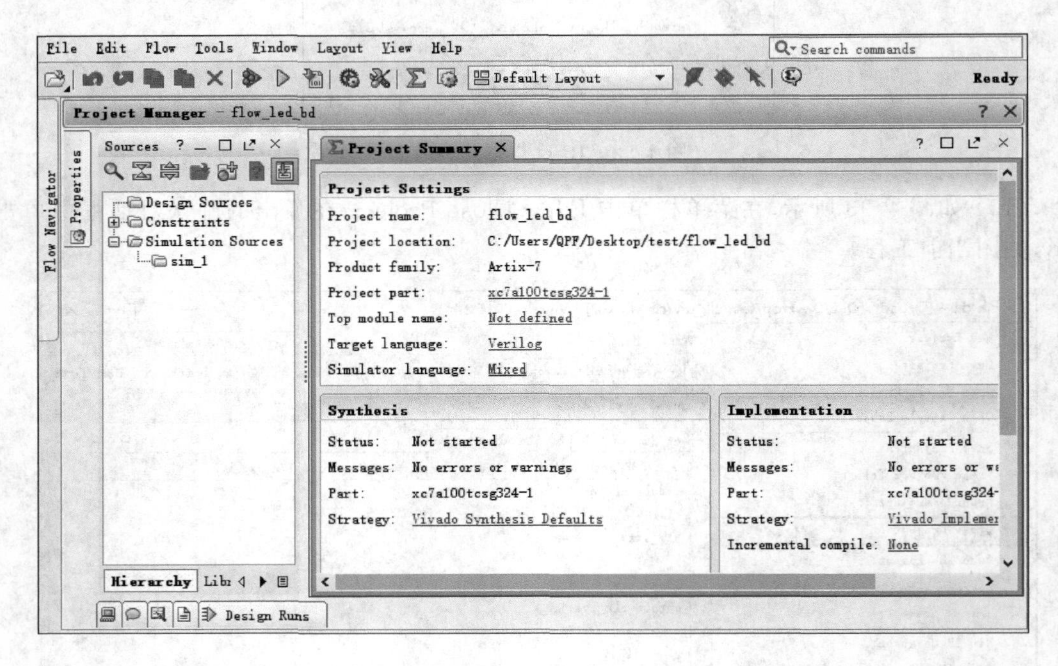

图 4.95 新建工程窗口

(2) 如图 4.96 所示,将 4.4.3 节中第(14)步打开的 IP 封装目录中的压缩包 xilinx.com_user_clk_div_1.0.zip 复制到当前工程目录,并解压到 xilinx.com_user_clk_div_1.0。

图 4.96 当前工程目录

(3) 如图 4.97 所示,在左侧 Flow Navigator 栏中的 Project Manager 下单击 Project Settings,在弹出对话框的左侧一列单击选中 IP。进入 Repository Manager 选项卡,单击加号。

(4) 进入当前工程目录,选中解压出来的文件夹 xilinx.com_user_clk_div_1.0,单击 Select 按钮,见图 4.98。

(5) 如图 4.99 所示,在弹出的对话框中单击 OK 按钮确认,再单击 Apply 和 OK 按钮。

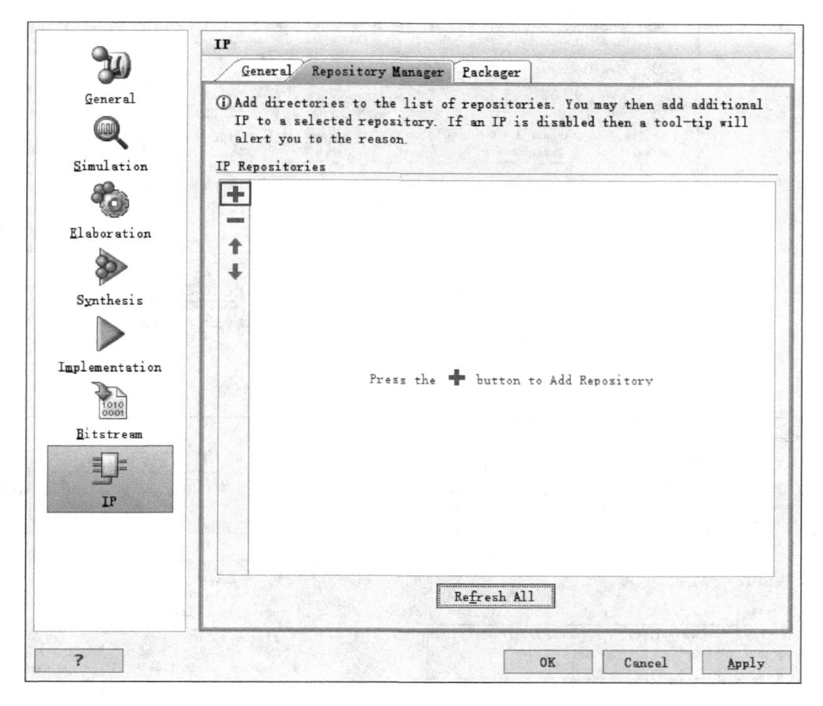

图 4.97　Repository Manager 选项卡

图 4.98　IP 文件选择窗口

(6) 如图 4.100 所示，在左侧 Flow Navigator 栏中的 Project Manager 下单击 IP Catalog，在右侧 IP Catalog 选项卡中，单击 User Repository 左侧的加号，再单击 User IP 左侧的加号，可以看到用户自定义 IP：clk_div_v1_0 已经被添加到 IP 库中。

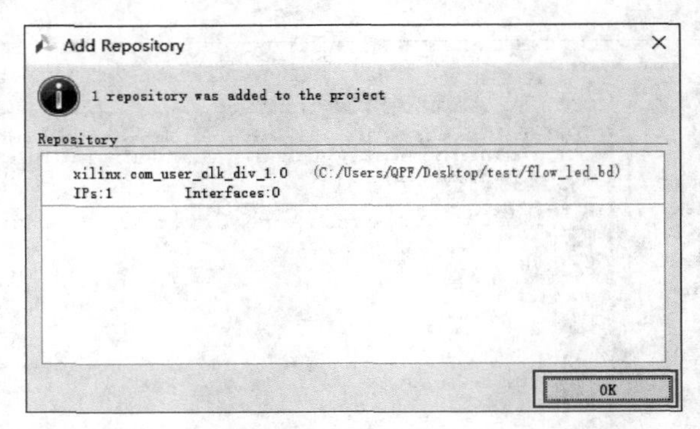

图 4.99 IP 添加确认

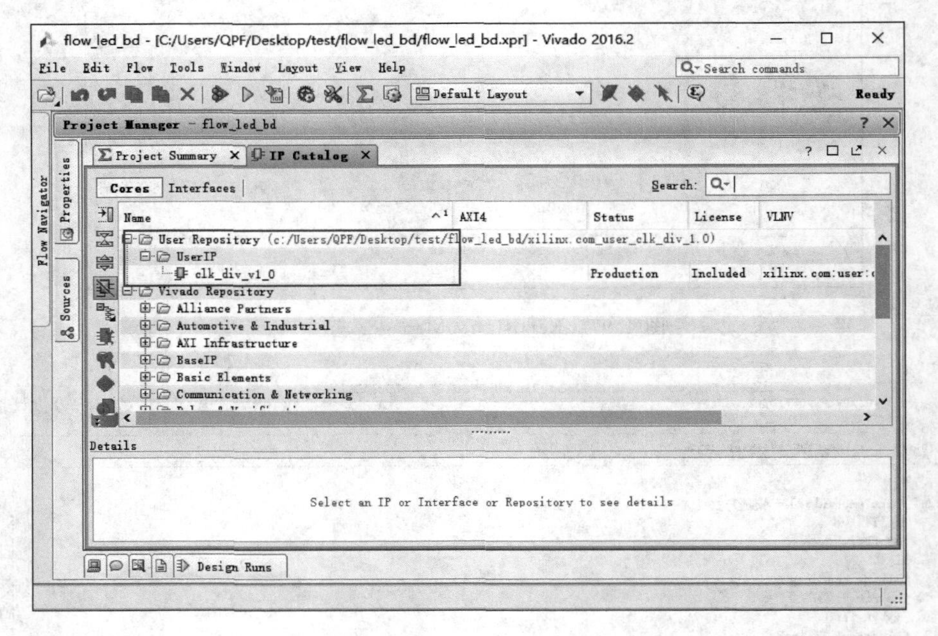

图 4.100 IP Catalog 选项卡

4.4.5 模块化设计

（1）如图 4.101 所示，在左侧 Flow Navigator 栏中的 IP Integrator 下单击 Create Block Design，在弹出的对话框 Design name 一栏中输入设计名称 flow_led_bd，单击 OK 按钮。

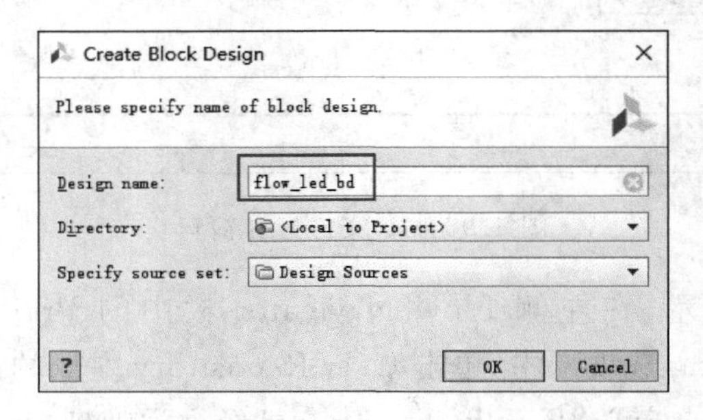

图 4.101 Create Block Design 对话框

(2) 进入如图 4.102 所示的 Block Design 窗口。

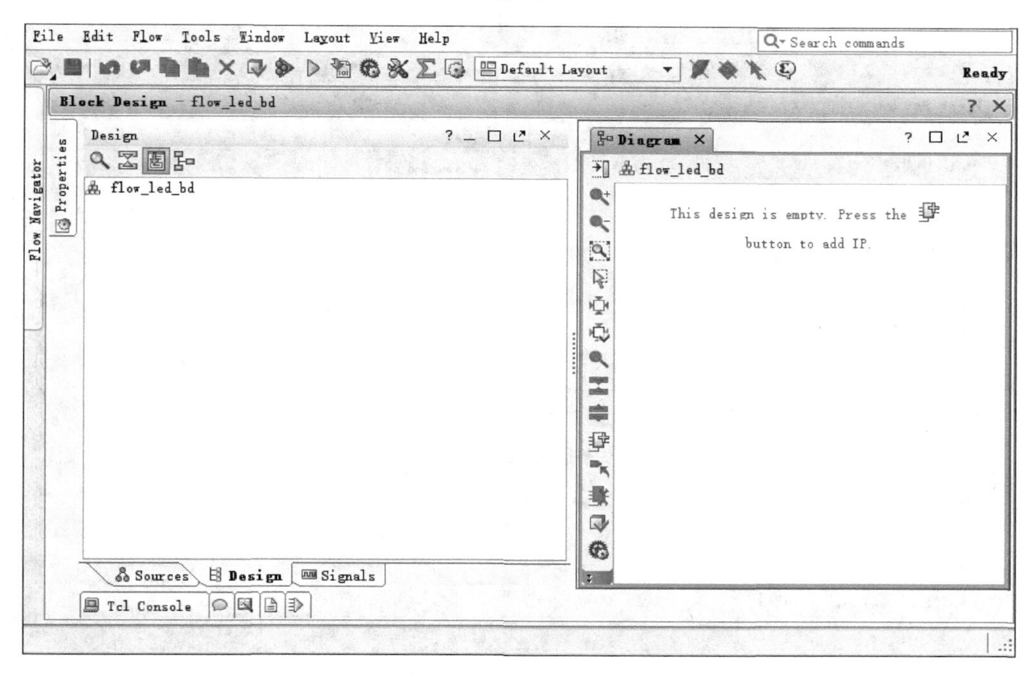

图 4.102　Block Design 窗口

(3) 如图 4.103 所示，在 Diagram 图形界面左侧工具栏中单击 Add IP，在弹出对话框中的搜索栏中输入 clk_div，在列表中选择用户自定义的 IP：clk_div_v1_0。

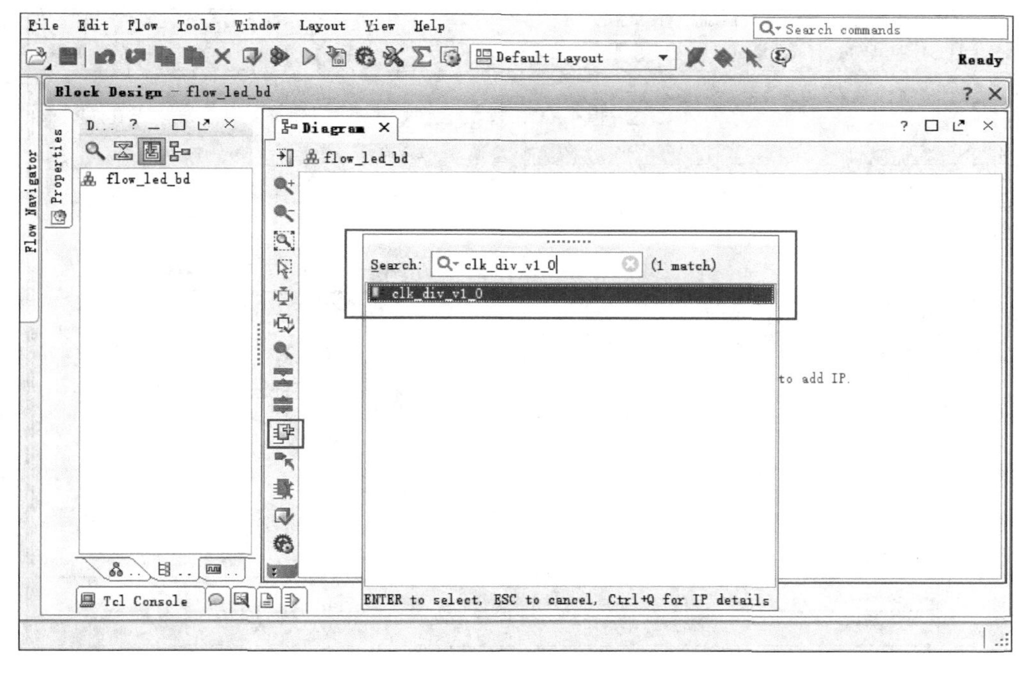

图 4.103　Add IP 选项

(4) 如图 4.104 所示,双击 clk_div_v1_0,将其添加到图形化界面。

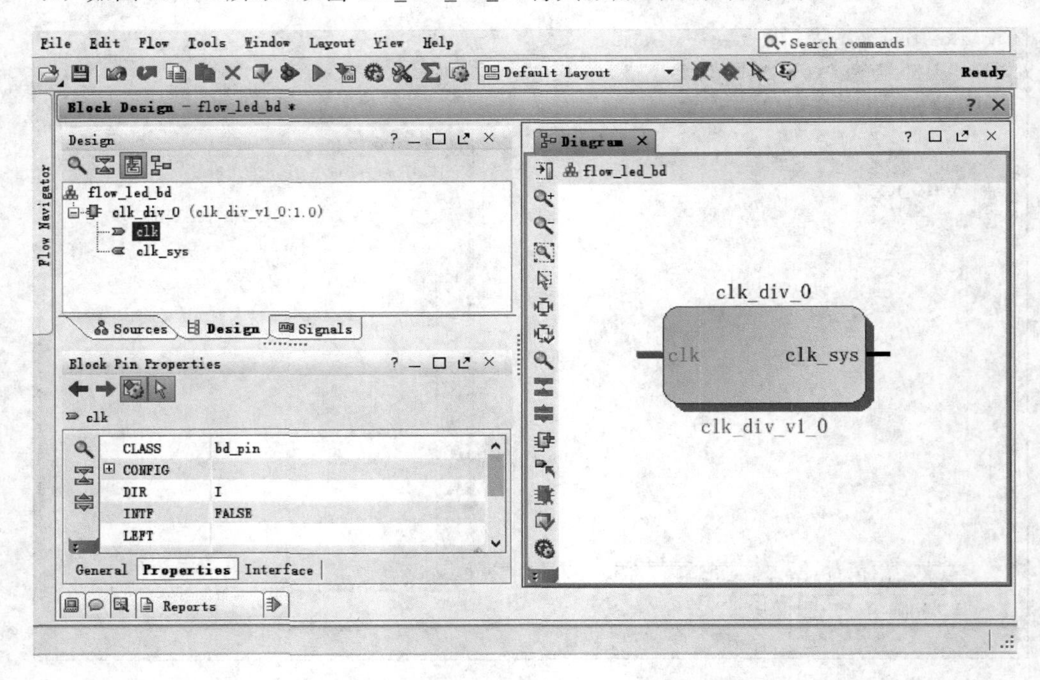

图 4.104 Diagram 图形化界面

(5) 如图 4.105 所示,选中上一步添加的时钟分频模块,在图形化界面左侧的 Block Properties 窗口中修改模块名为 clk_div。

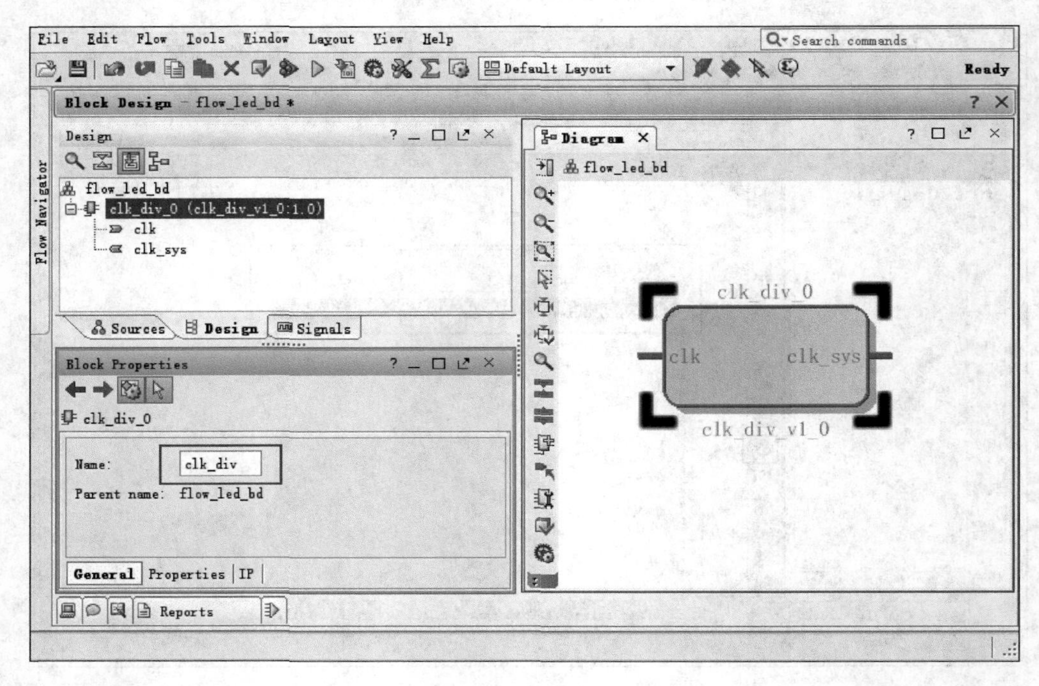

图 4.105 Block Properties 窗口

(6) 在如图4.106所示的图形化界面左侧的工具栏中单击Add IP,在搜索栏中输入counter,双击Binary Counter将其添加到图形化界面。

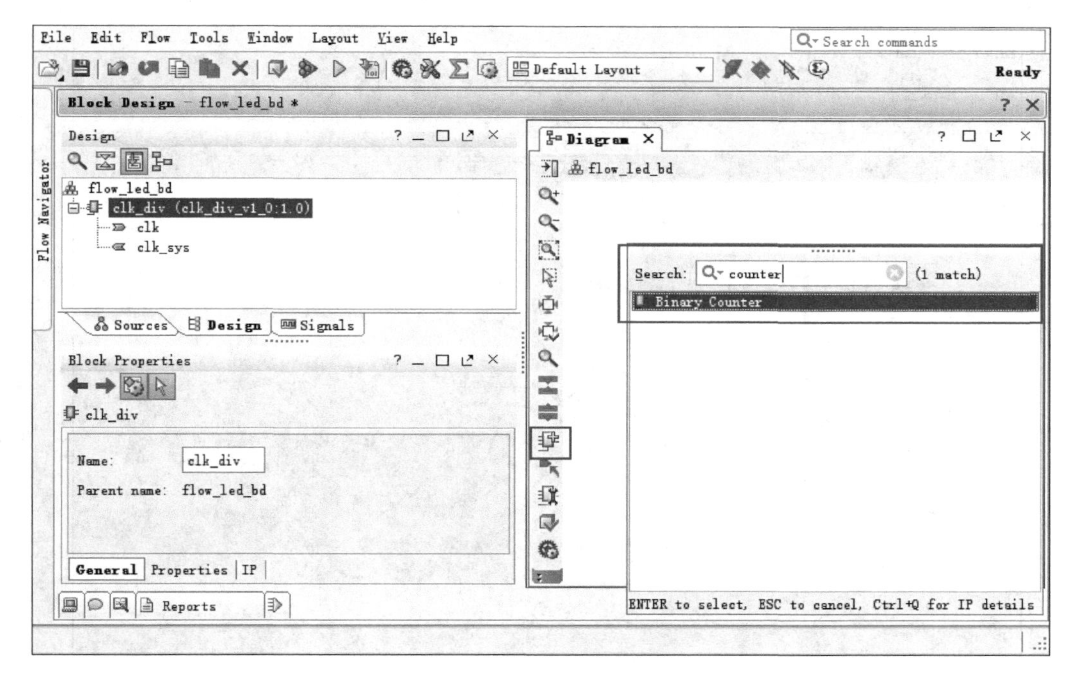

图4.106 Binary Counter选项

(7) 如图4.107所示,将新添加的计数器模块重命名为counter,并通过鼠标左键选中该模块将其移动到界面上合适的位置。

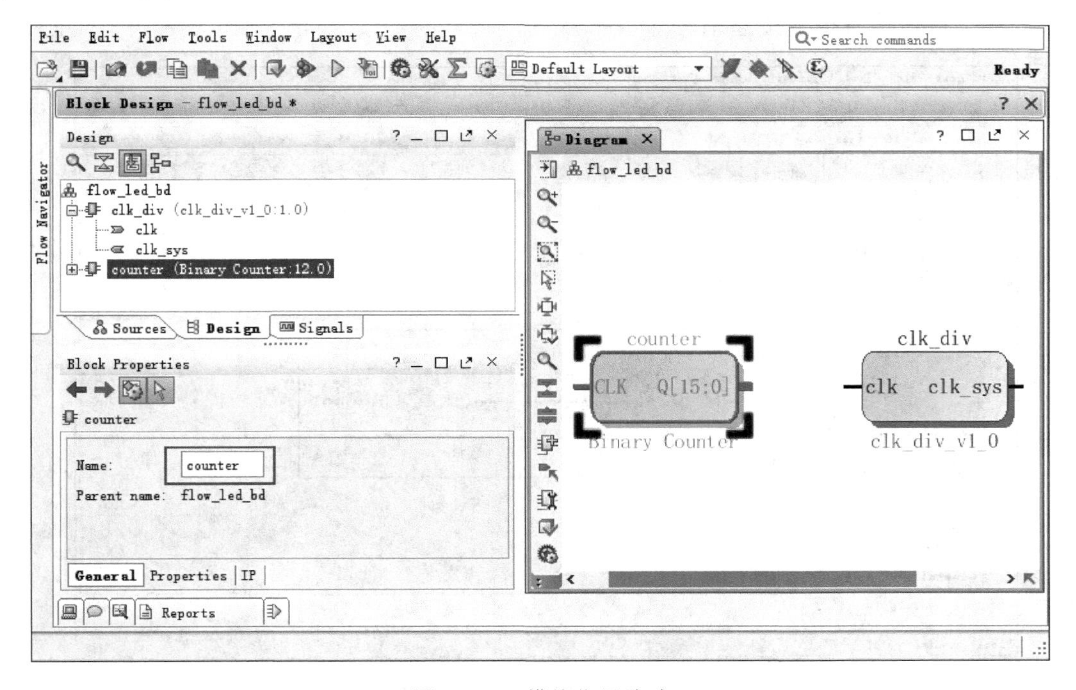

图4.107 模块位置移动

(8) 如图 4.108 所示，双击 counter 模块，在弹出的窗口中对 IP 进行设置。在 Basic 选项卡中确认 Output Width 设置为 16，单击 OK 按钮。

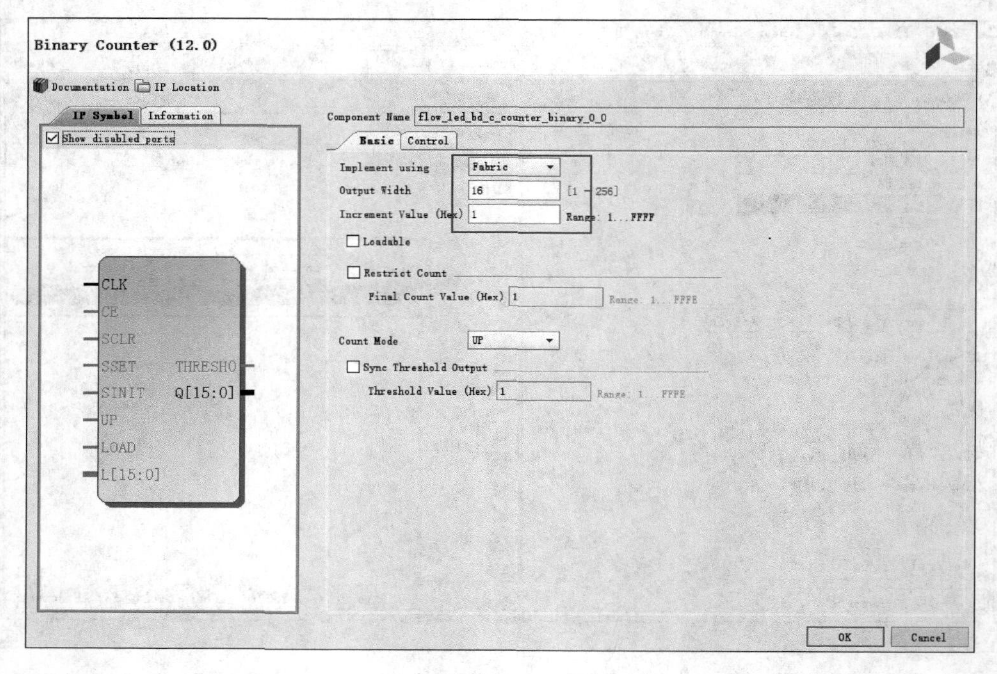

图 4.108　Basic 选项卡

(9) 如图 4.109 所示，将鼠标指针悬停在 clk_div 模块的 clk_sys 接口上，待其变成铅笔形状后，按下鼠标左键并拖曳到 counter 模块的 CLK 接口处，放开鼠标左键后可看到不同模块的两个接口信号被连接起来。

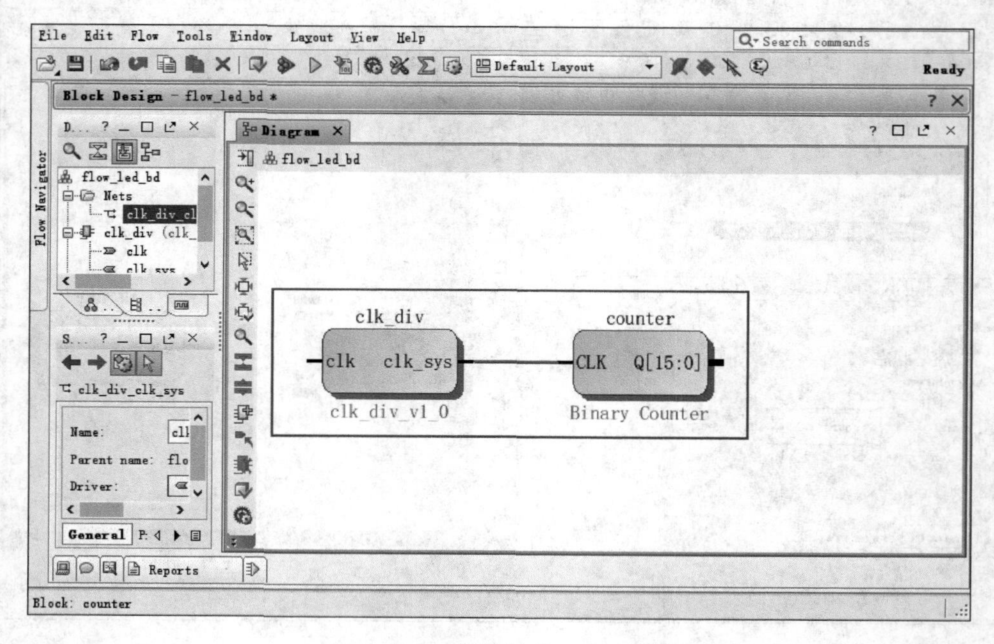

图 4.109　不同模块接口信号连接

(10) 如图 4.110 所示,将鼠标指针悬停在 counter 模块的 Q[15: 0]接口上,待其变成铅笔形状时单击左键,可以看到 Q[15: 0]接口处变成棕色表明被选中,单击右键选择 Make External 命令。

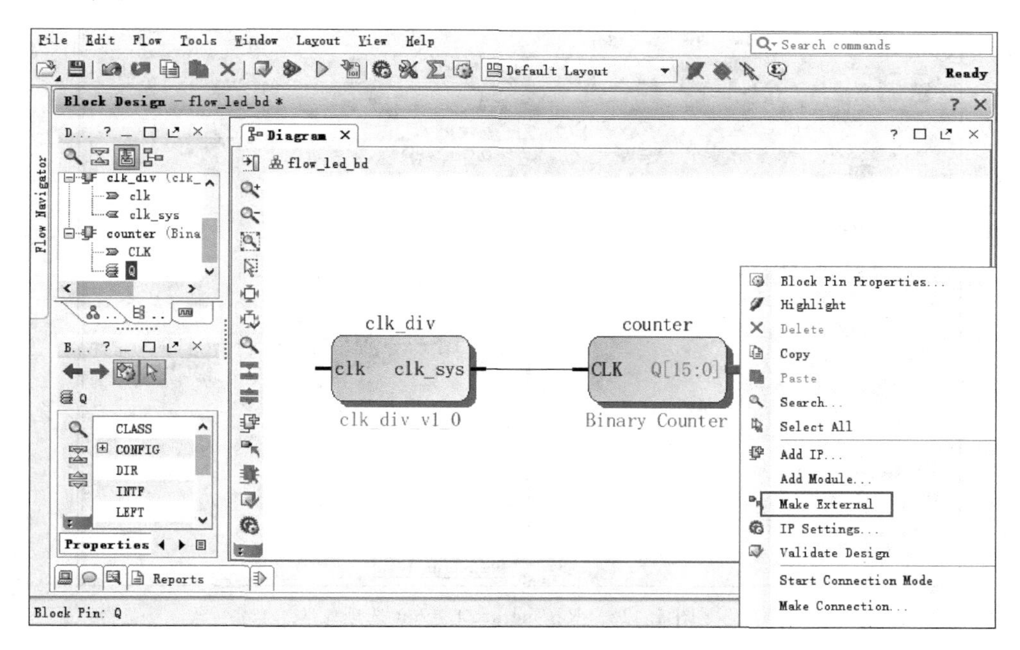

图 4.110　Make External 选项

(11) 如图 4.111 所示,通过单击左键选择输出端口 Q[15: 0],在左侧的 External Port Properties 窗口中将端口名重命名为 led,按 Enter 键确认修改。

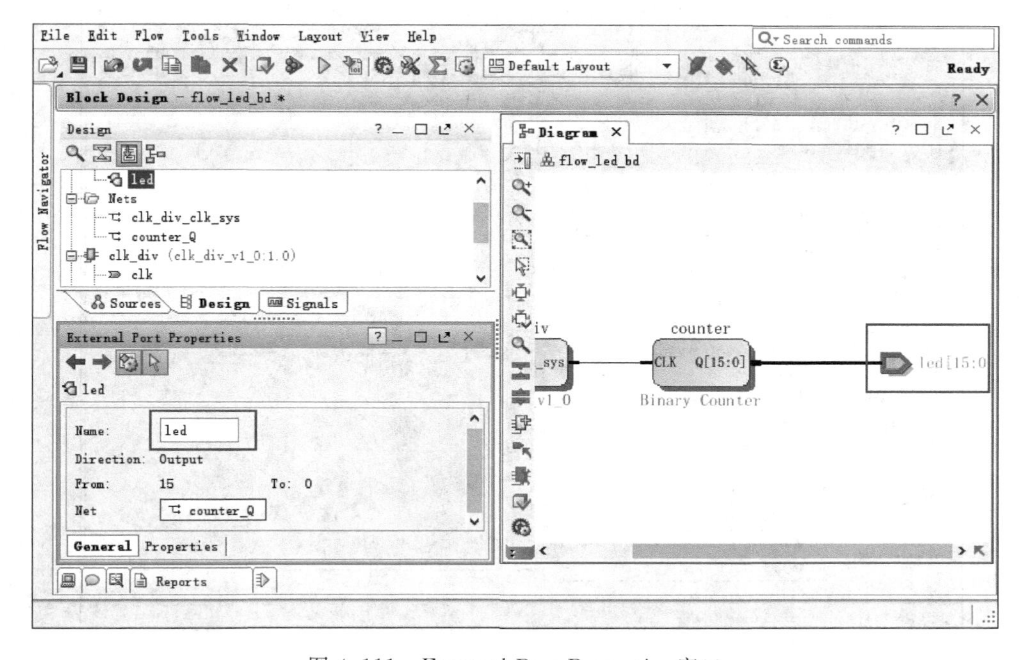

图 4.111　External Port Properties 窗口

(12) 同样，在 clk_div 模块的 clk 接口上单击右键选择 Make External 命令。

(13) 单击如图 4.112 所示的图形化界面左侧的工具栏中的 Regenerate Layout，对图形化界面中的模块及连线等重新进行布局。完成后单击 Vivado 工具左上角的保存按钮。

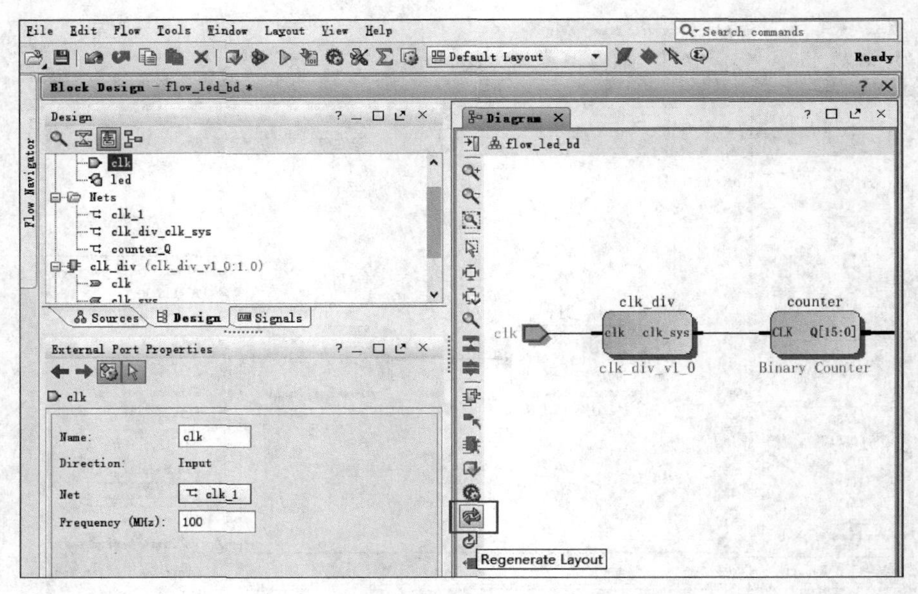

图 4.112 Regenerate Layout 选项

(14) 如图 4.113 所示，在 Sources 窗口的 Hierarchy 选项卡中，在 Design Sources 下的 flow_led_bd.bd 上右击，选择 Generate Output Products 命令。

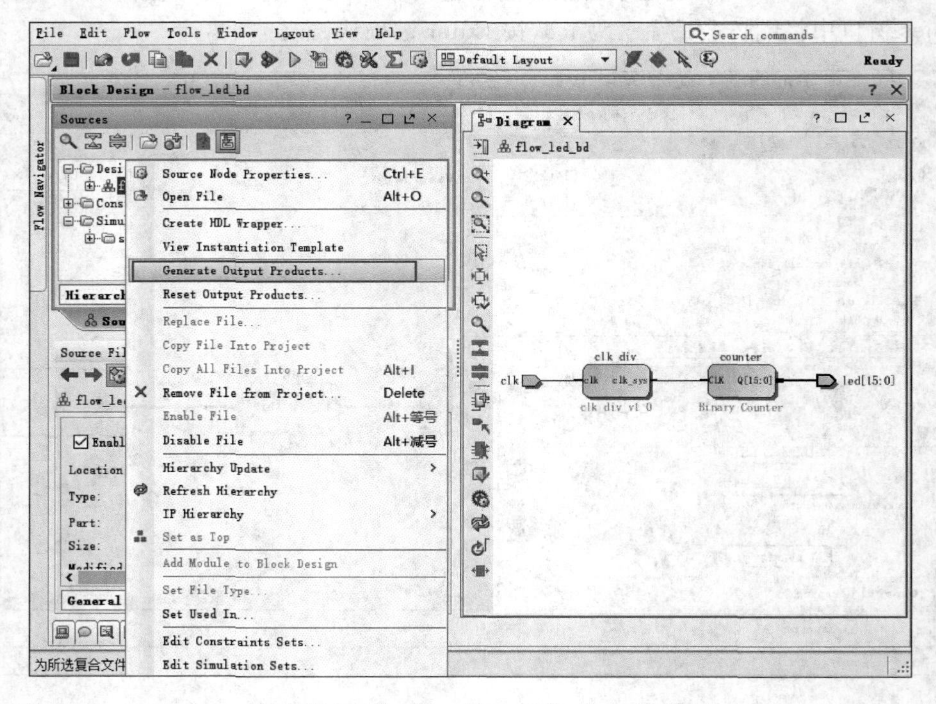

图 4.113 Generate Output Products 选项

(15) 如图4.114所示，在Synthesis Options中选择Out of context per IP，然后单击Generate按钮。运行时，可以单击Background将该过程转入后台运行。完成后单击OK按钮。

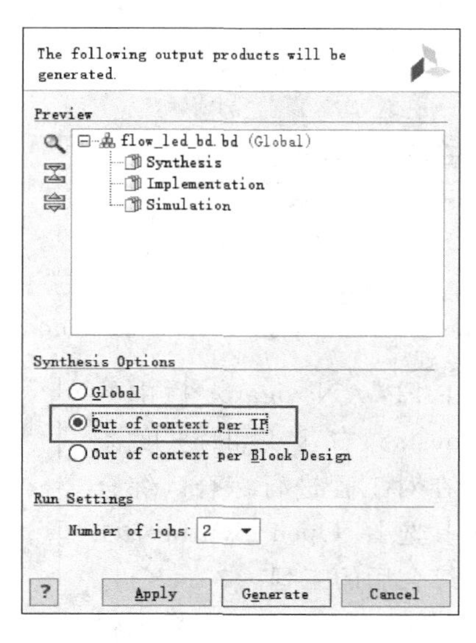

图4.114 Out of context per IP选项

(16) 如图4.115所示，在Sources窗口中的flow_led_bd.bd上右击，选择Create HDL Wrapper命令。

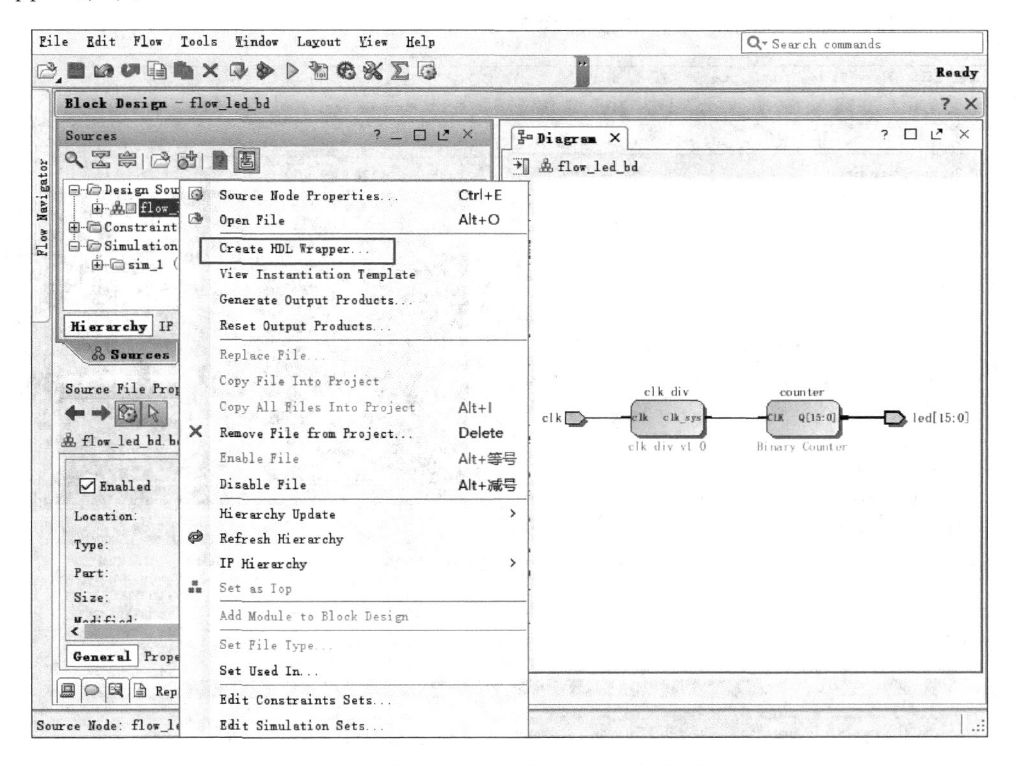

图4.115 Create HDL Wrapper选项

(17) 选择图 4.116 中弹出对话框中的第二项 Let Vivado manage wrapper and auto-update。

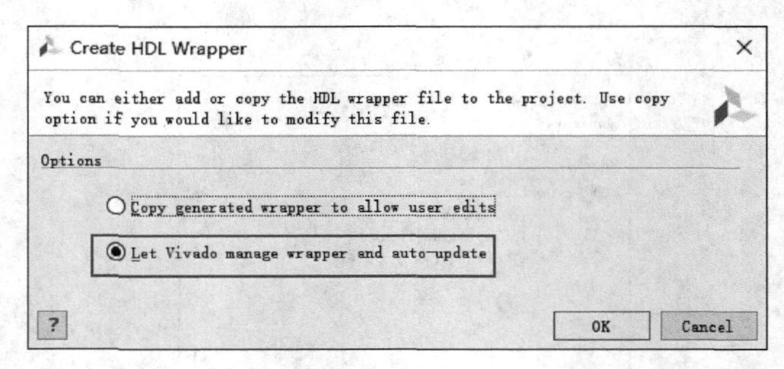

图 4.116 Let Vivado manage wrapper and auto-update 选项

(18) 如图 4.117 所示，在 Flow Navigator 栏中的 Synthesis 下单击 Run Synthesis。右上角的进度条 Running synth_design 指示正在对工程进行综合。综合完成之后在弹出的对话框中选择 Open Synthesized Design，并单击 OK 按钮，打开综合后的工程。

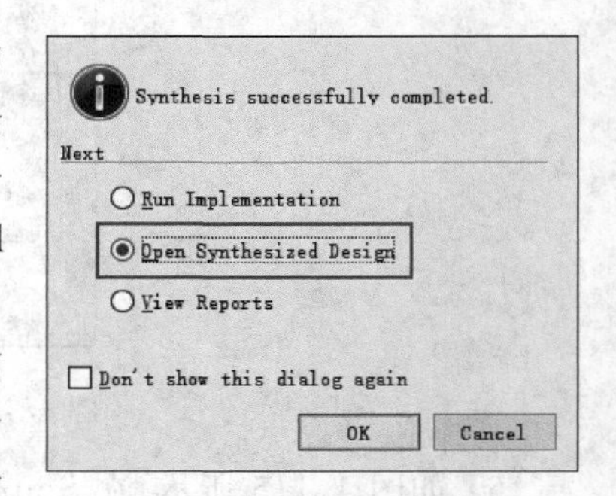

图 4.117 综合完成对话框

(19) 如图 4.118 所示，在 I/O Ports 窗口中对输入输出信号添加管脚约束。首先在 Site 一栏中输入各个信号在 FPGA 芯片上引脚的位置，各信号的具体位置可查看板卡的原理图。然后在 I/O Std 一栏通过下拉按钮选择 LVCOMS33，将所有信号的电平标准设置为 3.3V。

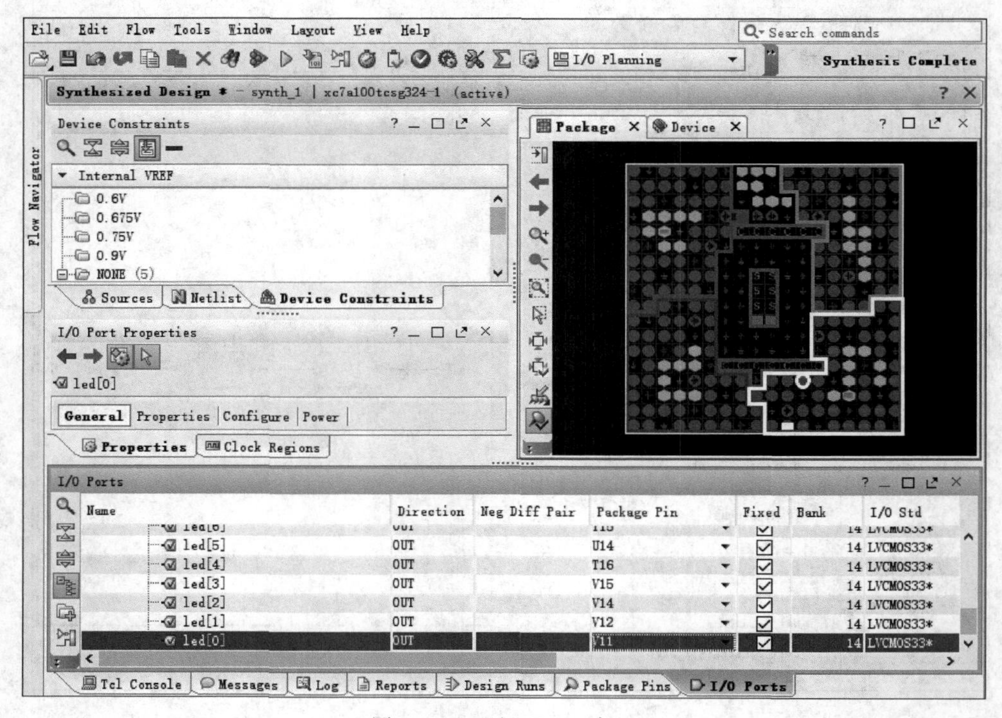

图 4.118 I/O Ports 窗口

(20) 如图4.119所示，管脚分配完成后单击左上角的“保存”按钮，在弹出的对话框中点击OK按钮。然后在弹出的对话框中File Name一栏中输入约束文件的名称flow_led，单击OK按钮。

Select a target file to write new unsaved constraints to. Choosing an existing file will update that file with the new constraints.

Create a new file

File type: XDC

File name: flow_led

File location: <Local to Project>

Select an existing file

<select a target file>

OK Cancel

图4.119 保存约束

(21) 如图4.120所示，在右上角浅蓝色区域单击叉号，单击OK按钮确认关闭Synthesized Design。在Flow Navigator一栏中的Program and Debug下单击Generate Bitstream，此时会提示工程综合过程已经过期，单击Yes按钮，工具会自动执行综合及实现过程。

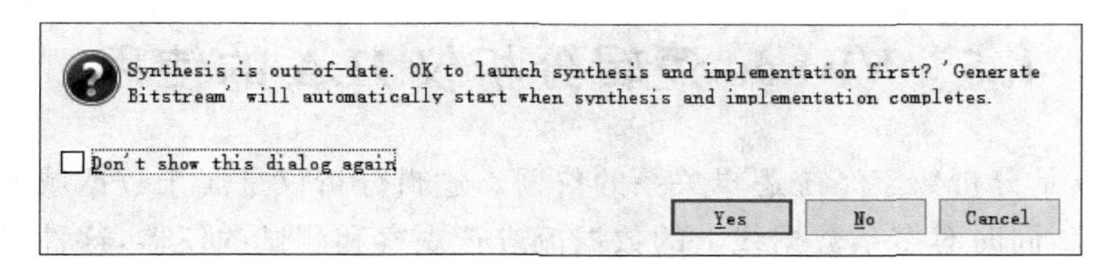

图4.120 Generate Bitstream选项

(22) 生成比特流文件完成后，选择Open Hardware Manager并单击OK按钮。用Micro USB线连接计算机与板卡上的JTAG端口，并打开电源开关。在Hardware Manager界面单击Open target，选择Auto Connect。连接成功后，在目标芯片上右击，选择Program Device。在弹出的对话框中Bitstream File一栏已经自动加载本工程生成的比特流文件，单击如图4.121所示的Program按钮对FPGA芯片进行编程。

Program Device

Select a bitstream programming file and download it to your hardware device. You can optionally select a debug probes file that corresponds to the debug cores contained in the bitstream programming file.

Bitstream file: :op/test/flow_led_bd/flow_led_bd.runs/impl_1/flow_led_bd_wrapper.bit

Debug probes file:

Enable end of startup check

Program Cancel

图4.121 FPGA芯片编程

(23) 如图 4.122 所示,下载完成后,在板子上观察实验结果。

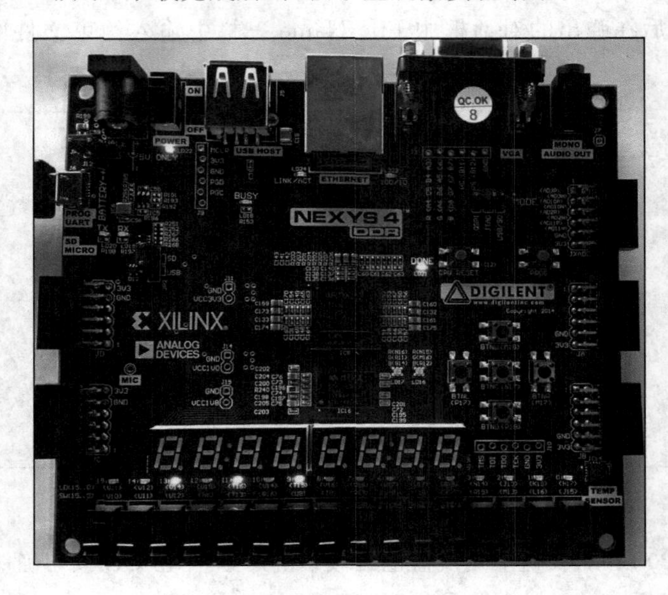

图 4.122　观察实验结果

4.5　Vivado 逻辑分析仪 ILA 的使用

逻辑分析仪是分析数字系统逻辑关系的仪器。逻辑分析仪是属于数据域测试仪器中的一种总线分析仪,同时对多条数据线上的数据流进行观察和测试的仪器,这种仪器对复杂的数字系统的测试和分析十分有效。逻辑分析仪用便于观察的形式显示出数字系统的运行情况,对数字系统进行分析和故障判断。

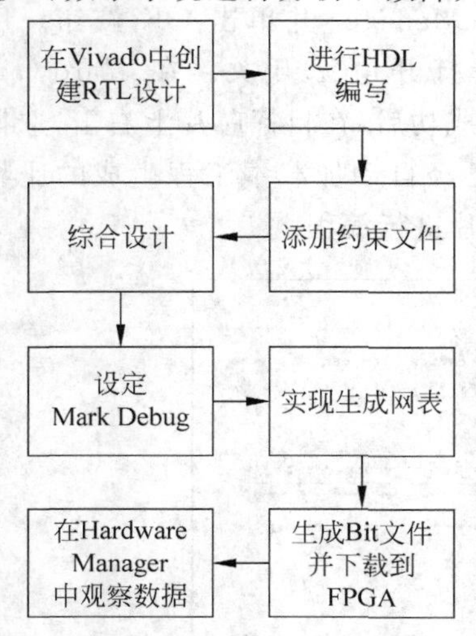

图 4.123　逻辑分析仪使用流程图

对于 FPGA 开发人员来说,逻辑分析仪是不可或缺的工具,当代码能够综合、实现,但是烧写之后出现问题或者不能达到想要的效果,那么就需要 debug,逻辑分析仪就是 debug 过程中提高工作效率的利器。如果不使用逻辑分析仪抓取内部信号,那么我们就只能陷入"修改代码、查看现象、再修改代码、再查看现象"的循环,使用逻辑分析仪就能快速定位问题。我们在进行计算机组成原理实验时,后面遇到的比较复杂的实验综合下板时间都较长,所以需要在下板时利用 Vivado 逻辑分析仪来进行调试分析。

本节继续通过流水灯实验,介绍如何利用 Vivado 内部功能强大的逻辑分析仪 ILA 来协助进行 FPGA 开发,实验流程如图 4.123 所示。

4.5.1 创建工程

如图 4.124 所示，创建一个新的工程 hw_debug。

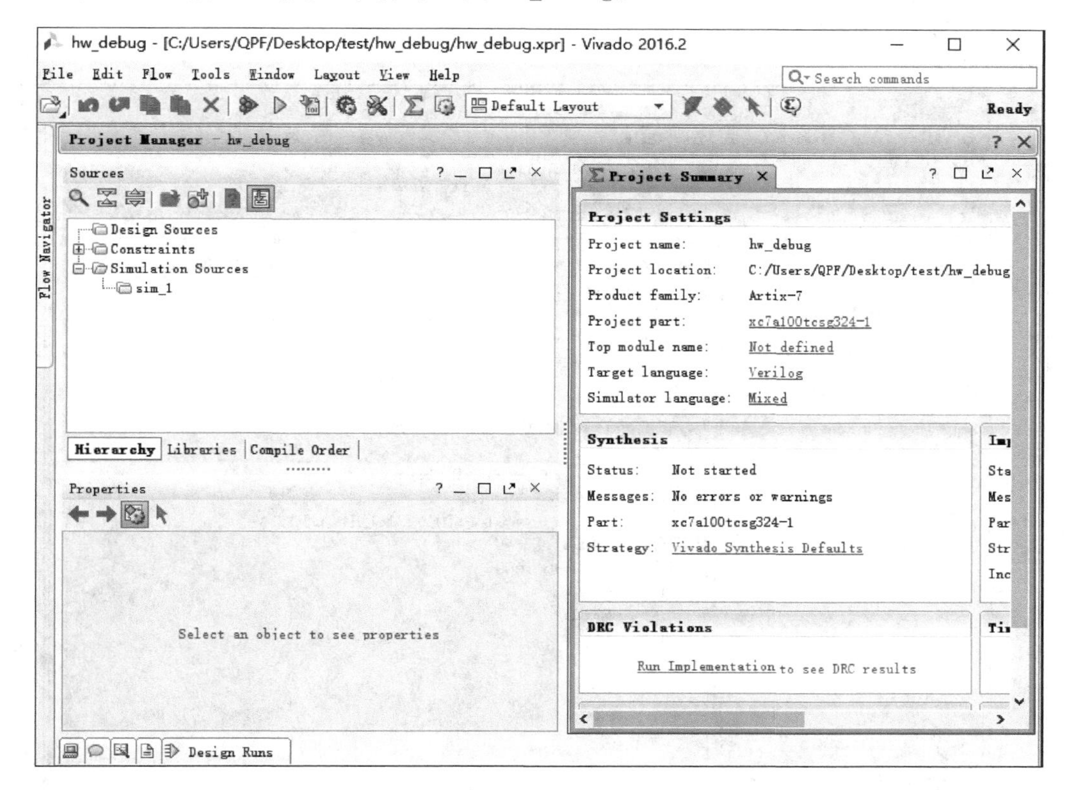

图 4.124 新建工程

4.5.2 添加源文件和约束文件

（1）本次实验如图 4.125 所示创建三个.v 文件，分别是顶层模块 flow_led_top.v（见程序 4.5）和被调用的两个子模块 clk_div.v（见程序 4.6）与 flow_led.v（见程序 4.7）。

程序 4.5 flow_led_top.v 代码

```
module flow_led_top(
    input clk,                    //100MHz
    output [15:0] led
    );
    wire clk_pulse;
    clk_div clk_div(
        .clk(clk),
        .clk_pulse(clk_pulse)     //1Hz
        );

     flow_led flow_led(
```

```
        .clk(clk),
        .clk_pulse(clk_pulse),
        .led_r(led)
    );
endmodule
```

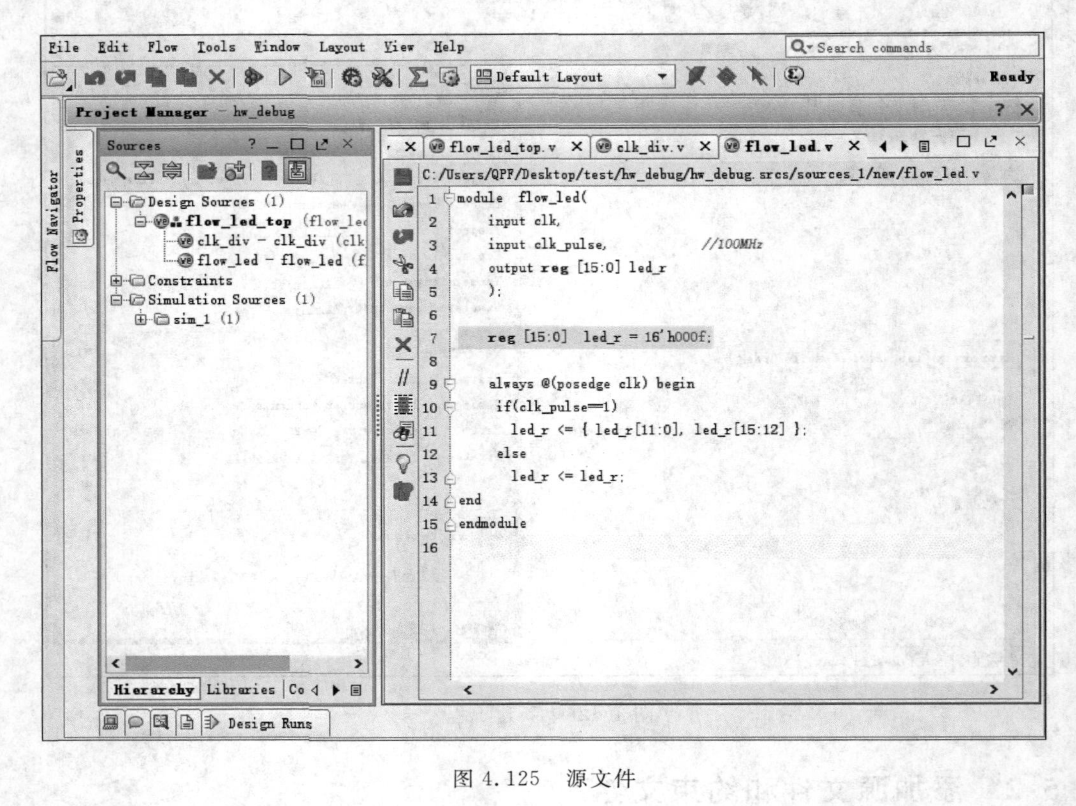

图 4.125 源文件

代码解释：顶层模块对两个子模块的调用。

程序 4.6 clk_div.v 代码

```
module clk_div(
    input clk,          //100MHz
    output clk_pulse   //1Hz
    );
    reg clk_pulse = 0;
    reg [25:0] div_counter = 0;

    always @(posedge clk) begin
      if(div_counter >= 50000000) begin
          clk_pulse <= 1;
          div_counter <= 0;
        end
      else begin
```

```
            clk_pulse <= 0;
            div_counter <= div_counter + 1;
        end
end
endmodule
```

代码解释：输入为板上时钟，输出为2Hz的脉冲信号。

程序4.7 flow_led.v代码

```
module flow_led(
    input clk,
    input clk_pulse,  //100MHz
    output reg [15:0] led_r
    );

    reg [15:0] led_r = 16'h000f;

    always @(posedge clk) begin
     if(clk_pulse == 1)
       led_r <= { led_r[11:0], led_r[15:12] };
     else
       led_r <= led_r;
end
endmodule
```

代码解释：每收到一次脉冲信号，信号灯跳一次。

(2) 如图4.126所示，添加如程序4.8所示的约束文件flow_led.xdc。

程序4.8 flow_led.xdc约束文件

```
set_property IOSTANDARD LVCMOS33 [get_ports {led[15]}]
set_property IOSTANDARD LVCMOS33 [get_ports {led[14]}]
set_property IOSTANDARD LVCMOS33 [get_ports {led[13]}]
set_property IOSTANDARD LVCMOS33 [get_ports {led[12]}]
set_property IOSTANDARD LVCMOS33 [get_ports {led[11]}]
set_property IOSTANDARD LVCMOS33 [get_ports {led[10]}]
set_property IOSTANDARD LVCMOS33 [get_ports {led[9]}]
set_property IOSTANDARD LVCMOS33 [get_ports {led[8]}]
set_property IOSTANDARD LVCMOS33 [get_ports {led[7]}]
set_property IOSTANDARD LVCMOS33 [get_ports {led[6]}]
set_property IOSTANDARD LVCMOS33 [get_ports {led[5]}]
set_property IOSTANDARD LVCMOS33 [get_ports {led[4]}]
set_property IOSTANDARD LVCMOS33 [get_ports {led[3]}]
set_property IOSTANDARD LVCMOS33 [get_ports {led[2]}]
set_property IOSTANDARD LVCMOS33 [get_ports {led[1]}]
set_property IOSTANDARD LVCMOS33 [get_ports {led[0]}]
set_property IOSTANDARD LVCMOS33 [get_ports clk]
```

```
set_property PACKAGE_PIN H17 [get_ports {led[15]}]
set_property PACKAGE_PIN K15 [get_ports {led[14]}]
set_property PACKAGE_PIN N14 [get_ports {led[13]}]
set_property PACKAGE_PIN J13 [get_ports {led[12]}]
set_property PACKAGE_PIN R18 [get_ports {led[11]}]
set_property PACKAGE_PIN V17 [get_ports {led[10]}]
set_property PACKAGE_PIN U17 [get_ports {led[9]}]
set_property PACKAGE_PIN V16 [get_ports {led[8]}]
set_property PACKAGE_PIN U16 [get_ports {led[7]}]
set_property PACKAGE_PIN T15 [get_ports {led[6]}]
set_property PACKAGE_PIN U14 [get_ports {led[5]}]
set_property PACKAGE_PIN T16 [get_ports {led[4]}]
set_property PACKAGE_PIN V15 [get_ports {led[3]}]
set_property PACKAGE_PIN V14 [get_ports {led[2]}]
set_property PACKAGE_PIN V12 [get_ports {led[1]}]
set_property PACKAGE_PIN V11 [get_ports {led[0]}]
set_property PACKAGE_PIN E3 [get_ports clk]
```

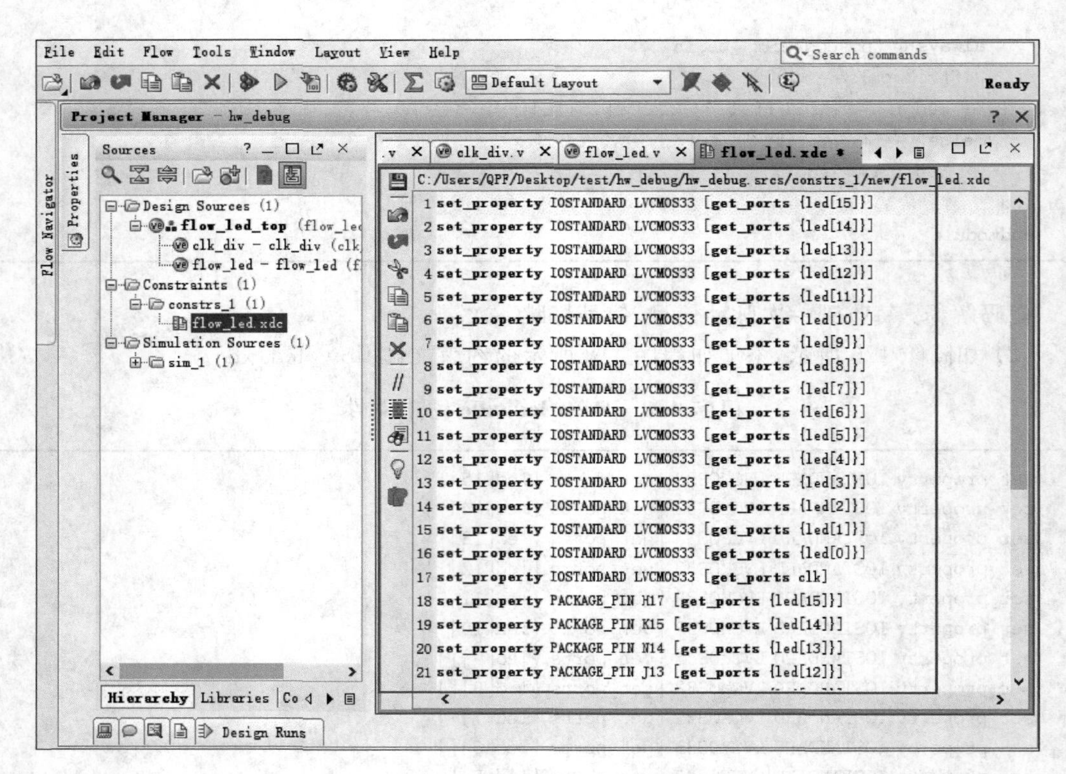

图 4.126 约束文件

4.5.3 综合

如图 4.127 所示，在 Flow Navigator 栏中的 Synthesis 下单击 Run Synthesis。右上角的进度条 Running synth_design 指示正在对工程进行综合。综合完成之后在弹出的对话框中单击 Cancel 按钮取消。在 Flow Navigator 一栏中，找到 Synthesis→Open Synthesised Design→Schematic，单击 Schematic，结果见图 4.128。

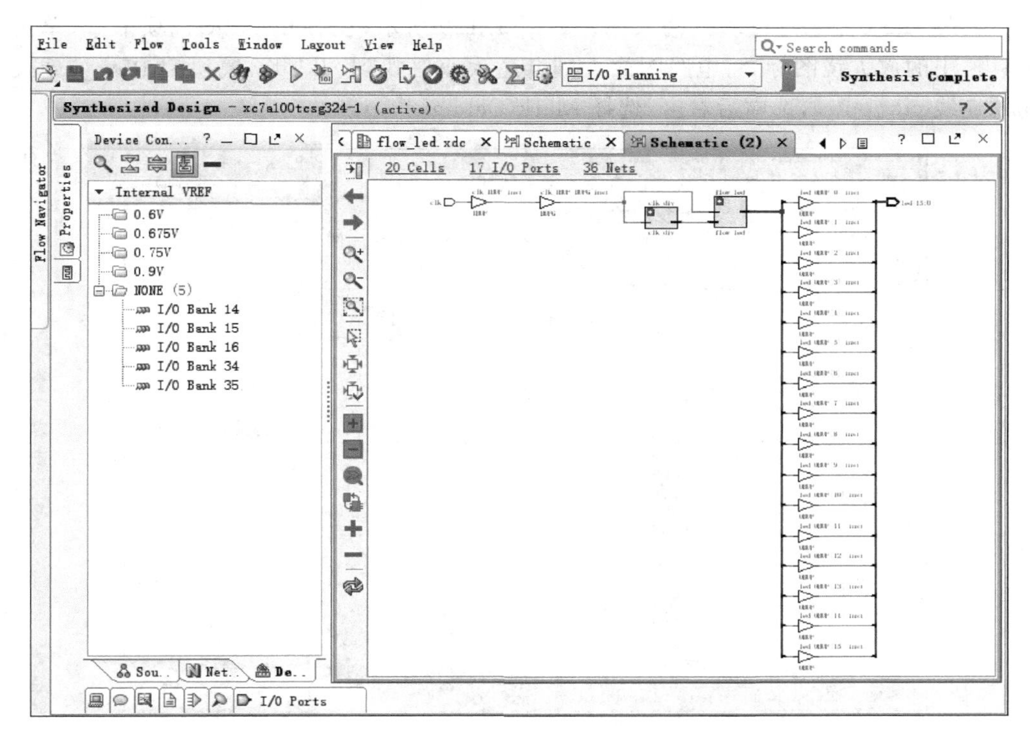

图 4.127　Synthesis 选项

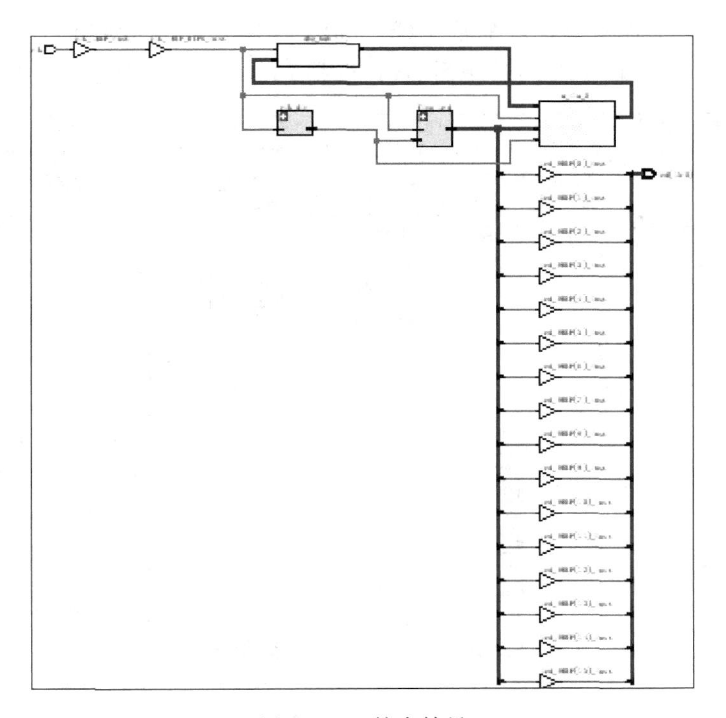

图 4.128　综合结果

4.5.4 Mark Debug

(1) 先 Mark 流水灯模块的输入线。如图 4.129 所示，在 Schematic 选项卡中，单击左侧工具栏中的放大镜图标，将电路图放大到合适大小。找到 clk_div 模块和 flow_led 模块之间的连线 clk_pulse，选中后右击，选择 Mark Debug。

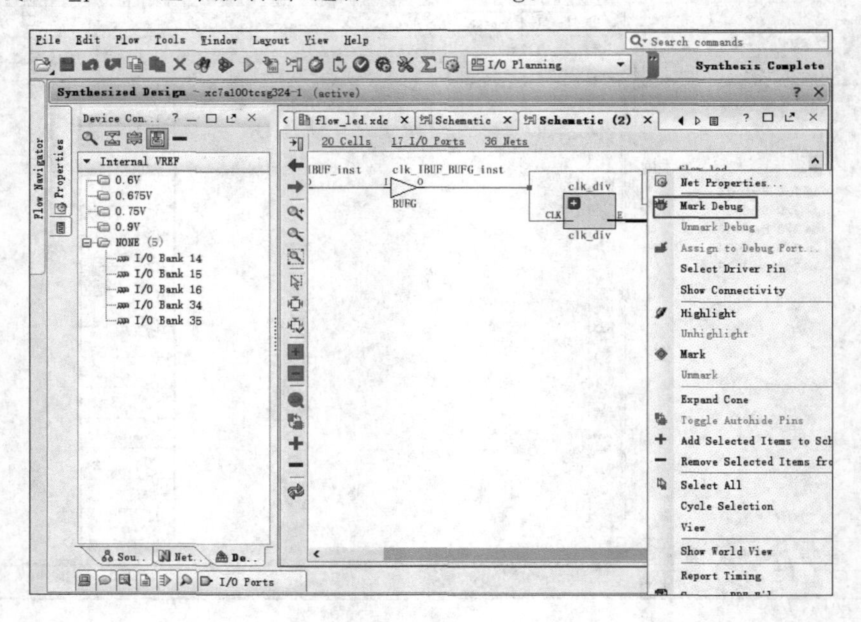

图 4.129 Mark Debug

(2) 然后再 Mark 流水灯模块的输出线。如图 4.130 所示，找到与 flow_led 模块的输出端口相连的信号线 led_OBUF，选中后右击，选择 Mark Debug 命令。

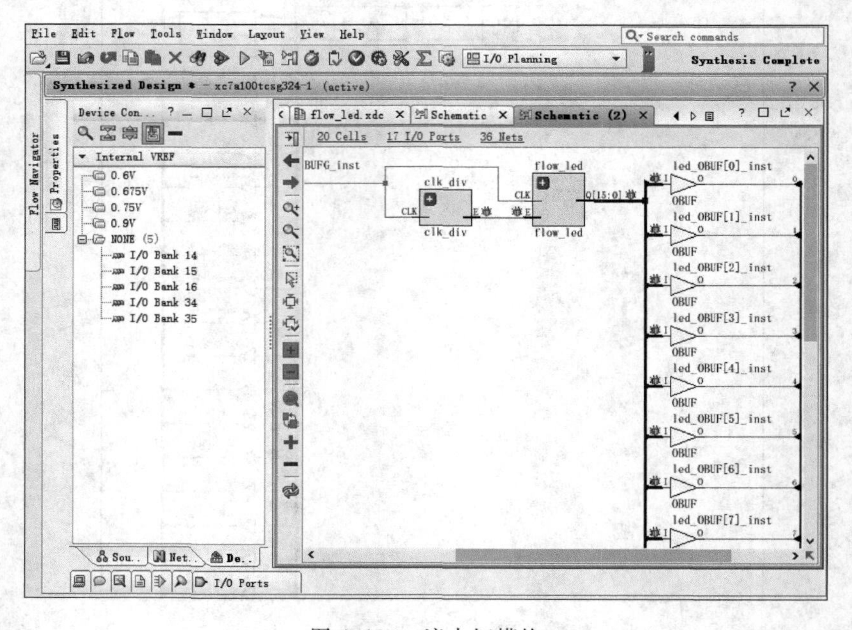

图 4.130 流水灯模块

在这个实验中之所以 Mark 这两个信号线，是因为我们要关注核心部件流水灯模块在指定的输入信号下会不会有理想的结果。

4.5.5 Set up Debug

（1）如图 4.131 所示，在 Debug 窗口中（可通过在菜单栏中选择 Layout→Debug 打开），单击选中 Unassigned Debug Nets，然后右击选择 Set Up Debug 命令。

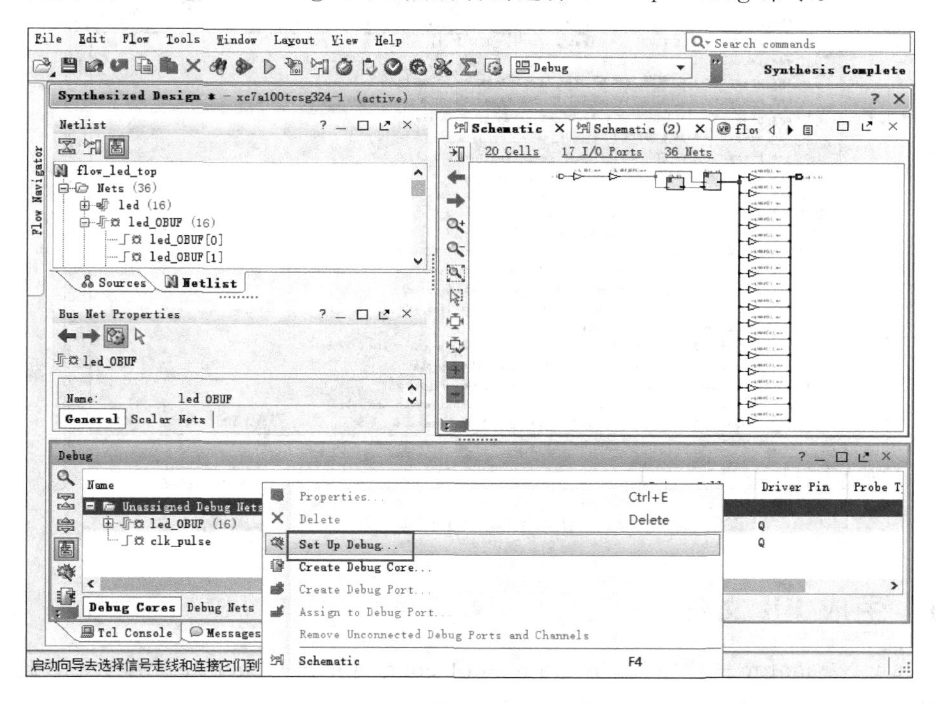

图 4.131 Set Up Debug 命令

（2）如图 4.132 所示，在 Set Up Debug 向导中连续单击 Next 按钮，最后单击 Finish 按钮。

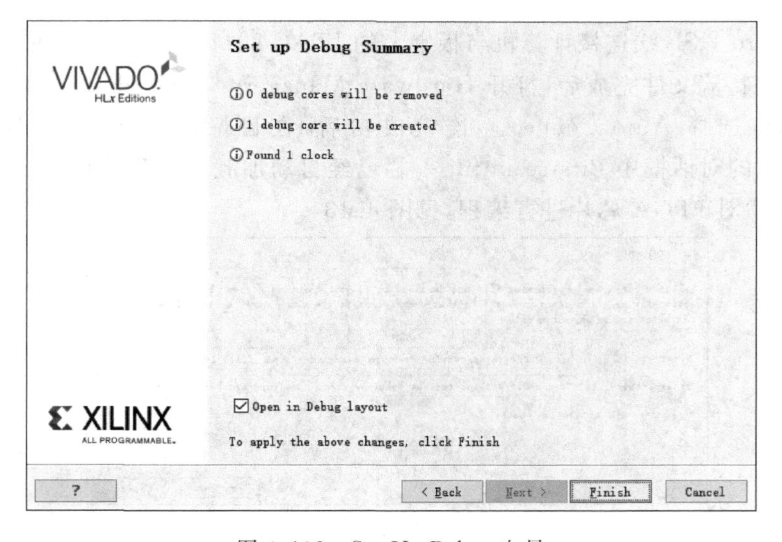

图 4.132 Set Up Debug 向导

(3) 如图 4.133 所示,在菜单栏中单击 File→Save Constraints。在弹出的对话框中单击 OK 按钮。然后在 Source 窗口中打开 flow_led.xdc,在文档的底部可以看到 Mark Debug 及 Set Up Debug 的相关信息被添加上去了。

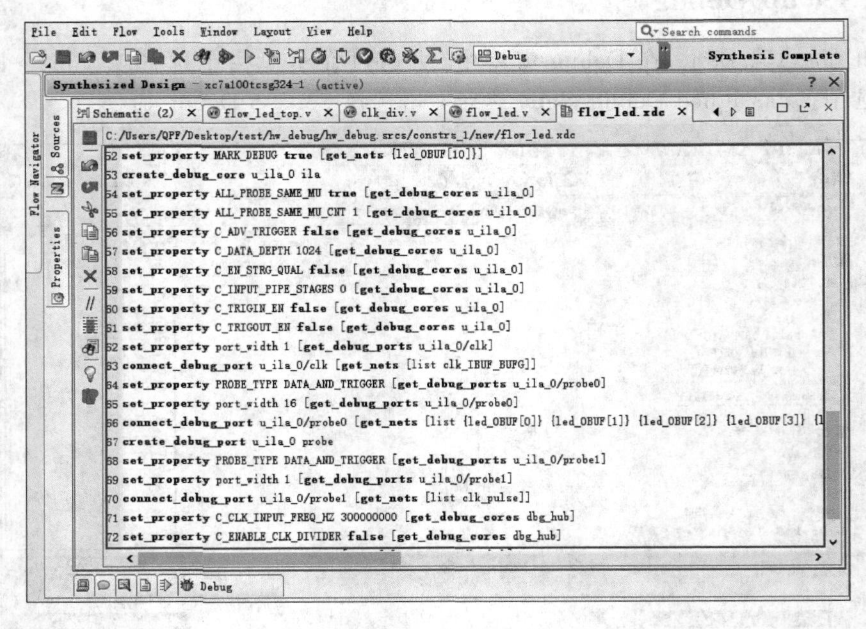

图 4.133　XDC 文件

4.5.6　生成 Bit 文件

在 Flow Navigator 一栏中的 Program and Debug 下单击 Generate Bitstream,此时会提示工程没有实现,单击 Yes 按钮,会自动执行实现过程。

4.5.7　下载

(1) 用 Micro USB 线连接计算机与板卡上的 JTAG 端口,打开电源开关。

(2) 生成比特流文件完成后,打开 Hardware Manager。在 Hardware Manager 界面单击 Open target,选择 Auto Connect。连接成功后,在目标芯片上右击,选择 Program Device。在弹出的对话框中 Bitstream file 一栏已经自动加载本工程生成的比特流文件,单击 Program 按钮对 FPGA 芯片进行编程,见图 4.134。

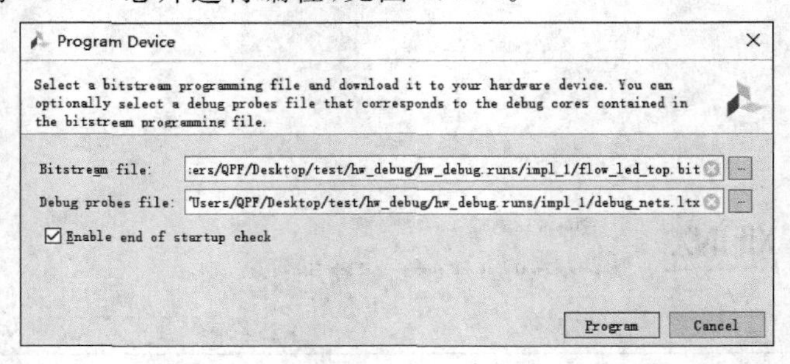

图 4.134　FPGA 芯片编程

（3）如图4.135所示，下载完成后在板卡上可观察到4位led灯为一组从右向左循环点亮。

图4.135　下载完成后的板卡

（4）下载完成后Hardware Manager界面如图4.136所示。

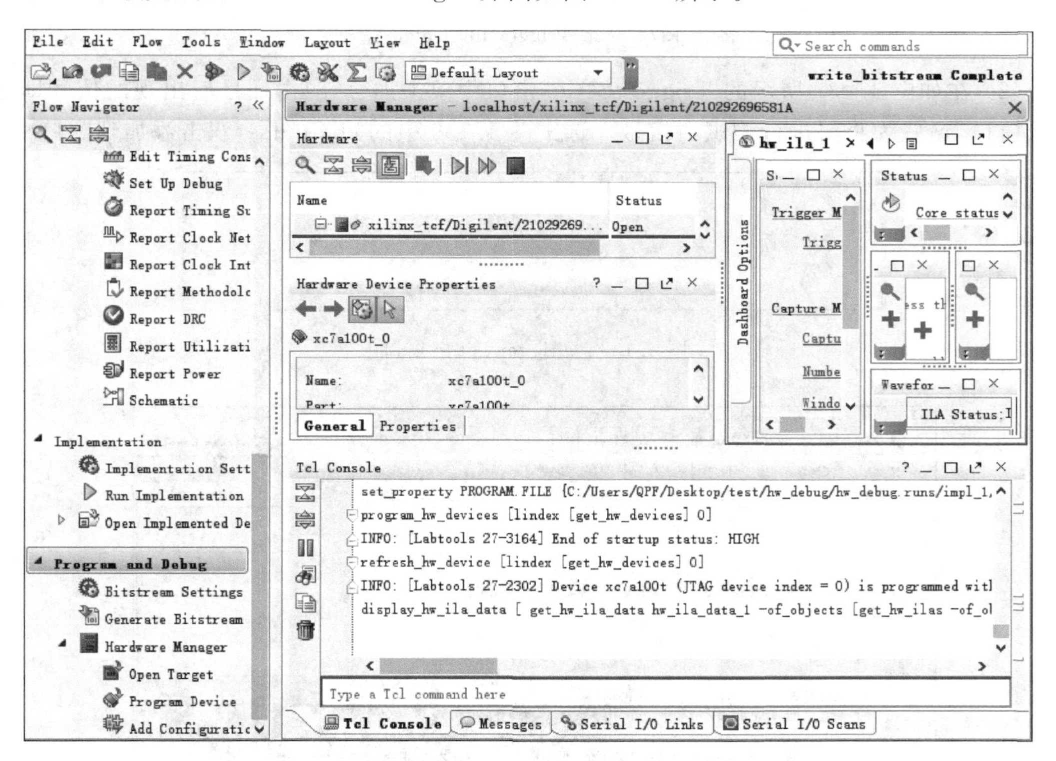

图4.136　Hardware Manager界面

4.5.8　Hardware Debug

（1）如图4.137所示，选中目标芯片，单击上方的Run Trigger Immediate，在波形窗口中可看到触发信号。

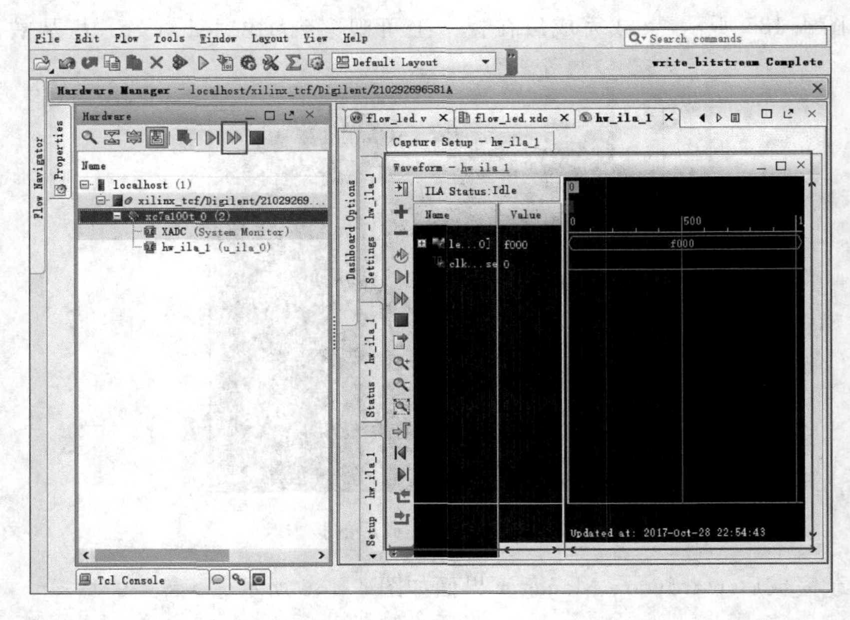

图 4.137 Run Trigger Immediate 选项

(2) 在如图 4.138 所示的 Trigger Setup 窗口中单击加号,双击加号后出现的信号即可加入窗口,这些为将要进行调试的信号。选中图 4.139 中的 clk_pulse,双击添加到窗口中。

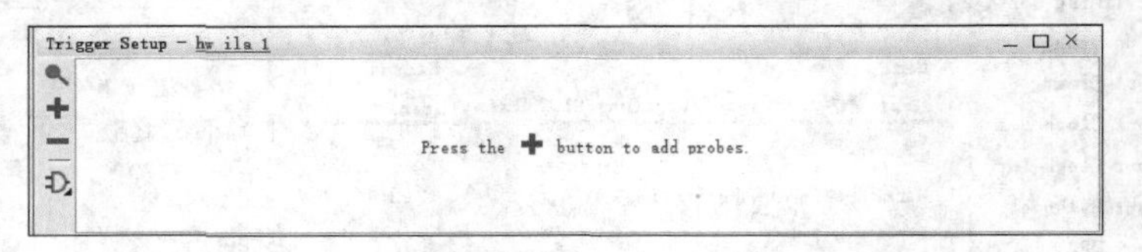

图 4.138 Trigger Setup 窗口

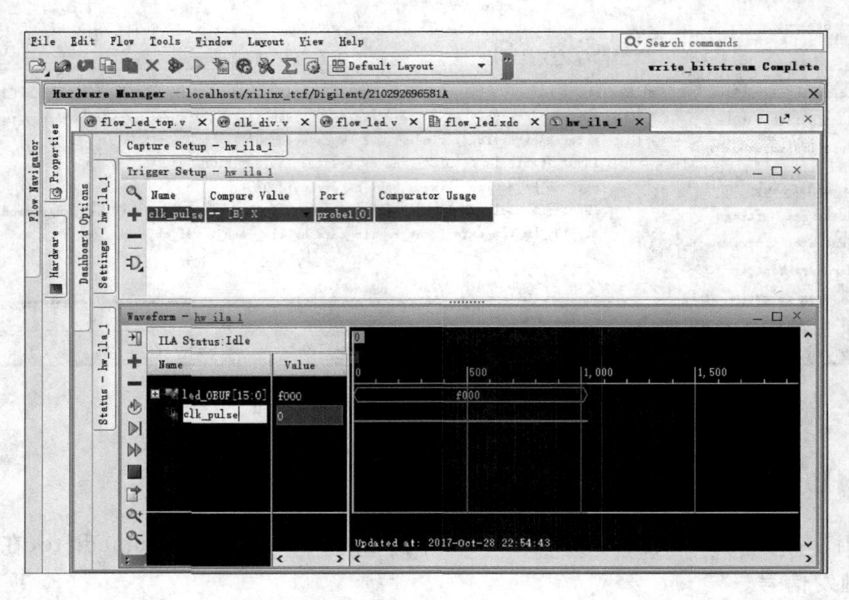

图 4.139 clk_pulse 选项

(3) 设置要调试的信号的值。我们需要查看在 clk_pulse 信号给了一个输入时，led_OBUF 的响应情况。那么我们在调试时可以设定值。如图 4.140 所示，在 Trigger Setup 窗口中将 led_OBUF 的 Compare Value 设为“[H] 00F0”，将 clk_pulse 的 Compare Value 设为 1。意思就是先给 led_OBUF 一个初始值 00F0，给定 clk_pulse 的触发值为 1。那么我们就要看当 clk_pulse 触发时的波形变化。

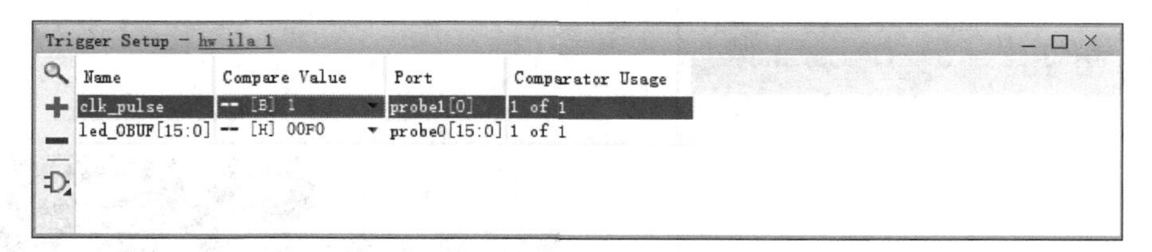

图 4.140 设置调试信号值

(4) 在如图 4.141 所示的波形窗口中添加要观察信号的波形。

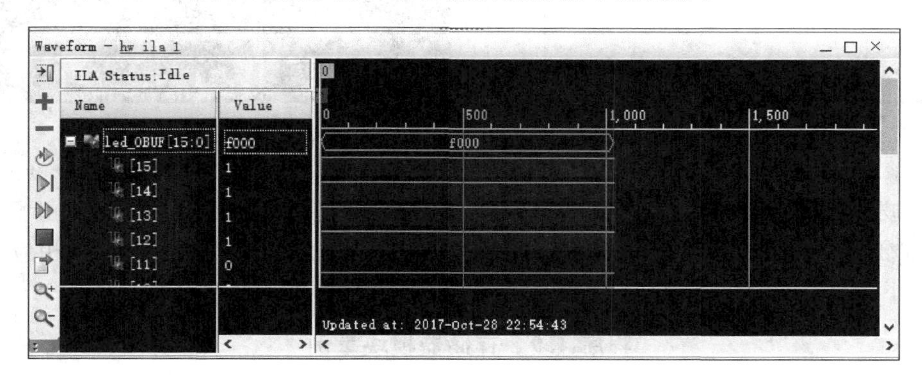

图 4.141 波形窗口

如图 4.142 所示，通过在 Waveform 窗口中单击加号，在 Add Probes 列表中双击要添加的信号添加到波形窗口中。

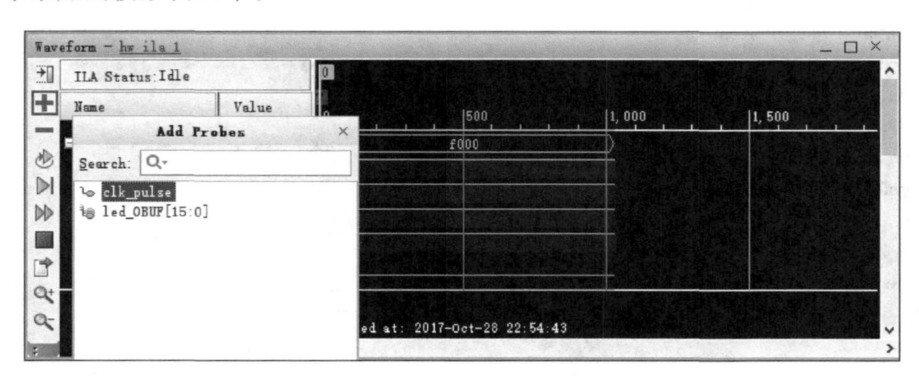

图 4.142 添加信号波形

(5) 在如图 4.143 所示的 hw_ila_1 的 Settings 窗口中，Trigger position in window 一栏可以设置触发的位置，这里填写 200 看看结果触发时间的设置。

(6) 观察结果。在 Hardware 窗口选中 hw_ila_1，然后单击上方的 Run Trigger 按钮。

如图 4.144 所示，在 Status 窗口可观察到状态由 Idle 跳转到 Waiting for Trigger。当状态跳转到 Full 后回到 Idle 状态，此时将波形图中红色竖线标注出了触发的时刻。

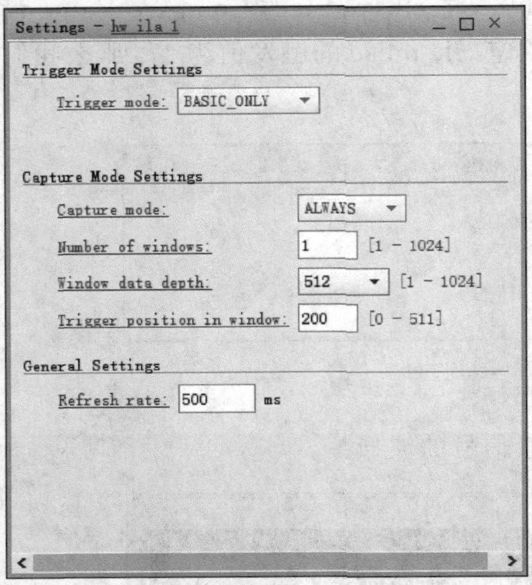

图 4.143　Settings 窗口

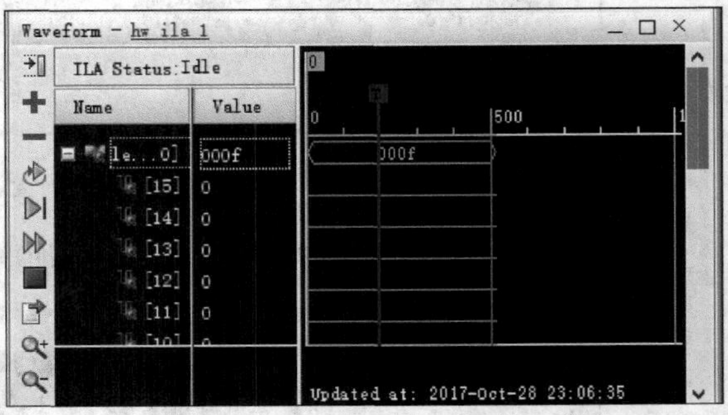

图 4.144　Status 窗口

右击波形，单击放大选项，我们可以发现在 200 时，pulse 跳 1 时，led_OBUF 也跟预期的一样由 00f0 变为 0f00。如果结果与预期不符的话，我们要去检查自己写的模块，看相应时序是否正确。下面以一个写信号为高电平有效的 32×8 的存储器为例说明，代码如程序 4.9 所示。

程序 4.9　存储器模块举例

```
module dmem (
    input clk,
    input DM_W,
    input [4:0] addr,
    input [7:0] wdata,
    output[7:0] rdata
    );
reg [7:0] RAM[31:0];
assign rdata = RAM[addr] ;
always@(negedge clk )
begin
if(DM_W)
    begin
        RAM[addr] <= wdata;
    end
end
endmodule
```

写信号触发模块(功能：在给定的输入信号变换一次时输出一个脉冲信号)如程序 4.10 所示。

程序 4.10　写信号触发模块

```
module DM_W_div(
    input clk,
    input DM_W_switch,
    output DM_W_pulse
    );
    reg DM_W_switch_delay;

    always@(posedge clk )
    begin
         DM_W_switch_delay <= DM_W_switch;
    end
    assign DM_W_pulse = DM_W_switch ^ DM_W_switch_delay;

endmodule
```

根据上面的逻辑分析仪使用教学，将与存储器模块相关的 DM_W、addr、wdata、rdata 都作为 debug 的观测对象，约束文件中将地址输入、数据输入约束到开关上，将读数据约束到 led 灯上。如图 4.145 所示，将 trigger setup 中触发条件设置为写信号为 1 时然后拨动触发开关(此时将写信号触发信号约束到板上一个开关上，拨一次触发一次)观察波形。

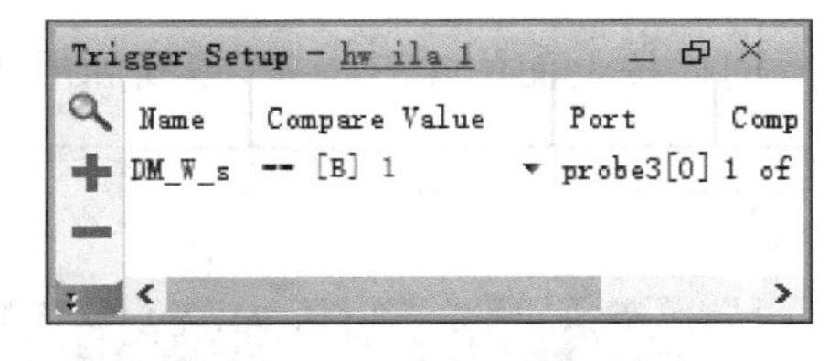

图 4.145　led 灯数据约束

这里得到如图 4.146 所示的波形。

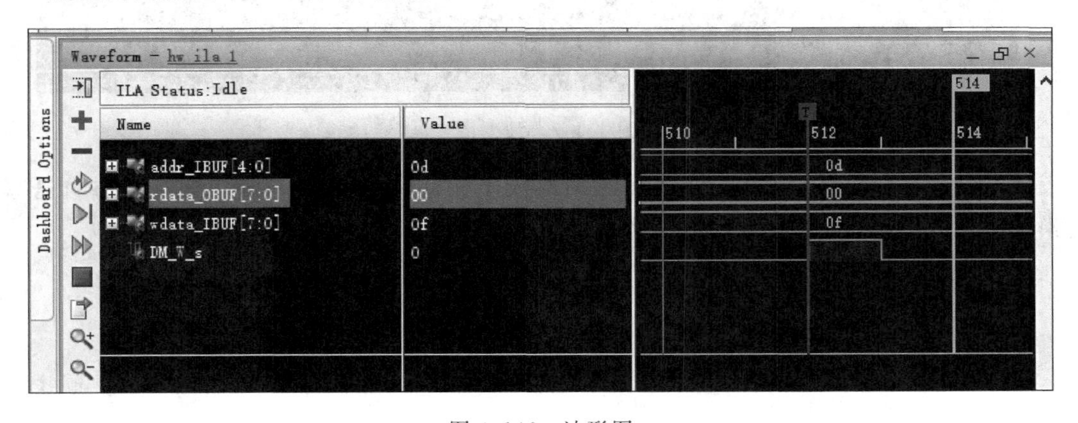

图 4.146　波形图

这说明存储器并没有单元写入了数据，时序有错误。检查自己写的模块，将下降沿改为上升沿试试。接下来将模块改为上升沿触发，代码如程序 4.11 所示。

程序 4.11　上升沿触发

```
module dmem (
    input clk,
```

```
    input DM_W,
    input [4:0] addr,
    input [7:0] wdata,
    output[7:0] rdata
    );
reg [7:0] RAM[31:0];
assign rdata = RAM[addr] ;
always@(posedge clk )
begin
    if(DM_W)
    begin
        RAM[addr] <= wdata;
    end
end
endmodule
```

同样按上面的步骤操作，得到如图 4.147 所示的波形。

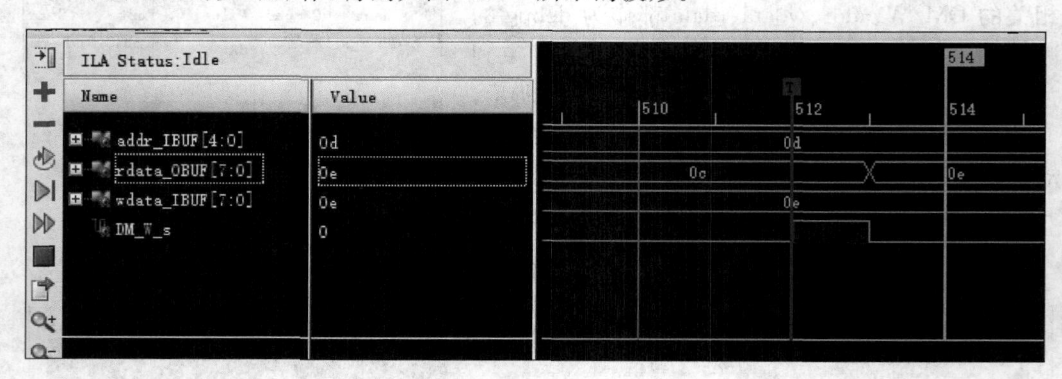

图 4.147　波形图

我们发现存储器按照预期在写信号来时写入了数据，说明改动正确。以后检查自己写的模块时可以按照以上例子的方法操作。

第5章

ModelSim 仿真及调试工具

Mentor 公司的 ModelSim 是业界最优秀的 HDL 仿真软件，它能提供友好的仿真环境，是业界唯一的单内核支持 VHDL 和 Verilog 混合仿真的仿真器，具有如下主要特点。

(1) RTL 级和门级优化，本地编译结构，编译仿真速度快。

(2) 单内核 VHDL 和 Verilog 混合仿真。

(3) 源代码模板和助手，项目管理。

(4) 集成了性能分析、波形比较、代码覆盖等功能。

(5) 数据流 ChaseX。

(6) Signal Spy。

(7) C 和 Tcl/Tk 接口，C 调试。

它采用直接优化的编译技术、Tcl/Tk 技术和单一内核仿真技术，编译仿真速度快，编译的代码与平台无关，便于保护 IP 核，个性化的图形界面和用户接口，为用户加快调错提供了强有力的手段，是 FPGA/ASIC 设计的首选仿真软件。ModelSim 具有多个版本。首先是大的版本，从 ModelSim 4.7 开始，最新版为 10.5。在大版本的基础上还有小版本，小版本以小写英文字母作为主要区分，例如，ModelSim 10.4 版就有 10.a、10.b、10.c 几个不同的版本。除去大版本和小版本，还有 SE、DE、PE 三个不同的版本。本文使用的是 ModelSim PE 10.4c 版本。

5.1 基本使用

Mentor Graphics 公司给出的 ModelSim 的工程仿真流程，如图 5.1 所示，概括为 5 步：首先创建一个工程，然后向工程中添加设计文件，接下来编译设计文件，之后运行仿真，再进行调试。其实概括起来就是，用户需要根据自己的具体需求去完成相应的代码以及测试激励代码的编写，然后利用 ModelSim 的仿真结果进行分析，从而发现和解决问题。

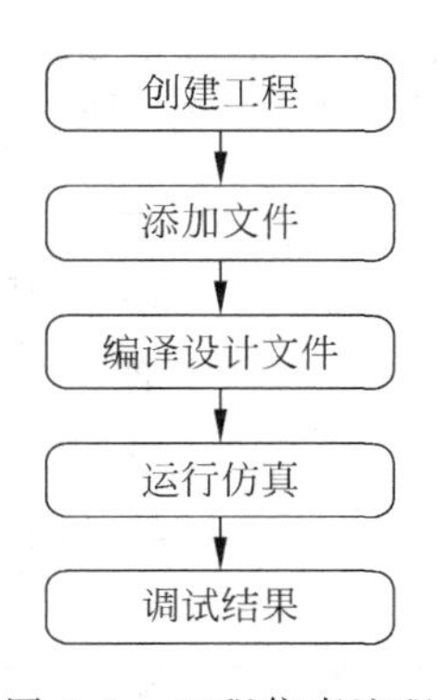

图 5.1 工程仿真流程

5.1.1 用户操作界面简介

图 5.2 显示了 ModelSim 的整体界面，下面分别简要介绍各个区域。

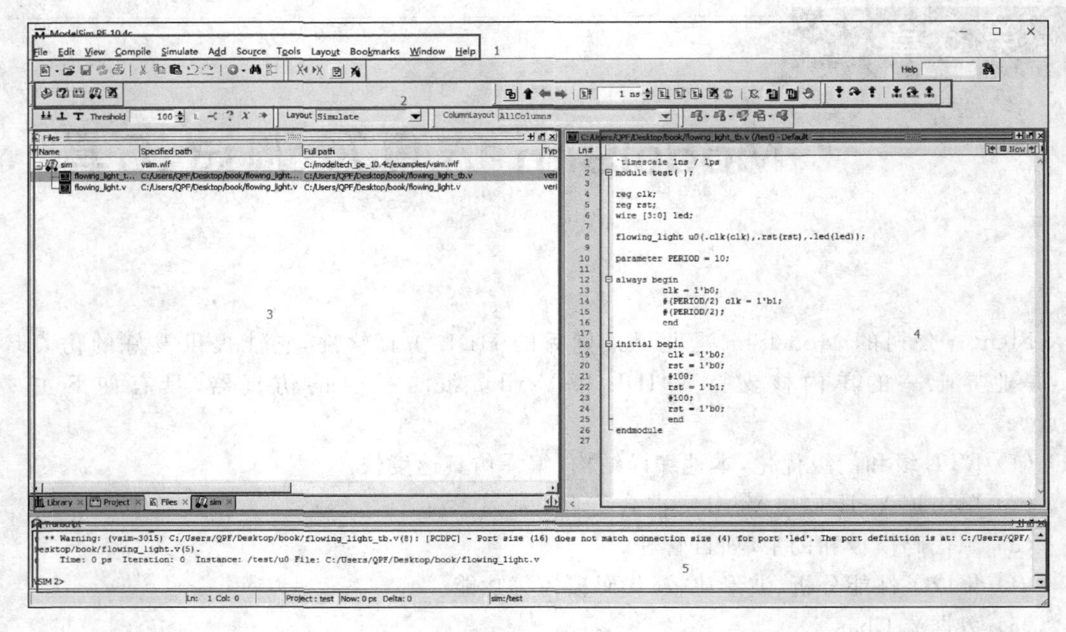

图 5.2　ModelSim 整体界面

1. 菜单栏

菜单栏按功能划分了 File、Edit、View、Compile、Simulate、Add、Source、Tools、Layout、Bookmarks、Windows、Help 共 12 个大的选项。需要注意的是，菜单栏里并不包含所有 ModelSim 能实现的功能，有些功能在菜单栏里是找不到的。如果要运行这些功能，必须采用命令行操作方式。

2. 工具栏

工具栏位于菜单栏的下方，提供一些比较常用的操作，工具栏中的快捷工具一般在菜单栏中都能找到，如果不确定某个按钮是什么功能，可以把鼠标放在该按钮上方，停留一会儿之后就会出现相应的功能名称，与菜单栏中的命令名称是一致的。表 5.1 列出了操作过程中常用的工具栏图标。

表 5.1　常用的工具栏图标

类　别	图　标	名　称	功　能
Compile		Compile all	编译所有文件
		Compile	编译文件
		Compile Out of Date	编译超时文件
		Break	停止
		Simulate	仿真
Debug		Step over	跳过子函数，单步执行
		Step out	跳出子函数，单步执行
		Step into current thread	进入当前线程
		Step over current thread	跳过当前线程
		Step out current thread	跳出当前线程
		Step into	单步调试

续表

类　别	图　标	名　　称	功　　能
Run		Run	运行
		ContinueRun	继续运行
		Break	中断编译或仿真
		Run all	运行全部
Wave		Zoom in	波形缩小
		Zoom out	波形放大
		Zoom full	波形在窗口内完全显示
		Zoom in on active cursor	放大活动光标
		Zoom between cursors	在光标之间缩放
		Expanded time off	扩展时间关闭
		Expanded time deltas mode	扩展时间(deltas 模式)
		Expanded time events mode	扩展时间(事件模式)
		Expand all time	扩展所有时间
		Expand time at active cursor	在活动光标处展开时间
		Zoom mode	指定区域缩放波形

3. 标签区

这个区域提供一系列的标签，让使用者可以方便地访问一些功能，如工程、库文件、设计文件、编译好的设计单元、仿真结构等。标签区的最下方是目前打开的标签。

4. 多图形窗口界面

多图形窗口界面即多文档操作界面，它的作用是显示源文件编辑、内存数据、波形和列表窗口。其允许同时显示多个窗口，每个窗口都会配备一个标签。

5. 命令(Transcript)窗口

命令窗口位于主窗口的下方，主要的作用是输入操作指令和输出显示信息两大类。如果想要使用一些不在菜单栏中的功能，就必须采用命令行操作方式。

接下来将以流水灯实验为例具体介绍 ModelSim 的使用及仿真流程，帮助读者熟悉 ModelSim 的基本使用。

5.1.2　新建 ModelSim 库

从主菜单里面依次选择 File→New→Library 菜单项，弹出 Create a New Library 对话框。在 Project Name 栏中输入工程名，在 Project Location 栏中输入新建工程所处的位置（默认为用户当前所在的工作目录下），在 Default Library Name 栏中输入所使用的库名（默认为 work 库）。输入完毕以后单击 OK 按钮确认，如图 5.3 所示。

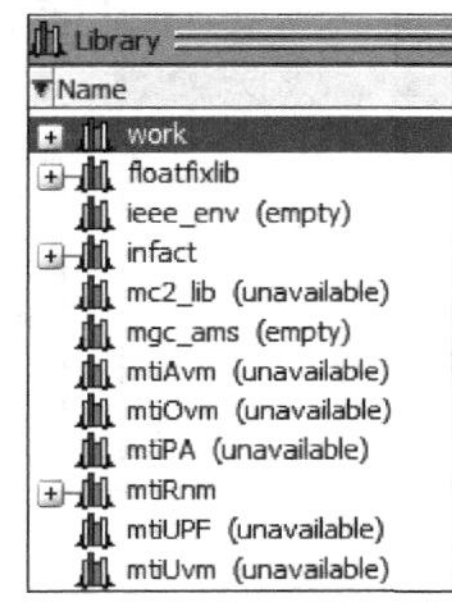

图 5.3　ModelSim 库

5.1.3　新建工程

1. 通过 Create Project 对话框新建一个工程

从主菜单里面依次单击菜单项 File→New→Project，弹出 Create Project 对话框，在 Project Name 栏输入工程名，在 Project Location

栏输入新建工程所处的位置(默认为用户当前所在的工作目录下),在 Default Library Name 栏中输入所使用的库名(默认为 work 库)。输入完毕以后单击 OK 按钮确认,如图 5.4 所示。此时在工作空间 workspace 内会出现一个名为 Project 的栏。同时出现了一个 Add items to the Project 对话框,如图 5.5 所示。

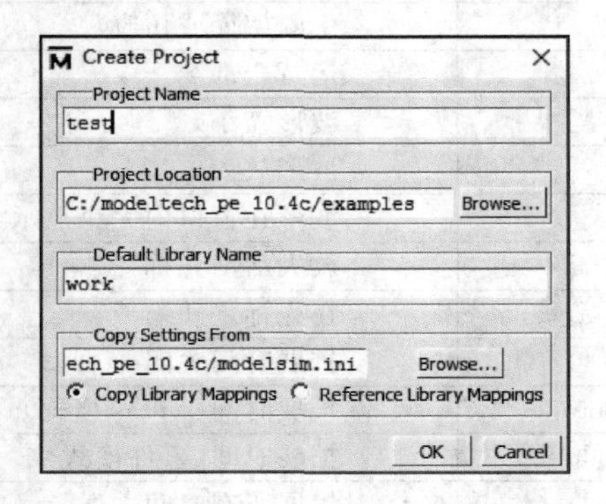

图 5.4　工程创建对话框

图 5.5　项目添加对话框

2. 添加源文件

在 Add items to the Project 对话框中单击 Create New File 按钮可以新建源文件。如果源文件已经存在,单击 Add Existing File 按钮后又会弹出一个 Add file to Project 对话框,将需要的源文件添加到当前项目即可。新建或者添加已经存在的源文件到工程里,完成之后如图 5.6 所示。此时文件还未编译,右击文件选择 Compile→Compile Selected 或者 Compile All 命令,对文件进行编译,如果未出现错误,则如图 5.7 所示。代码出现错误则会在下方的 Transcript 窗口中提示错误,未报错则继续下一步。

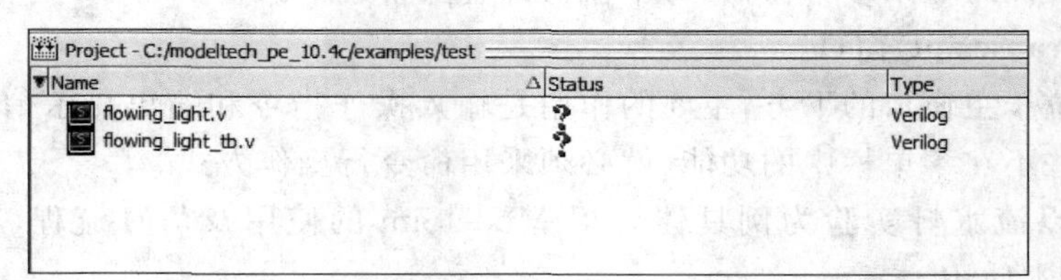

图 5.6　源文件添加完成

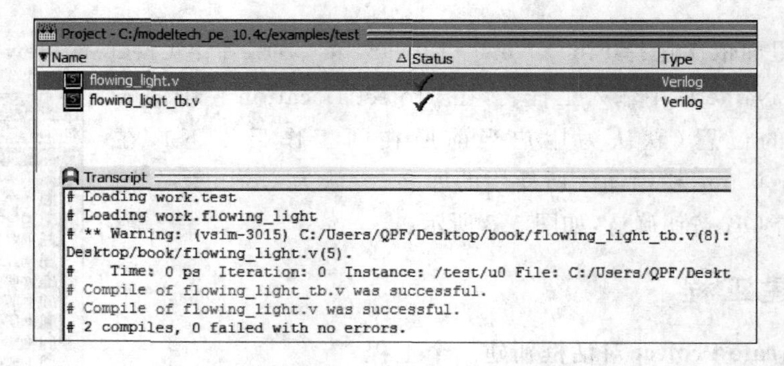

图 5.7　源文件编译完成结果

3. 功能仿真

打开如图 5.8 所示 Library 窗口，展开 work 库，右击选择需要模拟的 TestBench 文件，选择 Simulate 命令。此时会打开一个新的 sim 窗口，如图 5.9 所示。然后右键单击 test，选择 Add to→Wave→All items in region，然后单击 run -all，即可观察波形，如图 5.10 所示。

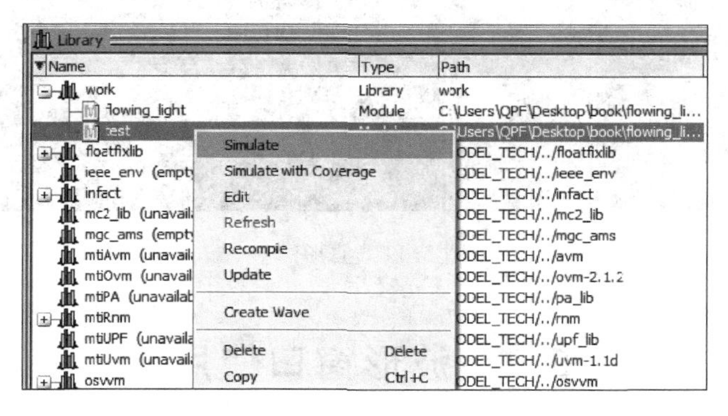

图 5.8　Library 窗口

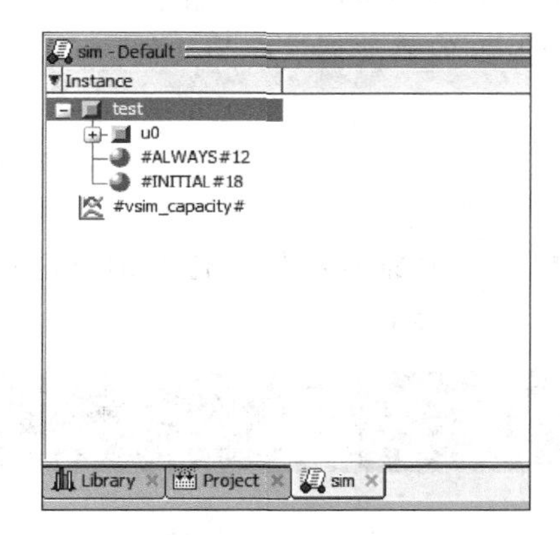

图 5.9　仿真窗口

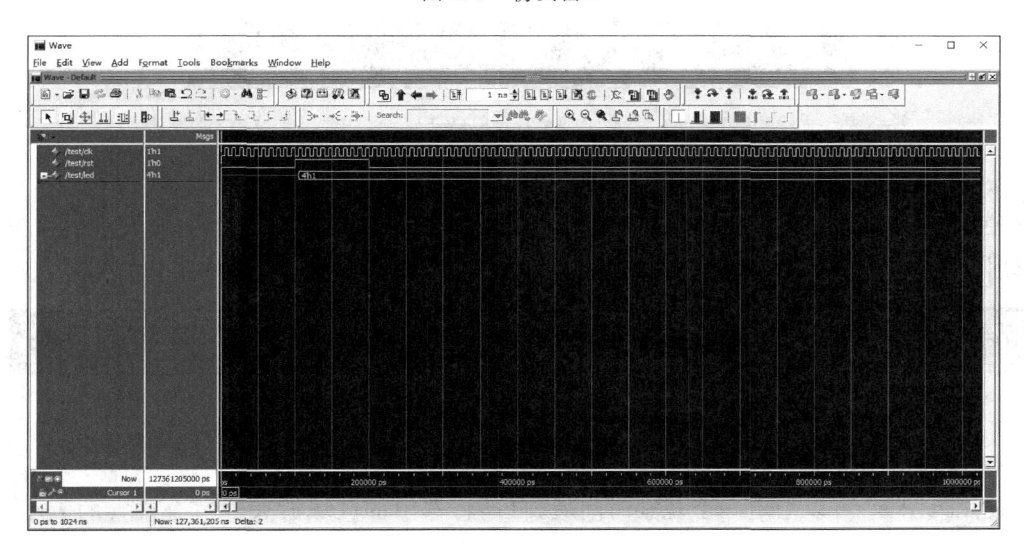

图 5.10　波形窗口

图 5.10 中带有加号的信号可以进一步展开查看信号中每一位的波形图，如图 5.11 所示。左侧为相应的信号，中间部分则为该时刻信号的逻辑值，右侧为波形图。可以看到，ModelSim 可以将位宽超过 1 位的信号展开观察具体的每一位的逻辑变化。

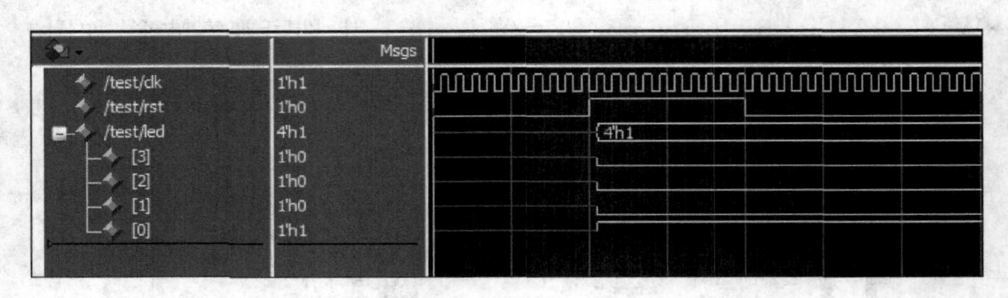

图 5.11 波形图

5.2 波形窗口使用

本节将介绍如何使用波形图上方的波形放大、缩小等图标将波形调整到适合观察的大小，移动游标观察信号值等，以及如何将波形保存为文件。

5.2.1 波形调整

1. 波形放大、缩小

使用图标可以将波形图放大，观察到波形变化的细节，如图 5.12 所示。同时也可以使用图标将波形缩小，如图 5.13 所示。

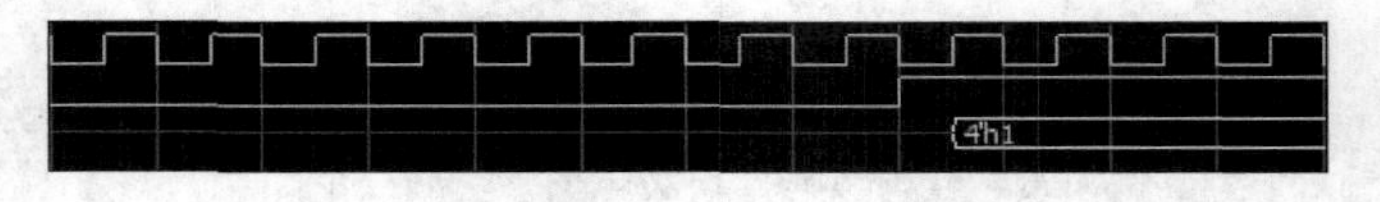

图 5.12 波形放大

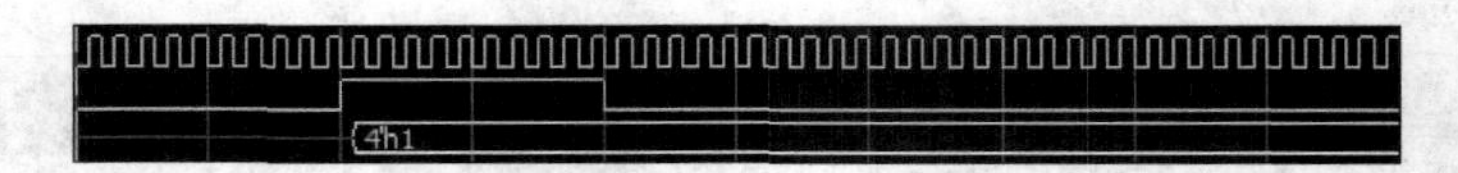

图 5.13 波形缩小

2. 波形适应窗口大小放缩

使用图标，可以让波形自适应窗口的大小，即将波形缩放到在一个窗口大小内完整显示，如图 5.14 所示。

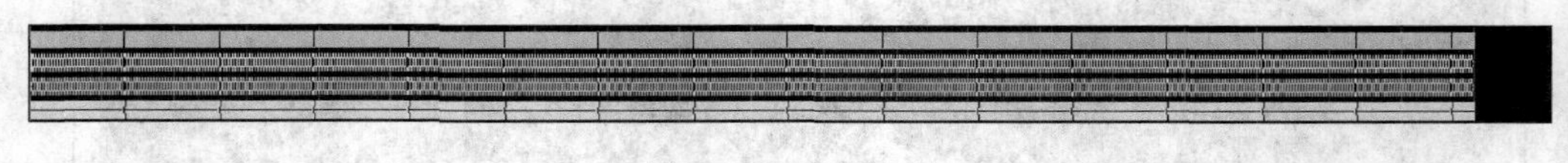

图 5.14 完整波形

3. 观察某一区域的波形

使用图标，可以划定一个观察时间域，自动将选中的区域放大至适合观察的大小，如图 5.15 所示。

5.2.2 保存波形文件

在观察完波形以后，可以将波形保存为文件，这样下次如果需要观察的话就不需要再重新进行仿真了，而是直接将波形文件导入即可。具体过程如下。

在波形窗口的主菜单中选择 File→Save Format，如图 5.16 所示。在新打开的窗口中填入.do 文件的存储路径，单击 OK 按钮完成文件存储，如图 5.17 所示。如果需要加载该文件，在打开的波形窗口中选择 File→Load，在 Open Format 窗口中选择 wave.do 文件，单击 Open 按钮打开该文件。ModelSim 将恢复该窗口的信号和游标的前一次状态。

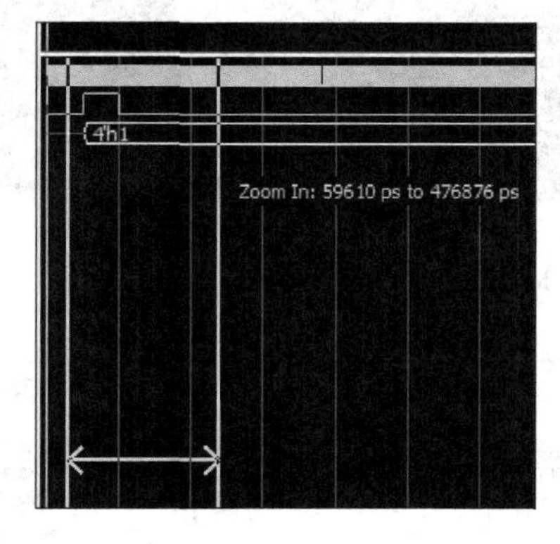

图 5.15 局部波形

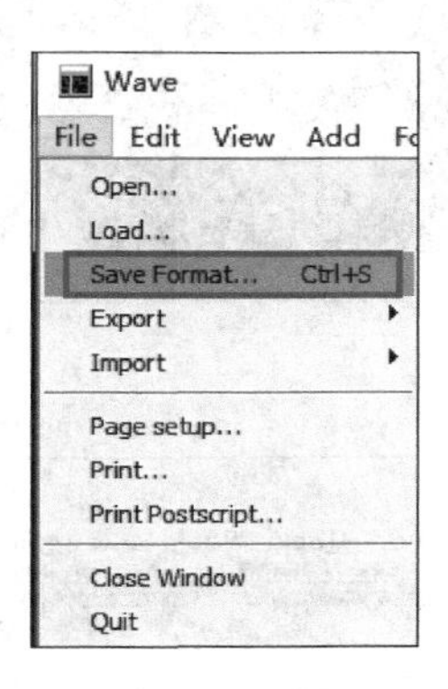

图 5.16 波形保存

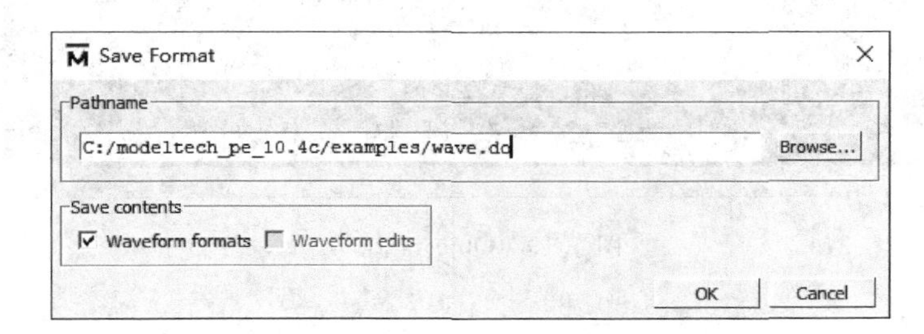

图 5.17 波形保存路径设置

5.3 数据流窗口使用

数据流(Dataflow)窗口允许用户探索设计的“物理”连接，跟踪在设计中传播的事件，并确定意外产生的原因。数据流窗口是一个重要的仿真分析窗口，利用这个窗口，可以分析设计的连通性，可以追踪信号和事件，还可以查找到一些从其他窗口中无法察觉的设计隐患。

1. 数据流窗口调出

首先添加相应的代码文件，并对文件进行编译测试通过，然后对 TestBench 文件进行 Simulate。选择 View→Dataflow，将 Dataflow 窗口调出，如图 5.18 所示。

2. 添加信号

在主界面中选择 View→Objects，将 Objects 窗口调出，如图 5.19 所示。将全部信号选中(或者选中某一信号)，拖入 Dataflow 窗口中，如图 5.20 所示。

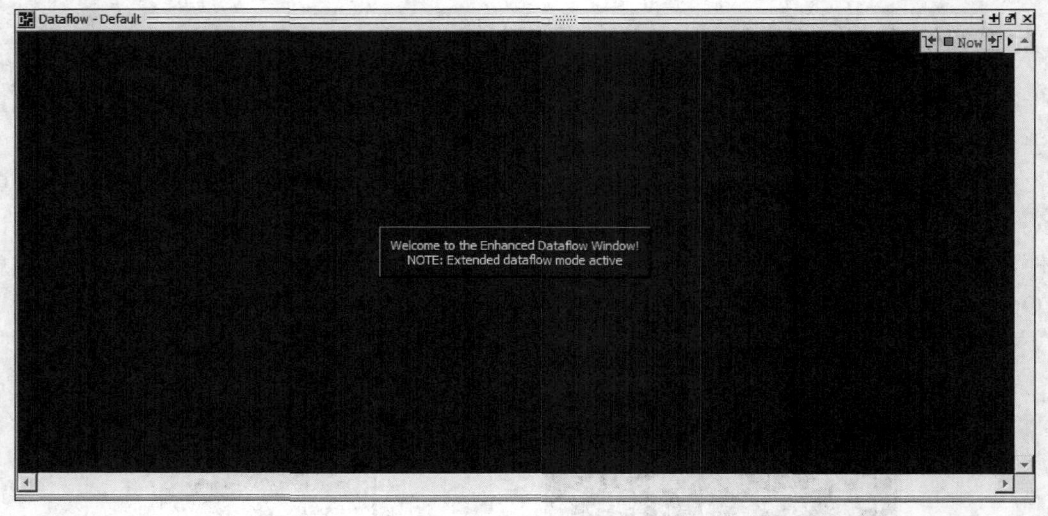

图 5.18 Dataflow 欢迎界面

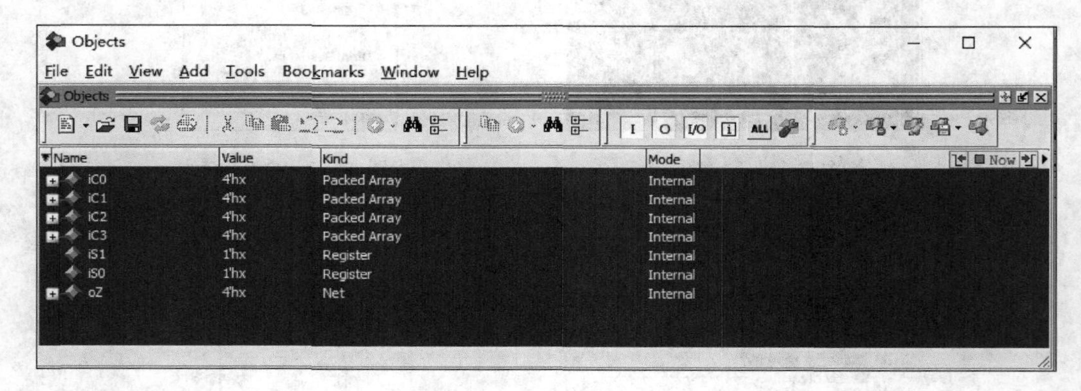

图 5.19 Objects 窗口

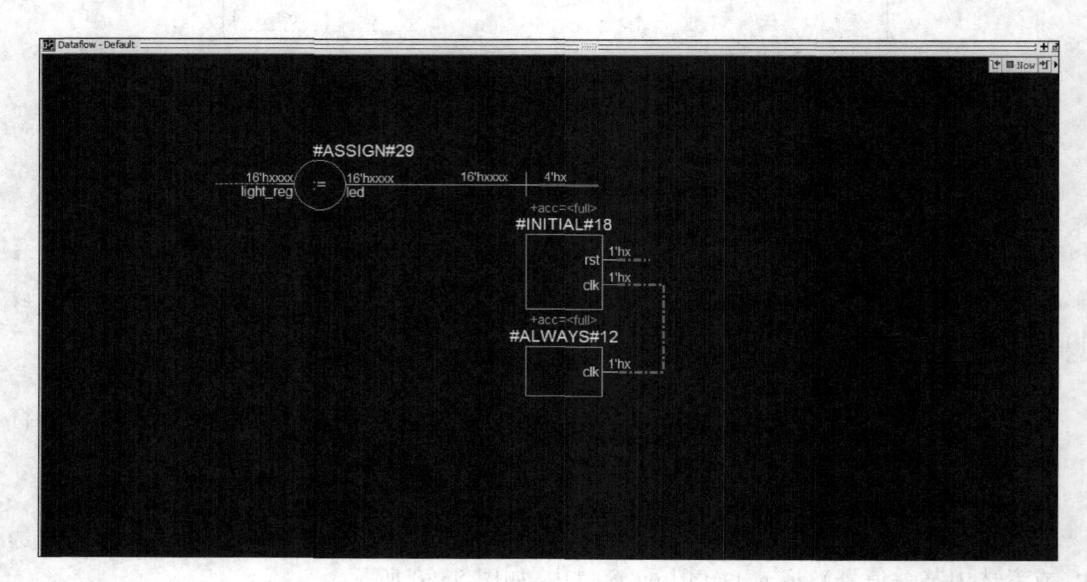

图 5.20 数据流窗口

3. 查看数据流

双击某一引脚会出现与该引脚相连的其他模块或引线，如图 5.21 所示。

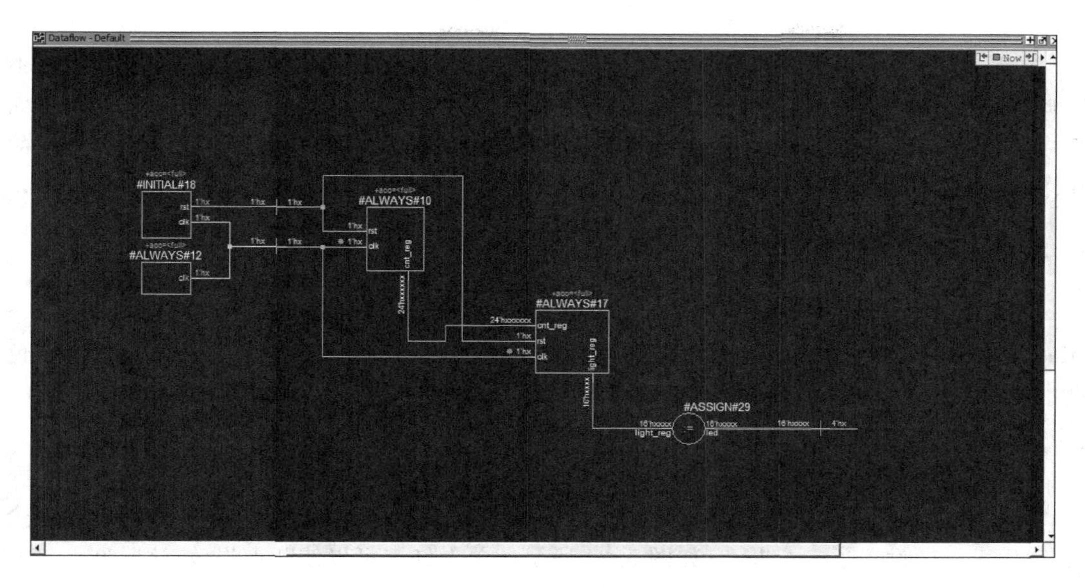

图 5.21　相连模块或引线

4. 查看数据流对应的波形图

在 Dataflow 窗口中单击 Show Wave 图标，将会调出波形显示窗口，然后单击 run -all。双击相应的信号或者功能框图则在波形窗口中会显示相应信号的波形图，在波形窗口中移动游标即可观察数据转移的过程，如图 5.22 所示。

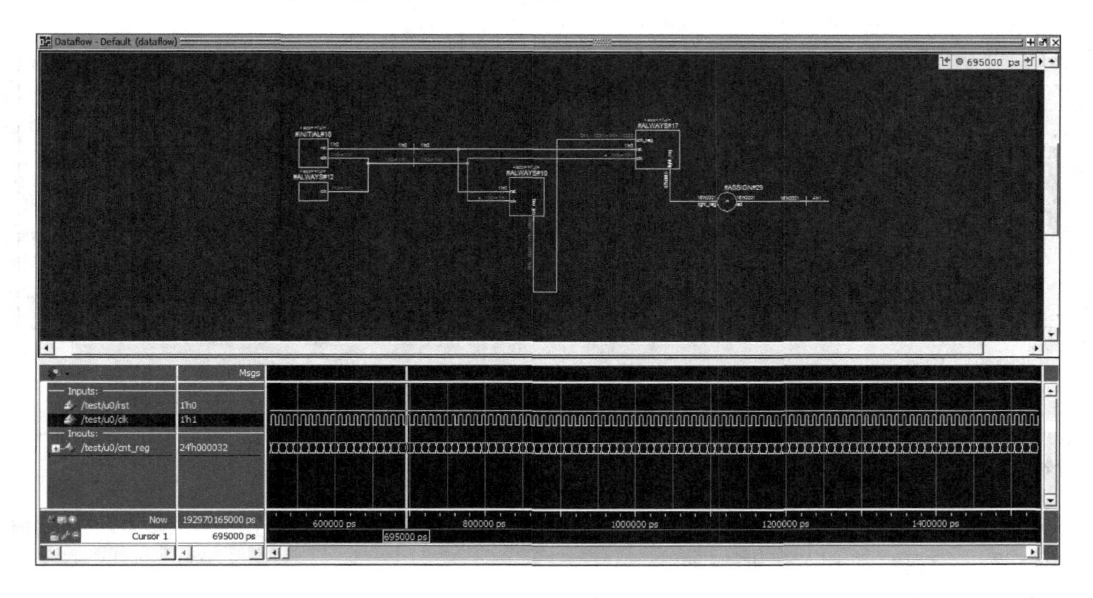

图 5.22　数据流及对应波形图

5.4 断点调试

在开发过程中，很难一次就写出符合预期的代码，难免会出现各种各样的问题，需要不断地对程序进行调试。很多情况下很难直接从出错的结果来推断到底什么地方出现了问题，这个时候就需要设置断点，让程序在我们想要观察的位置停下来，以便观察相应信号的值，以加速纠错的速度。本节将主要介绍 ModelSim 的断点调试功能。

5.4.1 查看代码文件

首先在 Library 窗口中，右击 TestBench 文件，选择 Simulate 命令。然后选择 View→Files 菜单项打开文件窗口，双击代码文件后便可以在资源窗口查看，只有代码行数为红色的才可以在该行设置断点，如图 5.23 所示。

5.4.2 设置断点

在需要设置断点的代码行靠近代码行数字的位置前单击鼠标，代码行数旁会出现一个红点，代表已经设置了一个断点，如图 5.24 所示。单击红点可以使断点失效，这时红点将变为灰色。单击灰点则将重新使断点生效。使用鼠标右键单击红点，然后选择 Remove Breakpoint 命令可以删除断点。

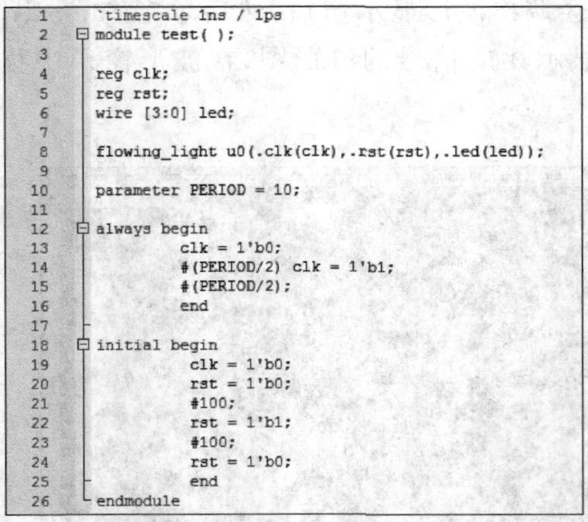

```
1   `timescale 1ns / 1ps
2   module test( );
3
4   reg clk;
5   reg rst;
6   wire [3:0] led;
7
8   flowing_light u0(.clk(clk),.rst(rst),.led(led));
9
10  parameter PERIOD = 10;
11
12  always begin
13          clk = 1'b0;
14          #(PERIOD/2) clk = 1'b1;
15          #(PERIOD/2);
16          end
17
18  initial begin
19          clk = 1'b0;
20          rst = 1'b0;
21          #100;
22          rst = 1'b1;
23          #100;
24          rst = 1'b0;
25          end
26  endmodule
```

图 5.23 示例代码

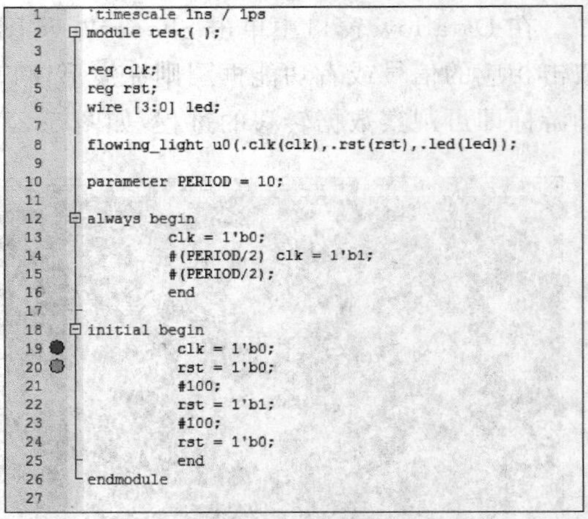

```
1   `timescale 1ns / 1ps
2   module test( );
3
4   reg clk;
5   reg rst;
6   wire [3:0] led;
7
8   flowing_light u0(.clk(clk),.rst(rst),.led(led));
9
10  parameter PERIOD = 10;
11
12  always begin
13          clk = 1'b0;
14          #(PERIOD/2) clk = 1'b1;
15          #(PERIOD/2);
16          end
17
18  initial begin
19 ●        clk = 1'b0;
20 ●        rst = 1'b0;
21          #100;
22          rst = 1'b1;
23          #100;
24          rst = 1'b0;
25          end
26  endmodule
27
```

图 5.24 断点

5.4.3 重新仿真

设置完断点以后就需要重新进行仿真，让仿真在设置断点的地方停下来，便于我们对相关的信号进行观察。相关的步骤如下。

单击菜单栏 Simulate→Restart 选项，弹出如图 5.25 所示界面，单击 OK 按钮。然后单击 Run -all 图标，仿真开始运行。在到达断点时仿真暂停，同时会使用一个蓝色的箭头图标指出当前的断点行，如图 5.26 所示。同时也会在如图 5.27 所示的 Transcript 窗口中显示相关的信息。

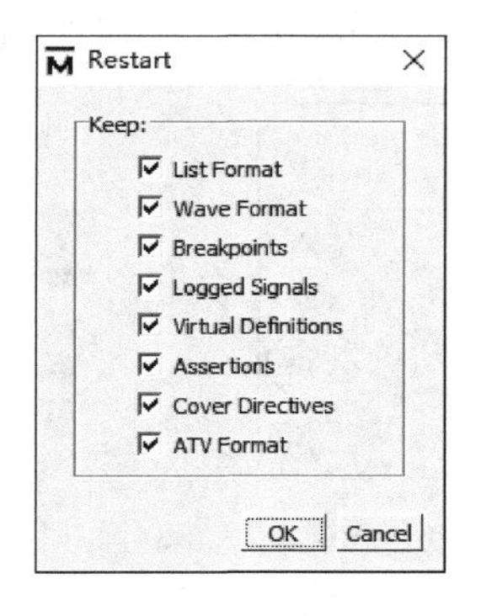

图 5.25 重新仿真窗口

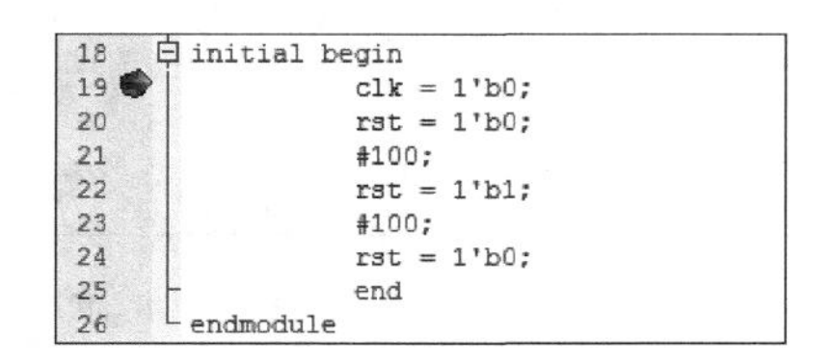

图 5.26 当前断点行

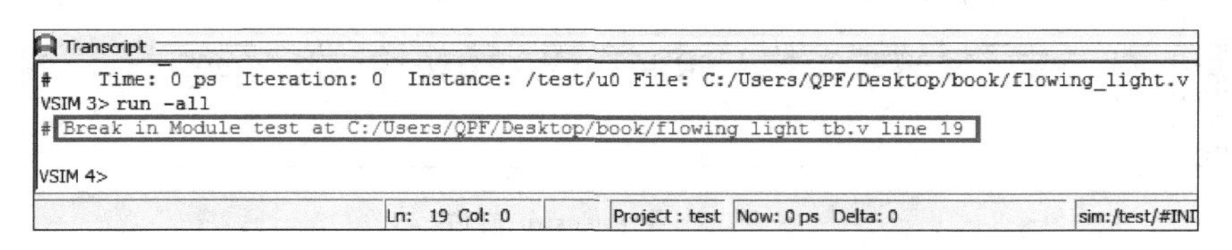

图 5.27 断点相关信息

5.4.4 查看信号

重新仿真程序在断点处停下来后，可以检查想要查看的信号值，下面是几种检查方法。

1. 在 Objects 窗口中查看

如图 5.28 所示，Objects 窗口中显示了信号变量的位数及数值。如果默认未显示 Objects 窗口的话，可以在 Window 菜单栏中把它调出来。

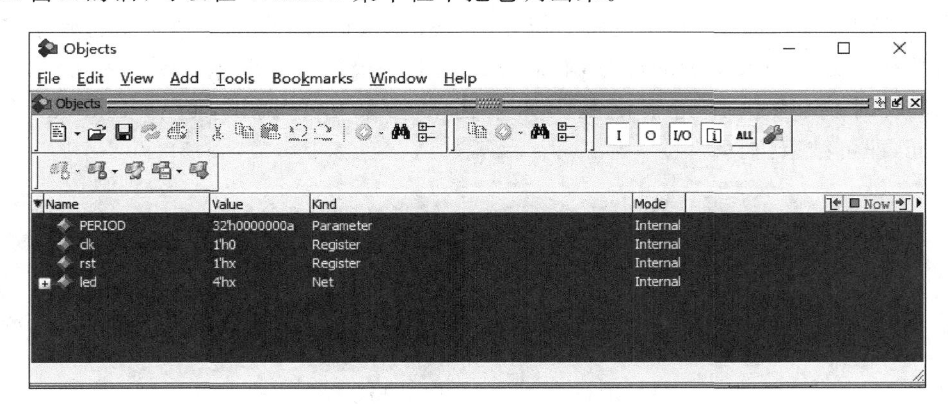

图 5.28 Objects 窗口

2. 直接在代码中查看

将鼠标放置在代码中相应的信号上，它的值将会出现在一个黄色的方框中，如图 5.29 所示。

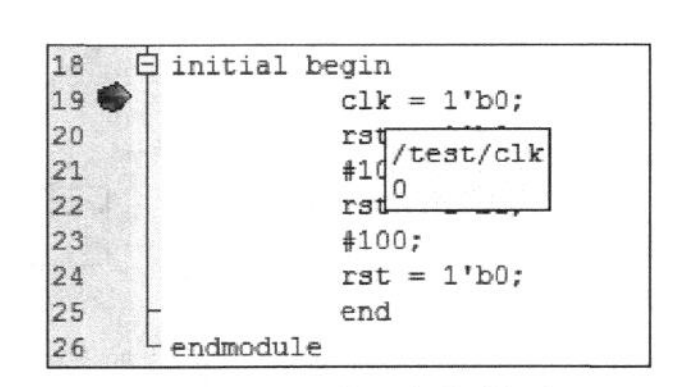

图 5.29 信号值信息

3. 右击快捷键查看

鼠标在代码中选中想要查看的信号，然后右击选择 Examine 选项，如图 5.30 所示。

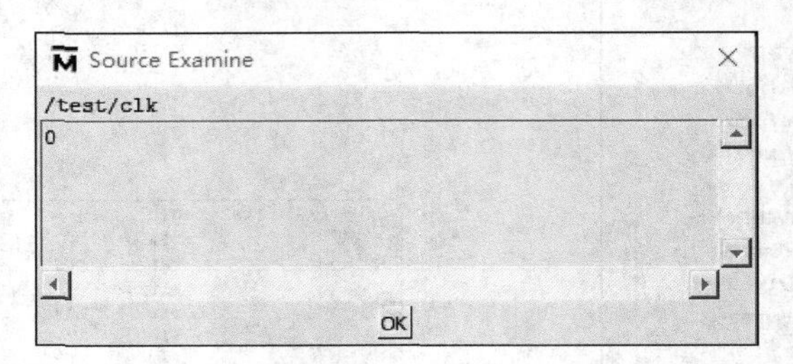

图 5.30　Examine 选项

4. 命令行方式查看

直接在 Transcript 窗口中输入"examine＋想要查看的信号"，如图 5.31 所示。

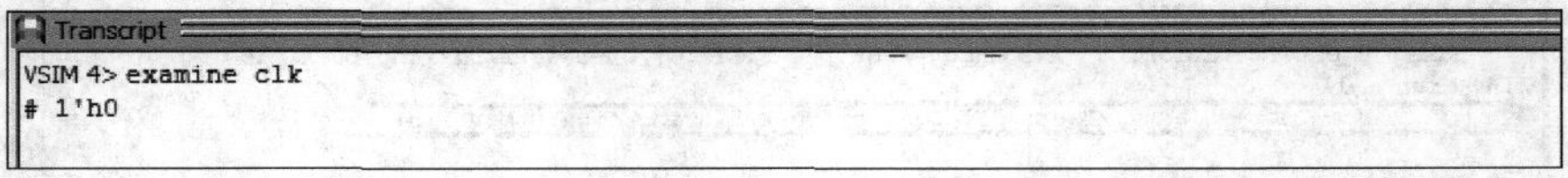

```
Transcript
VSIM 4> examine clk
# 1'h0
```

图 5.31　Transcript 窗口

5.4.5　单步调试

重新仿真后，仿真会在设置的断点处停下来，如何让仿真继续往下进行呢？那就需要进行单步调试。单步调试的目的是让程序一步一步地往下执行，这也更便于用户的操作和观察。相关步骤如下。

首先单击调试工具栏中的 Step Into 按钮，可以实现单步调试，逐行调试。如图 5.32 所示，程序从 20 行执行到了 21 行。除此之外，还可以使用其余的几个调试按钮来帮助调试，如图 5.33 所示。这里对其功能做简短介绍：Step out(　)表示当单步执行到子函数内部时，直接执行完子函数剩余的部分，然后返回到上一层函数。Step over(　)表示当执行遇到子函数时，直接执行完子函数。如果需要结束仿真调试，选择 Simulate→End simulation，即可结束仿真。

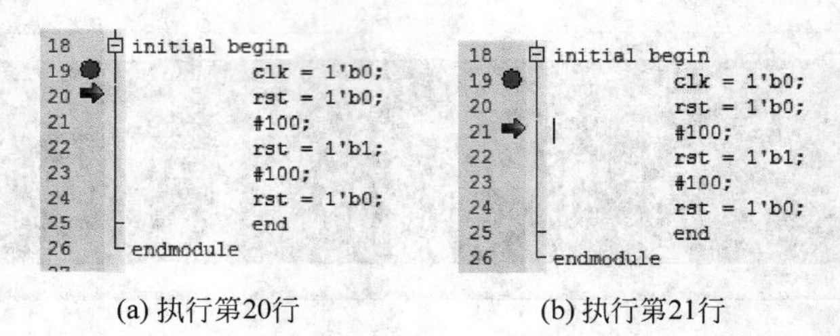

(a) 执行第20行　　(b) 执行第21行

图 5.32　单步调试

图 5.33　调试按钮

5.5　代码覆盖率查看

代码覆盖(Code Coverage)是软件测试中的一种度量,描述程序中源代码被测试的比例和程度,所得比例称为代码覆盖率。在做单元测试时,代码覆盖率常常被拿来作为衡量测试好坏的指标。本节将以 CPU 为例,介绍代码覆盖率的查看及分析方法。

5.5.1　代码覆盖率窗口的调出

使用 ModelSim 进行仿真后,选择工具栏上的 Compile,在弹出的窗口中选择 Coverage→Compile Options,如图 5.34 所示。选择所需要显示的代码覆盖率,勾选相应的选择框,单击 OK 按钮保存。表 5.2 给出了各选项作用的说明。

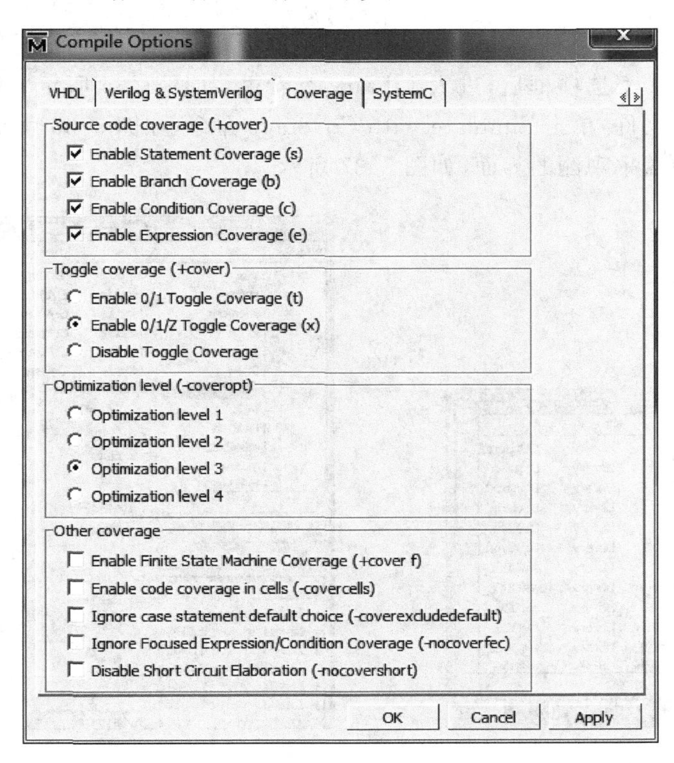

图 5.34　Compile 选项

表 5.2　选项作用说明

选　　项	名　　称	作　　用
Enable Statement Coverage	使能语句统计数据,即语句覆盖检测	这是最常用也是最常见的一种覆盖方式,就是度量被测代码中每个可执行语句是否被执行到了,只统计能够执行的代码被执行了多少行
Enable Branch Coverage	使能分支统计数据,即分支覆盖检测	该检测方式判断程序中每一个判定的分支是否都被测试到了,这个分支可能由 if-else 或者 case 等语句引起

续表

选　项	名　称	作　用
Enable Condition Coverage	使能条件统计数据，即条件覆盖检测	该检测方式判断程序中每一个分支的可能性是否被测试，每一条分支语句可能为真或为假，使用分支检测时只检测是否实现该分支语句，不考虑该分支语句的可能状态，所以该检测方式是分支覆盖检测的延伸
Enable Expression Coverage	使能表达式统计数据，即表达式覆盖检测	该检测方式用来分析赋值语句右侧的表达式，类似于条件覆盖检测
Toggle Coverage	开关统计数据，即开关覆盖检测	该方式统计一个逻辑结点从一个状态到另一个状态的转变次数。在开关覆盖检测中分为 0/1 和 0/1/z 检测。0/1 检测是默认逻辑结点只有 0 值和 1 值，0/1/z 检测是默认结点有 0、1、z 三种状态

设置好代码覆盖率选项框后，进入 Library 查看框，如图 5.35 所示。展开 work 库，右击需要查看的激励文件，单击 Simulate with Coverage 命令，如图 5.36 所示。稍等片刻，程序会进入到代码覆盖率观测的界面，如图 5.37 所示。

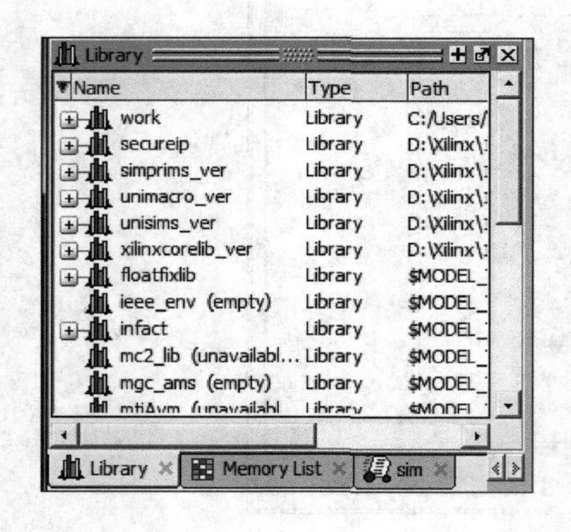

图 5.35　Library 窗口

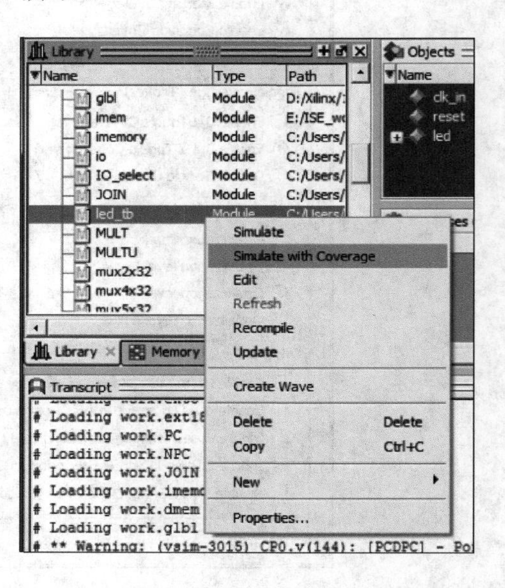

图 5.36　Simulate with Coverage 选项

5.5.2　代码覆盖率窗口的查看与分析

在查看代码覆盖率的方式下仿真时，ModelSim 会自动记录各个窗口中的命中数据，在仿真中断或停止的时候更新当前窗口的显示。可如图 5.38 所示在 Transcript 窗口中执行命令“run 10000ns”(run 的时间可自行指定)，运行一段时间的仿真后，各个窗口中都会发生一些变化，下面依次介绍代码覆盖率查看相关窗口。

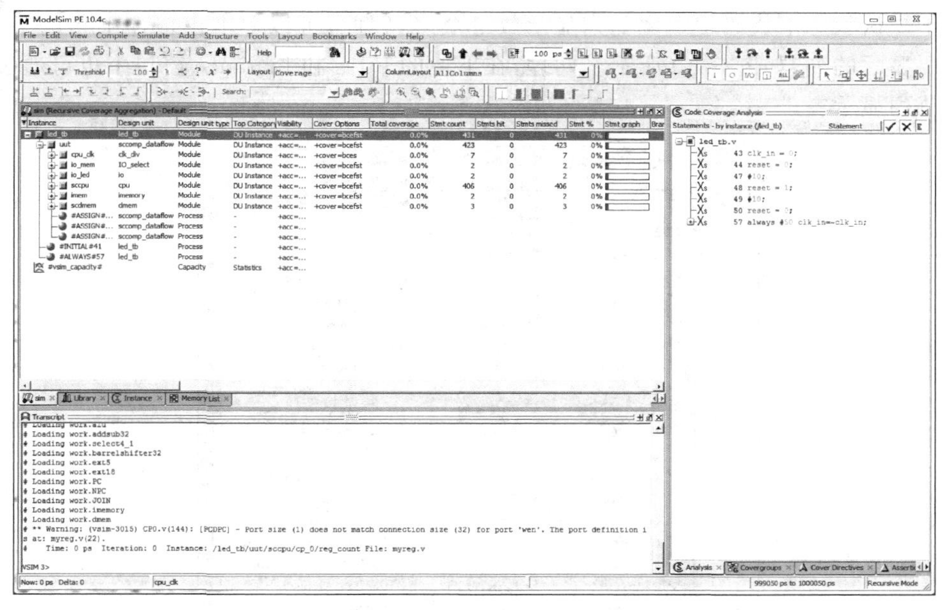

图 5.37　代码覆盖率观测的界面

```
# Loading work.DIVU
# Loading work.alu
# Loading work.addsub32
# Loading work.select4_1
# Loading work.barrelshifter32
# Loading work.ext5
# Loading work.ext18
# Loading work.PC
# Loading work.NPC
# Loading work.JOIN
# Loading work.imemory
# Loading work.dmem
# ** Warning: (vsim-3015) CP0.v(144): [PCDPC] - Port size (1) does not match connection size (32) for port 'wen'. The port definition is at: myreg.v(22
).
#    Time: 0 ps  Iteration: 0  Instance: /led_tb/uut/sccpu/cp_0/reg_count File: myreg.v

VSIM 3> run 10000ns
```

图 5.38　Transcript 窗口

1. sim 窗口与 files 窗口

sim 窗口中的显示如图 5.39 所示。先前的 Stmts hit 值为 0，运行一段仿真后，在此段仿真中命中语句的条数就会显示在该行，同时“Stmt%”一栏的显示也会更新，用当前的命中语句数除以整个语句数，此时得到一个百分比的数值，同时在随后的 Stmt graph 一栏中以图形的形式显示出来。如果覆盖率低于 90%就会显示红色，高于或等于 90%时会显示绿色。该标签中有三个覆盖率是 100%的模块，一个是时钟单元，另两个是内存单元，时钟命中率为 100%是正常的。不只是时钟单元，一些简单单元的代码覆盖率为 100%都是很正常的，在随后的实例化覆盖窗口中会看到更多此类的情况。

sim (Recursive Coverage Aggregation) - Default

Instance	Design unit	Design unit type	Top Category	Visibility	Cover Options	Total coverage	Stmt count	Stmts hit	Stmts missed	Stmt %	Stmt graph	Branch count	Branches
led_tb	led_tb	Module	DU Instance	+acc=...	+cover=bces	32.5%	431	305	126	70.8%		293	
uut	sccomp_dataflow	Module	DU Instance	+acc=...	+cover=bces	32.3%	423	297	126	70.2%		293	
cpu_clk	clk_div	Module	DU Instance	+acc=...	+cover=bces	100.0%	7	7	0	100%		3	
io_mem	IO_select	Module	DU Instance	+acc=...	+cover=bces	50.0%	2	2	0	100%		4	
io_led	io	Module	DU Instance	+acc=...	+cover=bces	37.5%	2	1	1	50%		4	
sccpu	cpu	Module	DU Instance	+acc=...	+cover=bces	32.2%	406	282	124	69.5%		274	
imem	imemory	Module	DU Instance	+acc=...	+cover=bces	100.0%	2	2	0	100%			
scdmem	dmem	Module	DU Instance	+acc=...	+cover=bces	33.3%	3	2	1	66.7%		6	
#ASSIGN#...	sccomp_dataflow	Process	-	+acc=...									
#ASSIGN#...	sccomp_dataflow	Process	-	+acc=...									
#ASSIGN#...	sccomp_dataflow	Process	-	+acc=...									
#ALWAYS#57	led_tb	Process	-	+acc=...									
#vsim_capacity#		Capacity	Statistics	+acc=...									

图 5.39　sim 窗口

由于默认状态下代码覆盖率的列显示数量众多，因此，可以单击窗口左上角的下三角，选择需要显示的列，如图 5.40 所示。同理，在下述的 Files 和 Instance 窗口中也可通过此方式来调节列显示。

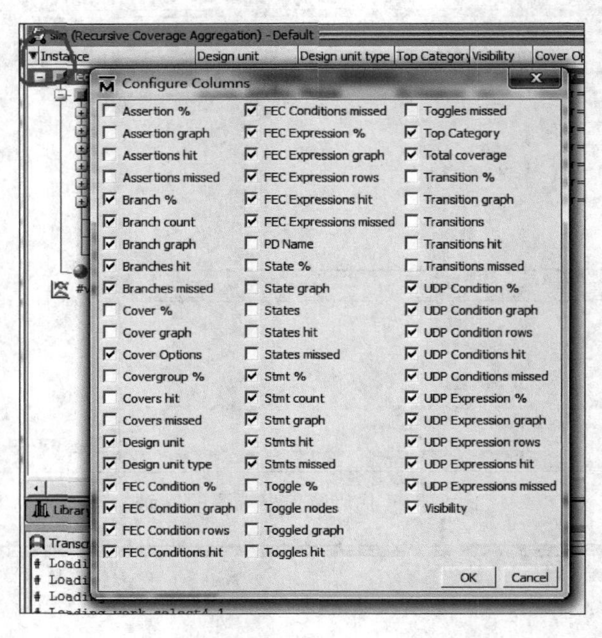

图 5.40　代码覆盖率的列选择对话框

Files 窗口中的数据显示如图 5.41 所示（若没有 Files 标签，可单击 View→Files 调出，其他窗口也可同理调出），该窗口中的显示与 sim 窗口类似，也是在仿真中统计了命中语句，再算出命中的百分比。这里有许多文件的代码覆盖率达到了 100%，比如时钟文件、测试文件等。测试文件由于其自身的特点，达到 100%的代码覆盖率也很简单，尤其是达到图中所示的 100%的语句覆盖率，那就更加简单了。因为不出意外的情况下，测试文件的每一条语句肯定都是要执行的。

Files

Name	Specified path	Full path	Type	Stmt Count	Stmt Hits	Stmt %	Stmt Graph	Branch Count	Branch Hits	Branch %	Branch Graph
sim	vsim.wlf	C:/Users...									
clk_div.v	clk_div.v	C:/Users...	verilog	7	7	100.00..		3	3	100.000	
sccomp_datafl...	sccomp_datafl...	C:/Users...	verilog	1	1	100.00..		2	1	50.000	
cpu-union.v	cpu-union.v	C:/Users...	verilog	8	8	100.00..		8	5	62.500	
decoder.v	decoder.v	C:/Users...	verilog	5	2	40.000		4	1	25.000	
IO_select.v	IO_select.v	C:/Users...	verilog	2	2	100.00..		4	2	50.000	
MULTU.v	MULTU.v	C:/Users...	verilog	1	1	100.00..					
io.v	io.v	C:/Users...	verilog	2	1	50.000		4	1	25.000	
ext16.v	ext16.v	C:/Users...	verilog	5	3	60.000		2	1	50.000	
cu.v	cu.v	C:/Users...	verilog	81	81	100.00..		4	2	50.000	
extend.v	extend.v	C:/Users...	verilog	6	4	66.667		2	1	50.000	
NPC.v	NPC.v	C:/Users...	verilog	1	1	100.00..					
imemory.v	imemory.v	C:/Users...	verilog	2	2	100.00..					
ext18.v	ext18.v	C:/Users...	verilog	6	4	66.667		2	1	50.000	
alu.v	alu.v	C:/Users...	verilog	95	50	52.632		76	42	55.263	
CP0.v	CP0.v	C:/Users...	verilog	12	8	66.667		12	4	33.333	
PC.v	PC.v	C:/Users...	verilog	3	3	100.00..		2	2	100.000	
myreg.v	myreg.v	C:/Users...	verilog	3	3	100.00..		3	3	100.000	
mux5x32.v	mux5x32.v	C:/Users...	verilog	6	1	16.667		6	1	16.667	
regfile.v	regfile.v	C:/Users...	verilog	8	8	100.00..		9	9	100.000	
JOIN.v	JOIN.v	C:/Users...	verilog								
DIVU.v	DIVU.v	C:/Users...	verilog	19	8	42.105		11	3	27.273	
mux2x32.v	mux2x32.v	C:/Users...	verilog	3	3	100.00..		3	3	100.000	

Library　Instance　Memory List　sim　Files

图 5.41　Files 标签页

2. 实例化窗口

实例化窗口的显示如图 5.42 所示。这里只截取了一部分，在该覆盖率显示中，显示了每个实例模块的各项覆盖率。也和前两个窗口中一样，这里对每种覆盖率也是按照总数、命中、未命中、命中率（百分比形式）、图形显示 5 个栏来显示。

Instance Coverage

Instance	Design unit	Design unit type	Total coverage	Stmt count	Stmts hit	Stmts missed	Stmt %	Stmt graph	Branch count	Branches hit	Branches missed	Branch %	Branch
/led_tb/uut/scdme...	dmem	Module	33.3%	3	2	1	66.7%		6	2	4	33.3%	
/led_tb/uut/imem	imemory	Module	100%	2	2	0	100%						
/led_tb/uut/sccpu/...	NPC	Module	100%	1	1	0	100%						
/led_tb/uut/sccpu/...	PC	Module	100%	3	3	0	100%		2	2	0	100%	
/led_tb/uut/sccpu/...	ext18	Module	58.3%	6	4	2	66.7%		2	1	1	50%	
/led_tb/uut/sccpu/...	ext5	Module	58.3%	6	4	2	66.7%		2	1	1	50%	
/led_tb/uut/sccpu/...	barrelshifte...	Module	46.3%	47	20	27	42.6%		34	17	17	50%	
/led_tb/uut/sccpu/...	select4_1	Module	70%	5	4	1	80%		5	3	2	60%	
/led_tb/uut/sccpu/...	select4_1	Module	80%	5	4	1	80%		5	4	1	80%	
/led_tb/uut/sccpu/...	select4_1	Module	50%	5	3	2	60%		5	2	3	40%	
/led_tb/uut/sccpu/...	addsub32	Module	81.2%	12	9	3	75%		8	7	1	87.5%	
/led_tb/uut/sccpu/...	alu	Module	34.4%	31	17	14	54.8%		29	14	15	48.3%	
/led_tb/uut/sccpu/...	DIVU	Module	23.1%	19	8	11	42.1%		11	3	8	27.3%	
/led_tb/uut/sccpu/...	DIV	Module	27.2%	24	12	12	50%		19	6	13	31.6%	
/led_tb/uut/sccpu/...	MULTU	Module	100%	1	1	0	100%						
/led_tb/uut/sccpu/...	MULT	Module	50%	5	5	0	100%		6	3	3	50%	
/led_tb/uut/sccpu/...	regfile	Module	100%	8	8	0	100%		9	9	0	100%	
/led_tb/uut/sccpu/...	cu	Module	39.3%	81	81	0	100%		4	2	2	50%	
/led_tb/uut/sccpu/...	ext16	Module	36.7%	5	3	2	60%		2	1	1	50%	
/led_tb/uut/sccpu/...	ext16	Module	36.7%	5	3	2	60%		2	1	1	50%	
/led_tb/uut/sccpu/...	ext16	Module	36.7%	5	3	2	60%		2	1	1	50%	
/led_tb/uut/sccpu/...	mux2x32	Module	100%	3	3	0	100%		3	3	0	100%	
/led_tb/uut/sccpu/...	mux2x32	Module	100%	3	3	0	100%		3	3	0	100%	

Library　Instance　Memory List　sim　Files

图 5.42　实例化窗口

3. 源文件窗口

在源文件窗口中显示了详细的命中信息，以 CPU 中 ALU 里的移位器为例。双击 sim 窗口中的移位器单元，即可进入源文件的详细命中信息界面，如图 5.43 和图 5.44 所示。

sim (Recursive Coverage Aggregation) - Default

Instance	Design unit	Design unit type	Top Category	Visibility	Cover Options	Total coverage	Stmt count	Stmts hit	Stmts missed	Stmt %	Stmt graph
loselect	mux2x32	Module	DU Instance	+acc=...	+cover=bces	50.0%	3	2	1	66.7%	
reg_hi	myreg	Module	DU Instance	+acc=...	+cover=bces	66.7%	3	2	1	66.7%	
reg_lo	myreg	Module	DU Instance	+acc=...	+cover=bces	66.7%	3	2	1	66.7%	
_mult	MULT	Module	DU Instance	+acc=...	+cover=bces	50.0%	5	5	0	100%	
_multu	MULTU	Module	DU Instance	+acc=...	+cover=bces	100.0%	1	1	0	100%	
_div	DIV	Module	DU Instance	+acc=...	+cover=bces	27.2%	24	12	12	50%	
_divu	DIVU	Module	DU Instance	+acc=...	+cover=bces	23.1%	19	8	11	42.1%	
cpu_alu	alu	Module	DU Instance	+acc=...	+cover=bces	36.3%	105	57	48	54.3%	
addsu...	addsub32	Module	DU Instance	+acc=...	+cover=bces	81.3%	12	9	3	75%	
select...	select4_1	Module	DU Instance	+acc=...	+cover=bces	70.0%	5	4	1	80%	
select...	select4_1	Module	DU Instance	+acc=...	+cover=bces	80.0%	5	4	1	80%	
ba	barrelshifter32	Module	DU Instance	+acc=...	+cover=bces	46.3%	47	20	27	42.6%	
select...	select4_1	Module	DU Instance	+acc=...	+cover=bces	50.0%	5	3	2	60%	

图 5.43　源文件窗口

图 5.44　详细命中信息界面

在图 5.44 中，Hits 栏中表示的是语句命中检测，BC 栏中表示的是分支命中检测。表 5.3 给出了各个符号所表示的含义。如图 5.44 中的 X_T 就是表示该行没有 True 状态。如果把鼠标移动到某一行代码上，在该行代码的命中状态显示部分还会出现命中的数值，如图 5.44 中的 130 行的状态是未命中和未命中 True 情况，鼠标移至该行显示该行共执行两次，但没有一次的结果为 True，两次全部为 False，所以这两次中没有一次是命中，则 Hits 栏显示未命中，BC 栏显示缺少 True 状态。

表 5.3　Hits 栏中各个符号的含义

符号	含　义
√	绿色的对号表示当前行是命中行
XS	红色叉号表示当前行是非命中行，S 代表 statement，表示此语句类型
XB	红色叉号表示当前行是非命中行，B 代表 branch，表示此语句类型
XE	红色叉号表示当前行是非命中行，E 代表 expression，表示此语句类型
E	绿色大写的 E 代表 Exclusion，表示当前行是排除行，可以在当前排除窗口中找到这个行表示的信息
X_T	红色 X_T 和红色 X_F 用于 BC 栏，因为分支检测会检测 True 和 False 两种状态，这两种状态缺哪一种，哪一种就会以下脚标的形式显示出来。X_T 表示缺少 True
X_F	红色 X_T 和红色 X_F 用于 BC 栏，因为分支检测会检测 True 和 False 两种状态，这两种状态缺哪一种，哪一种就会以下脚标的形式显示出来。X_F 表示缺少 False

4. 开关覆盖率观测

观察开关覆盖率主要借助对象窗口。由于代码覆盖率仿真默认情况下对象窗口是不显示的，所以需要在菜单栏中选择 View→Objects 调出对象窗口，得到图 5.45。此时在对象窗口中会详细显示各个信号的变化状态(显示列依然可以通过单击左上角的下三角选项来选择)。观察图中的 m1 内存，在"1H→0L"栏显示 5，表示该信号从 1 值变化到 0 值有 5 次，"0L→1H"同理。开关覆盖率为 15.63%，这些信息都会在对象窗口中显示出来。

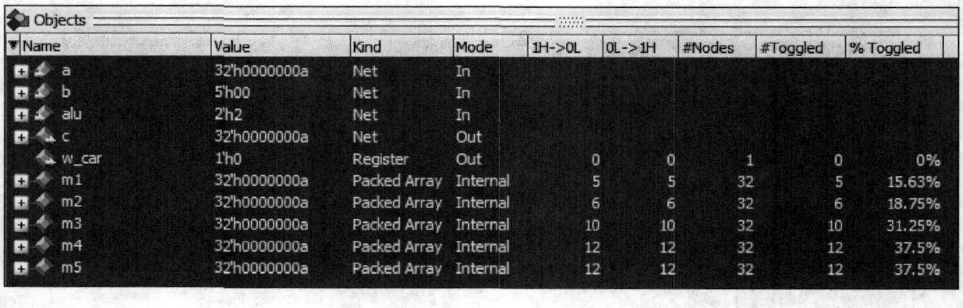

Objects

Name	Value	Kind	Mode	1H->0L	0L->1H	#Nodes	#Toggled	% Toggled
a	32'h0000000a	Net	In					
b	5'h00	Net	In					
alu	2'h2	Net	In					
c	32'h0000000a	Net	Out					
w_car	1'h0	Register	Out	0	0	1	0	0%
m1	32'h0000000a	Packed Array	Internal	5	5	32	5	15.63%
m2	32'h0000000a	Packed Array	Internal	6	6	32	6	18.75%
m3	32'h0000000a	Packed Array	Internal	10	10	32	10	31.25%
m4	32'h0000000a	Packed Array	Internal	12	12	32	12	37.5%
m5	32'h0000000a	Packed Array	Internal	12	12	32	12	37.5%

图 5.45　对象窗口

5.5.3　代码覆盖率报告

观察仿真结果后，可以保存此次覆盖率检测的报告，最常使用的方式是直接在 sim 窗口或实例化覆盖窗口中使用右键菜单，如图 5.46 所示，选择 Code Coverage→Code Coverage Reports 选项，弹出如图 5.47 所示对话框。

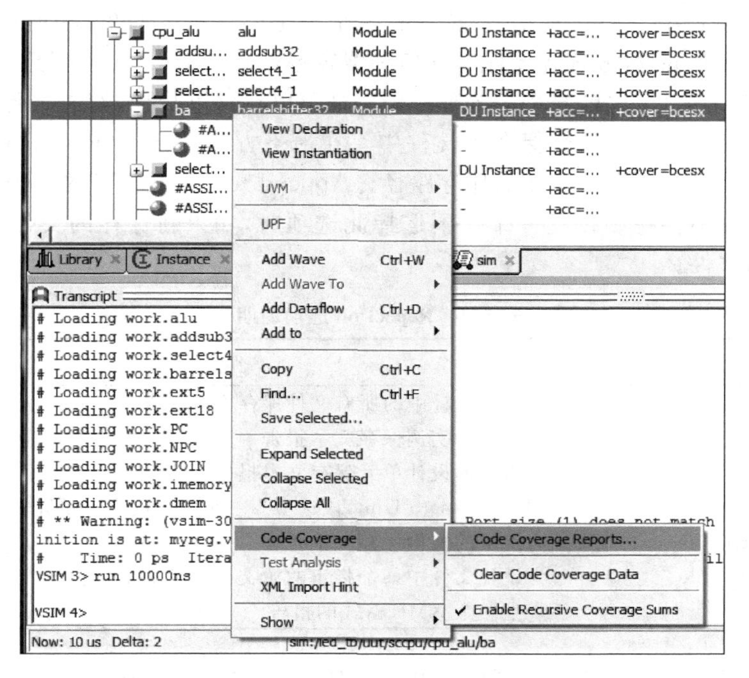

图 5.46　代码覆盖率选项

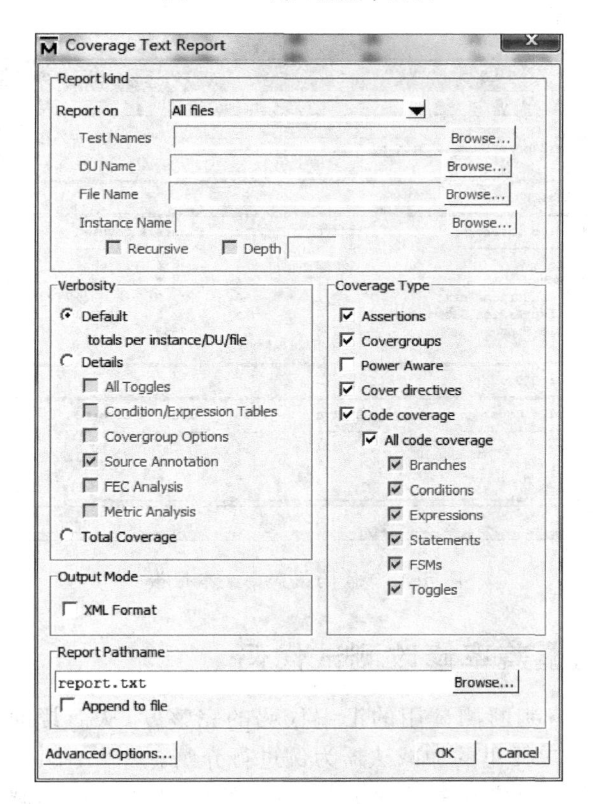

图 5.47　代码覆盖率报告对话框

图 5.47 中最上方的 Report on 下拉列表框是指定要保存的对象，功能如表 5.4 所示。中间的 Coverage Type 区域选择要保存为何种覆盖率信息，这是一个可复选的区域，可以选择保存多种覆盖率信息，之前介绍的各种覆盖率都可以在这里找到，勾选需要保存的覆盖率类型，该类型的覆盖率报告就会保存到文件中。在最下方的 Report Pathname 区域可以指定报告的名称，还可以指定一个新的保存路径。Append to file 是把新的报告附加到原有文件中，如果该文件不存在则创建一个。不选择此选项时，如果新保存的文件和旧的文件重名，则会覆盖旧文件。

表 5.4　Report on 选项说明

名　称	作　用
Report on all files	为当前设计中的所有文件保存文本报告
Report on all instance	为所有的实例保存文本报告
Report on all design units	为所有的设计单元保存文本报告
Report on a specific DU	DU 即 Design Unit，该选项为一个指定的设计单元保存文本报告
Report on a specific instance	为指定的实例保存文本报告
Report on a source file	为设计文件中某个指定的源文件保存文本报告
XML format	产生一个 XML 格式的报告

图 5.47 中各个选项设置好后，单击 OK 按钮就会在指定文件夹中生成一个代码覆盖率文本报告，如图 5.48 所示。

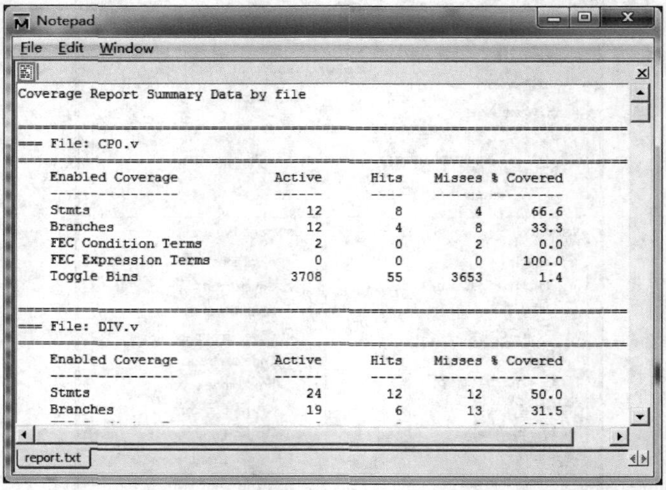

```
Notepad
File  Edit  Window

Coverage Report Summary Data by file

=== File: CP0.v
    Enabled Coverage          Active     Hits    Misses % Covered
    ----------------          ------     ----    ------ ---------
    Stmts                         12        8         4      66.6
    Branches                      12        4         8      33.3
    FEC Condition Terms            2        0         2       0.0
    FEC Expression Terms           0        0         0     100.0
    Toggle Bins                 3708       55      3653       1.4

=== File: DIV.v
    Enabled Coverage          Active     Hits    Misses % Covered
    ----------------          ------     ----    ------ ---------
    Stmts                         24       12        12      50.0
    Branches                      19        6        13      31.5

report.txt
```

图 5.48　代码覆盖率文本报告

5.5.4　根据代码覆盖率修改测试代码

代码覆盖率可以用来判断测试用的汇编代码的完整度，从而帮助用户修改测试代码。下面以 CPU 中的 ALU 单元里的加减法器为例进行介绍。

如图 5.49 所示，表示此代码覆盖率为 300ns 时 ALU 单元中加减法器的代码覆盖率。此时的代码覆盖率为 33.3%。如图 5.50 所示，调出源代码窗口，可以看到哪些指令在源代码中被执行到了，哪些没有被执行。可以看出，加减法语句均未被执行。

cpu_alu	alu	Module	DU Instance	+acc=...	+cover=bcesx	12.7%	105	30	75	28.6%
addsub1	addsub32	Module	DU Instance	+acc=...	+cover=bcesx	23.6%	12	4	8	33.3%
#ASSIGN...	addsub32	Process	-	+acc=...						
#ASSIGN...	addsub32	Process	-	+acc=...						
#ASSIGN...	addsub32	Process	-	+acc=...						
#ALWAY...	addsub32	Process	-	+acc=...						

图 5.49　代码覆盖率窗口(加减法语句执行前)

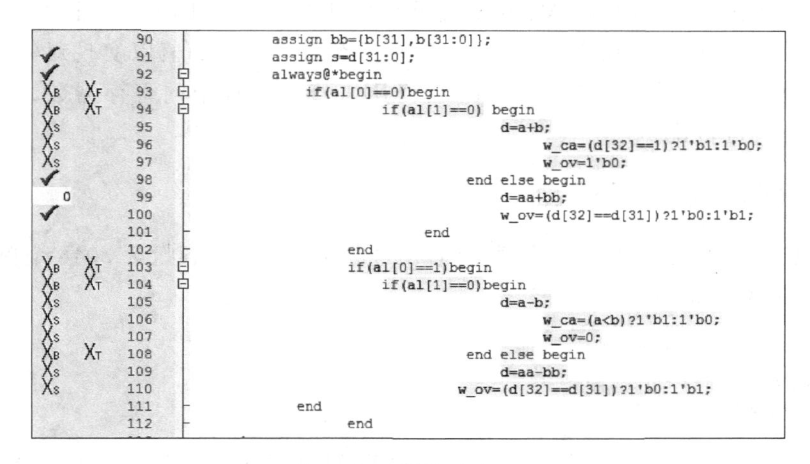
```
90   assign bb={b[31],b[31:0]};
91   assign s=d[31:0];
92   always@*begin
93       if(al[0]==0)begin
94           if(al[1]==0) begin
95               d=a+b;
96                   w_ca=(d[32]==1)?1'b1:1'b0;
97                   w_ov=1'b0;
98           end else begin
99               d=aa+bb;
100              w_ov=(d[32]==d[31])?1'b0:1'b1;
101          end
102      end
103      if(al[0]==1)begin
104          if(al[1]==0)begin
105              d=a-b;
106                  w_ca=(a<b)?1'b1:1'b0;
107                  w_ov=0;
108          end else begin
109              d=aa-bb;
110              w_ov=(d[32]==d[31])?1'b0:1'b1;
111      end
112          end
```

图 5.50　源代码窗口

接下来，在测试平台的程序中加入加减法指令，再次执行工程，查看代码覆盖率，依然查看 300ns 时的状态，此时的代码覆盖率如图 5.51 所示。可以看到，代码覆盖率上升至 58.3%。调出源代码窗口，如图 5.52 所示，可以看出，加减法的判断语句均被执行，说明此时调用了加减法器单元，测试程序的完整度得到了提升。

cpu_alu	alu	Module	DU Instance	+acc=...	+cover=bcesx	20.8%	105	43	62	41%
addsub1	addsub32	Module	DU Instance	+acc=...	+cover=bcesx	44.5%	12	7	5	58.3%
#ASSIGN...	addsub32	Process	-	+acc=...						
#ASSIGN...	addsub32	Process	-	+acc=...						
#ASSIGN...	addsub32	Process	-	+acc=...						
#ALWAY...	addsub32	Process	-	+acc=...						

图 5.51　代码覆盖率窗口(加减法语句执行后)

```
89   assign aa={a[31],a[31:0]};
90   assign bb={b[31],b[31:0]};
91   assign s=d[31:0];
92   always@*begin
93       if(al[0]==0)begin
94           if(al[1]==0) begin
95               d=a+b;
96                   w_ca=(d[32]==1)?1'b1:1'b0;
97                   w_ov=1'b0;
98           end else begin
99               d=aa+bb;
100              w_ov=(d[32]==d[31])?1'b0:1'b1;
101          end
102      end
103      if(al[0]==1)begin
104          if(al[1]==0)begin
105              d=a-b;
106                  w_ca=(a<b)?1'b1:1'b0;
107                  w_ov=0;
108          end else begin
109              d=aa-bb;
110              w_ov=(d[32]==d[31])?1'b0:1'b1;
111      end
112          end
```

图 5.52　源代码窗口

5.6 内存查看

存储器是设计体系中一个重要的部分,大多数设计中都包含存储器单元,用来保存设计运行时需要的数据。如果设计中包含存储器单元,可以使用 ModelSim 对存储器的数据进行查看、导出。如在设计 CPU 的 Verilog 代码编写过程中会添加寄存器堆、指令存储器、数据存储器等模块。在进行前仿真时,需要查看这些寄存器数组的值以实现对实验结果的验证和调试,ModelSim 提供了一个 Memory 窗口用来查看工程中的寄存器数组。下面以一个 CPU 工程为例进行说明。

5.6.1 内存查看窗口调出

在 CPU 设计中实现了由 32 位寄存器组成的寄存器堆以及容量为 2048 个单元的 32 位指令存储器与数据存储器。

```
reg [31:0] array_reg [31:0];
reg [31:0] RAM [2047:0];
reg [31:0] DRAM [2047:0];
```

在完成 Verilog 代码编写后,进行前仿真时打开 ModelSim,在 ModelSim 中选择如图 5.53 所示 View→Memory List 菜单项,打开 Memory List 窗口,如图 5.54 所示。双击想要查看的寄存器数组,从 00000000 地址查看存储器内容,如图 5.55 所示。

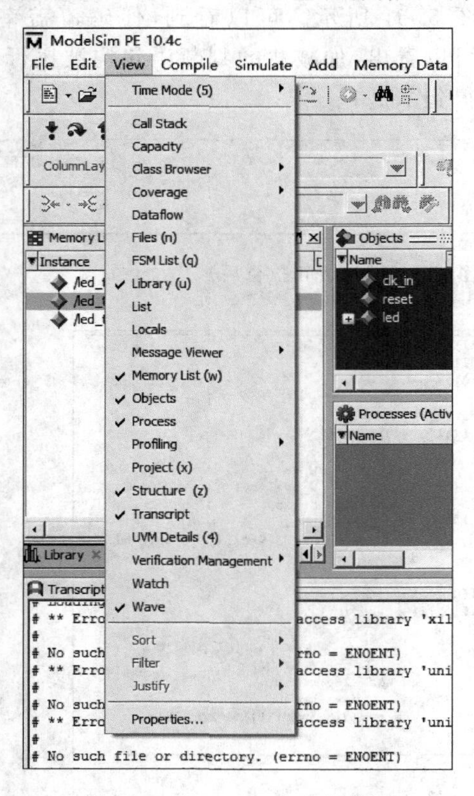

图 5.53 Memory List 菜单项

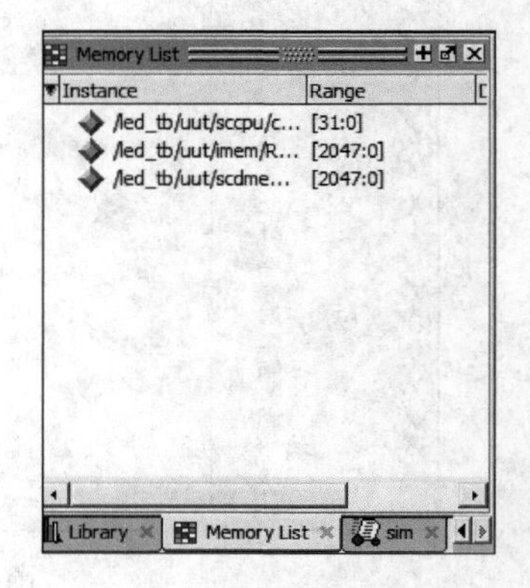

图 5.54 Memory List 窗口

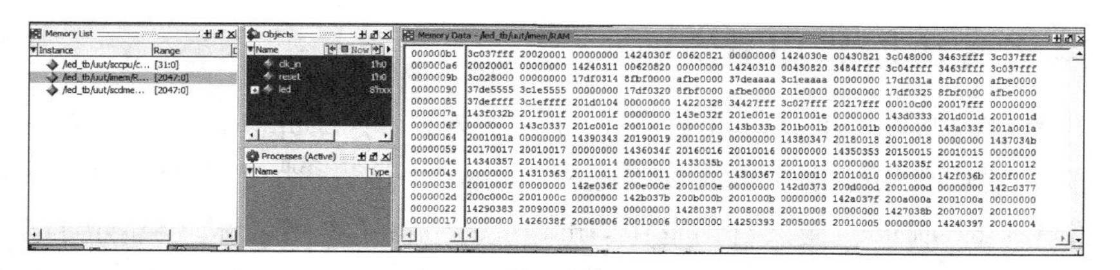

图 5.55　存储器内容

5.6.2　指定地址单元/数据查看

如果想要查看指定地址单元的内容，在地址栏右击，选择 Goto 命令跳转到指定地址，如图 5.56 和图 5.57 所示。

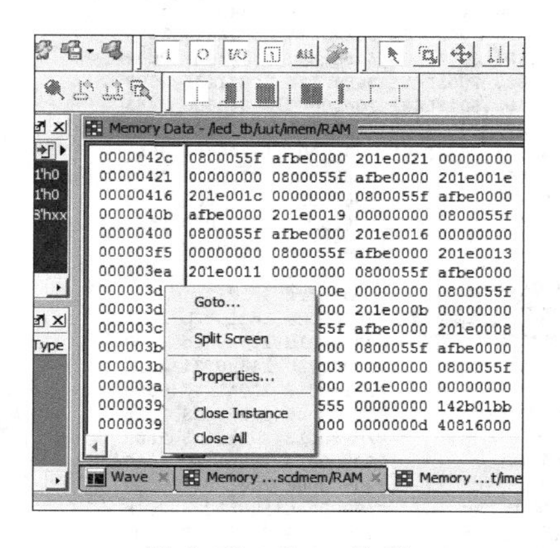

图 5.56　Goto 选项

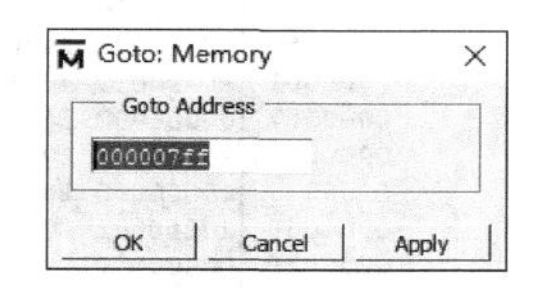

图 5.57　指定地址单元

如果想要查看指定数据存放在哪个地址单元，使用右键快捷菜单项 Find 弹出查找对话框查找相应内容，如图 5.58 和图 5.59 所示。

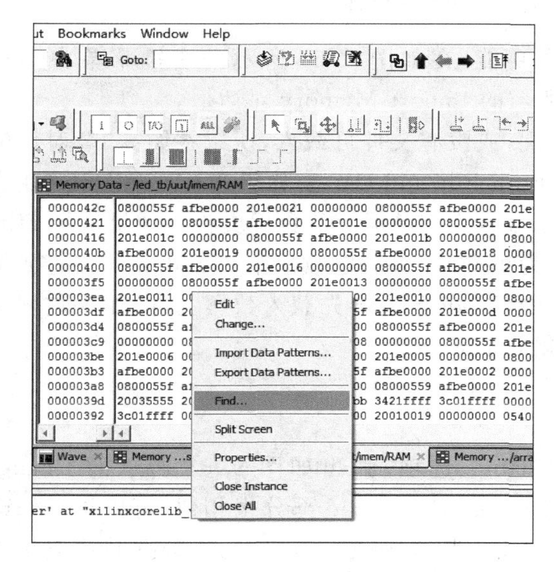

图 5.58　Find 选项

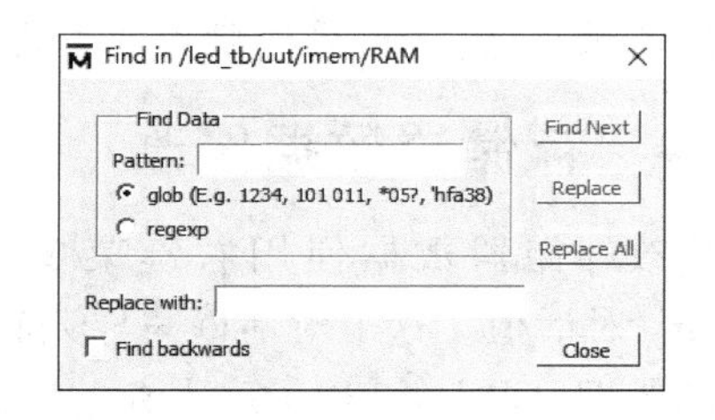

图 5.59　指定数据存放地址单元查找

5.6.3 存储器数据导出导入

存储器中数据可以导出成.mem格式的数据文件，该文件可以在以后的仿真中导入存储器中。在存储器窗口中单击右键选择Export Data Patterns选项，如图5.60所示，弹出保存对话框，如图5.61所示。在该对话框中，Instance Name(实例名称)中显示了当前要导出的存储器名称。Address Range(地址范围)可以选择All(保存全部地址数据)或者Addresses (inhexadecimal)(指定某一个地址范围)，如果选择指定地址范围，可以在下方的Start和End栏中输入十六进制的地址数据。

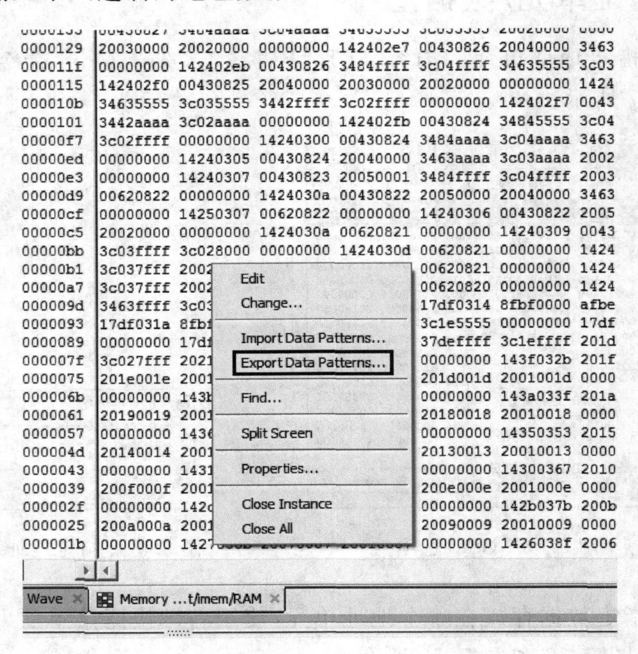

图5.60 Export Data Patterns选项

ModelSim还提供了存储器数据的导入功能，在如图5.60所示的右键菜单中选择Import Data Patterns选项，弹出如图5.62所示的Import Memory对话框。

因为载入的数据可能和存储器大小不匹配，或没有文件可载入，所以在图5.62对话框中提供了三种模式：File Only、Data Only和Both File and Data。如果选择File Only(仅文件)，File Load(文件载入)区域变为可选，可以导入一个已保存的数据文件。如果选择Data Only(仅数据)，Data Load(数据载入)区域变为可选，可以指定数值来初始化存储器。如果选择Both File and Data，两个区域都是可选的，ModelSim会先载入数据文件，如果数据文件无法填满存储器，再采用赋值的方式初始化剩余部分。

5.6.4 存储器数据修改

修改存储器数据使用右键菜单中的Change选项，弹出如图5.63所示的Change Memory对话框。这个对话框与导入存储数据中的Data Load部分很相似，可以指定修改数据的范围，同时在Fill Data(填充数据)区域输入替换的数据值(每两个数据间用空格隔开)。如果出现输入的数据和实际需要数据不匹配的情况,如修改一个数据,但是在 Fill Data 栏中给出了 4 个数据,这时只取前一个数据,如果修改 4 个数据,但是在 Fill Data 栏中给出了三个数据“1,2,3”,这时填充的 4 个数据是“1,2,3,1”,即自动从第一个数据开始继续填充。

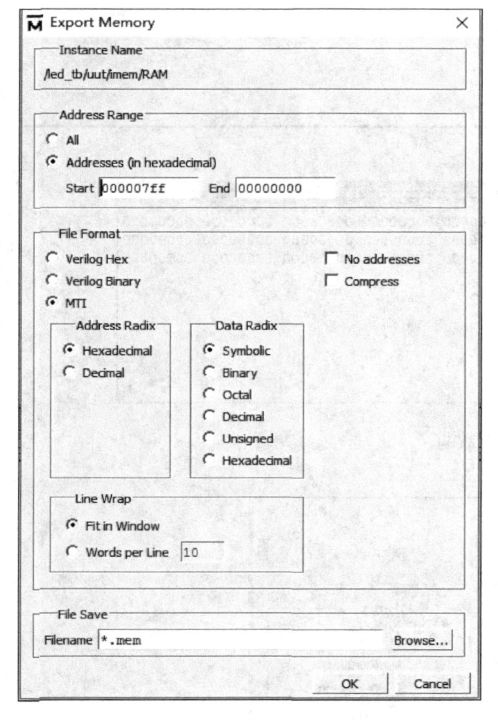

图 5.61　保存对话框

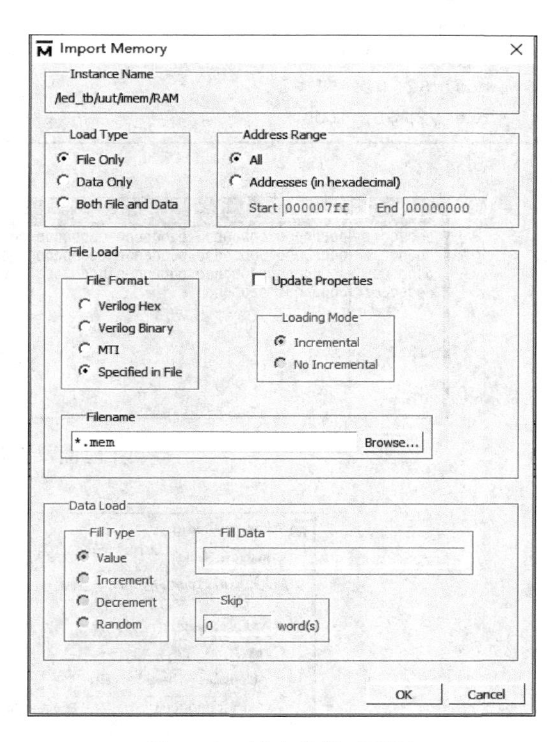

图 5.62　导入数据对话框

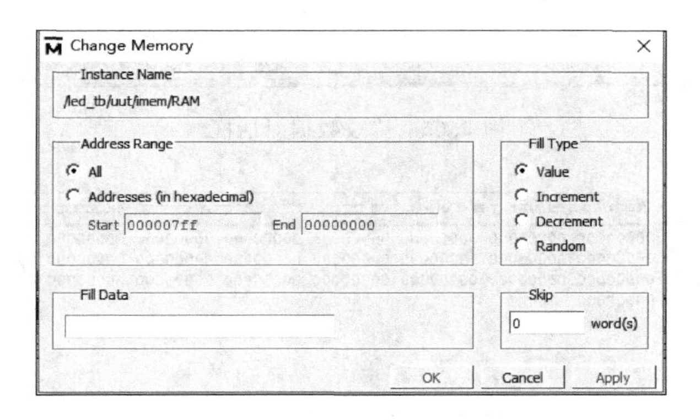

图 5.63　修改数据对话框

以 CPU 设计为例,在执行汇编指令对 CPU 功能进行调试的过程中,经常需要对存储器中的执行结果或初始数据进行修改。若要测试程序 5.1 中的小程序,存储器初始数据如图 5.64 所示,全为 00000000。若希望测试边缘数据,如 ffffffff 加 1,需要把 00000001 号数据改为 ffffffff,如图 5.65 所示。随后继续执行指令进行 1 号单元加 1 操作,则会得到如图 5.66 所示结果。

程序 5.1　一个 CPU 测试简单小程序

```
sll $0, $0,0
addi $1, $0,0
addi $2, $0,0x10
_loop:
addi $1, $1,1
addi $2, $2, -1
bne $2, $0,_loop
```

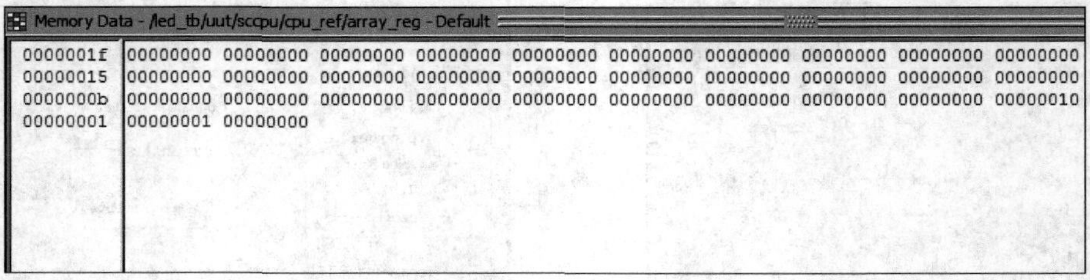

Memory Data - /led_tb/uut/sccpu/cpu_ref/array_reg - Default
0000001f 00000000 00000000 00000000 00000000 00000000 00000000 00000000 00000000 00000000 00000000
00000015 00000000 00000000 00000000 00000000 00000000 00000000 00000000 00000000 00000000 00000000
0000000b 00000000 00000000 00000000 00000000 00000000 00000000 00000000 00000000 00000000 00000010
00000001 00000001 00000000

图 5.64　存储器初始数据

Change Memory
Instance Name
/led_tb/uut/sccpu/cpu_ref/array_reg
Address Range
All
Addresses (in hexadecimal)
Start 00000001
End 00000001
Fill Type
Value
Increment
Decrement
Random
Fill Data
ffffffff
Skip
0
word(s)
OK
Cancel
Apply

图 5.65　修改数据对话框

Memory Data - /led_tb/uut/sccpu/cpu_ref/array_reg - Default
0000001f 00000000 00000000 00000000 00000000 00000000 00000000 00000000 00000000 00000000 00000000
00000015 00000000 00000000 00000000 00000000 00000000 00000000 00000000 00000000 00000000 00000000
0000000b 00000000 00000000 00000000 00000000 00000000 00000000 00000000 00000000 00000000 0000000f
00000001 00000000 00000000

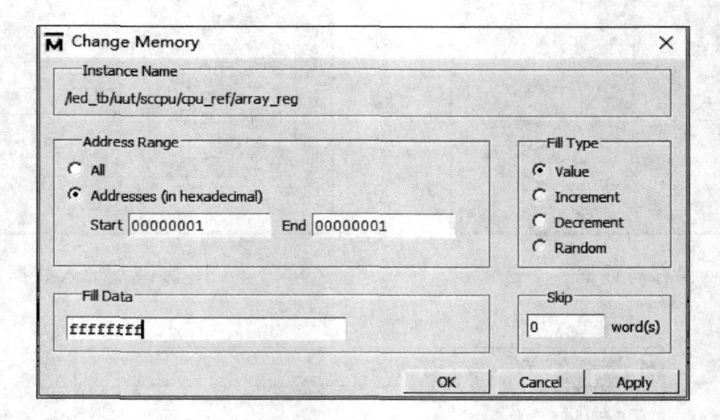

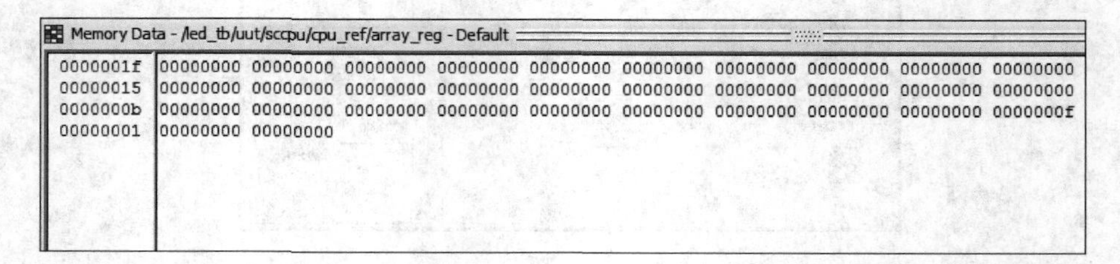

图 5.66　存储器数据

第6章

数字逻辑实验设计

6.1 基本门电路与数据扩展描述实验

1. 实验介绍

在本实验中，将练习使用 Verilog HDL 的三种不同描述方式进行基本门电路建模，实现数据扩展。

2. 实验目标

(1) 学习用不同的描述方式设计基本门电路并实现数据扩展。

(2) 学习设计仿真工具的使用方法。

(3) 学习使用开发板。

3. 实验原理

1) 基本门电路实验

(1) 基本与或非门实验

图 6.1 给出了所要建模的基本与或非门实验的电路原理图。

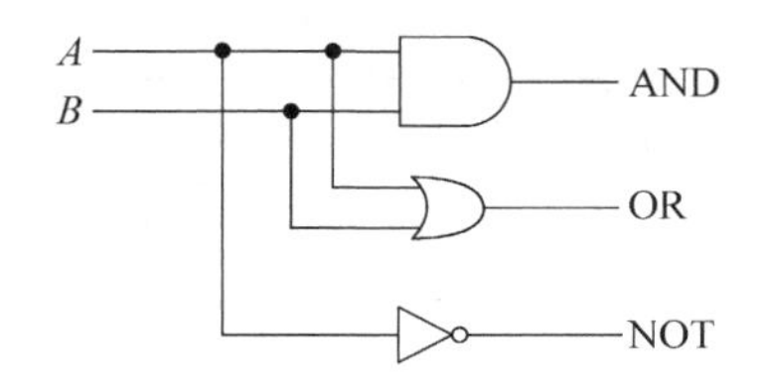

图 6.1　与或非门实验的电路原理图

① 接口定义：

```
module logic_gates_1(iA,iB,oAnd,oOr,oNot);    //结构描述
    input iA,iB;                               //输入信号 A、B
    output oAnd,oOr,oNot;                      //与、或、非输出信号
```

```
module logic_gates_2(iA,iB,oAnd,oOr,oNot);    //数据流描述
    input iA,iB;                               //输入信号 A、B
    output oAnd,oOr,oNot;                      //与、或、非输出信号
```

```
module logic_gates_3(iA,iB,oAnd,oOr,oNot);    //行为描述
    input iA,iB;                              //输入信号 A、B
    output oAnd,oOr,oNot;                     //与、或、非输出信号
```

② Verilog 代码描述。

• 结构型描述：

```
module logic_gates_1(iA,iB,oAnd,oOr,oNot);
   input iA, iB;
   output oAnd,oOr,oNot;
   and and_inst(oAnd, iA,iB);
   or or_inst(oOr, iA,iB);
   not not_inst(oNot, iA);
endmodule
```

• 数据流型描述：

```
module logic_gates_2(iA,iB,oAnd,oOr,oNot);
   input iA, iB;
   output oAnd,oOr,oNot;
   assign oAnd = iA & iB;
   assign oOr = iA | iB;
   assign oNot = ~iA;
endmodule
```

• 行为描述：

```
module logic_gates_3(iA,iB,oAnd,oOr,oNot);
   input iA, iB;
   output reg oAnd,oOr,oNot;
   always @ ( * )
   begin
     oAnd = iA & iB;
     oOr = iA | iB;
     oNot = ~ iA;
   end
endmodule
```

③ TestBench 代码描述：

```
`timescale 1ns/1ns
module logic_gates_tb;
  reg iA;
  reg iB;
```

```
    wire oAnd;
    wire oOr;
    wire oNot;

    initial
    begin
      iA = 0;
      #40 iA = 1;
      #40 iA = 0;
      #40 iA = 1;
      #40 iA = 0;
    end
    initial
    begin
      iB = 0;
      #40 iB = 0;
      #40 iB = 1;
      #40 iB = 1;
      #40 iB = 0;
    end
    logic_gates_1
    logic_gates_inst(
       .iA(iA),
       .iB(iB),
       .oAnd(oAnd),
       .oOr(oOr),
       .oNot(oNot)
       );
endmodule
```

④ ModelSim 仿真,如图 6.2 所示。

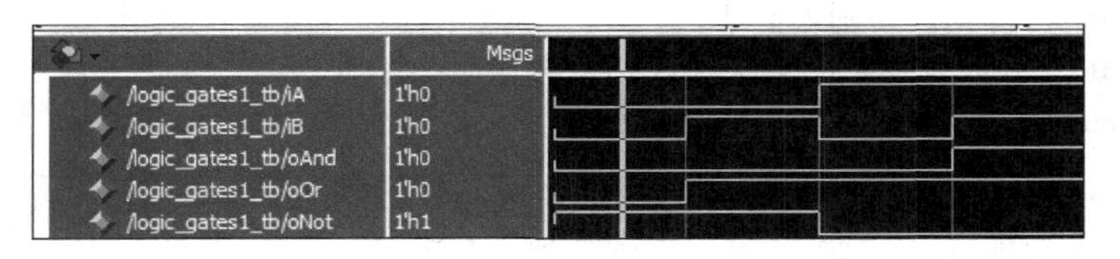

图 6.2 仿真结果(1)

⑤ XDC 文件配置,如表 6.1 所示。

表 6.1 基本与或非门 XDC 文件配置

变量	iA	iB	oAnd	oOr	oNot
N4 板上的管脚	SW0(J15)	SW1(L16)	LD0(H17)	LD1(K15)	LD2(J13)

⑥ 综合下板,如图 6.3 所示。

图 6.3　综合下板结果(1)

(2) 三态门实验

图 6.4 给出了所要建模的三态门的逻辑符号和真值表。

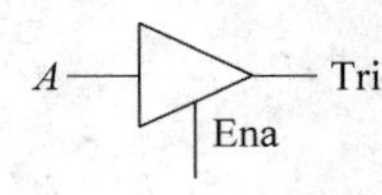

A	Ena	Tri
0	0	z
1	0	z
0	1	0
1	1	1

图 6.4　三态门的逻辑符号和真值表

① 接口定义：

```
module three_state_gates(iA,iEna,oTri);
        input iA;          //输入信号 A
        input iEna;        //使能信号 Ena,高电平有效
        output oTri;       //三态输出信号 Tri
```

② Verilog 代码描述：

```
module three_state_gates(iA,iEna,oTri);
    input iA;
    input iEna;
    output oTri;
    assign oTri = (iEna == 1)? iA:'bz;
endmodule
```

③ TestBench 代码描述：

```
`timescale 1ns/1ns
Module three_state_gates_tb;
  reg iA;
  reg iEna;
  wire oTriState;
  three_state_gates uut (
  .iA(iA),
  .iEna(iEna),
  .oTri(oTriState)
  );
  initial
  begin
     iA = 0;
     #40 iA = 1;
     #40 iA = 0;
     #40 iA = 1;
  end
  initial
  begin
     iEna = 1;
     #20 iEna = 0;
     #40 iEna= 1;
     #20 iEna = 0;
  end
endmodule
```

④ ModelSim 仿真，如图 6.5 所示。

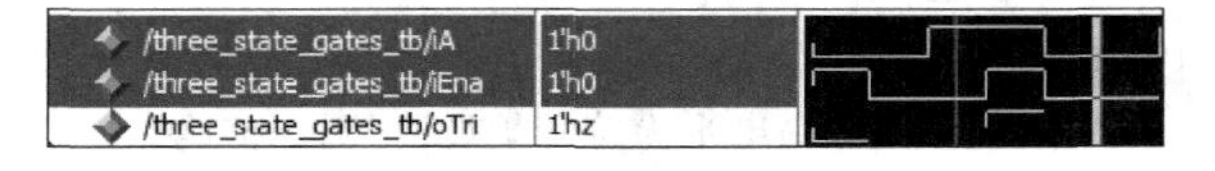

图 6.5　仿真结果(2)

⑤ XDC 文件配置，如表 6.2 所示。

表 6.2　三态门 XDC 文件配置

变量	iA	iEna	oTri
N4 板上的管脚	SW0(J15)	BTNR(M17)	LD0(H17)

⑥ 综合下板，如图 6.6 所示。

2）数据扩展实验

本实验所建模的扩展模块的功能为将输入的数据扩展为 32 位数据。

图 6.6　综合下板结果(2)

(1) 接口定义：

```
module extend #(parameter WIDTH = 16)(
    input [WIDTH - 1:0] a,    //输入数据,数据宽度可以根据需要自行定义
    input sext,               //sext 高电平为符号扩展,否则 0 扩展
    output [31:0]b            //32 位输出数据
);
```

(2) Verilog 代码描述：

```
module extend #(parameter WIDTH = 16)(
    input [WIDTH - 1:0] a,
    input sext,              //sext 高电平为符号扩展,否则 0 扩展
    output [31:0] b
);
assign b = sext? {{(32 - WIDTH){a[WIDTH - 1]}},a} : {27'b0,a};
endmodule
```

(3) TestBench 代码描述：

```
`timescale 1ns/1ns
module extend_tb;
    reg [15:0] a,sext;
reg sext;
    wire [31:0] b;
```

```
// Instantiate the Unit Under Test (UUT)
   extend uut (.a(a),.sext(sext),.b(b));
   initial
   begin
      // Initialize Inputs
      a = 0;
      sext = 0;
      // Wait 100 ns for global reset to finish
      #100;
      // Add stimulus here
      sext = 1;
      a = 16'h0000;
      #100;
      sext = 0;
      a = 16'h8000;
      #100;
      sext = 1;
      a = 16'h8000;
      #100;
      sext = 0;
      a = 16'hffff;
      #100;
      sext = 1;
      a = 16'hffff;
      #100;
   end
endmodule
```

（4）ModelSim 仿真，如图 6.7 所示。

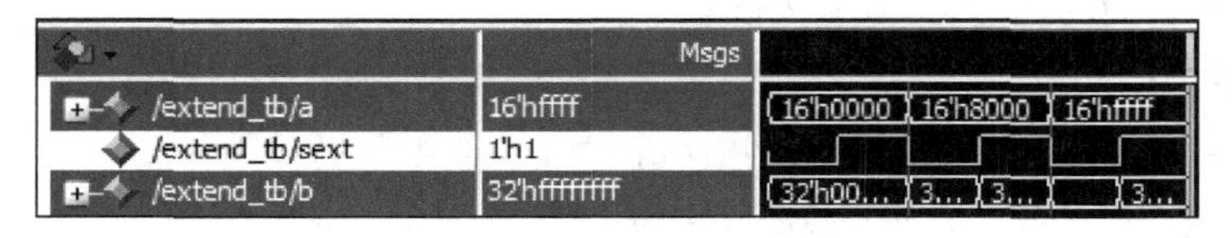

图 6.7　仿真结果(3)

4. 实验步骤

（1）用 Logisim 画出基本与或非门实验电路原理图，验证逻辑。

（2）新建 Vivado 工程，编写各个模块。

（3）编写各个模块的 TestBench，并调用 ModelSim 仿真测试各模块。

（4）配置 XDC 文件，综合下板，并观察实验现象。

（5）按照要求书写实验报告。

6.2 数据选择器与数据分配器实验

1. 实验介绍

在本次实验中，将使用 Verilog HDL 实现数据选择器和数据分配器的设计和仿真。

2. 实验目标

(1) 深入了解数据选择器与数据分配器的原理。

(2) 使用 Logisim 画出数据选择器和数据分配器的逻辑电路。

(3) 学习使用 Verilog HDL 设计实现数据选择器和数据分配器。

3. 实验原理

1) 数据选择器实验

数据选择器(MUX)是一种多路输入、单路输出的标准化逻辑构件。所要建模的 4 选 1 数据选择器及其真值表如图 6.8 所示。选择器的开关由两根控制线 $s0$ 和 $s1$ 的编码控制，选择 4 路输入中的一路作为输出。输出 z 的逻辑值将和被选中的输入逻辑值相同。

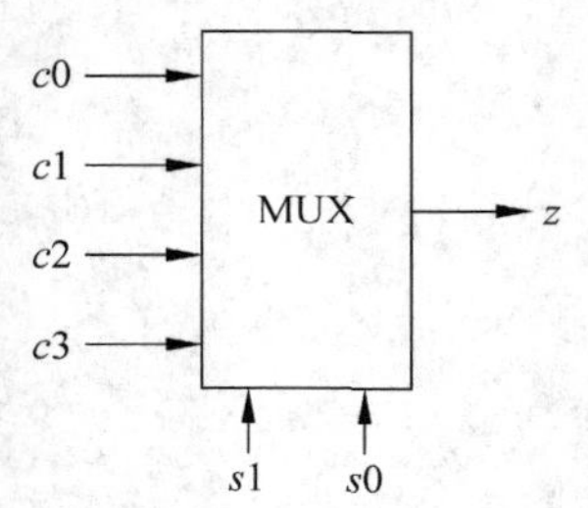

选择输入		数据输入				输出
*s*1	*s*0	*c*0	*c*1	*c*2	*c*3	*z*
0	0	*c*0	×	×	×	*c*0
0	1	×	*c*1	×	×	*c*1
1	0	×	×	*c*2	×	*c*2
1	1	×	×	×	*c*3	*c*3

图 6.8　4 选 1 数据选择器及其真值表

(1) 接口定义：

```
module selector41(
    input [3:0] iC0,      //4 位输入信号 c0
    input [3:0] iC1,      //4 位输入信号 c1
    input [3:0] iC2,      //4 位输入信号 c2
    input [3:0] iC3,      //4 位输入信号 c3
    input iS1,            //选择控制信号 s1
    input iS0,            //选择控制信号 s0
    output [3:0] oZ       //4 位输出信号 z
);
```

(2) XDC 文件配置如表 6.3 所示。

表 6.3　数据选择器 XDC 文件配置

变量	iC0	iC1	iC2	iC3	iS1	iS0	oZ
N4 板上的管脚	SW0～3 (J15、L16、M13、R15)	SW4～7 (R17、T18、U18、R13)	SW8～11 (T8、U8、R16、T13)	SW12～15 (H6、U12、U11、V10)	BTNC (N17)	BTNR (M17)	LD0～3 (H17、K15、J13、N14)

2）数据分配器实验

数据分配器(DMUX)的功能与多路选择器相反，它是一种单路输入、多路输出的逻辑构件。图6.9为1线～4线数据分配器的功能框图及其真值表。在图3.2中，c为数据输入端；$s1$、$s0$为选择控制输入端；$z0$～$z3$为数据输出端。

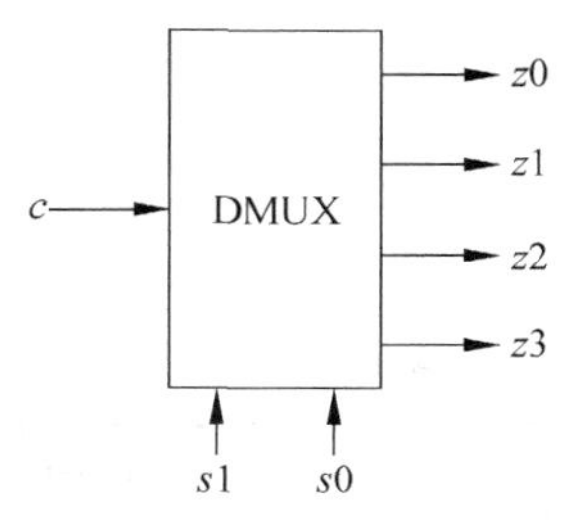

选择输入		输出			
$s1$	$s0$	$z0$	$z1$	$z2$	$z3$
0	0	c	1	1	1
0	1	1	c	1	1
1	0	1	1	c	1
1	1	1	1	1	c

图6.9　1线～4线数据分配器及其真值表

(1) 接口定义：

```
module de_selector14(
    input iC,       //输入信号 c
    input iS1,      //选择控制信号 s1
    input iS0,      //选择控制信号 s0
    output oZ0,     //输出信号 z0
    output oZ1,     //输出信号 z1
    output oZ2,     //输出信号 z2
    output oZ3,     //输出信号 z3
);
```

(2) XDC文件配置如表6.4所示。

表6.4　数据分配器XDC文件配置

变量	iC	iS1	iS0	oZ0	oZ1	oZ2	oZ3
N4板上的管脚	SW0 (J15)	SW15 (V10)	SW14 (U11)	LD0 (H17)	LD1 (K15)	LD2 (J13)	LD3 (N14)

3）8路数据传输实验

在数据选择器和数据分配器实验基础上实现图6.10中8路数据传输模块的建模。数据的传输由输入控制端A、B、C的编码决定。例如，当ABC=101时，实现$D5\rightarrow f5$的数据传输。

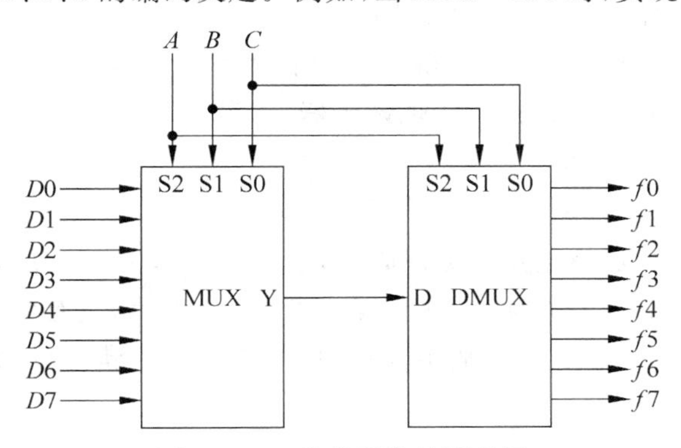

图6.10　8路数据传输原理图

(1) 接口定义：

```
module transmission8(
    input [7:0] iData           //输入信号 D7～D0
    input A,B,C,                //选择信号 S2～S0
    output [7:0] oData          //输出信号 f7～f0
);
```

(2) XDC 文件配置如表 6.5 所示。

表 6.5　8 路数据传输 XDC 文件配置

变量	iData[0]～[7]	A、B、C	oData[0]～[7]
N4 板上的管脚	SW0～7 (J15、L16、M13、R15、R17、T18、U18、R13)	SW15～13 (V10、U11、U12)	LD0～7 (H17、K15、J13、N14、R18、V17、U17、U16)

4. 实验步骤

(1) 根据图 6.8 和图 6.9 中的真值表列写数据选择器和数据分配器的逻辑表达式，并用 Logisim 画出 1 位四选一数据选择器、4 位四选一数据选择器、1 线～4 线数据分配器的电路原理图，并验证逻辑。

(2) 新建 Vivado 工程，编写各个模块。

(3) 用 ModelSim 仿真测试各模块。

(4) 配置 XDC 文件，综合下板，并观察实验现象。

(5) 按照要求书写实验报告。

6.3　译码器与编码器实验

1. 实验介绍

在本次实验中，将使用 Verilog HDL 实现 3-8 译码器、8-3 编码器以及七段数码管的设计和仿真。

2. 实验目标

(1) 深入了解译码器、编码器、优先编码器原理。

(2) 使用 Logisim 画出译码器以及编码器实验的逻辑图。

(3) 学习使用 Verilog HDL 设计实现译码器、编码器。

3. 实验原理

1) 3-8 译码器

实现译码功能的组合逻辑电路称为译码器，它的输入是一组二进制代码，输出是一组高低电平信号。所要建模的 3-8 译码器及真值表如图 6.11 所示，它有 3 个编码输入、8 个输出和 2 个使能输入端(G_1,G_2)。作为译码器使用时，使能端必须满足 $G_1=1$,$G_2=0$。

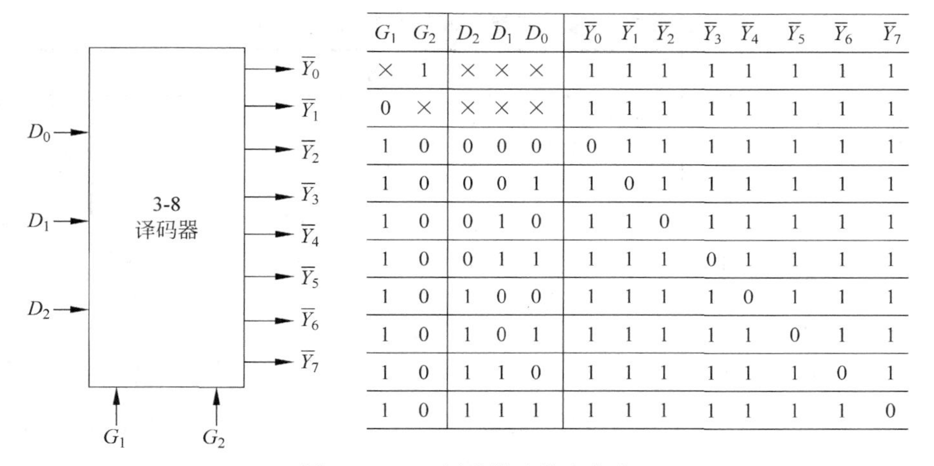

G_1	G_2	D_2	D_1	D_0	$\overline{Y_0}$	$\overline{Y_1}$	$\overline{Y_2}$	$\overline{Y_3}$	$\overline{Y_4}$	$\overline{Y_5}$	$\overline{Y_6}$	$\overline{Y_7}$
×	1	×	×	×	1	1	1	1	1	1	1	1
0	×	×	×	×	1	1	1	1	1	1	1	1
1	0	0	0	0	0	1	1	1	1	1	1	1
1	0	0	0	1	1	0	1	1	1	1	1	1
1	0	0	1	0	1	1	0	1	1	1	1	1
1	0	0	1	1	1	1	1	0	1	1	1	1
1	0	1	0	0	1	1	1	1	0	1	1	1
1	0	1	0	1	1	1	1	1	1	0	1	1
1	0	1	1	0	1	1	1	1	1	1	0	1
1	0	1	1	1	1	1	1	1	1	1	1	0

图 6.11　3-8 译码器及其真值表

(1) 接口定义：

```
module decoder(
    input [2:0] iData,      //三位输入 D2,D1,D0
    input [1:0] iEna,       //使能信号 G1,G2
    output [7:0] oData      //8 位译码输出 Ȳ7～Ȳ0,低电平有效
);
```

(2) XDC 文件配置如表 6.6 所示。

表 6.6　3-8 译码器 XDC 文件配置

变量	iData[0]～[2]	iEna[0]～[1]	oData[0]～[7]
N4 板上的管脚	SW0～2 (J15、L16、M13)	SW14～15 (V10、U11)	LD0～7 (H17、K15、J13、N14、R18、V17、U17、U16)

2) 七段数码管译码驱动器

图 6.12 为所要建模的七段数码管译码驱动原理图，它由译码驱动器和荧光数码管组成。荧光数码管是分段式半导体显示器件，7 个发光二极管组成 7 个发光段，发光二极管可以将电能转换成光能，从而发出清晰悦目的光线。本实验采用的是共阳极电路，故译码器的输出 a～g 分别加到 7 个阴极上。只有在阴极上呈低电平的二极管导通发光，显示 0～9 中相应的十进制数字。如表 6.7 所示为七段数码管译码驱动器逻辑功能真值表，4 个输入和 7 个输出以及对应显示的字符。

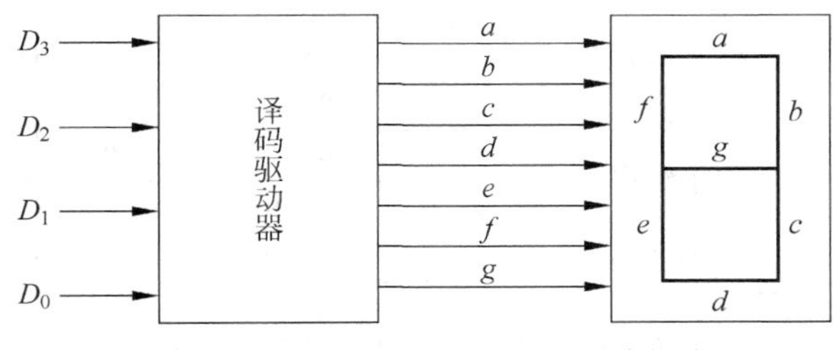

图 6.12　七段数码管译码驱动原理图

表 6.7 七段数码管译码驱动器逻辑功能表

输入				输出							显示字符
D_3	D_2	D_1	D_0	g	f	e	d	c	b	a	
0	0	0	0	1	0	0	0	0	0	0	0
0	0	0	1	1	1	1	1	0	0	1	1
0	0	1	0	0	1	0	0	1	0	0	2
0	0	1	1	0	1	1	0	0	0	0	3
0	1	0	0	0	0	1	1	0	0	1	4
0	1	0	1	0	0	1	0	0	1	0	5
0	1	1	0	0	0	0	0	0	1	0	6
0	1	1	1	1	1	1	1	0	0	0	7
1	0	0	0	0	0	0	0	0	0	0	8
1	0	0	1	0	0	1	0	0	0	0	9

(1) 接口定义：

```
module display7(
    input [3:0] iData,      //4 位输入 D3～D0
    output [6:0] oData      //7 位译码输出 g～a
);
```

(2) XDC 文件配置如表 6.8 所示。

表 6.8 七段数码管译码驱动器 XDC 文件配置

变量	iData[0]～[3]	oData[0]～[6]
N4 板上的管脚	SW0～3 (J15、L16、M13、R15)	CA(T10)、CB(R10)、CC(K16)、CD(K13)、 CE(P15)、CF(T11)、CG(L18)

3) 普通 8-3 编码器

用来完成编码工作的电路称为编码器。它可以实现对一组输入信号的二进制编码。图 6.13 为所要建模的普通 8-3 编码器及其真值表。它有 8 个输入以及 3 个输出，真值表中每行只有一个输入电平有效，为高电平，其余为低电平。

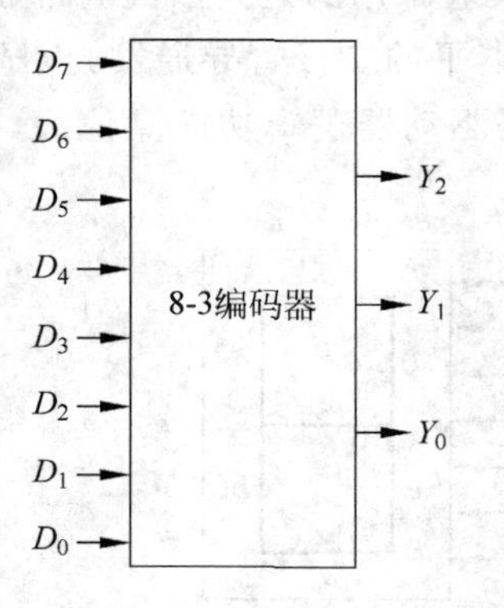

D_7	D_6	D_5	D_4	D_3	D_2	D_1	D_0	Y_2	Y_1	Y_0
1	0	0	0	0	0	0	0	1	1	1
0	1	0	0	0	0	0	0	1	1	0
0	0	1	0	0	0	0	0	1	0	1
0	0	0	1	0	0	0	0	1	0	0
0	0	0	0	1	0	0	0	0	1	1
0	0	0	0	0	1	0	0	0	1	0
0	0	0	0	0	0	1	0	0	0	1
0	0	0	0	0	0	0	1	0	0	0

图 6.13 普通 8-3 编码器及其真值表

(1) 接口定义：

```
module encoder83(
    input [7:0] iData,      //8 位输入 D7～D0，高电平有效
    output [2:0] oData      //3 位编码输出 Y2～Y0
);
```

(2) XDC 文件配置如表 6.9 所示。

表 6.9 普通 8-3 编码器 XDC 文件配置

变量	iData[0]～[7]	oData[0]～[2]
N4 板上的管脚	SW0～7 (J15、L16、M13、R15、R17、T18、U18、R13)	LD0～2 (H17、K15、J13)

4) 具有优先级的 8-3 编码器

普通编码器对输入线是有限制的，即在任意一时刻所有输入线中只允许一个输入线信号有效，否则编码器将发生混乱。为解决这一问题可以采用具有优先级的编码器。图 6.14 为所要建模的具有优先级的 8-3 编码器及其真值表，它有 8 个输入端、3 个输出端、1 个选通输入端 EI 以及 1 个扩展输出端 EO。从真值表可以看出，输入输出的有效信号是低电平，在输入中，脚标越大，优先级越高。

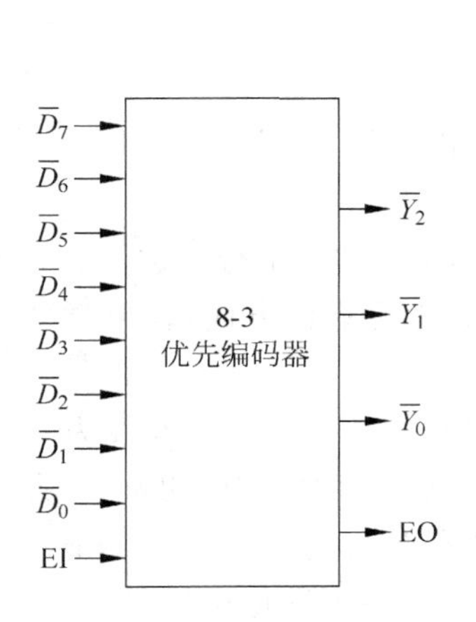

$\overline{D_0}$	$\overline{D_1}$	$\overline{D_2}$	$\overline{D_3}$	$\overline{D_4}$	$\overline{D_5}$	$\overline{D_6}$	$\overline{D_7}$	$\overline{Y_2}$	$\overline{Y_1}$	$\overline{Y_0}$	EI	EO
×	×	×	×	×	×	×	×	1	1	1	1	0
×	×	×	×	×	×	×	×	1	1	1	0	0
×	×	×	×	×	×	×	0	0	0	0	0	1
×	×	×	×	×	×	0	1	0	0	1	0	1
×	×	×	×	×	0	1	1	0	1	0	0	1
×	×	×	×	0	1	1	1	0	1	1	0	1
×	×	×	0	1	1	1	1	1	0	0	0	1
×	×	0	1	1	1	1	1	1	0	1	0	1
×	0	1	1	1	1	1	1	1	1	0	0	1
0	1	1	1	1	1	1	1	1	1	1	0	1

图 6.14 具有优先级的 8-3 编码器及其真值表

(1) 接口定义：

```
module encoder83_Pri(
    input [7:0] iData,      //8 位输入 D7～D0，低电平有效
    input iEI,              //选通输入信号 EI，低电平有效
    output [2:0] oData,     //3 位编码输出 Y3～Y0
    output oEO              //扩展输出信号 EO，高电平有效
);
```

(2) XDC 文件配置如表 6.10 所示。

表 6.10 优先 8-3 编码器 XDC 文件配置

变量	iData[0]～[7]	oData[0]～[2]	iEI	oEO
N4 板上的管脚	SW0～7 (J15、L16、M13、R15、R17、T18、U18、R13)	LD0～2 (H17、K15、J13)	SW15 (V10)	LD15 (V11)

4. 实验步骤

(1) 请根据图 6.11 和图 6.13 中的真值表列写 3-8 译码器和普通 8-3 编码器的逻辑表达式,并用 Logisim 画出电路原理图,验证逻辑。

(2) 新建 Vivado 工程,编写各个模块。

(3) 用 ModelSim 仿真测试各模块。

(4) 配置 XDC 文件,综合下板,并观察实验现象。

(5) 按照要求书写实验报告。

6.4 桶形移位器实验

1. 实验介绍

在本次实验中,将使用 Verilog HDL 实现 32 位桶形移位器的设计和仿真。

2. 实验目标

(1) 深入了解桶形移位器的原理。

(2) 使用 Logisim 软件搭建一个 8 位的桶形移位器。

(3) 学习使用 Verilog HDL 设计实现一个 32 位桶形移位器。

3. 实验原理

桶式移位器是一种组合逻辑电路,通常作为微处理器 CPU 的一部分。它具有 n 个数据输入和 n 个数据输出,以及指定如何移动数据的控制输入,指定移位方向、移位类型(循环、算术还是逻辑移位)及移动的位数等。

图 6.15 给出了一个简单的 4 位桶形移位器原理图示例。其中的主要部件为二选一数据选择器 MUX,该数据选择器的 S_1 和 S_2 为两路数据输入端,D 为数据输出端,C 为选择控制端,ENB 为使能控制端。该桶形移位器的所有输入输出信号规定如下。

(1) 输入信号 $a0$～$a3$ 左移以及右移一位的数据被输入第一列数据选择器;

(2) 输入信号 aluc0 选择左移还是右移,将数据输入第二列数据选择器;

(3) 输入信号 aluc1 控制右移时进行算术右移还是逻辑右移;

(4) 输入信号 $a0$～$a3$ 的原始数据也被输入第二列数据选择器;

(5) 输入信号 $b0$ 和 $b1$ 的值决定移多少位;

(6) 输入信号 $b0$ 选择将原始数据还是移位数据输入第三列数据选择器,实验中将这组数据暂记为 temp;

(7) 数据 temp 由第三列选择器继续处理,生成 temp 左移以及右移两位的数据;

(8) $b1$ 选择将 temp 还是 temp 经过移位的数据进行输出,得到输出信号 $c0$～$c3$;

(9) 输入信号 en 为桶形移位器的使能端。

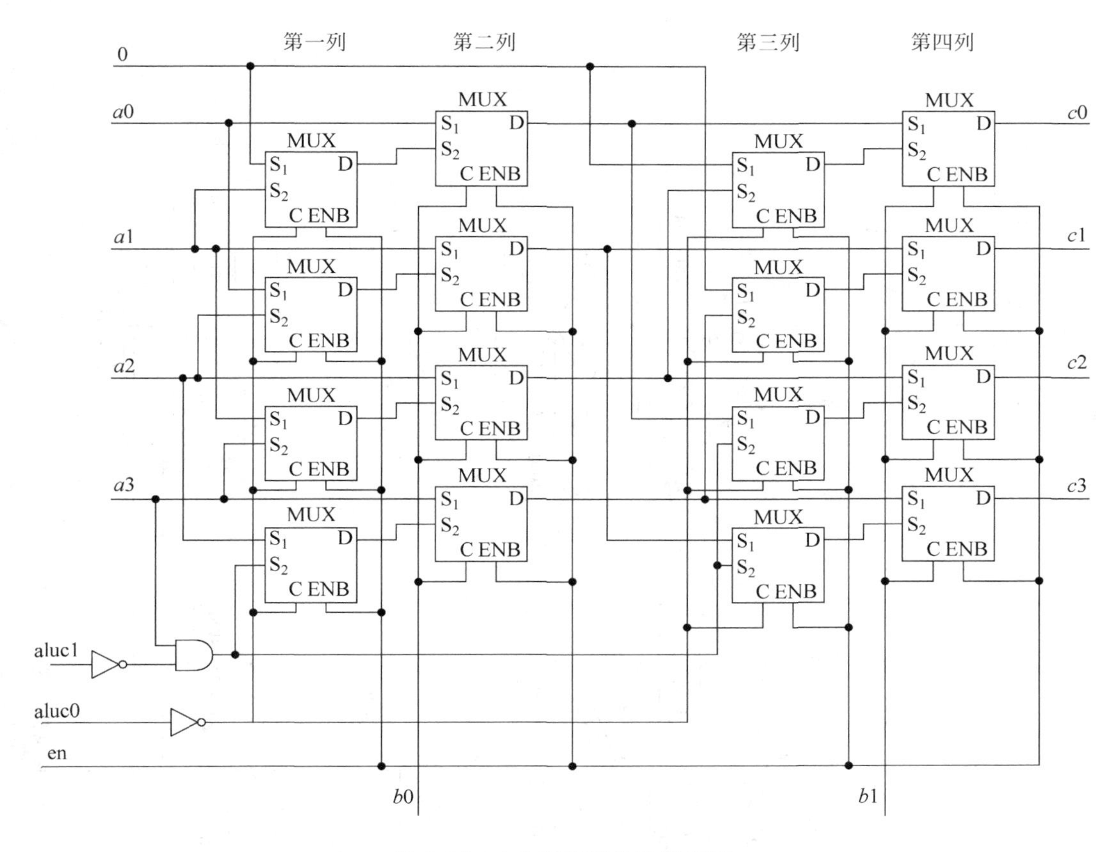

图 6.15 4位桶形移位器原理图

图 6.16 为图 6.15 所示桶形移位器的逻辑流程图，可根据其流程编写行为级的桶形移位器。表 6.11 给出了 aluc1 和 aluc0 的值所对应的逻辑运算的说明。

表 6.11 aluc1 和 aluc0 的值所对应的逻辑运算

MIPS 指令	aluc1	aluc0	说 明
算术右移(SRA)	0	0	*a* 向右移动 *b* 位，最高位补 *b* 位符号位
逻辑右移(SRL)	1	0	*a* 向右移动 *b* 位，最高位补 *b* 位 0
算术左移(SLA)	0	1	*a* 向左移动 *b* 位，最低位补 *b* 位 0
逻辑左移(SLL)	1	1	*a* 向左移动 *b* 位，最低位补 *b* 位 0

根据上面所描述的 4 位桶形移位器的原理，设计者可以开发其他位数的桶形移位器。当移位器的位数较多时，采用原理图设计的方式将非常烦琐。而采用 Verilog HDL 行为描述方式则能够很容易地对其建模。这里给出本实验所要求建模的 32 位桶形移位器的接口定义。

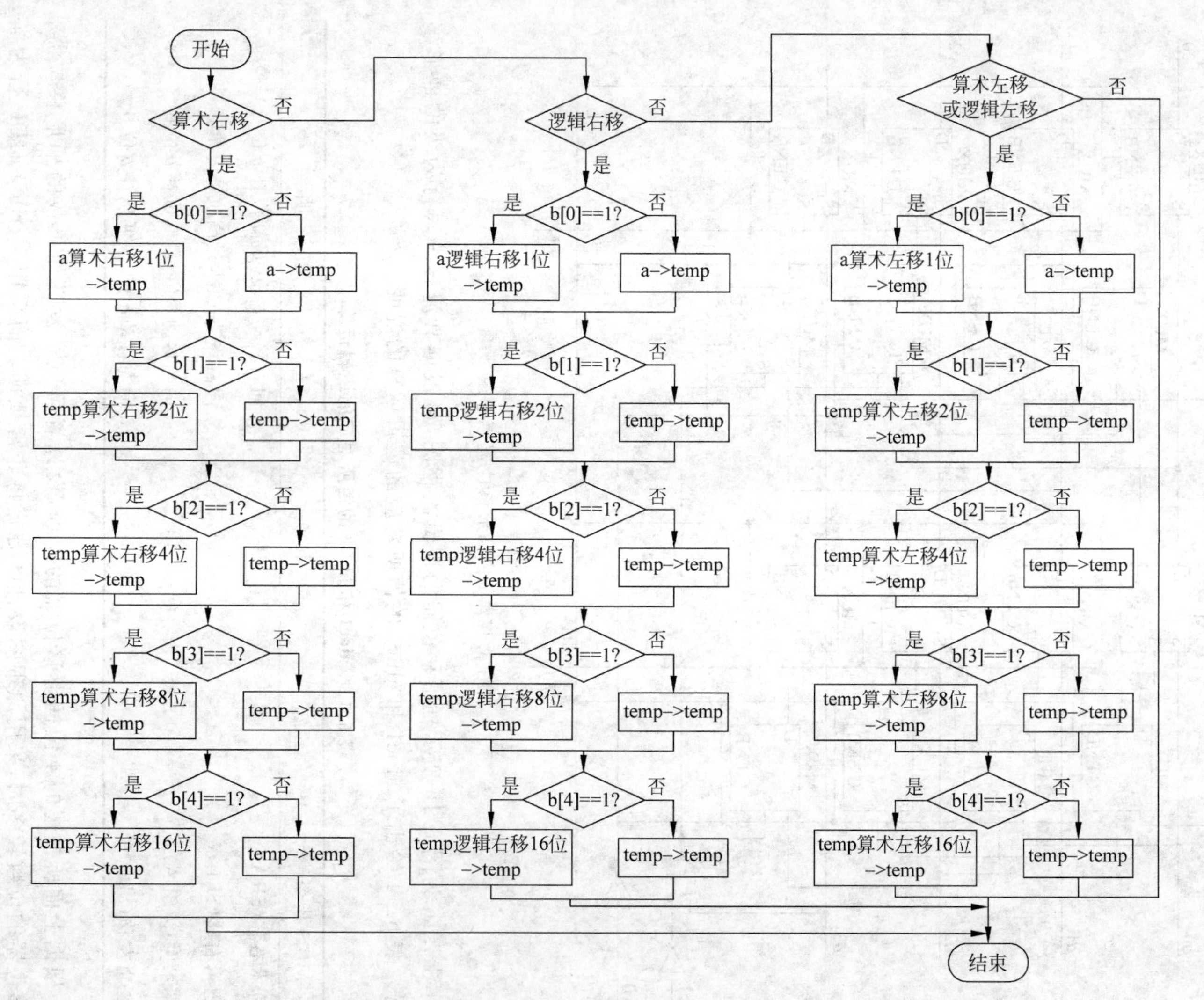

图 6.16 桶形移位器的逻辑流程图

接口定义：

```
module barrelshifter32(
    input [31:0] a,          //32 位原始输入数据
    input [4:0] b,           //5 位输入信号,控制移位的位数
    input [1:0] aluc,        //2 位输入信号,控制移位的方式
    output reg [31:0] c      //32 位移位后的输出数据
);
```

4. 实验步骤

(1) 使用 Logisim 画出一个 8 位桶形移位器的原理图,验证逻辑。

(2) 新建 Vivado 工程,编写模块实现一个 32 位的桶形移位器。

(3) 用 ModelSim 仿真测试模块。

(4) 按照要求书写实验报告。

6.5　数据比较器与加法器实验

1. 实验介绍

在本次实验中,将使用 Verilog HDL 实现 4 位比较器、8 位比较器、串行加法器的设计和仿真。

2. 实验目标

(1) 深入了解比较器和加法器的原理。

(2) 学习使用 Verilog HDL 设计 4 位比较器和 8 位比较器。

(3) 学习使用 Verilog HDL 设计串行加法器。

3. 实验原理

1) 数据比较器

用来完成两组二进制数大小比较的逻辑电路,称为数据比较器。图 6.17 给出了 4 位二进制数据比较器的功能框图。$a_3\ a_2\ a_1\ a_0$(a_3 为高位)是一组二进制数输入,$b_3\ b_2\ b_1\ b_0$(b_3 为高位)是另一组二进制数输入。$a>b$,$a=b$,$a<b$ 为级联输入,$A>B$,$A=B$,$A<B$ 为比较结果输出。其真值表如表 6.12 所示。

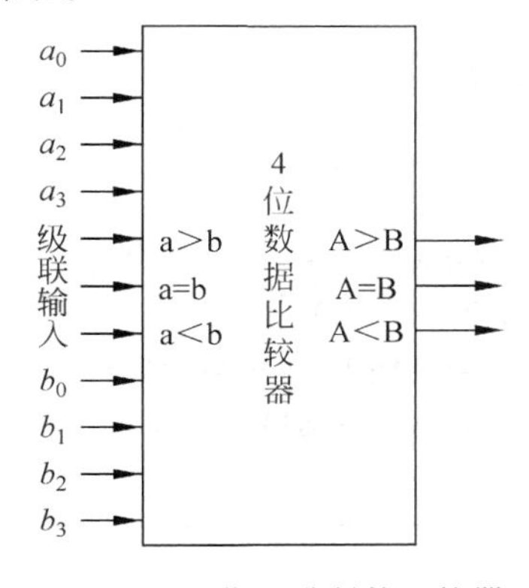

图 6.17　4 位二进制数比较器

表 6.12 4 位二进制数比较器真值表

比较输入				级联输入			输出		
a_3b_3	a_2b_2	a_1b_1	a_0b_0	$a>b$	$a<b$	$a=b$	$A>B$	$A<B$	$A=B$
$a_3>b_3$	×	×	×	×	×	×	1	0	0
$a_3<b_3$	×	×	×	×	×	×	0	1	0
$a_3=b_3$	$a_2>b_2$	×	×	×	×	×	1	0	0
$a_3=b_3$	$a_2<b_2$	×	×	×	×	×	0	1	0
$a_3=b_3$	$a_2=b_2$	$a_1>b_1$	×	×	×	×	1	0	0
$a_3=b_3$	$a_2=b_2$	$a_1<b_1$	×	×	×	×	0	1	0
$a_3=b_3$	$a_2=b_2$	$a_1=b_1$	$a_0>b_0$	×	×	×	1	0	0
$a_3=b_3$	$a_2=b_2$	$a_1=b_1$	$a_0<b_0$	×	×	×	0	1	0
$a_3=b_3$	$a_2=b_2$	$a_1=b_1$	$a_0=b_0$	1	0	0	1	0	0
$a_3=b_3$	$a_2=b_2$	$a_1=b_1$	$a_0=b_0$	0	1	0	0	1	0
$a_3=b_3$	$a_2=b_2$	$a_1=b_1$	$a_0=b_0$	0	0	1	0	0	1

当比较位数超过 4 位时，可以将两片或多片级联使用。如图 6.18 所示为两片 4 位比较器级联而成的 8 位比较器，此时低 4 位和高 4 位输入信号，分别加到两个比较器的输入端，低 4 位比较器的三个输出分别对应接到高 4 位比较器的三个级联输入端 $a>b$，$a<b$，$a=b$。比较结果由高 4 位比较器输出端输出。

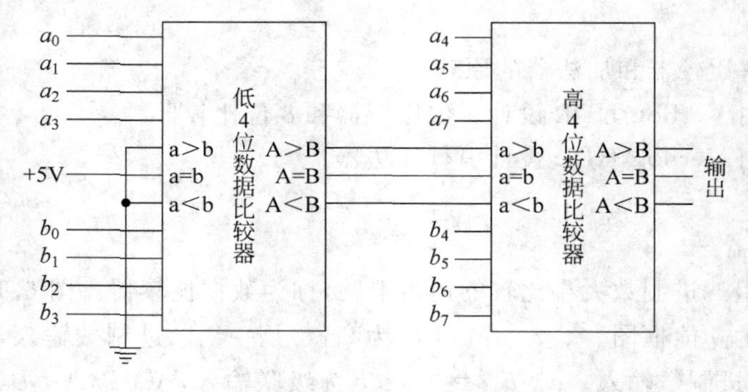

图 6.18 使用两片 4 位比较器组成 8 位比较器

(1) 接口定义

① 4 位比较器接口定义：

```
module DataCompare4(
    input [3:0] iData_a,        //输入数据 a
    input [3:0] iData_b,        //输入数据 b
    input [2:0] iData,          //级联输入 a > b、a < b、a = b
    output [2:0] oData          //比较结果输出 A > B、A < B、A = B
);
```

② 8位比较器接口定义：

```
module DataCompare8(
    input [7:0] iData_a,        //输入数据 a
    input [7:0] iData_b,        //输入数据 b
    output [2:0] oData          //比较结果输出,A>B、A<B、A=B
);
```

(2) XDC文件配置

① 4位比较器XDC文件配置如表6.13所示。

表6.13 4位比较器XDC文件配置

变量	iData_a [0]～[3]	iData_b [0]～[3]	iData [0]～[2]	oData [0]～[2]
N4板上的管脚	SW0～3 (J15、L16、M13、R15)	SW4～7 (R17、T18、U18、R13)	SW13～15 (U12、U11、V10)	LD0～2 (H17、K15、J13)

② 8位比较器XDC文件配置如表6.14所示。

表6.14 8位比较器XDC文件配置

变量	iData_a [0]～[7]	iData_b [0]～[7]	oData [0]～[2]
N4板上的管脚	SW0～7 (J15、L16、M13、R15、R17、T18、U18、R13)	SW8～15 (T8、U8、R16、T13、H6、U12、U11、V10)	LD0～2 (H17、K15、J13)

2) 加法器

加法器是计算机或其他数字系统中对二进制数进行运算处理的组合逻辑构件。本实验主要采用Verilog HDL行为描述实现串行加法器，其逻辑结构框图如图6.19(a)所示，它由多个全加器(FA)串行连接而成。每一个全加器是一位加法器，其逻辑图如图6.19(b)所示，有三个输入(加数A_i、被加数B_i、低位的进位信号C_{i-1})，两个输出(和数S_i、向高位的进位信号C_i)。

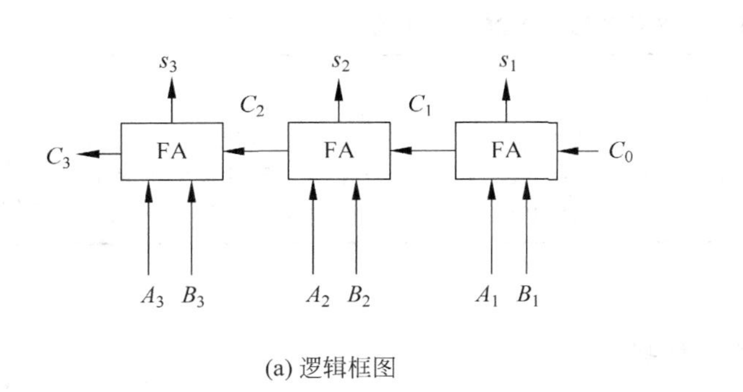

(a) 逻辑框图

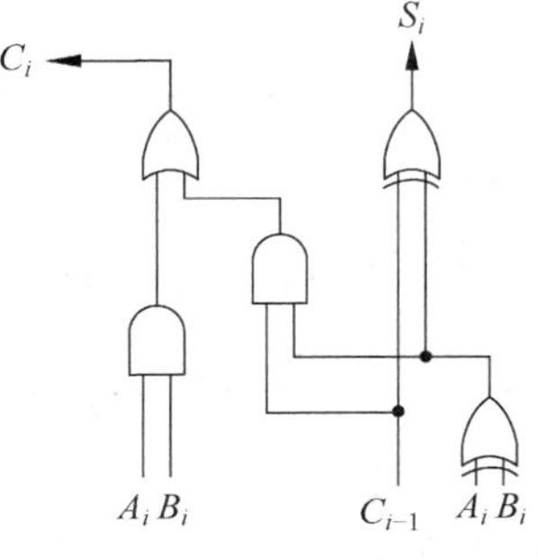

(b) 一位FA的逻辑图

图6.19 串行加法器框图

(1) 接口定义。

① 1 位加法器接口定义：

```
module FA(
    input iA,          //1 位二进制加数
    input iB,          //1 位二进制被加数
    input iC,          //低位的进位信号
    output oS,         //1 位和数
    output oC          //向高位的进位信号
);
```

注意：要求采用实例化门电路的方法实现该模块。

② 8 位加法器接口定义：

```
module Adder(
    input [7:0] iData_a,      //8 位二进制加数
    input [7:0] iData_b,      //8 位二进制被加数
    input iC,                 //低位的进位信号
    output [7:0] oData,       //8 位和数
    output oData_C            //向高位的进位信号
);
```

注意：要求采用实例化 FA 模块的方法实现该模块。

(2) XDC 文件配置。

① 1 位加法器 XDC 文件配置如表 6.15 所示。

表 6.15　1 位加法器 XDC 文件配置

变　量	iA	iB	iC	oS	oC
N4 板上的管脚	SW0 (J15)	SW1 (L16)	SW15 (V10)	LD0 (H17)	LD1 (K15)

② 8 位加法器 XDC 文件配置如表 6.16 所示。

表 6.16　8 位加法器 XDC 文件配置

变量	iSA	iData_a [0]～[7]	iData_b [0]～[7]	oData [0]～[8]	oData_C
N4 板上的管脚	BTNR (M17)	SW0～7 (J15、L16、M13、R15、R17、T18、U18、R13)	SW8～15 (T8、U8、R16、T13、H6、U12、U11、V10)	LD0～8 (H17、K15、J13、N14、R18、V17、U17、U16、V16)	LD9 (T15)

4. 实验步骤

(1) 新建 Vivado 工程，编写各个模块。

(2) 用 ModelSim 仿真测试各模块。

(3) 配置 XDC 文件，综合下板，并观察实验现象。

(4) 按照要求书写实验报告。

6.6　触发器与 PC 寄存器实验

1. 实验介绍

在本次实验中，将使用 Verilog HDL 实现 D 触发器、JK 触发器以及 PC 寄存器的设计和仿真。

2. 实验目标

(1) 深入了解 D 触发器、JK 触发器、D 触发器构成的 PC 寄存器的原理。

(2) 学习使用 Verilog HDL 行为描述设计 D 触发器、JK 触发器、D 触发器构成的 PC 寄存器。

3. 实验原理

1) 触发器

触发器是一种同步双稳态器件，用来记忆一位二进制数。所谓同步，是指触发器的记忆状态按时钟(CLK)规定的启动指示点(脉冲边沿)来改变。下面将介绍几种触发器原理。

(1) SR 触发器。

图 6.20 给出了 SR 触发器的逻辑图和其功能表。其中，× 表示无关，↑ 表示时钟信号由低到高。数据输入端 S 和 R 称为同步输入，因为这两个输入的数据只会在时钟脉冲上升沿时被传送到触发器。

① 当 S 为高 R 为低时，Q 输出端在时钟脉冲上升沿时变高，触发器置 1。

② 当 S 为低 R 为高时，Q 输出端在时钟脉冲上升沿时变低，触发器置 0。

③ 当 S 和 R 两者都为低时，Q 输出端状态不会发生变化(保持)。

④ 当 S 和 R 两者都为高时，Q 输出端状态是不稳定的。

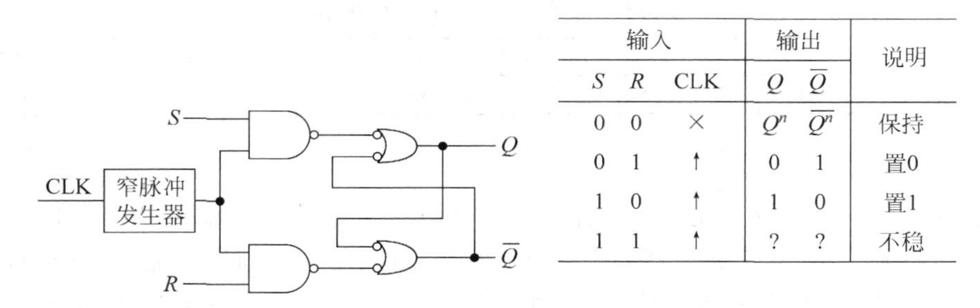

输入			输出		说明
S	R	CLK	Q	$\overline{Q}$	
0	0	×	Q^n	$\overline{Q^n}$	保持
0	1	↑	0	1	置0
1	0	↑	1	0	置1
1	1	↑	?	?	不稳

图 6.20　SR 触发器逻辑图及其功能表

(2) D 触发器

D 触发器是在 SR 触发器基础上构建的，即在一个 SR 触发器上增加一个非门。图 6.21 给出了一个 D 触发器的逻辑图及其功能表。该触发器只有一个数据输入端 D，经反相器反相后，变成互补数据输入，送到 SR 触发器，从而避免了 SR 触发器存在的不稳态问题。当数据输入 $D=1$，且在时钟脉冲上升沿，触发器置位(1 状态)；当数据输入 $D=0$，且在时钟脉冲上升沿，触发器复位(0 状态)。

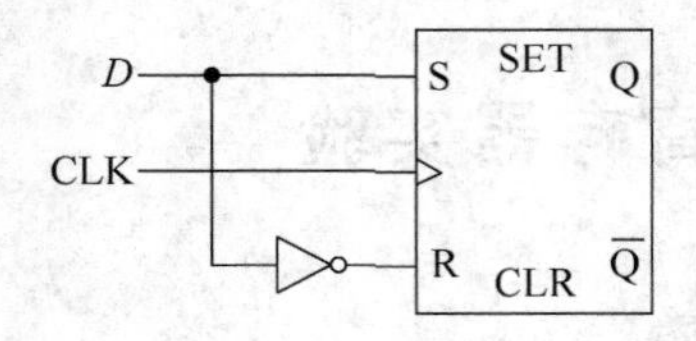

输入		输出		说明
D	CLK	Q	$\overline{Q}$	
1	↑	1	0	置位(存1)
0	↑	0	1	复位(存0)

图 6.21　D 触发器逻辑图及其功能表

① 同步复位 D 触发器接口定义。

```
module Synchronous_D_FF(
    input CLK,          //时钟信号,上升沿有效
    input D,            //输入信号 D
    input RST_n,        //复位信号,低电平有效
    output reg Q1,      //输出信号 Q
    output reg Q2       //输出信号 Q̄
);
```

② 异步复位 D 触发器接口定义。

```
module Asynchronous_D_FF(
    input CLK,          //时钟信号,上升沿有效
    input D,            //输入信号 D
    input RST_n,        //复位信号,低电平有效
    output reg Q1,      //输出信号 Q
    output reg Q2       //输出信号 Q̄
);
```

D 触发器的 XDC 文件配置如表 6.17 所示。

表 6.17　D 触发器 XDC 文件配置

变量	CLK	D	RST_n	$Q1$	$Q2$
N4 板上的管脚	BTNR(M17)	SW0(J15)	BTNU(M18)	LD0(H17)	LD1(K15)

(3) JK 触发器

JK 触发器是一种广泛应用的触发器类型。字母 J 和 K 表示它们是两个数据输入端符号,没有什么特别含义。JK 触发器与 SR 触发器在置位、复位方面的功能是相同的,不同之处在于,JK 触发器改进了 SR 触发器存在的不稳定状态。当 $J=1,K=1$ 时,对每一个连续的时钟脉冲,触发器可改变成相反状态或计数状态,这种工作方式称为交替操作。如图 6.22 所示为 JK 触发器的内部逻辑及其功能表。

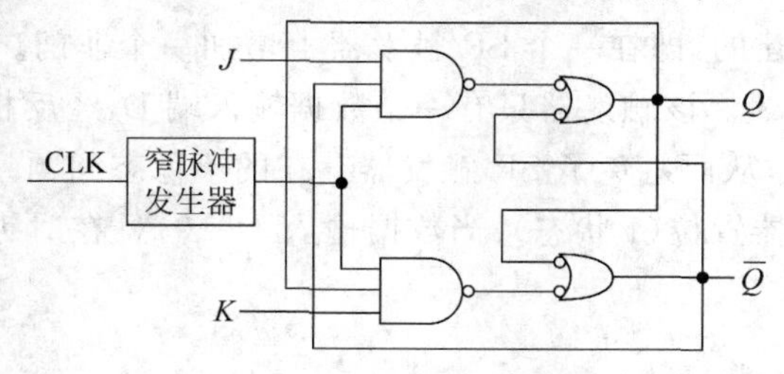

输入			输出		说明
J	K	CLK	Q	$\overline{Q}$	
0	0	↑	Q^n	$\overline{Q^n}$	保持
0	1	↑	0	1	置0
1	0	↑	1	0	置1
1	1	↑	$\overline{Q^n}$	Q^n	交替

图 6.22　JK 触发器逻辑图及其功能表

本实验主要实现D触发器和JK触发器，读者可以自行实现SR触发器，其中，D触发器需要实现同步复位D触发器和异步复位D触发器。所谓同步复位，指的是复位信号只在所需时钟边沿到来时才有效。所谓的异步复位，无论时钟边沿到来与否，只要复位信号有效输出就会被复位。下面给出实验中所要建模模块的接口定义。

① 异步复位JK触发器接口定义。

```
module JK_FF(
    input CLK,          //时钟信号,上升沿有效
    input J,            //输入信号 J
    input K,            //输入信号 K
    input RST_n,        //复位信号,低电平有效
    output reg Q1,      //输出信号 Q
    output reg Q2       //输出信号 Q̄
);
```

提示：上升沿触发使用 always @ (posedge clk)。

② XDC文件配置。

JK触发器的XDC文件配置如表6.18所示。

表6.18 JK触发器XDC文件配置

变量	CLK	J	K	RST_n	$Q1$	$Q2$
N4板上的管脚	BTNR(M17)	SW0(J15)	SW1(L16)	BTNU(M18)	LD0(H17)	LD1(K15)

2) PC寄存器

PC寄存器(program counter)是组成CPU的基本部件，用来存放当前正在执行的指令，包括指令的操作码和地址信息。我们知道，D触发器可以用于存储比特信号。如果D为1，那么在时钟的上升沿，D触发器的输出Q将变为1。如果D为0，那么在时钟的上升沿，D触发器的输出Q将变为0。在实时数字系统中，通常D触发器的时钟输入端始终有时钟信号输入。这就意味着在每个时钟的上升沿，当前D值都将被锁存在Q中。在本实验中主要采用Verilog HDL实例化建模方法，基于D触发器模块实现一个PC寄存器。图6.23给出了所要建模的PC寄存器功能图。

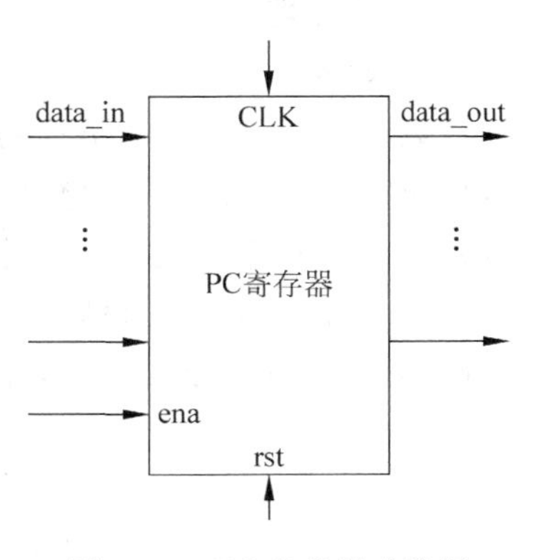

图6.23 PC寄存器功能图

接口定义：

```
module pcreg(
    input clk,          //1位输入,寄存器时钟信号,上升沿时为PC寄存器赋值
    input rst,          //1位输入,异步重置信号,高电平时将PC寄存器清零
                        //注:当ena信号无效时,rst也可以重置寄存器
```

```
    input ena,                     //1位输入,有效信号高电平时PC寄存器读入data_in
                                   //的值,否则保持原有输出
    input [31:0] data_in,          //32位输入,输入数据将被存入寄存器内部
    output reg [31:0] data_out     //32位输出,工作时始终输出PC
                                   //寄存器内部存储的值
);
```

4. 实验步骤

(1) 新建 Vivado 工程,编写各个模块。

(2) 用 ModelSim 仿真测试各模块。

(3) 配置 XDC 文件,综合下板,并观察实验现象。

(4) 按照要求书写实验报告。

6.7 计数器与分频器实验

1. 实验介绍

在本次实验中,将使用 Verilog HDL 实现计数器和分频器的设计和仿真。

2. 实验目标

(1) 深入了解计数器和分频器的原理。

(2) 学习使用 Logisim 绘制计数器原理图。

(3) 学习使用 Verilog 语言设计实现同步计数器和分频器。

3. 实验原理

1) 计数器

计数器的功能是记忆脉冲的个数,它是数字系统中应用最广泛的基本时序逻辑构件。计数器所能记忆脉冲的最大数目称为该计数器的模,用 M 表示。构成计数器的核心元件是触发器。如图 6.24 所示为 3 位同步模 8 计数器逻辑图,它由三个 JK 触发器组成。所有触发器的时钟都与同一个时钟脉冲源连接在一起,每一个触发器的状态变化都与时钟脉冲同步,计数器的模 $M=2^3=8$(注:各触发器工作前要清 0)。表 6.19 所示为模 8 计数器的状态转移表。

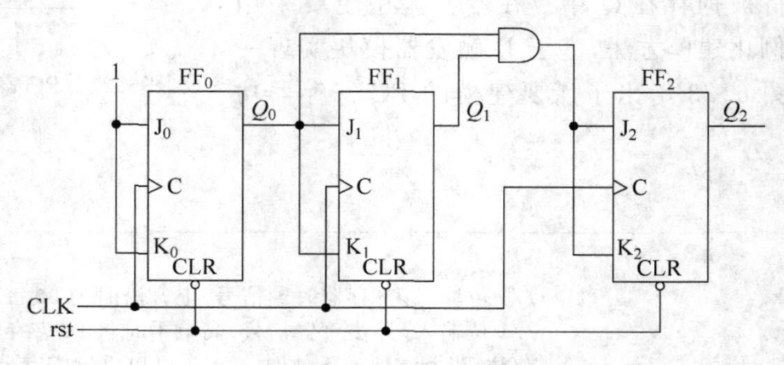

图 6.24 计数方式构成的同步模 8 计数器

表6.19　模8计数器的状态转移表

时钟个数	PS(现态)			NS(次态)			时钟个数	PS(现态)			NS(次态)		
	Q_2	Q_1	Q_0	Q_2	Q_1	Q_0		Q_2	Q_1	Q_0	Q_2	Q_1	Q_0
1	0	0	0	0	0	1	6	1	0	1	1	1	0
2	0	0	1	0	1	0	7	1	1	0	1	1	1
3	0	1	0	0	1	1	8	1	1	1	0	0	0
4	0	1	1	1	0	0	9(循环)	0	0	0	0	0	1
5	1	0	0	1	0	1							

(1) 接口定义:

```
module Counter8(
    input CLK,              //时钟信号,上升沿有效
    input rst_n,            //异步复位信号,低电平有效
    output [2:0] oQ,        //二进制计数器输出
    output [6:0] oDisplay   //七段数码管显示输出
);
```

提示:本实验需要实例化JK触发器,以及七段数码管,可以自行添加防抖功能。

(2) XDC文件配置如表6.20所示。

表6.20　同步模8计数器XDC文件配置

变量	CLK	RST_n	oQ[0]~[2]	oDisplay[0]~[6]
N4板上的管脚	CLK (E3)	BTNU (M18)	LD0~2 (H17、K15、J13)	CA(T10)、CB(R10)、CC(K16)、CD(K13)、CE(P15)、CF(T11)、CG(L18)

2) 分频器

每一个计数器的脉冲输出频率等于其输入时钟频率除以计数模值,因此可以很容易地利用计数器由一个输入时钟信号获得分频后的时钟信号,这种应用称为分频。在本实验中,要求读者采用Verilog HDL行为描述方法设计一个分频器。

(1) 接口定义:

```
module Divider (
    input I_CLK,      //输入时钟信号,上升沿有效
    input rst,        //同步复位信号,高电平有效
    output O_CLK      //输出时钟
);
```

注:在module中使用parameter语句,使该分频器的默认分频倍数为20。

(2) XDC文件配置如表6.21所示。

表6.21　分频器XDC文件配置

变量	I_CLK	rst	O_CLK
N4板上的管脚	CLK(E3)	BTNU(M18)	LD0(H17)

4. 实验步骤

(1) 用 Logisim 画出同步模 8 电路原理图,验证逻辑。

(2) 新建 Vivado 工程,编写各个模块。

(3) 用 ModelSim 仿真测试各模块。

(4) 配置 XDC 文件,综合下板,并观察实验现象。

(5) 按照要求书写实验报告。

6.8 RAM 与寄存器堆实验

1. 实验介绍

在本次实验中,将使用 Verilog HDL 实现 RAM 以及寄存器堆的设计和仿真。

2. 实验目标

(1) 深入了解 RAM 与寄存器堆的原理。

(2) 用 Logisim 画出一个包含 16 个寄存器的寄存器堆原理图。

(3) 学习使用 Verilog HDL 设计实现 RAM 以及寄存器堆。

3. 实验原理

1) RAM

半导体随机读写存储器,简称 RAM,它是数字计算机和其他数字系统的重要存储部件,可存放大量的数据。如图 6.25 所示为 RAM 的逻辑结构图,其主体是存储矩阵,另有地址译码器和读写控制电路两大部分。读写控制电路中加有片选控制和输入输出缓冲器等,以便组成双向 I/O 数据线。

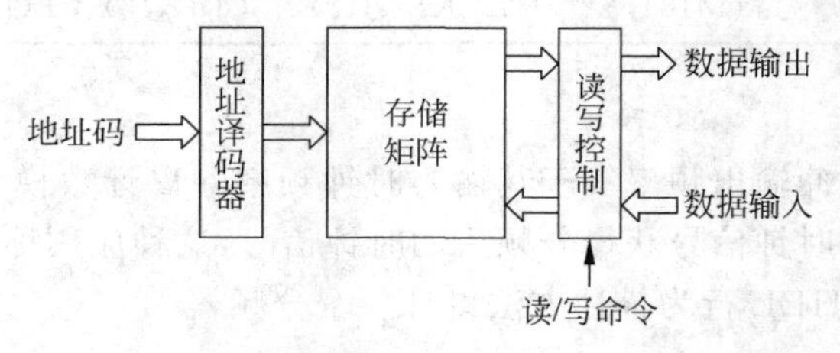

图 6.25 RAM 的逻辑结构图

RAM 有以下三组信号线。

(1) 地址线:单向,传送地址码(二进制数),以便按地址码访问存储单元。

(2) 数据线:双向,将数据码(二进制数)送入存储矩阵或从存储矩阵读出。

(3) 读/写命令线:单向控制线,分时发送这两个命令,要保证读时不写,写时不读。

如图 6.26 所示,为本实验所需要实现的 RAM 的示意图。

接口定义:

```
module ram (
    input clk,              //存储器时钟信号,上升沿时向 ram 内部写入数据
    input ena,              //存储器有效信号,高电平时存储器才运行,否则输出 z
    input wena,             //存储器读写有效信号,高电平为写有效,低电平为读有效,与 ena 同
                            //时有效时才可对存储器进行读写
```

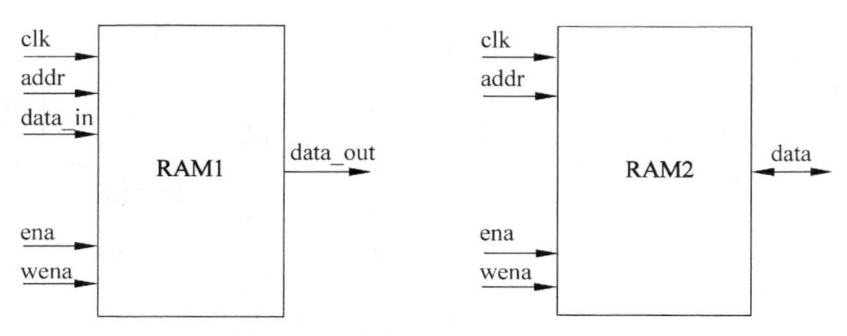

图 6.26 本实验的 RAM 示意图

```
    input [4:0] addr,           //输入地址,指定数据读写的地址
    input [31:0] data_in,       //存储器写入的数据,在 clk 上升沿时被写入
    output [31:0] data_out      //存储器读出的数据
)
```

提示：可以使用 reg 数组来实现,大小至少 1024b。

测试时,可以利用 $readmemh("文件名",数组名)语句使用文件初始化 reg 数组。

```
module ram2 (
    input clk,              //存储器时钟信号,上升沿时向 ram 内部写入数据
    input ena,              //存储器有效信号,高电平时存储器才运行,否则输出 z
    input wena,             //存储器读写有效信号,高电平为写有效,低电平为读有效,与 ena 同时有
                            //效时才可对存储器进行读写
    input [4:0] addr,       //输入地址,指定数据读写的地址
    inout [31:0] data,      //存储器数据线,可传输存储器读出或写入的数据.写入的数据在 clk 上
                            //升沿时被写入
)
```

2) 寄存器堆(regfiles)

一个寄存器是由 n 个触发器或锁存器按并行方式输入且并行方式输出连接而成。它只能记忆一个字,一个字的长度等于 n 个比特。当需要记忆多个字时,一个寄存器就不够用了,在这种情况下,需要使用由多个寄存器组成的寄存器堆。

图 6.27 所示为寄存器堆的逻辑结构与原理示意图,它由寄存器组、地址译码器、多路选择器 MUX 及多路分配器 DMUX 等部分组成。向寄存器写数据或读数据,必须先给出寄存器的地址编号。写数据时,控制信号 WR 有效,待写入的数据经 DMUX 送到地址给定的某个寄存器。读数据时,控制信号 RD 有效,由地址给定的某个寄存器的数据内容经多路开关 MUX 送出。由于读写工作是分时进行的,所以寄存器组在逻辑上能满足写数据或读数据的需要。

图 6.28 给出了由 4 个 4 位寄存器组成的具有两个数据输出端口的寄存器堆原理图,它可以同时从寄存器堆中取出两个数据,和加法器一起构成一个简单的运算通路。其主要由 1 个 2-4 译码器(ENB 为使能端,S_1、S_2 为两位编码输入端,D_1~D_4 为译码输出端)、4 个 4 位寄存器(ENB 为使能端,A~D 为数据输入端,Q_1~Q_4 为数据输出端)和 2 个 4 位 4 选 1 数据选择器(ENB 为使能端,S_1~S_4 为 4 路数据输入端,C_1、C_2 为选择控制端,D 为数据输

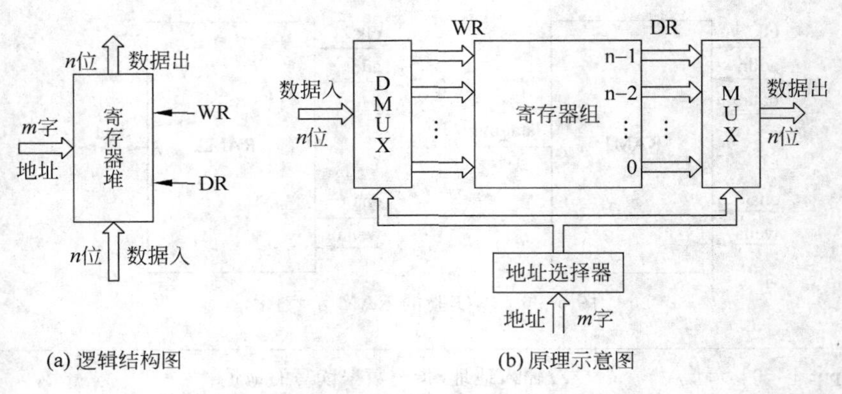

(a) 逻辑结构图　　(b) 原理示意图

图 6.27　寄存器堆的逻辑结构

出端)组成。读数据时,读写控制信号 we 为低电平,由地址 raddr1 和 raddr2 指定的两个寄存器的数据分别送到 rdata1 和 rdata2; 写数据时,待存入的数据放到输入端 wdata,并给出写地址 waddr,当读写控制信号 we 为高电平时,waddr 指定的寄存器在时钟上升沿将数据写入到该寄存器。

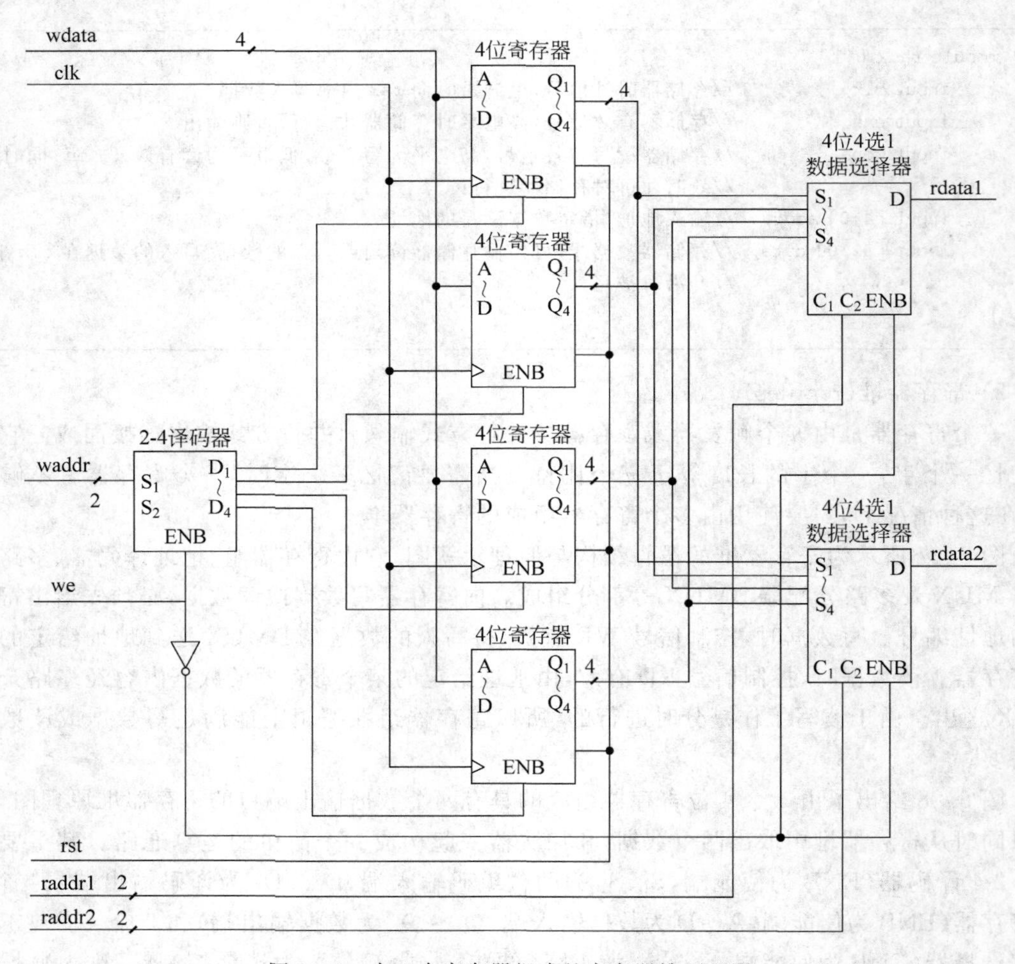

图 6.28　由 4 个寄存器组成的寄存器堆原理图

图6.29给出了本实验所要建模的寄存器堆的功能框图。

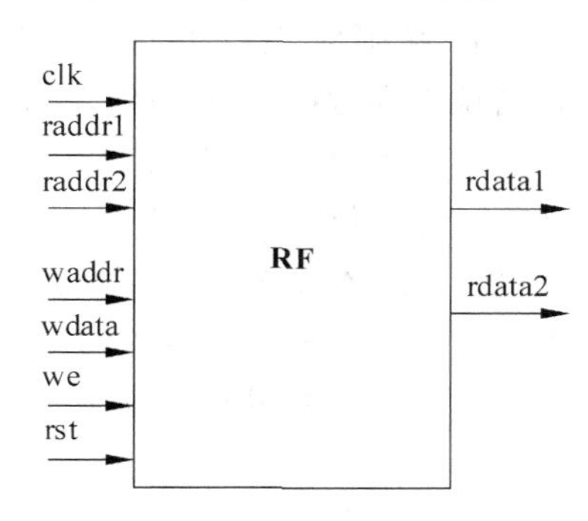

图6.29 本实验所要建模的寄存器堆功能框图

接口定义：

```
module Regfiles(
    input clk,              //寄存器组时钟信号,下降沿写入数据
    input rst,              //异步复位信号,高电平时全部寄存器置零
    input we,               //寄存器读写有效信号,高电平时允许寄存器写入数据,
                            //低电平时允许寄存器读出数据
    input [4:0] raddr1,     //所需读取的寄存器的地址
    input [4:0] raddr2,     //所需读取的寄存器的地址
    input [4:0] waddr,      //写寄存器的地址
    input [31:0] wdata,     //写寄存器数据,数据在 clk 下降沿时被写入
    output [31:0] rdata1,   //raddr1 所对应寄存器的输出数据
    output [31:0] rdata2    //raddr2 所对应寄存器的输出数据
);
```

注意：要求使用以前实验中的译码器、寄存器，以及选择器的模块实例化来实现。

4. 实验步骤

(1) 参考图6.28，用Logisim画出由16个4位寄存器组成的寄存器堆电路原理图，并验证逻辑。

(2) 新建Vivado工程，编写各个模块。

(3) 用ModelSim仿真测试各模块。

(4) 按照要求书写实验报告。

6.9 行为级ALU实验

1. 实验介绍

在本次实验中，将使用Verilog HDL实现行为级ALU的设计和仿真。

2. 实验目标

(1) 深入了解ALU的原理。

(2) 学习使用Verilog HDL进行行为级ALU的设计与仿真。

3. 实验原理

ALU是负责运算的电路。ALU必须实现以下几个运算：加(ADD)、减(SUB)、与(AND)、或(OR)、异或(XOR)、置高位立即数(LUI)、逻辑左移与算术左移(SLL)、逻辑右移(SRL)以及算术右移(SRA)、SLT、SLTU等操作。输出32位计算结果、carry(借位进位标志位)、zero(零标志位)、negative(负数标志位)和overflow(溢出标志位)。

本实验实现ALU的基本思想是：在操作数输入之后将所有可能的结果都计算出来，通过操作符aluc的输入来判别需要执行的操作来选择需要的结果进行输出。图6.30所示为本实验的ALU参考原理图。表6.22所示为aluc的值所对应的运算。表6.23所示为ALU标志位规则。

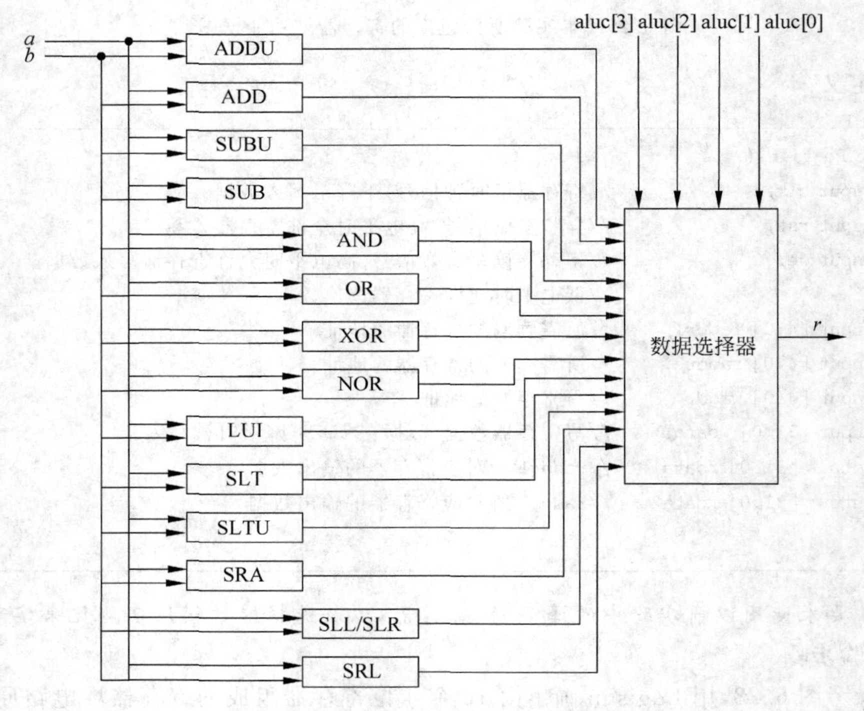

图6.30 ALU的原理图

表6.22 aluc的值所对应的运算

	运　算	aluc[3]	aluc[2]	aluc[1]	aluc[0]
ADDU	r=a+b 无符号	0	0	0	0
ADD	r=a+b 有符号	0	0	1	0
SUBU	r=a－b 无符号	0	0	0	1
SUB	r=a－b 有符号	0	0	1	1
AND	r=a & b	0	1	0	0
OR	r=a | b	0	1	0	1
XOR	r=a ^ b	0	1	1	0
NOR	r=～(a | b)	0	1	1	1
LUI	r={b[15:0],16'b0}	1	0	0	X

续表

	运　　算	aluc[3]	aluc[2]	aluc[1]	aluc[0]
SLT	r=(a<b)? 1:0 有符号	1	0	1	1
SLTU	r=(a<b)? 1:0 无符号	1	0	1	0
SRA	r=b>>>a	1	1	0	0
SLL/SLR	r=b<<a	1	1	1	X
SRL	r=b>>a	1	1	0	1

表 6.23　ALU 标志位规则

zero 标志位	(1) Z=1 表示运算结果是零,Z=0 表示运算结果不是零。 (2) 对于 SLT 和 SLTU 运算,如 a−b=0,则 Z=1,表示进行比较的两个数大小相等。 (3) 所有运算均影响此标志位
carry 标志位	(1) 无符号数加法运算(ADDU)发生上溢出,则该标志位为 1。 (2) 无符号数减法运算(SUBU)发生下溢出,则该标志位为 1。 (3) 无符号数比较运算(SLTU),如 a−b<0,则该标志位为 1。 (4) 移位运算,该标志位为最后一次被移出的位的数值(在移位模块实现)。 (5) 其他运算不影响此标志位
negative 标志位	(1) 有符号数运算 ADD 和 SUB,操作数和运算结果均采用二进制补码的形式表示,N=1 表示运算的结果为负数,N=0 表示结果为正数或零。 (2) 有符号数比较运算(SLT),如果 a−b<0,则 N=1。 (3) 其他运算,运算最终结果的最高位 r[31]为 1,则 N=1
overflow 标志位	(1) 对于有符号加减法运算(ADD 和 SUB),操作数和运算结果均采用二进制补码的形式表示,有溢出时该标志位 o=1。 (2) 只有有符号加减法运算影响此标志位

接口定义:

```
module alu(
    input [31:0] a,        //32 位输入,操作数 1
    input [31:0] b,        //32 位输入,操作数 2
    input [3:0] aluc,      //4 位输入,控制 alu 的操作
    output [31:0] r,       //32 位输出,由 a、b 经过 aluc 指定的操作生成
    output zero,           //0 标志位
    output carry,          // 进位标志位
    output negative,       // 负数标志位
    output overflow        // 溢出标志位
);
```

提示:本次实验允许使用行为级建模方式实现 ALU,可以使用"+""−""<<"">>"等运算符号实现 ALU 中的计算模块。

4. 实验步骤

(1) 新建 Vivado 工程,用 Verilog 实现一个 ALU 模块。

(2) 使用 ModelSim 进行仿真,测试 ALU 下的每个模块,验证 ALU 的正确性。

(3) 按照要求书写实验报告。

6.10 数字逻辑综合实验

1. 实验介绍

本实验要求读者在前面部件实验的基础上，依照数字系统设计自顶向下的原则完成一个应用数字系统设计。要求系统至少包含5个基本部件模块实现的子系统，且系统中必须有输入模块（如开关、按钮或键盘等）及输出显示模块（如LED灯、数码管或显示器等）。实验中分频器可以使用IP核，VGA显存也可以使用板上存储器的IP核来实现，除此之外，所有模块要求用数字逻辑设计方法实现。

2. 实验目标

（1）深入了解数字系统自顶向下的设计方法。

（2）掌握ASM流程图的绘制及小型数字系统控制器的实现。

（3）学习使用Verilog HDL进行小型的数字系统应用设计。

3. 实验步骤

（1）根据设计目标，按自顶向下的方法进行子系统划分，确定详细方案。

（2）画出所设计数字系统的ASM流程图，列出状态转移真值表。

（3）由状态转移真值表，列出系统控制器的次态激励函数表达式和控制命令逻辑表达式。

（4）用Logisim画出系统控制器逻辑方案图。

（5）新建Vivado工程，编写各个子系统模块。

（6）用ModelSim仿真测试各模块。

（7）配置XDC文件，综合下板，调试系统功能。

（8）按照要求书写实验报告。

第7章 MIPS CPU 基础及设计

7.1 MIPS CPU 概述

7.1.1 概述

MIPS 的全名为 Microcomputer without interlocked pipeline stages，另外一个通常的非正式的说法是 Millions of instructions per second。作为最早的、最成功的 RISC(Reduced Instruction Set Computer)处理器之一，它的来源却是来自高校的工作。MIPS 体系结构是在 20 世纪 80 年代早期从斯坦福大学 John Hennessy 教授和他的学生们在工作中诞生的。John Hennessy 他们探寻了精简指令集(RISC)体系结构概念，该概念基于如下理论：使用相对简单的指令，结合优秀的编译器以及采用流水线执行指令的硬件，就可以用更少的晶元面积生产更快的处理器。这一概念如此成功以至于他们 1984 年就成立了 MIPS 计算机系统公司，对 MIPS 体系结构进行商业化。

MIPS 在 RISC 处理器方面占有重要地位。1992 年，SGI 收购了 MIPS 计算机公司。1998 年，MIPS 脱离 SGI，成为 MIPS 技术公司。MIPS 公司设计 RISC 处理器始于 20 世纪 80 年代初，1986 年推出 R2000 处理器，1988 年推出 R3000 处理器，1991 年推出第一款 64 位商用微处理器 R4000。之后又陆续推出 R8000(于 1994 年)、R10000(于 1996 年)和 R12000(于 1997 年)等型号。随后，MIPS 公司的战略发生变化，把重点放在嵌入式系统。1999 年，MIPS 公司发布 MIPS32 和 MIPS64 架构标准，为未来 MIPS 处理器的开发奠定了基础。新的架构集成了所有原来的 MIPS 指令集，并且增加了许多更强大的功能。MIPS 公司陆续开发了高性能、低功耗的 32 位处理器内核 MIPS32 4Kc 与高性能 64 位处理器内核 MIPS64 5Kc。2000 年，MIPS 公司发布了针对 MIPS32 4Kc 的版本以及 64 位 MIPS64 20Kc 处理器内核。

作为最早的 RISC 微处理器以及较早的超标量与 64 位微处理器，MIPS 体系结构有着辉煌的过去。现在，在网络设备、多媒体与娱乐设备以及办公自动化设备等领域，MIPS 系列微处理器仍占有主要的市场份额。

MIPS 是高效精简指令集计算机(RISC)体系结构中最优雅的一种，这可以从 MIPS 对于后来研制的新型体系结构比如 DEC 的 Alpha 和 HP 的 Precision 产生的强烈影响看出来。虽然自身的优雅设计并不能保证在充满竞争的市场上长盛不衰，但是 MIPS 微处理器却经常能在处理器的每个技术发展阶段保持速度最快的同时保持设计的简洁。

MIPS 的指令系统经过通用处理器指令体系 MIPS Ⅰ、MIPS Ⅱ、MIPS Ⅲ、MIPS Ⅳ 到

MIPS Ⅴ,以及嵌入式指令体系 MIPS16、MIPS32 到 MIPS64 的发展已经十分成熟。在设计理念上 MIPS 强调软硬件协同提高性能,同时简化硬件设计。

7.1.2 基本架构及编程模型

MIPS32 架构刷新了 32 位嵌入式处理器的性能标准。它是 MIPS 科技公司下一代高性能 MIPS-Based™处理器 SoC 发展蓝图的基础,并向上兼容 MIPS64 64 位架构。MIPS 架构拥有强大的指令集、从 32 位到 64 位的可扩展性、广泛的软件开发工具以及众多 MIPS 科技公司授权厂商的支持,是领先的嵌入式架构。MIPS32 架构是以前的 MIPS Ⅰ™和 MIPS Ⅱ™指令集架构(ISA)的扩展集,整合了专门用于嵌入式应用的功能强大的新指令,以及以往只在 64 位 R4000™和 R5000 MIPS 处理器中能见到的已经验证的存储器管理和特权模式控制机制。通过整合强大的新功能、标准化特权模式指令以及支持前代 ISA,MIPS32 架构为未来所有基于 32 位 MIPS 的开发提供了一个坚实的高性能基础。

MIPS32 架构基于一种固定长度编码指令集,并采用读取/写入数据模型。其算术和逻辑运算采用三个操作数的形式,允许编译器优化复杂的表达式。此外,它还带有 32 个通用寄存器,让编译器能够通过保持对寄存器内数据的频繁存取进一步优化代码的运行性能。

MIPS32 架构从流行的 R4000/R5000 类 64 位处理器衍生出特权模式异常处理和存储器管理功能。它采用一组寄存器来反映缓存器、MMU、TLB 及各个内核中实现的其他特权功能的配置。通过对特权模式和存储器管理进行标准化,并经由配置寄存器提供信息,MIPS32 架构能够使实时操作系统、其他开发工具和应用代码同时被执行,并在 MIPS32 和 MIPS64 处理器系列的各个产品之间复用。它的高性能缓存器及存储器管理方案的灵活性仍继续成为 MIPS 架构的一大优势。MIPS32 架构利用定义良好的缓存控制选项进一步扩展了这种优势。指令和数据缓存器的大小为 256B～4MB。数据缓存可采用回写或直写策略。无缓存也是可选配置。存储器管理机制可以采用 TLB 或块地址转换(BAT)策略。

由于增加了密集型数据处理、数据流和断言操作(Predicated Operations),可满足嵌入式市场不断增长的计算需求。条件数据移动(Conditional Data Move)和数据缓存预取(prefetch)指令被引入,以期提高通信及多媒体应用的数据吞吐量。固定浮点 DSP 型指令可进一步增强多媒体处理能力。这些新指令,包括乘法、乘加、乘减和"前导计数(count leading)0s/1s",在处理音频、视频和多媒体等数据流时,无须在系统中增加额外的 DSP 硬件即可提供更高的性能。功能强大的浮点指令可加快某些任务的执行速度,比如一些 DSP 算法的处理、图形操作的实时计算。浮点操作可选择软件仿真。最后,为简化系统集成任务,MIPS32 标准定义 EJTAG(增强型 JTAG)选项功能作为非入侵式、片上实时调试系统。

本书所讲的基本架构为 MIPS32 架构。MIPS32 架构中有 32 个通用寄存器,其中寄存器 0($0),无论如何应用,可以作为目的寄存器,但这个寄存器返回的值都是 0。寄存器 31 ($31),保存函数调用 jal 的返回地址,尽管使用寄存器调用指令(JALR)可以用任意寄存器作为存放返回地址寄存器,但仍不建议使用 $31 以外的任何寄存器。这两个寄存器有着特殊的用途,其他的寄存器可作为通用寄存器用于任何一条指令中。虽然硬件没有强制性地指定寄存器使用规则,但在实际使用中,这些寄存器的用法都遵循一系列约定。这些约定与硬件确实无关，但如果你想使用别人的代码、编译器和操作系统，最好是遵循这些约定。通用寄存器的命名约定及用法如表 7.1 所示。

表 7.1　寄存器命名及用法

寄存器编号	记　忆　符	用　　途
0	zero	总是返回 0
1	at	汇编暂存寄存器
2、3	v0～v1	子程序返回值
4～7	a0～a3	调用子程序参数
8～15	t0～t7	暂存器
16～23	s0～s7	通用寄存器
24、25	t8～t9	暂存器
26～27	k0～k1	中断/自陷寄存器
28	gp	全局指针
29	sp	堆栈指针
30	s8/fp	通用寄存器/帧指针
31	ra	子程序返回地址

MIPS32 中没有条件码，比如在 x86 中常见的状态寄存器中的 Z、C 标志位在 MIPS32 中是没有的，但是 MIPS32 中是有状态寄存器的。

MIPS32 中不同于其他的 RISC 架构的地方是其有整数乘法部件，这个部件使用两个特殊的寄存器 HI、LO，并且提供相应的指令 mfhi/mthi，mthi/mtlo 来实现整数乘法结果 hi/lo 寄存器与通用寄存器之间的数据交换。

MIPS32 中如果有 FPA（浮点协处理器），将会有 32 个浮点寄存器，按汇编语言的约定为 \$f0～\$f31，MIPS32 中只能使用偶数号的浮点寄存器，奇数号的用途是：在做双精度的浮点运算时，存放该奇数号之前的偶数号浮点寄存器的剩余无法放下的 32 位。比如在做双精度的浮点运算时，\$1 存放 \$0 的剩余部分，所以在 MIPS32 中可以通过加载偶数号的浮点寄存器而把 64 位的双精度数据加载到两个浮点寄存器中，每个寄存器存放 32 位。

CP0（协处理器 0）被 MIPS 处理器控制。用于控制和设置 MIPS CPU，里面包含一些寄存器，通过对这些寄存器不同位的操作可以实现对处理器的设置，CP0 类似于 x86 只能有内核（高优先级权限）访问的一些处理器资源，CP0 提供了中断异常处理、内存管理（包括 cache、TLB）、外设管理等。

MIPS32 中的存储器模型被划分为 4 个大块，如图 7.1 所示。

0xFFFF FFFFH ～ 0xC000 0000H	Kseg2 1GB
0xBFFF FFFFH ～ 0xA000 0000H	Kseg1 512MB
0x9FFF FFFFH ～ 0x8000 0000H	Kseg0 512MB
0x7FFF FFFFH ～ 0x0000 0000H	Kuseg 2GB

图 7.1　存储器模型

```
0x0000 0000～0x7fff ffff(0～2GB-1)Kuseg
must be mapped(set page table and TLB)and set cache
before use
0x8000 0000～0x9fff ffff(2GB～2.5GB-1)Kseg0
directly mapped(no need to set page table and TLB)but
need to set cache before use
```

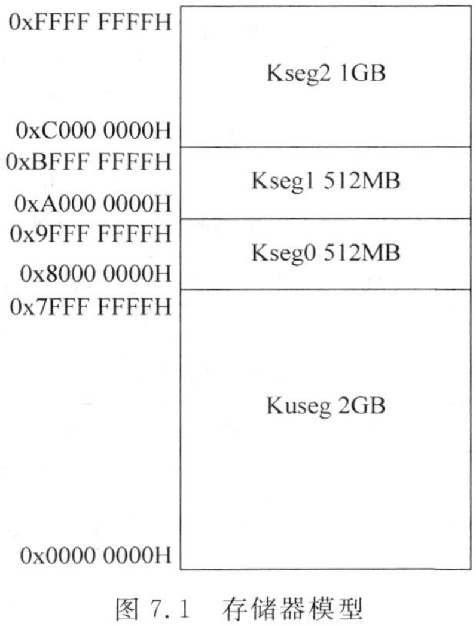

```
0xa000 0000～0xbfff ffff(2.5GB～3GB-1) Kseg1
directly mapped(no need to set page table and TLB)and never use cache
0xc000,0000～0xffff ffff(3GB～4GB-1) Kseg2
muse be mapped(set page table and TLB)and set cache before use
```

MIPS32 中的系统启动向量位于 Kseg1 中 0xbf10 0000，由于 Kseg1 是直接映射的，所以直接对应了物理地址 0x1fc0 0000，可以在内核中一直使用 0xa000 0000～0xbfff ffff 的虚拟地址来访问物理地址 0～(512M－1)B，在设置了 Kseg0 的 cache 之后，也可以使用 0x8000 0000～0x9fff ffff 的虚拟地址来访问 0～(512M－1)B 的物理地址。对于 512MB 以上的物理地址只能由 Kseg2 和 Kuseg 通过页表访问。

7.1.3 CP0

在 MIPS 体系结构中，最多支持 4 个协处理器(Co-Processor)。其中，协处理器 CP0 是体系结构中必须实现的。MMU、异常处理、乘除法等功能，都依赖于协处理器 CP0 来实现。它是 MIPS 的精髓之一，也是打开 MIPS 特权级模式的大门。

MIPS 的 CP0 包含 32 个寄存器。关于它们的资料可以参照 MIPS 官方的资料 MIPS32(R) Architecture For Programmers Volume III：The MIPS32(R) Privileged Resource Architecture 的 Chap7 和 Chap8。本书中仅讨论常用的一些寄存器，如表 7.2 所示。

表 7.2　CP0 常用寄存器

寄 存 器	寄存器功能
Register 0	Index，作为 MMU 的索引用
Register 2	EntryLo0，访问 TLB Entry 偶数页中的地址低 32b 用
Register 3	EntryLo1，访问 TLB Entry 奇数页中的地址低 32b 用
Register 4	Context，用以加速 TLB Miss 异常的处理
Register 5	PageMask，用以在 MMU 中分配可变大小的内存页
Register 8	BadVAddr，在系统捕获到 TLB Miss 或 Address Error 这两种 Exception 时，发生错误的虚拟地址会储存在该寄存器中。对于引发 Exception 的 bug 的定位来说，这个寄存器非常重要
Register 9	Count，这个寄存器是 R4000 以后的 MIPS 引入的。它是一个计数器，计数频率是系统主频的 1/2。BCM1125/1250，RMI XLR 系列以及 Octeon 的 Cavium 处理器均支持该寄存器。对于操作系统来说，可以通过读取该寄存器的值来获取 tick 的时基。在系统性能测试中，利用该寄存器也可以实现打点计数
Register 10	EntryHi，这个寄存器同 EntryLo0/1 一样，用于 MMU 中
Register 11	Compare，配合 Count 使用。当 Compare 和 Count 的值相等的时候，会触发一个硬件中断(Hardware Interrupt)，并且总是使用 Cause 寄存器的 IP7 位
Register 12	Status，用于处理器状态的控制
Register 13	Cause，这个寄存器体现了处理器异常发生的原因
Register 14	EPC，这个寄存器存放异常发生时，系统正在执行的指令的地址

续表

寄　存　器	寄存器功能
Register 15	PRID,这个寄存器是只读的,标识处理器的版本信息。向其中写入无意义
Register 18/19	WatchLo/WatchHi,这对寄存器用于设置硬件数据断点(Hardware Data Breakpoint)。该断点一旦设定,当 CPU 存取这个地址时,系统就会发生一个异常。这个功能广泛应用于调试定位内存写坏的错误
Register 28/29	TagLo 和 TagHi,用于高速缓存(Cache)管理

下面详解 CP0 中常用的几个寄存器,它们是 BadVAddr、Count/Compare、Status/Cause、EPC、WatchLo/WatchHi。

BadVAddr:错误的虚拟地址。实际上,这个寄存器仅限于出现 TLB Miss 和 ADE (Address Error)两种异常的时候,才能用到。发生错误的虚拟地址会放在这个寄存器里。

一般地,在设定 TLB 时,通常将 0 地址附近的一块,设定为无映射区域。这样,一旦编程时不慎访问了空指针(0 地址),或是空指针加上一定的偏移量,那么,系统就会抛出一个 TLB Miss Exception。在这种情况下,发生错误的地址会被记录在 BadVAddr 寄存器中。通常,通过 BadVAddr 在寄存器中的值,和相关数据结构的分析,就可以找出对应的语句。

另外,对于 ADE 异常,异常地址也会被保存在 BadVAddr 中。一般地,操作系统会自行接管这个地址,分两次读取/写入这个地址处的数据,而不会发生 Core Dump 的情况。但是,如果这个地址既属于非对齐地址,又属于 TLB Miss,那么系统还是会抛出一个 Core Dump 的。正常地,操作系统应当正确处理这个异常,如果在 Exception Handler 中发现地址在 TLB 中未映射,还是应当抛出 ADE 异常,而不是 TLB Miss。

Count/Compare:Count 是一个计数器,每两个系统时钟周期,Count 会增加 1,而当它的值和 Compare 相等时,会发生一个硬件中断(Hardware Interrupt)。这个特性经常用来为操作系统提供一个可靠的 tick 信号。

Status:这个寄存器标识了处理器的状态。其中,中断控制的 8 个 IM(Interrupt Mask)位和设定处理器大小端的 RE(Reverse Endianess)位。8 个 IM 位,分别可以控制 8 个硬件中断源。它们将在讲述"硬件中断"时详解。设定 RE 位可以让 CPU 在大端(Big Endian)和小端(Little Endian)之间切换。默认情况下,MIPS 处理器是大端的,和网络序相同。但是,为了能在 MIPS 上运行类似 Windows NT 的服务器操作系统,设定这个位可以令处理器工作在 Little Endian 模式下。

Cause:在处理器异常发生时,这个寄存器标识出了异常的原因,如图 7.2 所示。

31	30	29　28	27	26	25　24	23	22	21　16	15　10	9　8	7	6　2	1　0
BD	TI	CE	DC	PCI	0	IV	WP	0	IP7-2	IP1-0	0	ExcCode	0

图 7.2　Cause 寄存器

其中,最重要的是 2~6 位,即 5 位的 Exception Code 位,它们标识出了引起异常的原因。具体数值代表的异常类型,如表 7.3 所示。

表 7.3 Cause 寄存器中 ExcCode 含义

ExcCode	编码含义
00000	Interrupt,中断
00001	TLB Modified,试图修改 TLB 中映射为只读的内存地址
00010	TLB Miss Load,试图读取一个没有在 TLB 中映射到物理地址的虚拟地址
00011	TLB Miss Store,试图向一个没有在 TLB 中映射到物理地址的虚拟地址存入数据
00100	Address Error Load,试图从一个非对齐的地址读取信息
00101	Address Error Store,试图向一个非对齐的地址写入信息
00110	Instruction Bus Error,一般是指令 cache 出错
00111	Data Bus Error,一般是数据 cache 出错
01000	Syscall,由 syscall 指令产生。操作系统下,通用的由用户态进入内核态的方法
01001	Break Point,由 break 指令产生。最常见的 bp 指令,是由编译器产生的,在除法运算时插入一个 break point 指令,以达到在除 0 时抛出错误信息的目的。因此,如果在定位问题时发现了一个 Break Point 异常,且它的异常分代码为 07,应当考虑是出现了除 0 的情形
01010	RI,保留指令。在 CPU 执行到一条没有定义的指令时,进入此异常
01011	Co-processor Unavailable,协处理器不可用。这个异常是由于试图对不存在的协处理器进行操作引起的。特别地,在没有浮点协处理器的处理器上执行这条命令,会导致这个异常。随之,操作系统会调用模拟浮点的 lib 库,来实现软件的浮点运算
01100	Overflow,算术溢出。只有带符号的运算会引起这个异常
01101	Trap,这个异常来源于 trap 指令。和 syscall 指令类似,trap 指令也会引起一个异常,但 trap 指令可以附带一些条件,这样可以用于调试程序用
01110	VCEI,指令高速缓存中的虚地址一致性错误
01111	Float Point Exception,浮点异常
10000	Co-processor 2 Exception,协处理器 2 的异常
10001~10110	留作将来的扩展
10111	Watch,内存断点异常。当设定了 WatchLo/WatchHi 两个寄存器时起作用。当 load/store 的虚拟地址和 WatchLo/WatchHi 中匹配时,会引发这样一个异常
11000~11111	留作将来的扩展

EPC：这个寄存器的作用很简单,就是保存异常发生时的指令地址。从这个地方可以找到异常发生的指令,再结合 BadVAddr、sp、ra 等寄存器,就可以推导出异常时的程序调用关系,从而定位问题。一旦异常发生时 EPC 的内容丢失,那么对异常的定位将是一件非常困难的事情。

WatchLo/WatchHi：这一对寄存器可以用来设定"内存硬件断点",也就是对指定点的内存进行监测。当访问的内存地址和这两个寄存器中地址一致时,会发生一个异常。为了适应 64b 的一些扩展功能,某些 MIPS 处理器又对这两个寄存器的功能做了一些修改,与 MIPS 体系结构的定义已经有了差别,如 RMI 的多核处理器等。

协处理器 CP0 的访问,需要使用特别的指令。这些指令属于"特权级指令",只有在内核态(Kernel Mode)下才能执行。如果在用户态下,会引起一个异常(Exception)。

对 CP0 的主要操作有以下的指令。

mfc0 rt,rd：将 CP0 中的 rd 寄存器内容传输到 rt 通用寄存器。

mtc0 rt,rd：将 rt 通用寄存器中内容传输到 CP0 中寄存器 rd。

mfhi/mflo rt：将 CP0 的 hi/lo 寄存器内容传输到 rt 通用寄存器中。

mthi/mtlo rt：将 rt 通用寄存器内容传输到 CP0 的 hi/lo 寄存器中。

当 MIPS 体系结构演进到 MIPS IV 的 64 位架构后，新增了两条指令 dmfc0 和 dmtc0，向 CP0 的寄存器中读/写一个 64b 的数据。

前面提到，MIPS 体系结构是一个无互锁、高度流水的 5 级 pipeline 架构，这就意味着，前一条指令如果尚未执行完，后一条指令有可能已经进入了取指令/译码阶段。这样，就有可能发生所谓的 CP0 冒险(CP0 Hazard)现象。简单地说，就是 mfc 和 mtc 指令的执行速度是比较慢的，因此，开始执行完下一条指令时，有可能 CP0 寄存器的值尚未最后传输到指定的目标通用寄存器中。此时，如果读取该通用寄存器，有可能并未得到正确的值。这就是所谓的 CP0 冒险现象。

为了避免 CP0 冒险，在编程时需要在 CP0 操作指令的后面加上一条与前一条指令的目的通用寄存器无关的指令，也就是所谓的延迟槽(Delay Slot)。如果对性能不敏感，可以考虑用一条 nop 空操作指令填充延迟槽。

7.1.4 MIPS CPU 中断机制

1. MIPS 异常

在 MIPS 中，中断、陷阱、系统调用和任何可以中断程序正常执行流的情况都称为异常。典型的 MIPS R4k 及以后的处理器用同一个中断入口地址处理冷启动和热启动，因此系统重置通常被看作是一种异常。MIPS 的异常机制中，又称为“精确异常”(Precise Exception)。何为精确异常呢？由于异常是在执行指令时同步发生，因此在造成异常的指令之前执行的指令，无疑均是有效的。然而，由于 MIPS 的高度流水线设计，在引发异常的指令执行时，后面一条指令已经完成了读取和译码的预备工作，万事俱备，只待 ALU 部件空闲即执行之。当异常产生时，这些预备工作便被废弃。CPU 从异常中返回时，再重新做读取和译码的工作，因此可以保证，在异常发生时，异常指令之后所有的指令均不会被执行。这样，就不需要在 MIPS 的异常处理例程(Exception Handler)中为延迟槽指令而烦恼了。但 MIPS 精确异常的代价是非常高的，因为它限制了流水线的深度。这对 FPU 影响很大，因为浮点运算通常需要更多的流水线阶段。MIPS 对异常的处理是给异常分配一些类型，然后由软件给它们定义一些优先级，然后由同一个入口进入异常分配程序，在分配程序中根据类型及优先级确定该执行哪个对应的函数。这种机制对两个或几个异常同时出现的情况也是适合的。CP0 中的 EPC 寄存器用于指向异常发生时指令跳转前的执行位置，一般是被中断指令地址。当异常时，是返回这个地址继续执行。但如果被中断指令在分支延迟槽中，则会硬件自动处理使 EPC 往回指一条指令，即分支指令。在重新执行分支指令时，分支延迟槽中的指令会被再执行一次。

异常处理步骤：产生异常时，MIPS CPU 所做的工作如下。

(1) 设置 EPC，指向返回的位置。

(2) 设置 SR 寄存器，EXL 位迫使 CPU 进入内核模式(高特权级)并且禁用中断。

(3) 设置 Cause 寄存器，使得软件能看到异常原因。地址异常时，也要设置 BadVAddr 寄存器，存储管理系统异常还要设置一些 MMU 寄存器。

(4) CPU 从异常入口点取指令执行。

MIPS 异常处理例程都需要经过以下步骤。

(1) 保存现场：在异常处理例程入口，需要保护被中断的程序的现场，存储寄存器的状态，保证关键状态不被覆盖。一般用 k0 和 k1 这两个寄存器索引一块内存区域，用来存储其他的寄存器。这块内存区域一般被称作中断栈(Interrupt Stack)，用于存储寄存器状态，并且支持复杂的 C 等高级语言编写的异常处理例程。

(2) 处理异常：根据 Cause：ExcCode 确定发生了什么类型的异常，完成想要做的任何事情。

(3) 准备返回：恢复现场，修改 SR，设置成安全模式(内核态，禁止异常)，也就是异常发生后的模式。

(4) 从异常返回：用指令"eret"，既清除 SR：EXL 位，也将控制权返回给存储在 EPC 中的地址。

2. MIPS 中断

CPU 核外部的事件，即从一些真正的"硬件连线"过来的输入信号(外中断或硬中断)，Cause：ExcCode 编码为 00000 中断。这些中断使 CPU 转向某外部事件，MIPS CPU 有 8 个独立的中断位(在 Cause：IP7～2 和 IP1～0 段)，其中，6 个(IP7～2)为外部中断，两个(IP1～0)为内部中断(可由软件访问)，如图 7.2 所示。一般来说，片上的时钟计数/定时器都会连接到一个硬件中断位上。

MIPS CPU 的协处理器 0(CP0)主要完成对 CPU、缓存控制、异常/中断控制、存储管理单元控制和其他一些功能配置。MIPS CPU 对中断的支持涉及 CP0 的两个重要的寄存器：状态寄存器(SR)和原因寄存器(Cause)。

(1) 使能全局中断(Interrupt Enable，IE)。

要想使能中断，则全局中断位 SR：IE 必须置 1，开中断，它是一个全局开关。

(2) 中断使能屏蔽(Interrupt Mask，IM)。

SR[15～8]为中断屏蔽位，对应 IM[7～0]，这 8 个位决定了哪些中断源有请求时可以触发一个异常，实际上是对中断信号的使能开关。8 个中断源中的 6 个(IM[7～2])对应 Cause：IP7～2，用于外部硬件设备中断，其他两个(IM[1～0])对应 Cause：IP1～0，为软件中断屏蔽位。所谓中断源就是产生硬中断信号的 PIC 外接设备或者软中断。

(3) 异常级别(Exception Level，EXL)。

异常发生后，CPU 立即设置 SR：EXL，进入异常模式。异常模式强制 CPU 进入内核特权级模式并屏蔽中断，而不会理会 SR 其他位的值。EXL 位在已设置的情况下，还没有真正准备好调用主内核的例程。在这种状态下，系统不能处理其他异常。保持 EXL 足够的时间保存现场，使软件决定 CPU 新的特权级别和中断屏蔽位应该如何设置。

(4) 异常类型(Exception Code，ExcCode)。

PIC 每个输入引脚上的有效(IM 位为 1，未被屏蔽)输入每个周期都会被采样，如果被使能，则引起一个异常。异常处理程序检查到 Cause：ExcCode=0，则说明发生的异常是中断，此时将进入通用中断处理程序。

(5) 中断请求寄存器(Interrupt Pending，IP)。

Cause[15～8]为中断挂起状态位，用于指示哪些设备发生了中断，具体来说就是识别 PIC 的哪个接入引脚对应的设备发来了中断信号。IP7～2 随着 CPU 硬件输入引脚上的信号而变化，而 IP1～0 为软件中断位，可读可写并存储最后写入的值。当 SR：IM[7～0]某些位使能，且硬中断或软中断触发时，Cause：IP[7～0]对应位将被置位，一般通过查询 Cause：IP[7～2]的 pending 位，确定哪个设备发生了中断。

(6) 中断处理步骤(Interrupt Handle Procedure)。

中断是异常的一种，所以中断处理只是异常处理的一条分流。经过上一层异常处理例程处理后，其处理步骤如下。

① 将 Cause：IP 与 SR：IM 进行逻辑与运算，获得一个或多个使能的中断请求。

② 选择一个使能的中断来处理，优先处理最高优先级的中断。

③ 存储 SR：IM 中的中断屏蔽位，改变 SR：IM，以保证禁止当前中断以及所有优先级小于等于本中断的中断在处理期间产生。

④ 对于嵌套异常，则此时需要保护现场。

⑤ 修改 CPU 到合适的状态以适应中断处理程序的高层部分，这时通常允许一些嵌套的中断或异常。

设置全局中断使能 SR：IE 位，以允许处理高优先级的中断。还需要改变 CPU 特权级域(SR：KSU)，使得 CPU 处于内核态，清除 SR：EXL 以离开异常模式，并把这些改动反映到状态寄存器中。

⑥ 执行中断处理程序，完成要做的事情。

⑦ 恢复现场，恢复相关寄存器，返回被中断指令(返回被中断程序)。

7.1.5 MARS 汇编器

MARS(the MIPS Assembly and Runtime Simulator，MIPS 汇编程序运行模拟器)可以通过命令行和集成开发环境两种途径运行。该软件主要用于模拟真实 MIPS 处理器，运行 MIPS 汇编程序。用户通过查看运行结果检验汇编程序的正确性。软件运行需要 Java 运行环境。在 MARS 的集成开发环境中，用户可以编辑或导入 MIPS 汇编程序，汇编并运行或调试程序。用户可以设置、移除断点，并向前、向后分步执行，或者在运行过程中修改寄存器和内存内容。

1. 用户界面

MARS 用户界面如图 7.3 所示。

菜单和工具栏：最常用的工具，包括新建、导入文件，汇编，执行，单步等，把鼠标箭头移到按钮上会有提示。

编辑窗口：编辑 MIPS 汇编代码。

执行窗口：汇编之后进入运行状态，执行窗口会有信息。该窗口包括三部分：代码段(显示要运行的代码，包括汇编和二进制形式以及地址)、数据段(显示用到的数据在内存中的值)和标签栏(显示跳转的标签地址)。

代码段：显示要运行的代码，包括汇编和二进制形式以及地址。

数据段：显示用到的数据在内存中的值。

标签栏：显示跳转的标签地址。

消息区域：执行反馈，包括程序结果和错误信息等。

Mips 寄存器：显示 MIPS 处理器 32 个通用寄存器以及 PC 的值。

2. 基本使用

(1) 导入汇编程序：选择 File→Open，找到汇编程序，打开。或者选择 File→New，在编辑窗口中编辑汇编代码，如图 7.4 所示。

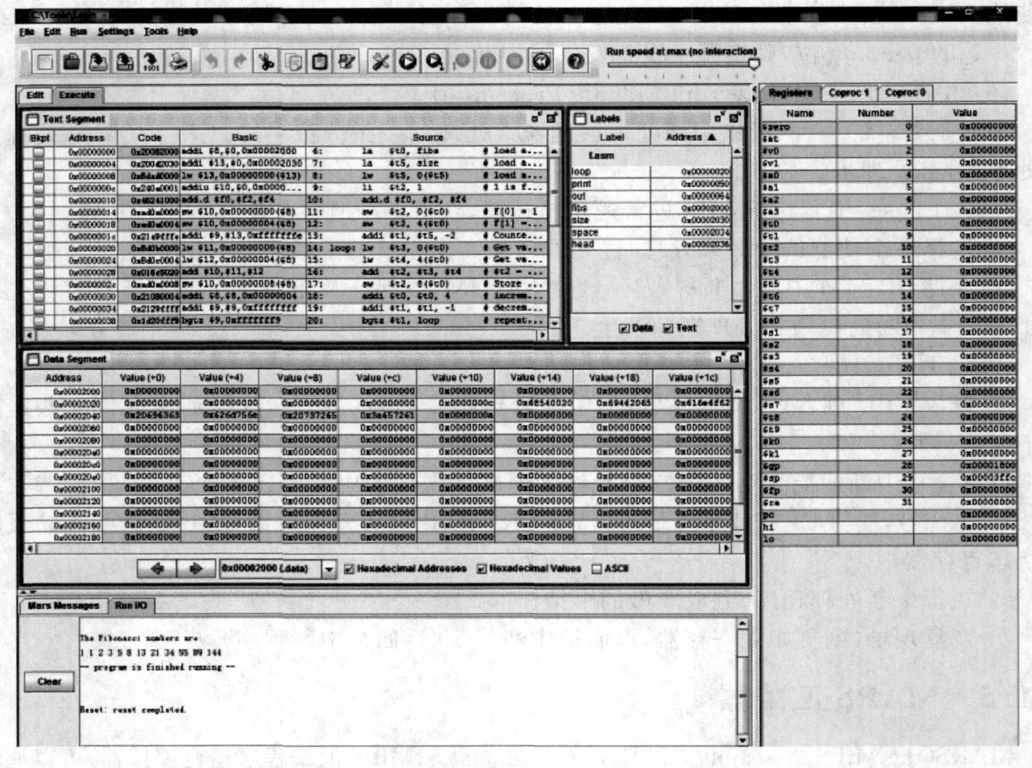

图 7.3　MARS 用户界面

Edit　Execute

f.asm

```
1  # Compute first twelve Fibonacci numbers and put in array, then print
2        .data
3  fibs: .word   0 : 12        # "array" of 12 words to contain fib values
4  size: .word  12             # size of "array"
5        .text
6        la   $t0, fibs        # load address of array
7        la   $t5, size        # load address of size variable
8        lw   $t5, 0($t5)      # load array size
9        li   $t2, 1           # 1 is first and second Fib. number
10       add.d $f0, $f2, $f4
11       sw   $t2, 0($t0)      # F[0] = 1
12       sw   $t2, 4($t0)      # F[1] = F[0] = 1
13       addi $t1, $t5, -2     # Counter for loop, will execute (size-2) times
14 loop: lw   $t3, 0($t0)      # Get value from array F[n]
15       lw   $t4, 4($t0)      # Get value from array F[n+1]
16       add  $t2, $t3, $t4    # $t2 = F[n] + F[n+1]
17       sw   $t2, 8($t0)      # Store F[n+2] = F[n] + F[n+1] in array
18       addi $t0, $t0, 4      # increment address of Fib. number source
19       addi $t1, $t1, -1     # decrement loop counter
20       bgtz $t1, loop        # repeat if not finished yet.
21       la   $a0, fibs        # first argument for print (array)
22       add  $a1, $zero, $t5  # second argument for print (size)
23       jal  print            # call print routine.
24       li   $v0, 10          # system call for exit
25       syscall               # we are out of here.
26
27 #########  routine to print the numbers on one line.
28
29       .data
30 space:.asciiz  " "          # space to insert between numbers
31 head: .asciiz  "The Fibonacci numbers are: n"
32       .text
33 print:add  $t0, $zero, $a0  # starting address of array
34       add  $t1, $zero, $a1  # initialize loop counter to array size
35       la   $a0, head        # load address of print heading
36       li   $v0, 4           # specify Print String service
37       syscall               # print heading
38 out:  lw   $a0, 0($t0)      # load fibonacci number for syscall
39       li   $v0, 1           # specify Print Integer service
40       syscall               # print fibonacci number
```

Line: 1 Column: 1 ☑ Show Line Numbers

图 7.4　汇编程序导入

(2) 汇编：单击 Run→Assemble，如果代码有错，在信息窗口中会有提示，根据提示修改代码，否则正常进入执行窗口。

(3) 完整运行：单击 Run→Go，或者按 F5 键。

(4) 分步运行：单击 Run→Step，或者按 F7 键。

(5) 设置断点：在代码段最左侧的复选框中打钩设置断点，当程序运行到断点会自动停止。取消打钩就取消断点。

(6) 检验结果：可通过三种途径检查程序的正确性。一是看寄存器状态，查看寄存器中的值是否跟预想的一致；二是看内存值，看程序是否影响了特定的内存地址；三是程序的文本输出，在消息窗口中看，如图 7.5 所示。

Text Segment

Bkpt	Address	Code	Basic	Source
	0x00400044	0xae120000	sw $18,0($16)	22: sw $s2, 0($s0) # F[0] = 1
	0x00400048	0xae120004	sw $18,4($16)	23: sw $s2, 4($s0) # F[1] = F[0] = 1
	0x0040004c	0x22b1fffe	addi $17,$21,-2	24: addi $s1, $s5, -2 # Counter for loop, ...
	0x00400050	0x8e130000	lw $19,0($16)	27: loop: lw $s3, 0($s0) # Get value from arr...
	0x00400054	0x8e140004	lw $20,4($16)	28: lw $s4, 4($s0) # Get value from arr...
	0x00400058	0x02749020	add $18,$19,$20	29: add $s2, $s3, $s4 # F[n] = F[n-1] + F[...
	0x0040005c	0xae120008	sw $18,8($16)	30: sw $s2, 8($s0) # Store newly comput...
	0x00400060	0x22100004	addi $16,$16,4	31: addi $s0, $s0, 4 # increment address ...
	0x00400064	0x2231ffff	addi $17,$17,-1	32: addi $s1, $s1, -1 # decrement loop cou...
	0x00400068	0x1e20fff9	bgtz $17,-7	33: bgtz $s1, loop # repeat while not f...

Data Segment

Address	Value (+0)	Value (+4)	Value (+8)	Value (+c)	Value (+10)	Value (+14)	Value (+18)	Value (+1c)
0x10010000	0x00000001	0x00000001	0x00000002	0x00000003	0x00000000	0x00000000	0x00000000	0x00000000
0x10010020	0x00000000	0x00000000	0x00000000	0x00000000	0x00000000	0x00000000	0x00000000	0x00000000

图 7.5　MARS 信息窗口

7.2　MIPS32 指令系统介绍

7.2.1　指令格式及类型

MIPS32 架构中的所有指令都是 32 位，也就是 32 个 0、1 编码连在一起表示一条指令，有三种指令格式，如图 7.6 所示。其中，op 是指令码、func 是功能码。

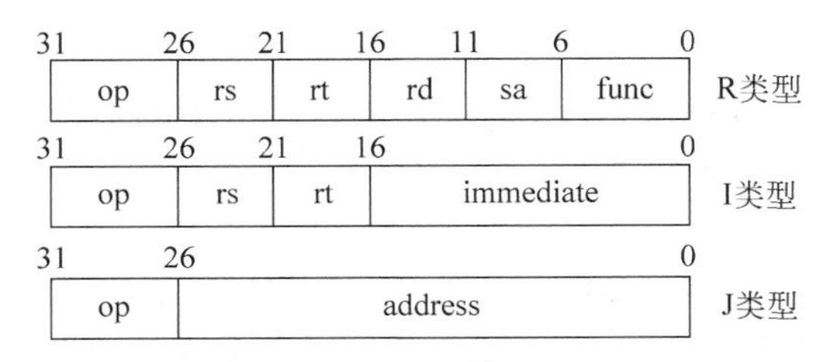

图 7.6　MIPS32 指令类型

(1) R 类型：该类型指令从寄存器堆(Register File)中读取两个源操作数，计算结果写回寄存器堆。具体操作由 op、func 结合指定，rs 和 rt 是源寄存器的编号，rd 是目的寄存器的编号。例如，假设目的寄存器是 \$3，那么对应的 rd 就是 00011(此处是二进制)。MIPS32 架构中有 32 个通用寄存器，使用 5 位编码就可以全部表示，所以 rs、rt、rd 的宽度都是 5 位。sa 只有在移位指令中使用，用来指定移位位数。

(2) I 类型：该类型指令使用一个 16 位的立即数作为一个源操作数。具体操作由 op

指定，指令的低16位是立即数，运算时要将其扩展至32位，然后作为其中一个源操作数参与运算。

(3) J类型：该类型指令使用一个26位的立即数作为跳转的目标地址(Target Address)。具体操作由op指定，一般是跳转指令，低26位是字地址，用于产生跳转的目标地址。

按功能来区分，MIPS32架构中定义的指令可以分为以下几类。注意：其中不包括浮点指令，因为本书实现的处理器不包含浮点处理单元，也就没有实现浮点指令，所以此处不介绍浮点指令。

1. 逻辑操作指令

有8条指令：AND、ANDI、OR、ORI、XOR、XORI、NOR、LUI，实现逻辑与、或、异或、或非等运算。

2. 移位操作指令

有6条指令：SLL、SLLV、SRA、SRAV、SRL、SRLV。实现逻辑左移、右移、算术右移等运算。

3. 移动操作指令

有6条指令：MOVN、MOVZ、MFHI、MTHI、MFLO、MTLO，用于通用寄存器之间的数据移动，以及通用寄存器与HI、LO寄存器之间的数据移动。

4. 算术操作指令

有21条指令：ADD、ADDI、ADDIU、ADDU、SUB、SUBU、CLO、CLZ、SLT、SLTI、SLTIU、SLTU、MUL、MULT、MULTU、MADD、MADDU、MSUB、MSUBU、DIV、DIVU，实现了加法、减法、比较、乘法、乘累加、除法等运算。

5. 转移指令

有14条指令：JR、JALR、J、JAL、B、BAL、BEQ、BGEZ、BGEZAL、BGTZ、BLEZ、BLTZ、BLTZAL、BNE，其中既有无条件转移，也有条件转移，用于程序转移到另一个地方执行。

6. 加载存储指令

有14条指令：LB、LBU、LH、LHU、LL、LW、LWL、LWR、SB、SC、SH、SW、SWL、SWR，以L开始的都是加载指令，以S开始的都是存储指令，这些指令用于从存储器中读取数据，或者向存储器中保存数据。

7. 协处理器访问指令

有两条指令：MTC0、MFC0，用于读取协处理器CP0中某个寄存器的值，或者将数据保存到协处理器CP0中的某个寄存器。

8. 异常相关指令

有14条指令，其中有12条自陷指令，包括：TEQ、TGE、TGEU、TLT、TLTU、TNE、TEQI、TGEI、TGEIU、TLTI、TLTIU、TNEI，此外还有系统调用指令SYSCALL、异常返回指令ERET。

9. 其余指令

有4条指令：NOP、SSNOP、SYNC、PREF，其中，NOP是空指令，SSNOP是一种特殊类型的空指令，SYNC指令用于保证加载、存储操作的顺序，PREF指令用于缓存预取。

7.2.2 指令的寻址

MIPS32架构的寻址模式有寄存器寻址、立即数寻址、寄存器相对寻址和PC相对寻址

4 种。实际上，MIPS 硬件只支持一种寻址模式，即：寄存器基地址＋立即数偏移量，且 offset 必须在－32 768～32 767(16 位)。任何载入和存储机器指令都可以写成：

```
LW $1,offset($2)
```

可以使用任何寄存器作为目的操作数或源操作数。但是，MIPS 汇编器可以利用合成指令来支持多种寻址方式。

MIPS32 架构的寻址模式中，寄存器寻址和立即数寻址与其他架构类似，在此不再详述，下面具体介绍寄存器相对寻址以及 pc 相对寻址。

(1) 寄存器相对寻址：这种寻址模式主要是读取/写入指令使用，其将一个 16 位的立即数做符号扩展，然后与指定通用寄存器的值相加，从而得到有效地址，如图 7.7 所示。

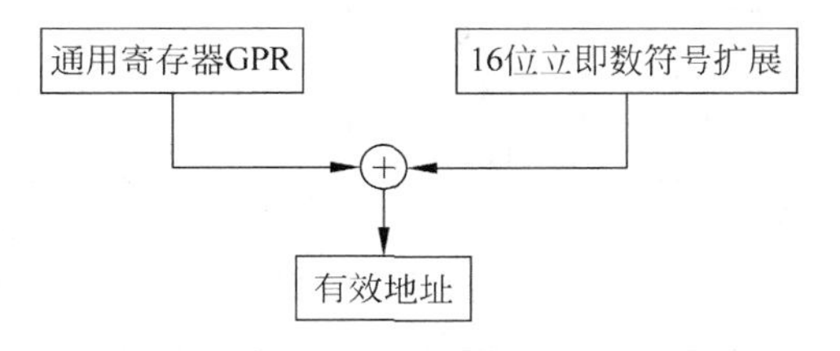

图 7.7　寄存器相对寻址

(2) pc 相对寻址：这种寻址模式主要是转移指令使用，在转移指令中有一个 16 位的立即数，将其左移两位并做符号扩展，然后与程序计数寄存器 pc 的值相加，从而得到有效地址，如图 7.8 所示。

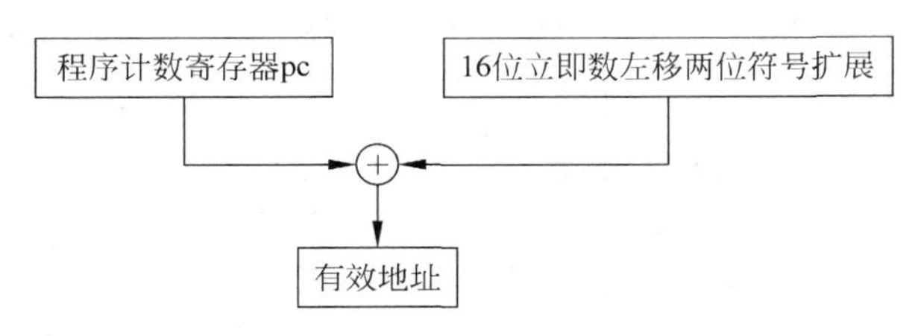

图 7.8　pc 相对寻址

7.3　MIPS 31 条指令介绍

在 7.2.1 节中已经简单介绍了 31 条指令的功能区分，表 7.4 将会从指令格式和具体操作方面来更加确切地讲述每条指令。

表 7.4　MIPS 指令集(共 31 条)

助记符	指令格式						示例	示例含义	操作及其解释
bit #	31..26	25..21	20..16	15..11	10..6	5..0			
R-type	op	rs	rt	rd	shamt	func			
ADD	000000	rs	rt	rd	00000	100000	ADD $1,$2,$3	$1=$2+$3	rd←rs+rt；其中 rs=$2，rt=$3，rd=$1
ADDU	000000	rs	rt	rd	00000	100001	ADDU $1,$2,$3	$1=$2+$3	rd←rs+rt；其中 rs=$2，rt=$3，rd=$1，无符号数

续表

助记符	指令格式				示例		示例含义		操作及其解释
SUB	000000	rs	rt	rd	00000	100010	SUB $1, $2, $3	$1= $2－$3	rd←rs－rt;其中 rs= $2, rt= $3,rd= $1
SUBU	000000	rs	rt	rd	00000	100011	SUBU $1, $2, $3	$1= $2－$3	rd←rs－rt;其中 rs= $2, rt= $3,rd= $1,无符号数
AND	000000	rs	rt	rd	00000	100100	AND $1, $2, $3	$1= $2 & $3	rd←rs & rt;其中 rs= $2, rt= $3,rd= $1
OR	000000	rs	rt	rd	00000	100101	OR $1, $2, $3	$1= $2| $3	rd←rs|rt;其中 rs= $2, rt= $3,rd= $1
XOR	000000	rs	rt	rd	00000	100110	XOR $1, $2, $3	$1= $2 ^ $3	rd←rs ^ rt;其中 rs= $2, rt= $3,rd= $1(异或)
NOR	000000	rs	rt	rd	00000	100111	NOR $1, $2, $3	$1= ～($2| $3)	rd←～(rs|rt);其中 rs= $2, rt= $3,rd= $1(或非)
SLT	000000	rs	rt	rd	00000	101010	SLT $1, $2, $3	if($2＜$3) $1=1 else $1=0	if (rs＜rt) rd=1 else rd=0;其中 rs= $2,rt= $3,rd= $1
SLTU	000000	rs	rt	rd	00000	101011	SLTU $1, $2, $3	if($2＜$3) $1=1 else $1=0	if (rs＜rt) rd=1 else rd=0;其中 rs= $2,rt= $3,rd= $1 (无符号数)
SLL	000000	00000	rt	rd	shamt	000000	SLL $1, $2,10	$1= $2<<10	rd←rt<<shamt;shamt 存放移位的位数,也就是指令中的立即数,其中 rt= $2, rd= $1
SRL	000000	00000	rt	rd	shamt	000010	SRL $1, $2,10	$1= $2>>10	rd←rt>>shamt;(logical),其中 rt= $2,rd= $1
SRA	000000	00000	rt	rd	shamt	000011	SRA $1, $2,10	$1= $2>>10	rd←rt>>shamt;(arithmetic) 注意符号位保留 其中 rt= $2,rd= $1
SLLV	000000	rs	rt	rd	00000	000100	SLLV $1, $2, $3	$1= $2<<$3	rd←rt<<rs;其中 rs= $3, rt= $2,rd= $1
SRLV	000000	rs	rt	rd	00000	000110	SRLV $1, $2, $3	$1= $2>>$3	rd←rt>>rs;(logical)其中 rs= $3, rt= $2,rd= $1
SRAV	000000	rs	rt	rd	00000	000111	SRAV $1, $2, $3	$1= $2>>$3	rd←rt>>rs;(arithmetic) 注意符号位保留 其中 rs= $3,rt= $2,rd= $1
JR	000000	rs	00000	00000	00000	001000	JR $31	goto $31	PC←rs
I-type	OP	rs	rt	immediate					
ADDI	001000	rs	rt	immediate			ADDI $1, $2,100	$1= $2＋100	rt←rs＋(sign-extend)immediate;其中 rt= $1,rs= $2
ADDIU	001001	rs	rt	immediate			ADDIU $1, $2,100	$1= $2＋100	rt←rs＋(zero-extend)immediate;其中 rt= $1,rs= $2

续表

助记符	指令格式				示例	示例含义	操作及其解释
ANDI	001100	rs	rt	immediate	ANDI $1, $2,10	$1= $2 & 10	rt←rs & (zero-extend)immediate; 其中 rt= $1,rs= $2
ORI	001101	rs	rt	immediate	ORI $1, $2,10	$1= $2|10	rt←rs|(zero-extend)immediate; 其中 rt= $1,rs= $2
XORI	001110	rs	rt	immediate	XORI $1, $2,10	$1= $2 ^10	rt←rs ^(zero-extend)immediate; 其中 rt= $1,rs= $2
LUI	001111	00000	rt	immediate	LUI $1,100	$1= 100 * 65536	rt←immediate * 65536;将 16 位立即数放到目标寄存器高 16 位,目标寄存器的低 16 位填 0
LW	100011	rs	rt	immediate	LW $1,10($2)	$1=memory [$2+10]	rt←memory[rs+ (sign-extend)immediate]; rt= $1,rs= $2
SW	101011	rs	rt	immediate	SW $1,10($2)	memory[$2+ 10]= $1	memory[rs+ (sign-extend)immediate]←rt; rt= $1,rs= $2
BEQ	000100	rs	rt	immediate	BEQ $1, $2,10	if($1== $2) goto PC+4+40	if (rs==rt) PC←PC+4+ (sign-extend)immediate << 2
BNE	000101	rs	rt	immediate	BNE $1, $2,10	if($1!= $2) goto PC+4+40	if (rs!=rt) PC←PC+4+ (sign-extend)immediate << 2

SLTI	001010	rs	rt	immediate	SLTI
					$1, $2,10
						if($2 < 10)
						$1=1 else
						$1=0
							if (rs<(sign-extend)immediate)
							rt=1 else rt=0;
							其中 rs= $2,rt= $1

SLTIU	001011	rs	rt	immediate	SLTIU
					$1, $2,10
						if($2 < 10)
						$1=1 else
						$1=0
							if (rs<(zero-extend)immediate)
							rt=1 else rt=0;
							其中 rs= $2,rt= $1

J-type	OP	address					
J	000010	address			J 10000	goto 10000	PC←(PC+4)[31..28],address,0,0; address=10000/4
JAL	000011	address			JAL 10000	$31←PC+4; goto 10000	$31←PC+4;PC←(PC+4)[31..28], address,0,0;address=10000/4

1. ADD

格式：ADD rd,rs,rt

目的：与 32 位数相加。

描述：rd←rs+rt

将通用寄存器中存的 32 位数据 rs 与 rt 相加产生一个 32 位数据存入目标寄存器 rd。

(1) 如果发生了溢出,则 rd 不改变并且产生一个溢出的异常。

(2) 如果相加不溢出,则产生的 32 位数据直接存入目标寄存器 rd。

操作：

```
temp←(GPR[rs]31 ‖ GPR[rs]31..0) + (GPR[rt]31 ‖ GPR[rt]31..0)
if temp32 ≠ temp31 then
SignalException(IntegerOverflow)
else
GPR[rd]←temp
Endif
```

2. ADDI

格式：ADDI rt,rs,immediate

目的：使 32 位数据与一个立即数相加。

描述：rt←rs+immediate

一个 16 位有符号的立即数与通用寄存器 rs 中的 32 位数相加产生一个 32 位的数存入目标寄存器 rt。

(1) 如果发生了溢出，则 rt 不改变并且产生一个溢出的异常。

(2) 如果相加不溢出，则结果存入目标寄存器 rt。

操作：

```
temp←(GPR[rs]31 ‖ GPR[rs]31..0) + sign_extend(immediate)
if temp32 ≠ temp31 then
SignalException(IntegerOverflow)
else
GPR[rt]←temp
endif
```

3. ADDIU

格式：ADDIU rt,rs,immediate

目的：使 32 位数据与一个立即数相加。

描述：rt←rs+immediate

一个 16 位有符号的立即数与通用寄存器 rs 中的 32 位数相加产生一个 32 位的数存入目标寄存器 rt。

在任何情况下都不会有溢出的异常。

操作：

```
temp←GPR[rs] + sign_extend(immediate)
GPR[rt]←temp
```

4. ADDU

格式：ADDU rd,rs,rt

目的：32 位数据相加。

描述：rd←rs+rt

将通用寄存器中存的 32 位数据 rs 与 rt 相加产生一个 32 位数据存入目标寄存器 rd。

在任何情况下都不会有溢出的异常。

操作：

```
temp←GPR[rs] + GPR[rt]
GPR[rd]←temp
```

5. AND

格式：AND rd,rs,rt

目的：按位逻辑与。

描述：rd←rs AND rt

将通用寄存器 rs 和 rd 中的数据每一位做按位与操作，将结果存入目标寄存器 rd 中。

操作：

```
GPR[rd]←GPR[rs] AND GPR[rt]
```

6. ANDI

格式：ANDI rt,rs,immediate

目的：与一个常数做按位逻辑与。

描述：rt←rs AND immediate

将 16 位立即数做 0 扩展后与通用寄存器 rs 中的 32 位数据做按位与，将结果存入目标寄存器 rt。

操作：

```
GPR[rt]←GPR[rs] AND zero_extend(immediate)
```

7. BEQ

格式：BEQ rs,rt,offset

目的：比较通用寄存器的值，然后做 pc 相关的分支跳转。

描述：如果 rs＝rt，那么将 offset 左移两位，再进行符号扩展到 32 位与当前 pc 相加，形成有效转移地址，转到该地址。

如果 rs ！＝rt，则继续执行下条指令。

操作：

```
I: target_offset←sign_extend(offset || 0^2)
condition←(GPR[rs] = GPR[rt])
I+1: if condition then
PC←PC + target_offset
endif
```

8. BNE

格式：BNE rs,rt,offset

目的：比较通用寄存器的值，然后做 pc 相关的分支跳转。

描述：如果 rs ！＝rt，那么将会跳转到现在 pc 与偏移量 offset（如果是 16 位需扩展到 18 位）相加后所得的指令。

如果 rs＝rt，则继续执行。

操作：

```
I: target_offset←sign_extend(offset || 0^2)
condition←(GPR[rs]≠GPR[rt])
I+1: if condition then
PC←PC + target_offset
```

```
endif
```

9. J

格式：J target

目的：在 256MB 的范围内跳转。

描述：该指令无条件跳转到一个绝对地址，instr_index 有 26 位，在左移过后访问空间能达到 2^{28}B，即 256MB。

操作：

```
I:
I + 1: PC←PC_{GPRLEN - 1..28} || instr_index || 0^2
```

10. JAL

格式：JAL target

目的：在 256MB 范围内执行一个过程调用。

描述：在跳转到指定地址执行子程序调用的同时，在 31 号寄存器中存放返回地址（当前地址后的第二条指令地址）。

操作：

```
I: GPR[31]←PC + 8
I + 1: PC←PC_{GPRLEN - 1..28} || instr_index || 0^2
```

11. JR

格式：JR rs

目的：使用寄存器的跳转指令。

描述：PC←rs

跳转地址存放在通用寄存器 rs 中，直接跳转到寄存器所存地址。

操作：

```
I: temp←GPR[rs]
I + 1: if Config1_CA = 0 then
PC←temp
else
PC←temp_{GPRLEN - 1..1} || 0
ISAMode←temp0
endif
```

12. LUI

格式：LUI rt，immediate

目的：把一个立即数载入到寄存器的高位，低位补 0。

描述：$rt \leftarrow immediate \| 0^{16}$

将一个 16 位的立即数载入到通用寄存器 rt 的高位，低 16 位补 0。

操作：

```
GPR[rt]←immediate || 0^16
```

13. LW

格式：LW rt,offset(base)

目的：从内存读取一个字的有符号数据。

描述：rt←memory[base+offset]

从内存中基地址加偏移量所得到的准确地址中的内容加载到通用寄存器 rt 中。

操作：

```
vAddr←sign_extend(offset) + GPR[base]
if vAddr1..0≠0^2 then
SignalException(AddressError)
endif
(pAddr,CCA)←AddressTranslation (vAddr,DATA,LOAD)
memword←LoadMemory (CCA,WORD,pAddr,vAddr,DATA)
GPR[rt]←memword
```

14. NOR

格式：NOR rd,rs,rt

目的：按位逻辑或非。

描述：rd←rs NOR rt

将通用寄存器 rs 和 rt 中的数据每一位做按位或非操作，将结果存入目标寄存器 rd 中。

操作：

```
GPR[rd]←GPR[rs] NOR GPR[rt]
```

15. OR

格式：OR rd,rs,rt

目的：按位逻辑或。

描述：rd←rs OR rt

将通用寄存器 rs 和 rt 中的数据每一位做按位或操作，将结果存入目标寄存器 rd 中。

操作：

```
GPR[rd]←GPR[rs] OR GPR[rt]
```

16. ORI

格式：ORI rt,rs,immediate

目的：和一个常数做按位逻辑或。

描述：rt←rs OR immediate

将通用寄存器 rs 和经过 0 扩展的立即数每一位做按位或操作，将结果存入目标寄存器 rd 中。

操作：

```
GPR[rt]←GPR[rs] OR zero_extend(immediate)
```

17. SLL

格式：SLL rd,rt,sa

目的：通过数字填充逻辑左移。

描述：rd←rt << sa

将通用寄存器 rt 的内容左移 sa 位，空余出来的位置用 0 来填充，把结果存入 rd 寄存器。

操作：

```
s←sa
temp←GPR[rt](31-s)..0 || 0^s
GPR[rd]←temp
```

18. SLLV

格式：SLLV rd,rt,rs

目的：通过数字填充逻辑左移。

描述：rd←rt << rs

将通用寄存器 rt 的内容逻辑左移，左移的位数保存在 rs 寄存器中，空余出来的位置用 0 来填充，把结果存入 rd 寄存器。

操作：

```
s←GPR[rs]4..0
temp←GPR[rt](31-s)..0 || 0^s
GPR[rd]←temp
```

19. SLT

格式：SLT rd,rs,rt

目的：通过小于的比较来记录结果。

描述：rd←(rs < rt)

比较在 rs 和 rt 寄存器中保存的有符号数，用 boolean 值保存结果到 rd 寄存器中。如果 rs 小于 rt，则结果为 1，反之结果为 0。算术比较不会引起溢出异常。

操作：

```
if GPR[rs]< GPR[rt] then
GPR[rd]←0^(GPRLEN-1) || 1
else
GPR[rd]←0^GPRLEN
endif
```

20. SLTI

格式：SLTI rt,rs,immediate

目的：通过跟立即数小于的比较来记录结果。

描述：rt←(rs < immediate)

比较在 rs 和经过符号扩展的 16 位立即数，用 boolean 值保存结果到 rd 寄存器中。如果 rs 小于 rt，则结果为 1，反之结果为 0。算术比较不会引起溢出异常。

操作：

```
if GPR[rs]< sign_extend(immediate) then
GPR[rd]←0^(GPRLEN-1) || 1
else
```

```
GPR[rd]←0^GPRLEN
endif
```

21. SLTIU

格式：SLTIU rt,rs,immediate

目的：通过跟立即数无符号小于的比较来记录结果。

描述：rt←(rs＜immediate)

比较在rs和经过0扩展的16位立即数，用boolean值保存结果到rd寄存器中。如果rs小于rt，则结果为1，反之结果为0。算术比较不会引起溢出异常。

操作：

```
if (0 || GPR[rs])<(0 || sign_extend(immediate)) then
GPR[rd]←0^(GPRLEN-1) || 1
else
GPR[rd]←0^GPRLEN
endif
```

22. SLTU

格式：SLTU rd,rs,rt

目的：通过跟立即数无符号小于的比较来记录结果。

描述：rd←(rs＜rt)

比较在rs和rt寄存器中保存的无符号数，用boolean值保存结果到rd寄存器中。如果rs小于rt，则结果为1，反之结果为0。算术比较不会引起溢出异常。

操作：

```
if (0 || GPR[rs])<(0 || GPR[rt]) then
GPR[rd]←0^(GPRLEN-1) || 1
else
GPR[rd]←0^GPRLEN
endif
```

23. SRA

格式：SRA rd,rt,sa

目的：通过数字填充算术右移。

描述：rd←rt >> sa (arithmetic)

将通用寄存器rt中的32位内容右移sa位，高位用rt[31]来填充，结果存入通用寄存器rd。

操作：

```
s←sa
temp←(GPR[rt]_31)^s || GPR[rt]_31..s
GPR[rd]←temp
```

24. SRAV

格式：SRAV rd,rt,rs

目的：通过数字填充算术右移。

描述：rd←rt >> rs (arithmetic)

将通用寄存器 rt 中的 32 位内容右移，高位用 rt[31]来填充，结果存入通用寄存器 rd。右移的位数由通用寄存器 rs 中的 0～4b 确定。

操作：

```
s←GPR[rs]4..0
temp←(GPR[rt]31)^s ‖ GPR[rt]31..s
GPR[rd]←temp
```

25. SRL

格式：SRL rd,rt,sa

目的：通过数字填充逻辑右移。

描述：rd←rt >> sa (logical)

将通用寄存器 rt 中的 32 位内容右移 sa 位，高位用 0 来填充，结果存入通用寄存器 rd。

操作：

```
s←sa
temp←0^s ‖ GPR[rt]31..s
GPR[rd]←temp
```

26. SRLV

格式：SRLV rd,rt,rs

目的：通过数字填充逻辑右移。

描述：rd←rt >> rs (logical)

将通用寄存器 rt 中的 32 位内容右移，高位用 rt[31]来填充，结果存入通用寄存器 rd。右移的位数由通用寄存器 rs 中的 0～4b 确定。

操作：

```
s←GPR[rs]4..0
temp←0^s ‖ GPR[rt]31..s
GPR[rd]←temp
```

27. SUB

格式：SUB rd,rs,rt MIPS32

目的：与 32 位数相减。

描述：rd←rs-rt

将通用寄存器中存的 32 位数据 rs 与 rt 相减产生一个 32 位数据存入目标寄存器 rd。

(1) 如果发生了溢出，则 rd 不改变并且产生一个溢出的异常。

(2) 如果相加不溢出，则产生的 32 位数据直接存入目标寄存器 rd。

操作：

```
temp←(GPR[rs]31 ‖ GPR[rs]31..0) - (GPR[rt]31 ‖ GPR[rt]31..0)
if temp32 ≠ temp31 then
SignalException(IntegerOverflow)
else
GPR[rd]←temp31..0
```

```
endif
```

28. SUBU

格式：SUBU rd,rs,rt

目的：32 位数据相减。

描述：rd←rs－rt

将通用寄存器中存的 32 位数据 rs 与 rt 相减产生一个 32 位数据存入目标寄存器 rd。在任何情况下都不会有溢出的异常。

操作：

```
temp←GPR[rs] - GPR[rt]
GPR[rd]←temp
```

29. SW

格式：SW rt,offset(base)

目的：存一个字到内存。

描述：memory[base＋offset]←rt

将通用寄存器 rt 中的 32 位数据存入内存中的有效地址，有效地址由基地址和 16 位偏移量相加所得。

操作：

```
vAddr←sign_extend(offset) + GPR[base]
if vAddr1..0 ≠ 0^2 then
SignalException(AddressError)
endif
(pAddr,CCA)←AddressTranslation (vAddr,DATA,STORE)
dataword←GPR[rt]
StoreMemory (CCA,WORD,dataword,pAddr,vAddr,DATA)
```

30. XOR

格式：XOR rd,rs,rt

目的：按位逻辑异或。

描述：rd←rs XOR rt

将通用寄存器 rs 和 rt 中的内容按位进行异或操作，将结果存入 rd 中。

操作：

```
GPR[rd]←GPR[rs] XOR GPR[rt]
```

31. XORI

格式：XORI rt,rs,immediate

目的：和一个常数做按位逻辑异或。

描述：rt←rs XOR immediate

将通用寄存器 rs 和经过 0 扩展的立即数每一位做按位异或操作，将结果存入目标寄存器 rd 中。

操作：

```
GPR[rt]←GPR[rs] XOR zero_extend(immediate)
```

7.4 MIPS 23条扩展指令介绍

本章最终将会带领读者完成一个 MIPS 54 条指令的 CPU，是在基础的 31 条指令上添加了乘除法运算、对 lo/hi 寄存器的读写、内存半字和字节的存取操作、cp0 的异常处理指令和 cp0 寄存器的读写，以及一些跳转指令，总共 54 条，表 7.5 将会介绍剩余 23 条扩展指令。

表 7.5 MIPS 指令集(共 23 条)

指令	指令说明	指令格式	op31-26	rs25-21	rt20-16	rd15-11	sa10-6	funct5-0
DIV	除	DIV rs,rt	000000			00000	00000	011010
DIVU	除(无符号)	DIVU rs,rt	000000			00000		011011
MULT	乘	MULT rs,rt	000000			00000		011000
MULTU	乘(无符号)	MULTU rs,rt	000000			00000		011001
BGEZ	大于等于0时分支	BGEZ rs, offset	000001		00001			
JALR	跳转至寄存器所指地址，返回地址保存	JALR rs	000000		00000			001001
LBU	取字节(无符号)	LBU rt, offset(base)	100100					
LHU	取半字(无符号)	LHU rt, offset(base)	100101					
LB	取字节	LB rt, offset(base)	100000					
LH	取半字	LH rt, offset(base)	100001					
SB	存字节	SB rt, offset(base)	101000					
SH	存半字	SH rt, offset(base)	101001					
BREAK	断点	BREAK	000000					001101
SYSCALL	系统调用	SYSCALL	000000					001100
ERET	异常返回	ERET	010000	10000	00000	00000	00000	011000
MFHI	读 hi 寄存器	MFHI rd	000000	00000	00000		00000	010000
MFLO	读 lo 寄存器	MFLO rd	000000	00000	00000		00000	010010
MTHI	写 hi 寄存器	MTHI rd	000000		00000	00000	00000	010001
MTLO	写 lo 寄存器	MTLO rd	000000		00000	00000	00000	010011
MFC0	读 cp0 寄存器	MFC0 rt,rd	010000	00000			00000	00000
MTC0	写 cp0 寄存器	MTC0 rt,rd	010000	00100			00000	00000
CLZ	前导零计数	CLZ rd,rs	011100				00000	100000
TEQ	相等异常	TEQ rs,rt	000000					110100

1. BGEZ

格式：BGEZ rs,offset

目的：检测通用寄存器的值然后进行 pc 相关的跳转。

描述：如果 rs≥0 那么将会在指令延时槽执行后跳转到现在 pc 与偏移量 offset(如果是 16 位需扩展到 18 位)相加后所得的指令。

操作：

```
I: target_offset←sign_extend(offset ‖ 0^2)
condition←GPR[rs]≥0^GPRLEN
I+1: if condition then
pc←pc+target_offset
endif
```

2. BREAK

格式：BREAK MIPS32

目的：引起一个断点异常。

描述：当一个断点异常发生时,将立刻并且不可控制地转入异常处理。

操作：

```
SignalException(Breakpoint)
```

3. DIV

格式：DIV rs,rt

目的：32 位有符号数除法。

描述：(hi,lo)←rs/rt

将通用寄存器 rs 和 rt 中的数据当作有符号数来进行除法运算。32 位的商数被存入寄存器 lo,32 位的余数被存入 hi。在任何情况下不会有算术异常的发生。

操作：

```
q←GPR[rs]31..0 DIV GPR[rt]31..0
lo←q
r←GPR[rs]31..0 MOD GPR[rt]31..0
hi←r
```

4. DIVU

格式：DIVU rs,rt

目的：32 位无符号数除法。

描述：(hi,lo)←rs / rt

将通用寄存器 rs 和 rt 中的数据当作无符号数来进行除法运算。32 位的商数被存入寄存器 lo,32 位的余数被存入 hi。在任何情况下不会有算术异常的发生。

操作：

```
q←(0 ‖ GPR[rs]31..0) DIV (0 ‖ GPR[rt]31..0)
r←(0 ‖ GPR[rs]31..0) MOD (0 ‖ GPR[rt]31..0)
lo←sign_extend(q31..0)
hi←sign_extend(r31..0)
```

5. ERET

格式：ERET

目的：从异常中断返回。

描述：在所有中断处理过程结束后返回到中断指令。ERET 不执行下一条指令。

操作：

```
if status_ERL = 1 then
temp←ErrorEPC
status_ERL←0
else
temp←EPC
status_EXL←0
endif
if IsMIPS16Implemented() then
pc←temp_31..1 ‖ 0
ISAMode←temp_0
else
pc←temp
endif
LLbit←0
```

6. JALR

格式：JALR rs (rd = 31 implied)

JALR rd,rs

目的：执行一个在寄存器中存放指令地址的过程调用。

描述：rd←return_addr,pc←rs

使用寄存器的跳转指令，并且带有链接功能，指令的跳转地址在寄存器 rs 中，跳转发生时指令的返回地址存在 31 号寄存器中。

操作：

```
I: temp←GPR[rs]
GPR[rd]←pc + 8
I + 1: if Config1_CA = 0 then
pc←temp
else
pc←temp_GPRLEN-1..1 ‖ 0
ISAMode←temp_0
endif
```

7. LB

格式：LB rt,offset(base)

目的：从内存加载一个有符号字节。

描述：rt←memory[base+offset]

在内存中通过基地址和偏移量相加所得的有效地址中取一个 8b 的字节通过符号扩展后存入 rt 寄存器中。

操作：

```
vAddr←sign_extend(offset) + GPR[base]
(pAddr,CCA)←AddressTranslation (vAddr,DATA,LOAD)
pAddr←pAddrPSIZE-1..2 || (pAddr1..0 XOR ReverseEndian2)
memword←LoadMemory (CCA,BYTE,pAddr,vAddr,DATA)
byte←vAddr1..0 XOR BigEndianCPU2
GPR[rt]←sign_extend(memword7+8*byte..8*byte)
```

8. LBU

格式：LBU rt,offset(base)

目的：从内存加载一个无符号字节。

描述：rt←memory[base+offset]

在内存中通过基地址和偏移量相加所得的有效地址中取一个 8b 的字节通过 0 扩展后存入 rt 寄存器中。

操作：

```
vAddr←sign_extend(offset) + GPR[base]
(pAddr,CCA)←AddressTranslation (vAddr,DATA,LOAD)
pAddr←pAddrPSIZE-1..2 || (pAddr1..0 XOR ReverseEndian2)
memword←LoadMemory (CCA,BYTE,pAddr,vAddr,DATA)
byte←vAddr1..0 XOR BigEndianCPU2
GPR[rt]←zero_extend(memword7+8*byte..8*byte)
```

9. LH

格式：LH rt,offset(base)

目的：从内存加载一个有符号半字。

描述：rt←memory[base+offset]

在内存中通过基地址和偏移量相加所得的有效地址中取一个半字通过符号扩展后存入 rt 寄存器中。

操作：

```
vAddr←sign_extend(offset) + GPR[base]
if vAddr0≠ 0 then
SignalException(AddressError)
endif
(pAddr,CCA)←AddressTranslation (vAddr,DATA,LOAD)
pAddr←pAddrPSIZE-1..2 || (pAddr1..0 XOR (ReverseEndian || 0))
memword←LoadMemory (CCA,HALFWORD,pAddr,vAddr,DATA)
byte←vAddr1..0 XOR (BigEndianCPU || 0)
GPR[rt]←sign_extend(memword15+8*byte..8*byte)
```

10. LHU

格式：LHU rt,offset(base)

目的：从内存加载一个无符号半字。

描述：rt←memory[base+offset]

在内存中通过基地址和偏移量相加所得的有效地址中取一个半字通过 0 扩展后存入 rt

寄存器中。

操作：

```
vAddr←sign_extend(offset) + GPR[base]
if vAddr0≠ 0 then
SignalException(AddressError)
endif
(pAddr,CCA)←AddressTranslation (vAddr,DATA,LOAD)
pAddr←pAddr_{PSIZE-1..2} || (pAddr_{1..0} XOR (ReverseEndian || 0))
memword←LoadMemory (CCA,HALFWORD,pAddr,vAddr,DATA)
byte←vAddr_{1..0} XOR (BigEndianCPU || 0)
GPR[rt]←zero_extend(memword_{15+8*byte..8*byte})
```

11. MFC0

格式：MFC0 rt,rd

MFC0 rt,rd,sel

目的：把一个数据从特殊寄存器移到通用寄存器。

描述：rt←CPR[0,rd,sel]

由 rd 和 sel 选择协处理器 0 中的特殊寄存器，把它的内容转移到通用寄存器 rt 中。

操作：

```
data←CPR[0,rd,sel]
GPR[rt]←data
```

12. MFLO

格式：MFLO rd

目的：复制特殊寄存器 lo 的内容到通用寄存器。

描述：rd←lo

特殊寄存器 lo 中的数据复制到通用寄存器 rd 中。

操作：

```
GPR[rd]←lo
```

13. MTC0

格式：MTC0 rt,rd

MTC0 rt,rd,sel

目的：把一个数据从通用寄存器移到特殊寄存器。

描述：CPR[r0,rd,sel]←rt

由 rd 和 sel 选择协处理器 0 中的特殊寄存器，把通用寄存器 rt 中的内容转移到特殊寄存器中。

操作：

```
CPR[0,rd,sel]←data
```

14. MTHI

格式：MTHI rs

目的：复制通用寄存器的内容到特殊寄存器 hi 中。

描述：hi←rs

通用寄存器 rs 中的内容复制到特殊寄存器 hi 中。

操作：

```
HI←GPR[rs]
```

15. MTLO

格式：MTLO rs

目的：复制通用寄存器的内容到特殊寄存器 lo 中。

描述：lo←rs

通用寄存器 rs 中的内容复制到特殊寄存器 lo 中。

操作：

```
lo←GPR[rs]
```

16. MFHI

格式：MFHI rd

目的：复制特殊寄存器 hi 的内容到通用寄存器。

描述：rd←hi

特殊寄存器 hi 中的数据复制到通用寄存器 rd 中。

操作：

```
GPR[rd]←HI
```

17. MULT

格式：MULT rs,rt

目的：32 位有符号数乘法。

描述：(hi,lo)←rs * rt

在通用寄存器 rs 和 rt 中的数据当作有符号数来进行乘法运算产生一个 64 位的结果，结果的低 32 位写入 lo 寄存器，高 32 位写入 hi 寄存器。在任何情况下不会产生算术异常。

操作：

```
prod←GPR[rs]31..0 * GPR[rt]31..0
lo←prod31..0
hi←prod63..32
```

18. MULTU

格式：MULTU rs,rt

目的：32 位无符号数乘法。

描述：(hi,lo)←rs * rt

在通用寄存器 rs 和 rt 中的数据当作无符号数来进行乘法运算产生一个 64 位的结果，结果的低 32 位写入 lo 寄存器，高 32 位写入 hi 寄存器。在任何情况下不会产生算术异常。

操作：

```
prod←(0 ‖ GPR[rs]31..0) * (0 ‖ GPR[rt]31..0)
lo←prod31..0
hi←prod63..32
```

19. SB

格式：SB rt,offset(base)

目的：存一字节到内存。

描述：memory[base+offset]←rt

在 rt 寄存器中最低 8 位的数据被存入到由基地址和偏移量相加所得有效地址的内存中。

操作：

```
vAddr←sign_extend(offset) + GPR[base]
(pAddr,CCA)←AddressTranslation (vAddr,DATA,STORE)
pAddr←pAddrPSIZE-1..2 ‖ (pAddr1..0 XOR ReverseEndian^2)
bytesel←vAddr1..0 XOR BigEndianCPU^2
dataword←GPR[rt]31-8*bytesel..0 ‖ 0^(8*bytesel)
StoreMemory (CCA,BYTE,dataword,pAddr,vAddr,DATA)
```

20. SH

格式：SH rt,offset(base)

目的：存一个半字到内存。

描述：memory[base+offset]←rt

在 rt 寄存器中最低 16 位的数据存入到由基地址和偏移量相加所得有效地址的内存中。

操作：

```
vAddr←sign_extend(offset) + GPR[base]
if vAddr0≠0 then
SignalException(AddressError)
endif
(pAddr,CCA)←AddressTranslation (vAddr,DATA,STORE)
pAddr←pAddrPSIZE-1..2 ‖ (pAddr11..0 XOR (ReverseEndian ‖ 0))
bytesel←vAddr11..0 XOR (BigEndianCPU ‖ 0)
dataword←GPR[rt]31-8*bytesel..0 ‖ 0^(8*bytesel)
StoreMemory (CCA,HALFWORD,dataword,pAddr,vAddr,DATA)
```

21. SYSCALL

格式：SYSCALL

目的：引发一个系统调用异常。

描述：当一个系统调用发生时，将立刻并且不可控制地转入异常处理。

操作：

```
SignalException(SystemCall)
```

22. CLZ

格式：CLZ rd,rs

目的：计算 32 位字中前导零的个数。

描述：计算 rs 寄存器中 32 位数前导零的个数，存入 rd 寄存器中。

操作：

```
temp←32
for i in 31 .. 0
  if GPR[rs]i = 1 then
    temp←31 - i
    break
  endif
endfor
GPR[rd]←temp
```

23. TEQ

格式：TEQ rs,rt

目的：比较寄存器值根据条件引发异常。

描述：比较寄存器 rs 和 rt 的值，若相等则引发一个自陷异常。

操作：

```
if GPR[rs] = GPR[rt] then
  SignalException(Trap)
endif
```

7.5 CPU 设计方法

7.5.1 单周期 CPU 设计

本节介绍单周期 CPU 的设计过程，这里侧重 CPU 功能上的实现，不要求 CPU 的性能（设计的 CPU 能运行的频率当然越高越好）。完成一个 CPU 的设计，主要完成两件事，首先，根据所设计的所有汇编指令的功能及指令格式，完成 CPU 的数据通路设计。其次，根据指令功能和数据通路设计控制部件。本节将给出这两部分的一般设计方法，供参考。

下面以 8 条指令 ADDU、SUBU、ORI、SLL、LW、SW、BEQ、J 为例来说明单周期 CPU 的设计方法。注意，由于是单周期 CPU，所以 BEQ 与 J 均不考虑延迟槽的问题。

1. 数据通路设计

数据通路设计的一般方法如下。

(1) 根据指令的功能，确定每条指令在执行过程中所需要的部件（包括取指）；

(2) 所用的部件用表格列出，并在表格中填入每个部件的数据输入来源；

(3) 根据表格所涉及部件和部件的数据输入来源，画出每条指令的数据通路；

(4) 最后将所有指令数据通路合成一个总的数据通路。

1) ADDU rd,rs,rt

指令功能：rd←rs+rt；将通用寄存器中的32位数据rs与rt相加产生一个32位数据存入目标寄存器rd。

指令格式：

31 26	25 21	20 16	15 11	10 6	5 0
ADDU(000000)	rs	rt	rd	00000	100001

(1) 完成ADDU指令功能所需的操作：imem←pc(取指令)、rd←rs+rt(执行指令)、pc←NPC(NPC的功能完成pc+4增值)。

(2) 根据上面ADDU指令的操作，确定完成操作所需部件，pc寄存器、npc(完成pc+4增值)、指令存储器imem(Instruction Memory，存放程序代码)、寄存器堆rs、rt、rd(RegFile)、ALU(完成rs+rt)。将这些部件列成表，如表7.6所示。

表7.6 执行ADDU指令所需部件

指令	pc	npc	imem	RegFile	ALU	
				rd	A	B

(3) 按完成ADDU指令所需的操作，确定每个部件数据的输入输出关系。例如，要根据pc的内容到imem取指令，所以imem的地址输入来自pc。取完指令pc要通过npc增值，所以pc要送入npc。npc加完4后要送回pc，所以pc的数据来自npc。ALU两个输入来自寄存器堆的rs和rt，完成两个寄存器的相加。加好的结果送回寄存器rd，所以rd的输入来自ALU。将此输入关系填入表中，如表7.7所示。

表7.7 执行ADDU指令各部件输入输出关系

指令	pc	npc	imem	RegFile	ALU	
				rd	A	B
ADDU	npc	pc	pc	ALU	rs	rt

注：第一行是ADDU指令要用到的部件，第二行是该部件输入端的数据来源。

(4) 根据表7.7画出执行ADDU指令所需的数据通路(包括取指，以下每条指令相同)，如图7.9所示。

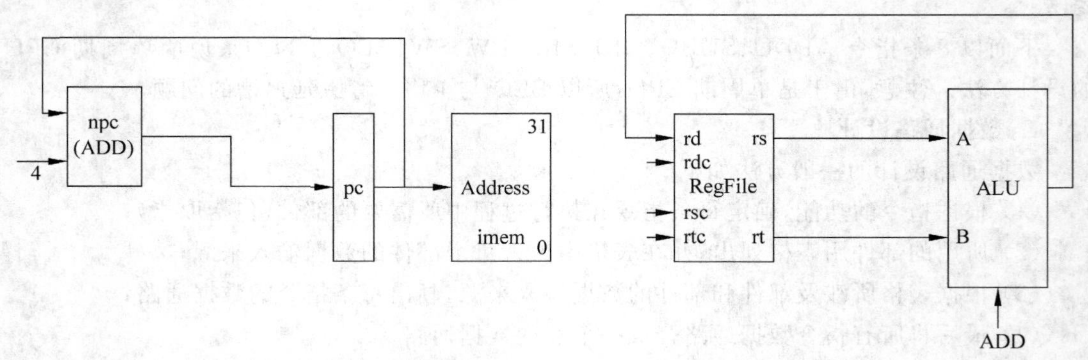

图7.9 ADDU指令数据通路

2) SUBU rd,rs,rt

指令功能：rd←rs － rt；将寄存器中存的 32 位数据 rs 与 rt 相减产生一个 32 位数据存入目标寄存器 rd。

指令格式：

31　　26	25　　21	20　　16	15　　11	10　　6	5　　0
SUBU(000000)	rs	rt	rd	00000	100011

(1) 完成 SUBU 指令所需的操作：imem←pc(取指令)、rd←rs － rt(执行指令)、pc←npc。

(2) 根据 SUBU 指令的操作确定所需部件，pc 寄存器、npc、指令存储器(Instruction Memory)、寄存器堆 rs、rt、rd(Regfile)、ALU，如表 7.8 所示。

表 7.8　执行 SUBU 指令所需部件

指令	pc	npc	imem	RegFile	ALU	
				rd	A	B

(3) 按完成 SUBU 指令所需的操作，确定每个部件数据的输入输出关系，如表 7.9 所示。

表 7.9　执行 SUBU 指令各部件输入输出关系

指令	pc	npc	imem	RegFile	ALU	
				rd	A	B
ADDU	npc	pc	pc	ALU	rs	rt
SUBU	npc	pc	pc	ALU	rs	rt

(4) 根据表 7.9 画出执行 SUBU 指令所需的数据通路，如图 7.10 所示。

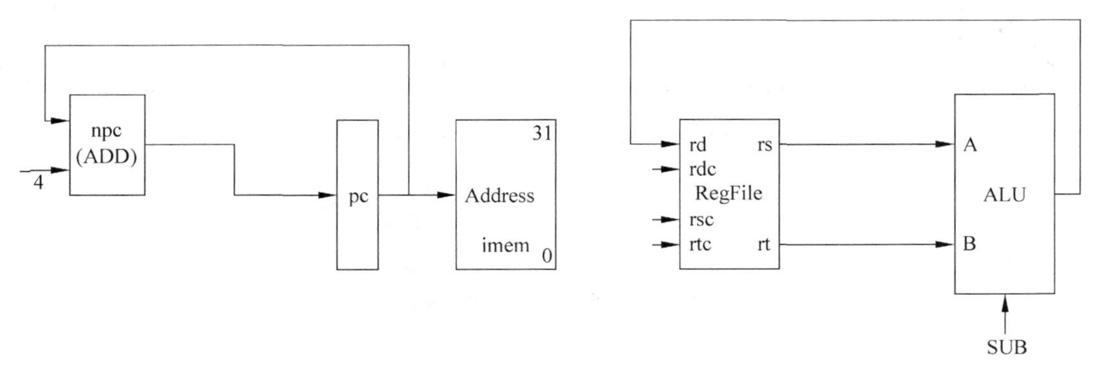

图 7.10　SUBU 指令数据通路

3) SLL rd,rt,sa

指令功能：rd←rt << sa；将通用寄存器 rt 的内容左移 sa 位，空余出来的位置用 0 来填充，把结果存入 rd 寄存器。

指令格式：

31　　26	25　　21	20　　16	15　　11	10　　6	5　　0
SLL(000000)	00000	rt	rd	sa	000000

(1) 完成 SLL 指令所需的操作：imem←pc(取指令)、rd←rt 左移 sa 位(执行指令)、pc←npc。

(2) 根据 SLL 指令的操作确定所需部件：pc 寄存器、npc、指令存储器(Instruction Memory)、寄存器堆 rt、rd(Regfile)、ALU(用于完成移位)，为了将 5 位的 sa 扩展成 32 位，所以要符号扩展模块 Ext5，将扩展后的 32 位数据送 ALU，提供移位的位数。所需部件如表 7.10 所示。

表 7.10　执行 SLL 指令所需部件

指令	pc	npc	imem	RegFile	ALU		Ext5
				rd	A	B	

(3) 按完成 SLL 指令所需的操作，确定每个部件数据的输入输出关系，如表 7.11 所示。

表 7.11　执行 SLL 指令各部件输入输出关系

指令	pc	npc	imem	RegFile	ALU		Ext5
				rd	A	B	
ADDU	npc	pc	pc	ALU	rs	rt	
SUBU	npc	pc	pc	ALU	rs	rt	
SLL	npc	pc	pc	ALU	Ext5	rt	Sa

(4) 根据表 7.11 画出执行 SLL 指令所需的数据通路，如图 7.11 所示。

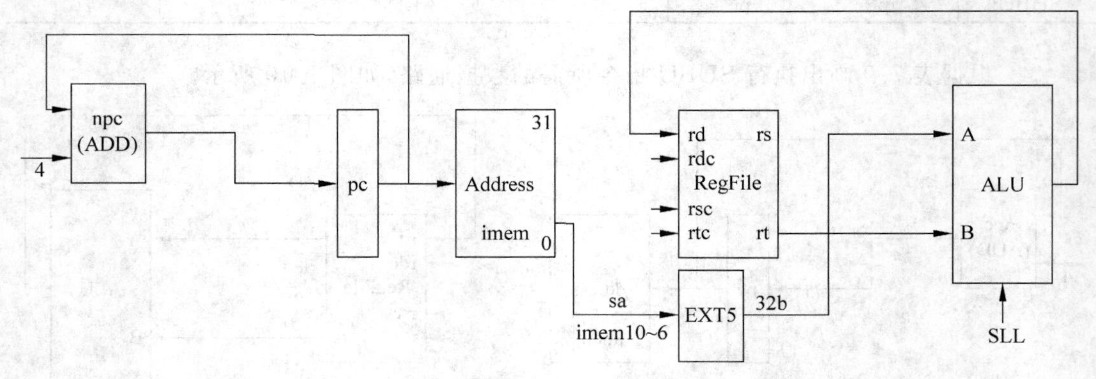

图 7.11　SLL 指令数据通路

4) ORI rt,rs,imm16

指令功能：rt←rs or immediate；将通用寄存器 rs 和经过 0 扩展的立即数 imm16(扩展为 32 位)，按位做"或"操作，将结果存入目标寄存器 rd 中。

指令格式：

31　　26	25　　21	20　　16	15　　0
ORI(001101)	rs	rt	imm16

(1) 完成ORI指令所需的操作：imem←pc(取指令)、rt←rs or ext_imm16(执行指令)、pc←npc。

(2) 根据ORI指令的操作确定所需部件：pc寄存器、npc、指令存储器(Instruction Memory)、寄存器堆(Regfile)、ALU、扩展模块Ext16，如表7.12所示。

表7.12 执行ORI指令所需部件

指令	pc	npc	imem	RegFile	ALU		Ext5	Ext16
				rd	A	B		

注：表中的Ext5部件ORI指令是用不到的，此表中的部件是前4条指令用到的所有部件。

(3) 按完成ORI指令所需的操作，确定每个部件数据的输入输出关系，如表7.13所示。

表7.13 执行ORI指令各部件输入输出关系

指令	pc	npc	imem	RegFile	ALU		Ext5	Ext16
				rd	A	B		
ADDU	npc	pc	pc	ALU	rs	rt		
SUBU	npc	pc	pc	ALU	rs	rt		
SLL	npc	pc	pc	ALU	Ext5	rt	sa	
ORI	npc	pc	pc	ALU	rs	Ext16		imm16

(4) 根据表7.13画出执行ORI指令所需的数据通路，如图7.12所示。

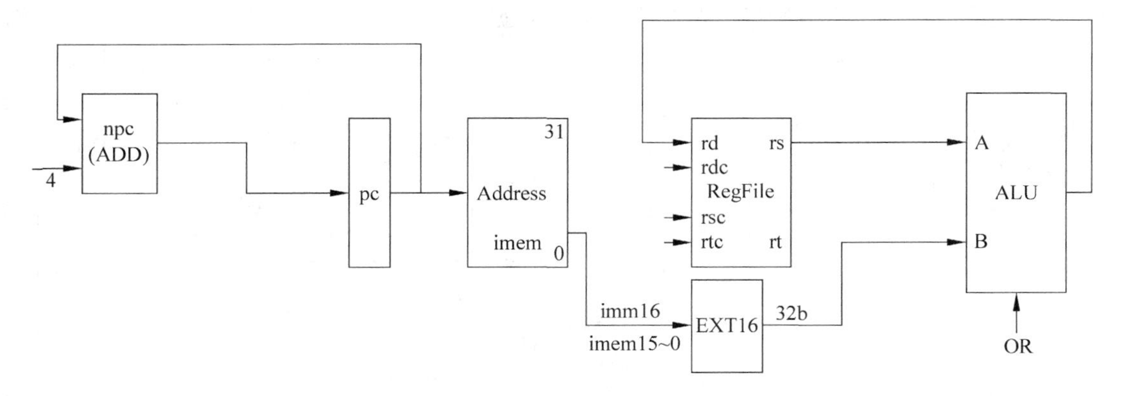

图7.12 ORI指令数据通路

5) LW rt,offset(base)

指令功能：rt←memory[base+offset]；将基地址寄存器(base)加偏移量(offset)所得到的有效数据存储器地址中的内容加载到通用寄存器rt中。

指令格式：

31　　26	25　　21	20　　16	15　　0
LW(100011)	base	rt	offset

(1) 完成LW指令所需的操作：imem←pc(取指令)、rt←[base+Sign_ ext_offset]（执行指令)、pc←npc。

(2) 执行 LW 指令的操作确定所需部件：pc 寄存器、npc、指令存储器(Instruction Memory)、寄存器堆 rt、base(Regfile)、ALU(完成操作数地址计算 base+offset，将有效地址送到数据存储器的地址线上，以便读取操作数)、符号扩展模块 S_Ext16(将 offset 按符号位进行扩展到 32 位，送 ALU 计算操作数地址)、DMEM(从中取操作数)，如表 7.14 所示。

表 7.14　执行 LW 指令所需部件

指令	pc	npc	imem	RegFile	ALU		Ext5	Ext16	DMEM		S_Ext16
				rd	A	B			Addr	Data	

(3) 按完成 LW 指令所需的操作，确定每个部件数据的输入输出关系，如表 7.15 所示。

表 7.15　执行 LW 指令各部件输入输出关系

指令	pc	npc	imem	RegFile	ALU		Ext5	Ext16	DMEM		S_Ext16
				rd	A	B			Addr	Data	
ADDU	npc	pc	pc	ALU	rs	rt					
SUBU	npc	pc	pc	ALU	rs	rt					
SLL	npc	pc	pc	ALU	Ext5	rt	sa				
ORI	npc	pc	pc	ALU	rs	Ext16		imm16			
LW	npc	pc	pc	Data	rs	S_Ext16			ALU		offset

(4) 根据表 7.15 画出执行 LW 指令所需的数据通路，如图 7.13 所示。

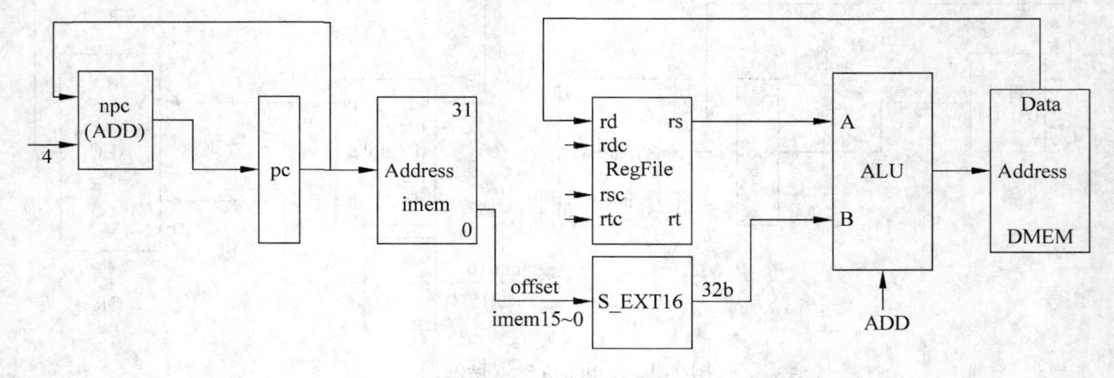

图 7.13　LW 指令数据通路

6) SW rt,offset(base)

指令功能：memory[base+offset]←rt；将通用寄存器 rt 中的 32 位数据存入数据存储器中的有效地址，有效地址由基地址寄存器(base)和 16 位偏移量(offset)相加所得。

指令格式：

31　26	25　21	20　16	15　0
SW(101011)	base	rt	offset

(1) 完成 SW 指令所需的操作：imem←pc(取指令)、[base+Sign_ ext_offset]←rt(执行指令)、pc←npc。

(2) 执行 SW 指令的操作确定所需部件：pc 寄存器、npc、指令存储器(Instruction Memory)、寄存器堆(Regfile)、ALU、符号扩展模块 S_Ext16、DMEM，如表 7.16 所示。

表 7.16 执行 SW 指令所需部件

指令	pc	npc	imem	RegFile	ALU		Ext5	Ext16	DMEM		S_Ext16
				rd	A	B			Addr	Data	

(3) 按完成 SW 指令所需的操作，确定每个部件数据的输入输出关系，如表 7.17 所示。

表 7.17 执行 SW 指令各部件输入输出关系

指令	pc	npc	imem	RegFile	ALU		Ext5	Ext16	DMEM		S_Ext16
				rd	A	B			Addr	Data	
ADDU	npc	pc	pc	ALU	rs	rt					
SUBU	npc	pc	pc	ALU	rs	rt					
SLL	npc	pc	pc	ALU	Ext5	rt	sa				
ORI	npc	pc	pc	ALU	rs	Ext16		imm16			
LW	npc	pc	pc	Data	rs	S_Ext16			ALU		offset
SW	npc	pc	pc		rs	S_Ext16			ALU	Rt	offset

(4) 根据表 7.17 画出执行 SW 指令所需的数据通路，如图 7.14 所示。

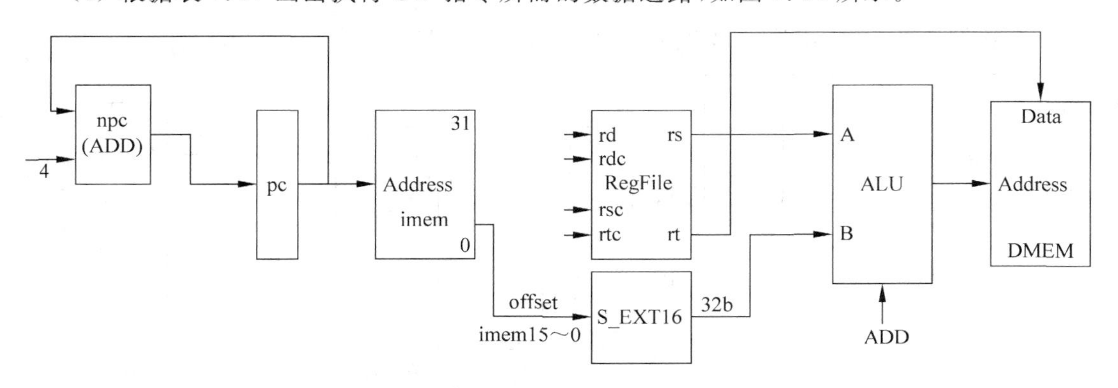

图 7.14 SW 指令数据通路

7) BEQ rs,rt,offset

指令功能：比较通用寄存器的值，然后做 pc 相关的分支跳转。如果 rs＝rt，那么将 offset 左移两位，再进行符号扩展到 32 位与当前 pc 相加，形成有效转移地址，转到该地址。如果 rs !＝rt，则继续执行下条指令。

指令格式：

31　　26	25　　21	20　　16	15　　0
BEQ(000100)	rs	rt	offset

(1) 完成 BEQ 指令所需的操作：imem←pc(取指令)、if rs＝rt，pc←npc＋Sign_ ext (offset ‖ O^2)(执行指令)，then pc←npc(注：offset ‖ O^2 表示将 offset 左移两位)。

(2) 执行 BEQ 指令的操作确定所需部件：pc 寄存器、npc、指令存储器(Instruction

Memory)、寄存器堆(Regfile)、ALU、扩展模块 Ext18、加法器 ADD,完成转移地址的计算,如表 7.18 所示。

表 7.18　执行 BEQ 指令所需部件

指令	pc	npc	imem	RegFile	ALU		Ext5	Ext16	DMEM		S_Ext16	Ext18	ADD	
				rd	A	B			Addr	Data			A	B

(3) 按完成 BEQ 指令满足条件所需的操作,确定每个部件数据的输入输出关系,如表 7.19 所示。

表 7.19　执行 BEQ 指令各部件输入输出关系

指令	pc	npc	imem	RegFile	ALU		Ext5	Ext16	DMEM		S_Ext16	Ext18	ADD	
				rd	A	B			Addr	Data			A	B
ADDU	npc	pc	pc	ALU	rs	rt								
SUBU	npc	pc	pc	ALU	rs	rt								
SLL	npc	pc	pc	ALU	Ext5	rt	sa							
ORI	npc	pc	pc	ALU	rs	Ext16		imm16						
LW	npc	pc	pc	Data	rs	S_Ext16			ALU		offset			
SW	npc	pc	pc		rs	S_Ext16			ALU	Rt	offset			
BEQ	add	pc	pc		rs	rt						offset	NPC	Ext18

(4) 根据表 7.19 画出执行 BEQ 指令所需的数据通路,如图 7.15 所示。

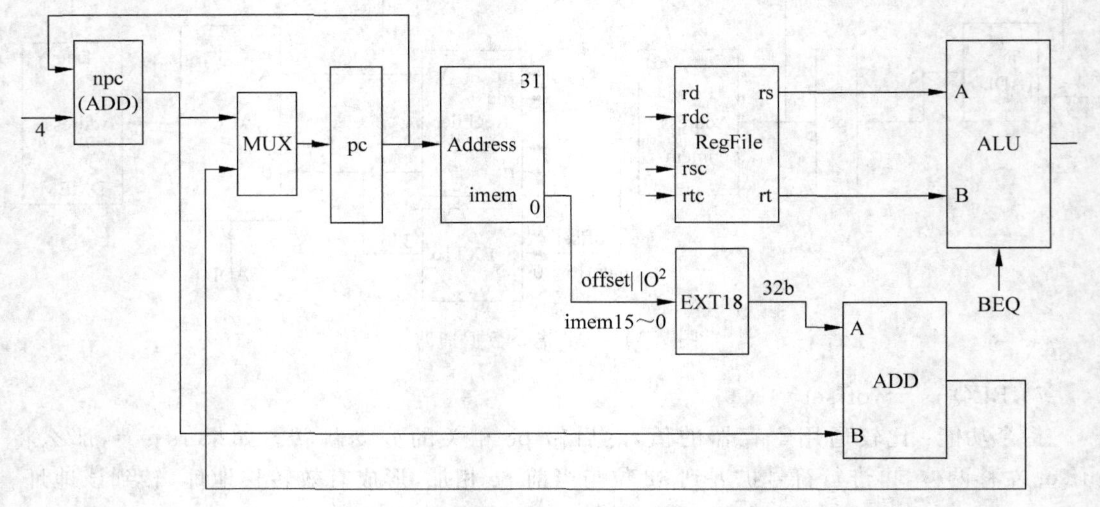

图 7.15　BEQ 指令通路

8) J target

指令功能:该指令无条件跳转到一个绝对地址,instr_index 长度 26 位,在左移两位后为 28 位,再与 pc 的最高 4 位(PC31～28)并接成 32 位转移地址。

指令格式:

31　　26	25　　　　　　　　0
J(000010)	instr_index

(1) 完成 J 指令所需的操作：imem←pc(取指令)、pc←pc31～28 ‖ instr_index ‖ O^2(执行指令)，pc←npc。注：pc31-28 ‖ instr_index ‖ O^2 表示将 instr_index 左移两位后与 pc31～28 并接成 32 位。

(2) 执行 J 指令的操作确定所需部件：pc 寄存器、npc、指令存储器(Instruction Memory)、并接模块 ‖，如表 7.20 所示。

表 7.20　执行 J 指令所需部件

指令	pc	npc	imem	RegFile	ALU		Ext5	Ext16	DMEM		S_Ext16	Ext18	ADD		‖	
				rd	A	B			Addr	Data			A	B	A	B

(3) 按完成 J 指令所需的操作，确定每个部件数据的输入输出关系，如表 7.21 所示。

表 7.21　执行 J 指令各部件输入输出关系

指令	pc	npc	imem	RegFile	ALU		Ext5	Ext16	DMEM		S_Ext16	Ext18	ADD		‖	
				rd	A	B			Addr	Data			A	B	A	B
ADDU	npc	pc	pc	ALU	rs	rt										
SUBU	npc	pc	pc	ALU	rs	rt										
SLL	npc	pc	pc	ALU	Ext5	rt	sa									
ORI	npc	pc	pc	ALU	rs	Ext16		imm16								
LW	npc	pc	pc	Data	rs	S_Ext16			ALU		offset					
SW	npc	pc	pc		rs	S_Ext16			ALU	Rt	offset					
BEQ	add	pc	pc		rs	rt						offset	npc	Ext18		
J	‖	pc	pc												pc31～28	imem25～0

(4) 根据表 7.21 画出执行 J 指令所需的数据通路(instr_index ‖ O^2 表示将 instr_index 左移两位)，如图 7.16 所示。

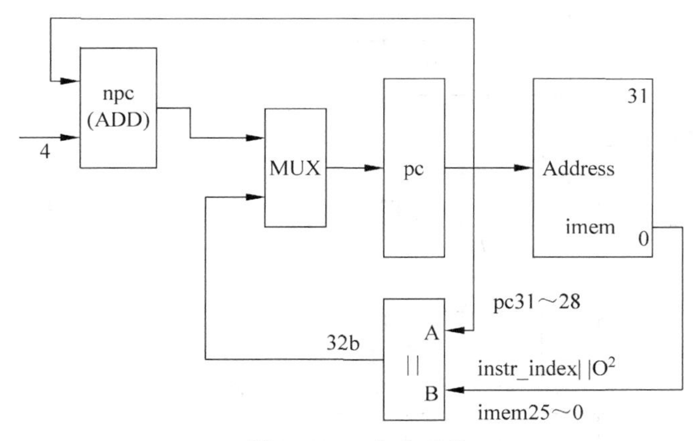

图 7.16　J 指令通路

9) 绘制整个数据通路

根据表 7.21 所涉及部件和部件的数据输入来源，画出整个数据通路。若表格中某个输入端口有多个不同输入来源，则在此端口前加入一个多路选择器来选择各条指令所需的数据来源。根据表 7.21，可画出 8 条指令的数据通路，如图 7.17 所示。

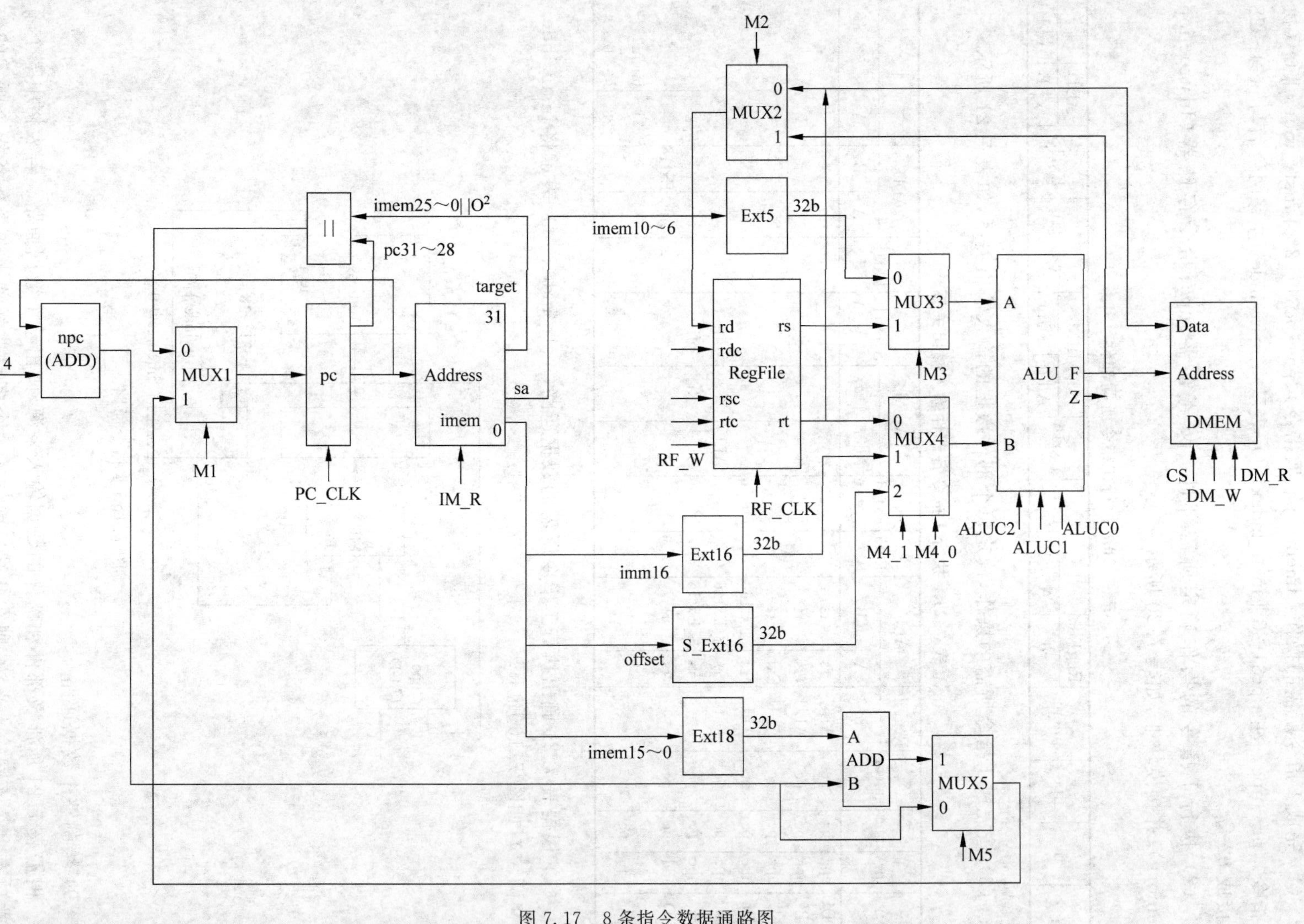

图 7.17 8条指令数据通路图

2. 控制部件设计

(1) 根据每条指令功能,在已形成的数据通路下,画出每条指令从取指到执行过程的指令流程图。

(2) 根据指令流程图,编排指令取指到执行的操作时间表。

(3) 根据指令操作时间表,写出每个控制信号的逻辑表达式。

(4) 根据逻辑表达式,用门电路实现,完成控制部件设计。

下面以 8 条指令 ADDU、SUBU、ORI、SLL、LW、SW、BEQ、J 为例来说明设计过程。

1) 画指令流程图

根据数据通路和指令功能,按照完成指令功能的操作顺序进行分解,分成取指令、执行指令和 PC 增值。

(1) ADDU rd,rs,rt

① 取指令:要完成取指,先要将 pc 的地址送到指令存储器 imem,然后对 imem 发一个读信号(IM_R),将指令从 imem 取出。取出指令后,pc 送 npc 完成加 4 增值。

② 执行指令:先将 rs 和 rt 的内容送 ALU,完成"+"运算后,写回 rd,RF_W 有效(RegFile 的写信号)。

③ 将 npc 中完成加 4 的值送回 pc。

④ ADDU 指令流程图结束。指令流程图如图 7.18 所示。

(2) SUBU rd,rs,rt

① 取指令:要完成取指,先要将 pc 的地址送到指令存储器 imem,然后对 imem 发一个读信号(IM_R),将指令从 imem 取出。取出指令后,pc 送 npc 完成加 4 增值。

② 执行指令:先将 rs 和 rt 的内容送 ALU,完成"-"运算后,写回 rd,RF_W 有效。

③ 将 npc 中完成加 4 的值送回 pc。

④ SUBU 指令流程图结束。指令流程图如图 7.19 所示。

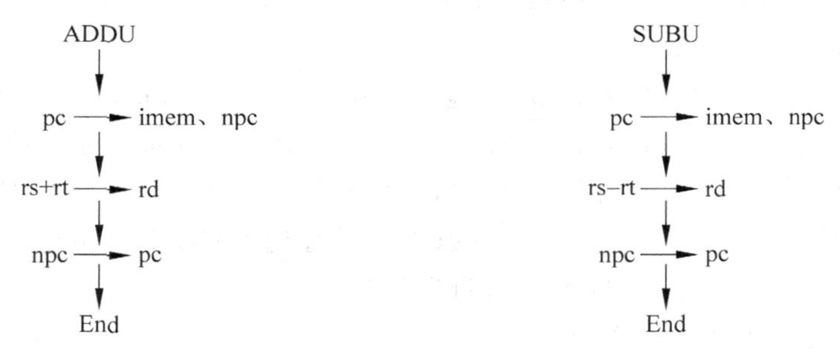

图 7.18　ADDU 指令流程图　　图 7.19　SUBU 指令流程图

(3) SLL rd,rt,sa

① 取指令:要完成取指,先要将 pc 的地址送到指令存储器 imem,然后对 imem 发一个读信号(IM_R),将指令从 imem 取出。取出指令后,pc 送 npc 完成加 4 增值。

② 执行指令:先将 rt 的内容送 ALU,再将 sa 的内容(左移的位数)经 Ext5 扩展成 32 位后送 ALU,完成移位后,写回 rd,RF_W 有效。

③ 将 npc 中完成加 4 的值送回 pc。

④ SLL 指令流程图结束。指令流程图如图 7.20 所示。

(4) ORI rt,rs,imm16

① 取指令:要完成取指,先要将 pc 的地址送到指令存储器 imem,然后对 imem 发一个

读信号(IM_R),将指令从 imem 取出。取出指令后,pc 送 npc 完成加 4 增值。

② 执行指令:先将 rs 的内容送 ALU,再将 imm16 经 Ext16 扩展成 32 位后送 ALU,完成"或"运算后,写回 rd,RF_W 有效。

③ 将 npc 中完成加 4 的值送回 pc。

④ ORI 指令流程图结束。指令流程图如图 7.21 所示。

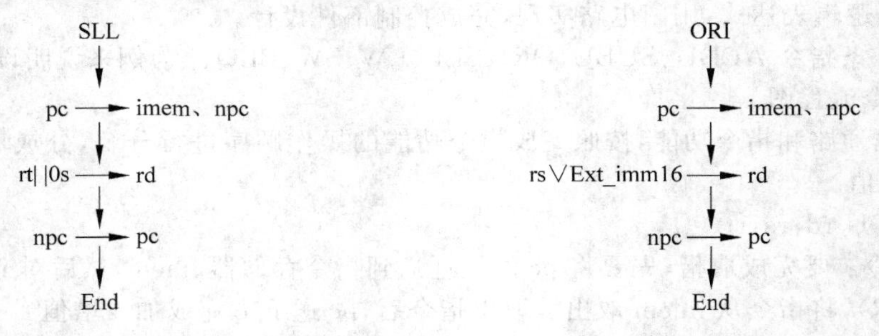

图7.20 SLL 指令流程图　　　图 7.21 ORI 指令流程图

(5) LW rt,offset(base)

① 取指令:要完成取指,先要将 pc 的地址送到指令存储器 imem,然后对 imem 发一个读信号(IM_R),将指令从 imem 取出。取出指令后,pc 送 npc 完成加 4 增值。

② 执行指令:先将 base 的内容送 ALU,再将 offset 经过符号扩展 S_Ext16 扩展成 32 位后送 ALU,完成"+"运算后,形成有效的操作数地址送 DMEM_Address,然后对 DMEM 发一个读信号(DM_R),将操作数从 DMEM 取出,写回 rt,RF_W 有效。

③ 将 npc 中完成加 4 的值送回 pc。

④ LW 指令流程图结束。指令流程图如图 7.22 所示。

(6) SW rt,offset(base)

① 取指令:要完成取指,先要将 pc 的地址送到指令存储器 imem,然后对 imem 发一个读信号(IM_R),将指令从 imem 取出。取出指令后,pc 送 npc 完成加 4 增值。

② 执行指令:先将 base 的内容送 ALU,再将 offset 经过符号扩展 S_Ext16 扩展成 32 位后送 ALU,完成"+"运算后,形成有效的操作数地址送 DMEM_Address,然后将 rt 内容送 DMEM_Data,发一个写信号(DM_W),将操作数写入 DMEM。

③ 将 npc 中完成加 4 的值送回 pc。

④ SW 指令流程图结束。指令流程图如图 7.23 所示。

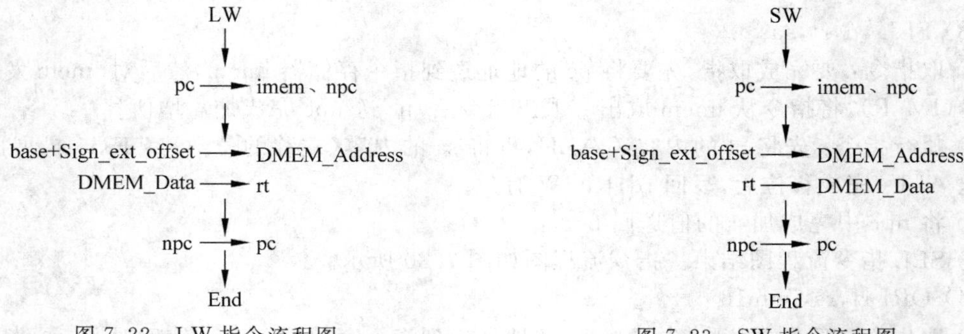

图 7.22 LW 指令流程图　　　图 7.23 SW 指令流程图

(7) BEQ rs,rt,offset

① 取指令：要完成取指,先要将 pc 的地址送到指令存储器 imem,然后对 imem 发一个读信号(IM_R),将指令从 imem 取出。取出指令后,pc 送 npc 完成加 4 增值。

② 执行指令：先判断 rs 与 rt 相等否,如相等,先将 npc 的内容送加法器(ADD),再将 offset 经 Ext18 符号扩展成 32 位后送 ADD,完成"+"运算后,形成有效的转移地址送回 pc,否则,将 npc 中完成加 4 的值送回 pc。

③ BEQ 指令流程图结束。指令流程图如图 7.24 所示。

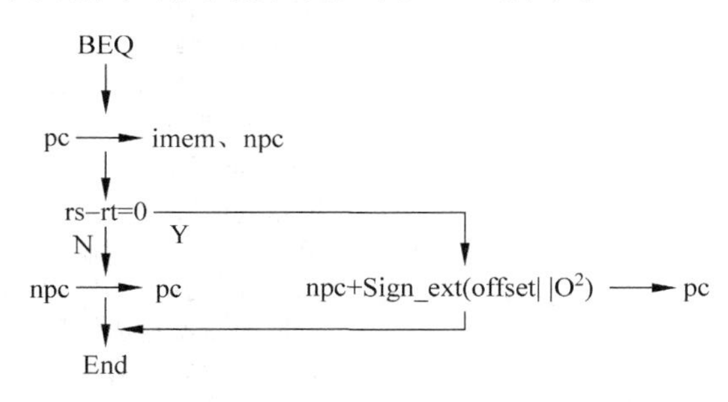

图 7.24　BEQ 指令流程图

(8) J target

① 取指令：要完成取指,先要将 pc 的地址送到指令存储器 imem,然后对 imem 发一个读信号(IM_R),将指令从 imem 取出。取出指令后,pc 送 npc 完成加 4 增值。

② 执行指令：先将 instr_index 左移两位形成 28 位,送拼接部件(‖),然后,将 pc 的 31～28 位送拼接部件,形成 32 转移地址送回 pc。

③ J 指令流程图结束。指令流程图如图 7.25 所示。

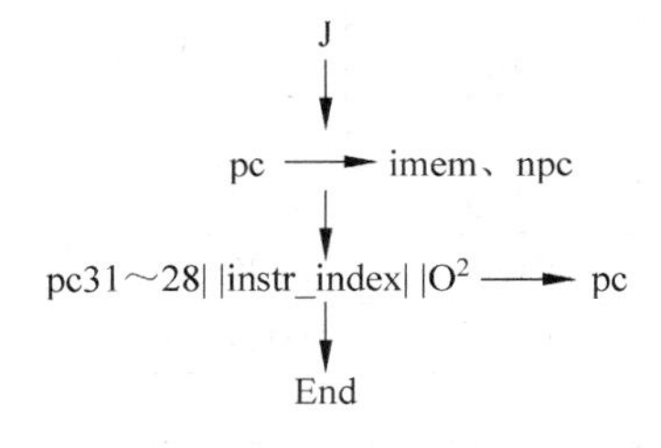

图 7.25　J 指令流程图

2) 编排指令操作时间表

先将设计好的数据通路中所有控制信号列出一张表,根据每条指令的操作流程图,结合数据通路,将每条指令执行时所需的控制信号填入表中。

在本例中,先假设 ALU 的功能控制如表 7.22 所示。

表 7.22　ALU 功能控制

	ALUC2	ALUC1	ALUC0	备　注
ADD	0	0	0	ALU 完成"加"
SUB	0	0	1	ALU 完成"减"
ORI	0	1	0	ALU 完成"或"
SLL	0	1	1	ALU 完成"左移"

(1) 将数据通路(图 7.17)中所有部件控制信号列成一张表,如表 7.23 所示。

表 7.23　8 条指令控制信号表

控制信号(微操作)	控制信号说明
PC_CLK	CPU 工作主频
IM_R	代码存储器读信号

续表

控制信号(微操作)	控制信号说明
Rsc4～0	rs 寄存器选择输入控制端
Rtc4～0	rt 寄存器选择输入控制端
M3	MUX3 选择器控制端
M4_1	MUX4 选择器控制端 1
M4_0	MUX4 选择器控制端 0
ALUC2	ALU 控制端 2
ALUC1	ALU 控制端 1
ALUC0	ALU 控制端 0
M2	MUX2 选择器控制端
Rdc4～0	rd 寄存器选择输入控制端
RF_W	RegFile 写信号
RF_CLK	RegFile 时钟
M5	MUX5 选择器控制端
M1	MUX1 选择器控制端
CS	数据存储器片选信号
DM_R	数据存储器读信号
DM_W	数据存储器写信号

注：表中的信号与设计的部件有关

(2) 根据每条指令的格式和流程图，在已建立的数据通路下，完成每条指令的执行(包括取指)所需的控制信号填入表中，如图 7.26 所示。

控制信号(微操作)	ADDU
PC_CLK	1
IM_R	1
Rsc4～0	IM25～21
Rtc4～0	IM20～16
M3	1
M4_1	0
M4_0	0
ALUC2	0
ALUC1	0
ALUC0	0
M2	1
Rdc4～0	IM15～11
RF_W	1
RF_CLK	1
M5	0
M1	1
CS	0
DM_R	0
DM_W	0

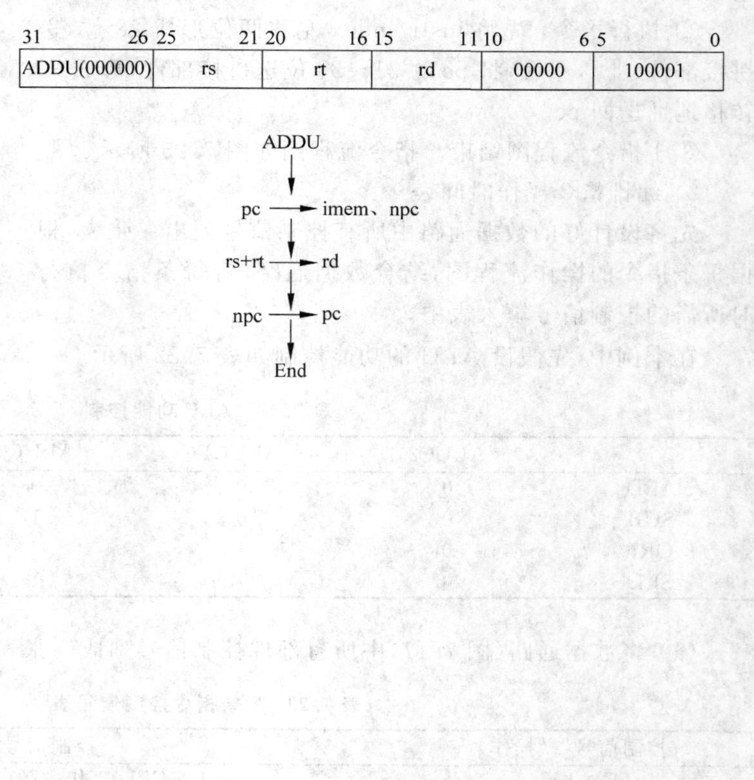

图 7.26 ADDU 指令执行所需控制信号

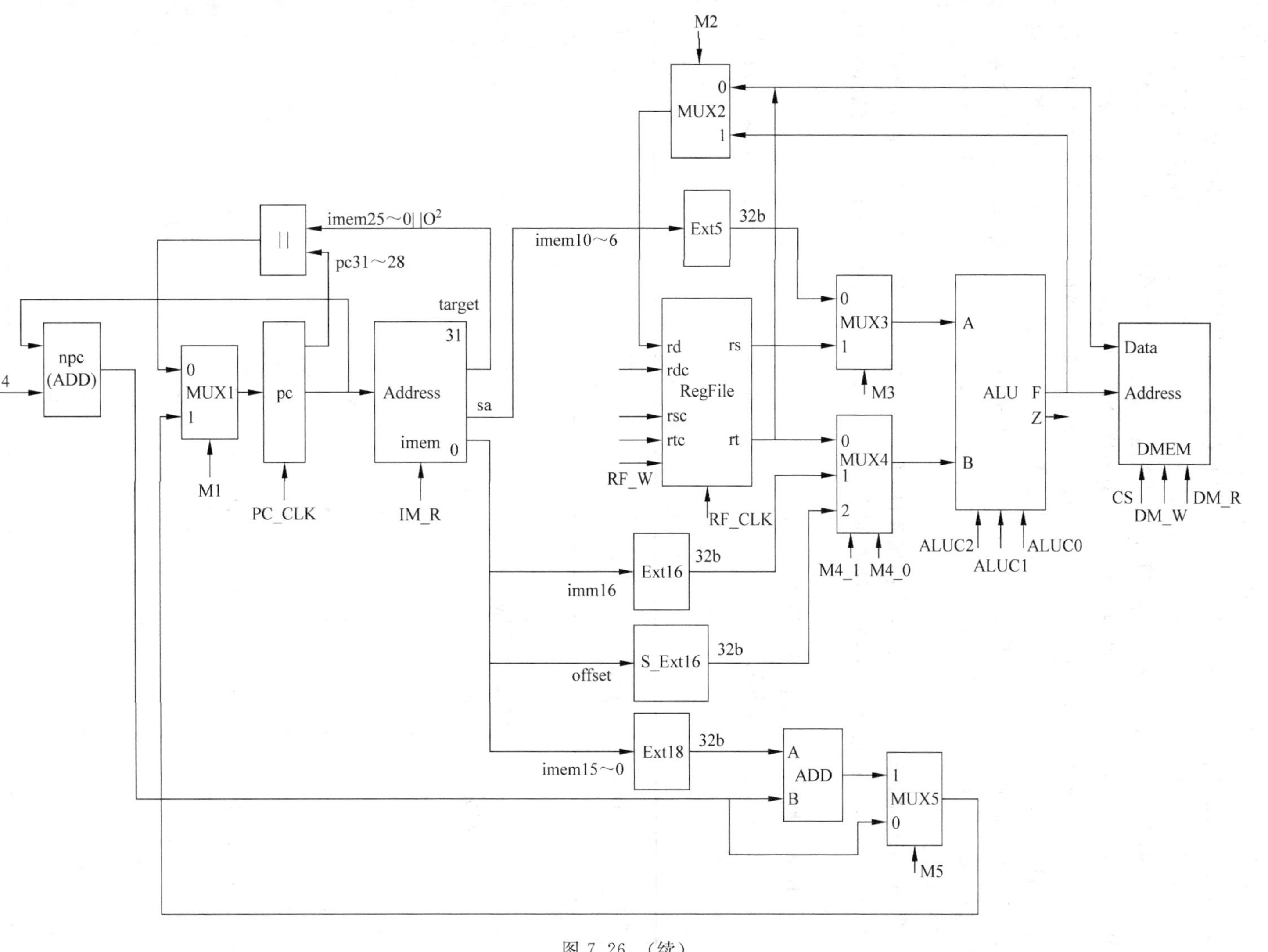
M2
MUX2
0
1
imem25～0||O²
||
pc31～28
imem10～6
Ext5
32b
target
31
npc
(ADD)
4
MUX1
M1
pc
PC_CLK
Address
sa
imem
IM_R
rd
rdc
RegFile
rsc
rtc
rs
rt
RF_W
RF_CLK
MUX3
M3
MUX4
M4_1 M4_0
A
B
ALU
F
Z
ALUC2
ALUC1
ALUC0
Data
Address
DMEM
CS
DM_W
DM_R
Ext16
imm16
S_Ext16
offset
Ext18
imem15～0
ADD
MUX5
M5

图 7.26 （续）

实现指令流程图中的每一步所需的控制信号如下。

① 取指令(pc→npc,imem,IM_R):从数据通路图中,pc的内容已送到imem了,IM_R信号有效,就可以将指令读出来。所以,IM_R填“1”(假设控制信号都是高电平有效)。

② 执行指令功能(rs+rt→rd,RF_W):要完成运算功能,首先要将两个操作数送ALU,操作数在Rs和Rt中,而Rs和Rt是由指令地址段指出(即IM25~21指出rs,IM20~16指出rt,IM15~11指出rd,见图7.26中的指令格式)。所以,在表中的rsc、rtc、rdc分别填入IM25~21、IM20~16、IM15~11。rs通过MUX3(1)端送ALU(A),所以M3填“1”。rt通过MUX4(0)端送ALU(B),所以M4_1、M4_0=00。要完成“+”操作,ALUC2-0按表7.22所示,应填“000”。结果要送回寄存器堆的rd端,从ALU输出F到rd,要经过MUX2(1)端,所以,MUX2控制端M2=1。要写入寄存器堆,RF_W和RF_CLK都必须有效,表中填入“1”。

③ pc完成增值(npc→pc):从数据通路图中,npc送到pc要经MUX5(0)端和MUX1(1)端,所以,M5控制端M5=0,MUX1控制端M1=1,要写入pc,PC_CLK必须有效,表中填入“1”。

④ 其他的控制信号没有用到都填“0”。

这样,就将ADDU指令的时间表填完了。以此类推,将8条指令一条一条地填完,如表7.24所示。

表7.24 8条指令的操作时间表

控制信号(微操作)	ADDU	SUBU	ORI	SLL	BEQ (Z=1)	J	LW	SW
PC_CLK	1	1	1	1	1	1	1	1
IM_R	1	1	1	1	1	1	1	1
Rsc4~0	IM25~21	IM25~21	IM25~21		IM25~21		IM25~21	IM25~21
Rtc4~0	IM20~16	IM20~16		IM20~16	IM20~16			IM20~16
M3	1	1	1	0	1	1	1	1
M4_1	0	0	0	0	0	0	1	1
M4_0	0	0	1	0	0	0	0	0
ALUC2	0	0	0	0	0	0	0	0
ALUC1	0	0	1	1	0	0	0	0
ALUC0	0	1	0	1	1	0	0	0
M2	1	1	1	1	1	1	0	1
Rdc4~0	IM15~11	IM15~11	IM20~16	IM15~11	IM15~11		IM20~16	
RF_W	1	1	1	1	0	0	1	0
RF_CLK	1	1	1	1	0	0	1	0
M5	0	0	0	0	1	0	0	0
M1	1	1	1	1	1	0	1	1
CS	0	0	0	0	0	0	1	1
DM_R	0	0	0	0	0	0	1	0
DM_W	0	0	0	0	0	0	0	1

从表7.24中可以看出Rdc的输入源有IM20~16和IM15~11两个源,所以,在Rdc输入端加一个多路选择器MUX6,如图7.27所示。

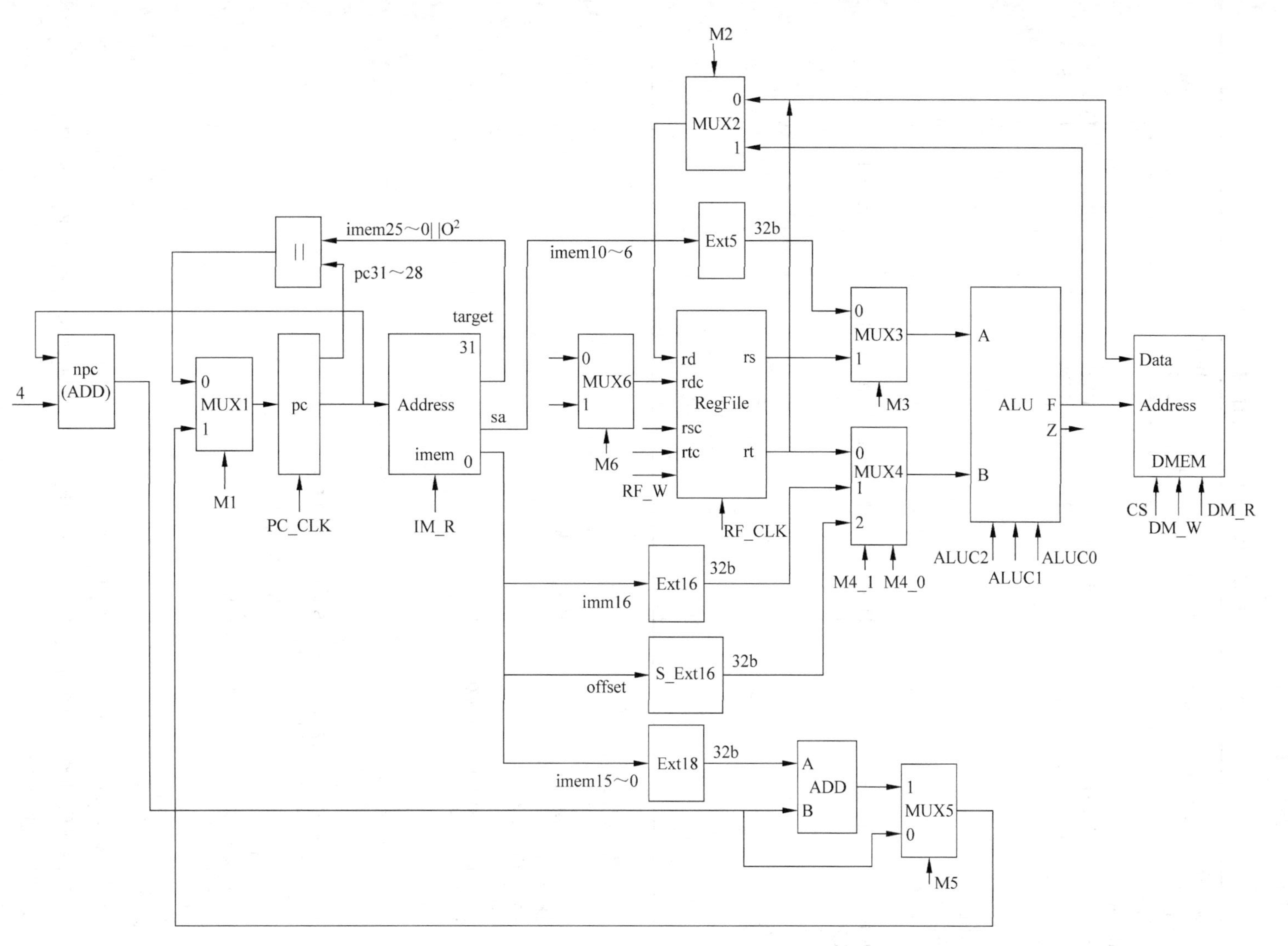

图 7.27　加入 MUX6 的数据通路

表 7.24 更新为如表 7.25 所示。

表 7.25　加入 MUX6 的时间表

控制信号（微操作）	ADDU	SUBU	ORI	SLL	BEQ (Z=1)	J	LW	SW
PC_CLK	1	1	1	1	1	1	1	1
IM_R	1	1	1	1	1	1	1	1
Rsc4～0	IM25～21	IM25～21	IM25～21		IM25～21		IM25～21	IM25～21
Rtc4～0	IM20～16	IM20～16		IM20～16	IM20～16			IM20～16
M3	1	1	1	0	1	1	1	1
M4_1	0	0	0	0	0	0	1	1
M4_0	0	0	1	0	0	0	0	0
ALUC2	0	0	0	0	0	0	0	0
ALUC1	0	0	1	1	0	0	0	0
ALUC0	0	1	0	1	1	0	0	0
M2	1	1	1	1	1	1	0	1
Rdc4～0	IM15～11	IM15～11	IM20～16	IM15～11	IM15～11		IM20～16	
RF_W	1	1	1	1	0	0	1	0
RF_CLK	1	1	1	1	0	0	1	0
M5	0	0	0	0	1	0	0	0
M1	1	1	1	1	1	0	1	1
CS	0	0	0	0	0	0	1	1
DM_R	0	0	0	0	0	0	1	0
DM_W	0	0	0	0	0	0	0	1
M6	0	0	1	0	0	0	1	0

3）控制信号综合

```
PC_CLK = CLK(上升沿)   //CLK - CPU 工作主频
IM_R = 1
Rsc = IM25 - 21
Rtc = IM20 - 16
M3 = ADDU + SUBU + ORI + BEQ + J + LW + SW
M4_1 = LW + SW
M4_0 = ORI
ALUC2 = 0
ALUC1 = ORI + SLL
ALUC0 = SUBU + SLL + BEQ
M2 = ADDU + SUBU + ORI + SLL + BEQ + J + SW
Rdc4 - 0 = IM15 - 11(ADDU + SUBU + SLL + BEQ) + IM20 - 16(ORI + LW)
RF_W = ADDU + SUBU + ORI + SLL + LW
RF_CLK = (ADDU + SUBU + ORI + SLL + LW)CLK(上升沿)
M5 = BEQZ
M1 = ADDU + SUBU + ORI + SLL + BEQ + LW + SW
CS = LW + SW
DM_R = LW
DM_W = SW
M6 = ORI + LW
```

4）微操作序列形成部件的组合逻辑网络

按照控制信号综合的逻辑表达式，构成微操作信号产生逻辑电路，如图 7.28 所示。

5）CPU 逻辑结构

设计 8 条指令的 CPU 逻辑结构，如图 7.29 所示（图中微操作序列产生部件的输出控制信号应连接到数据通路中对应的控制端，为了结构图清晰，图中未连接）。

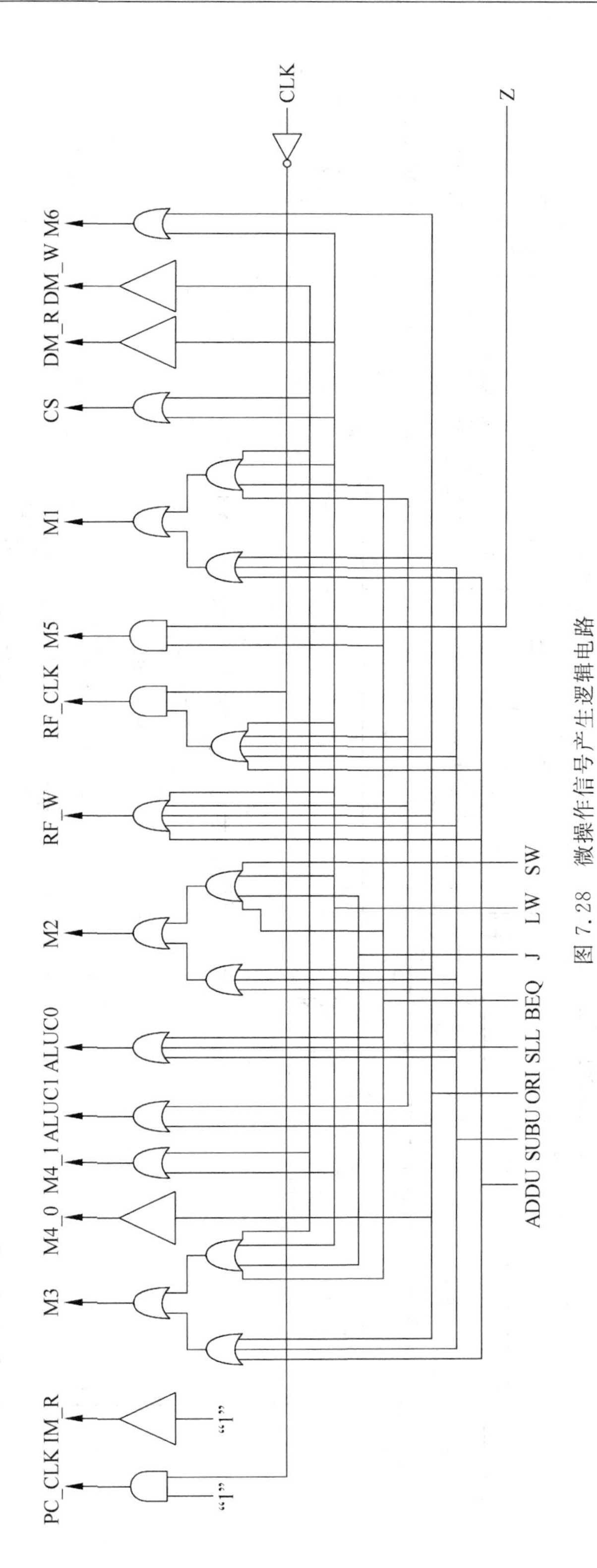

图 7.28　微操作信号产生逻辑电路

注：ALUC2 为全 0，所以控制逻辑中就未标此信号，由 ALUC2 直接接 0

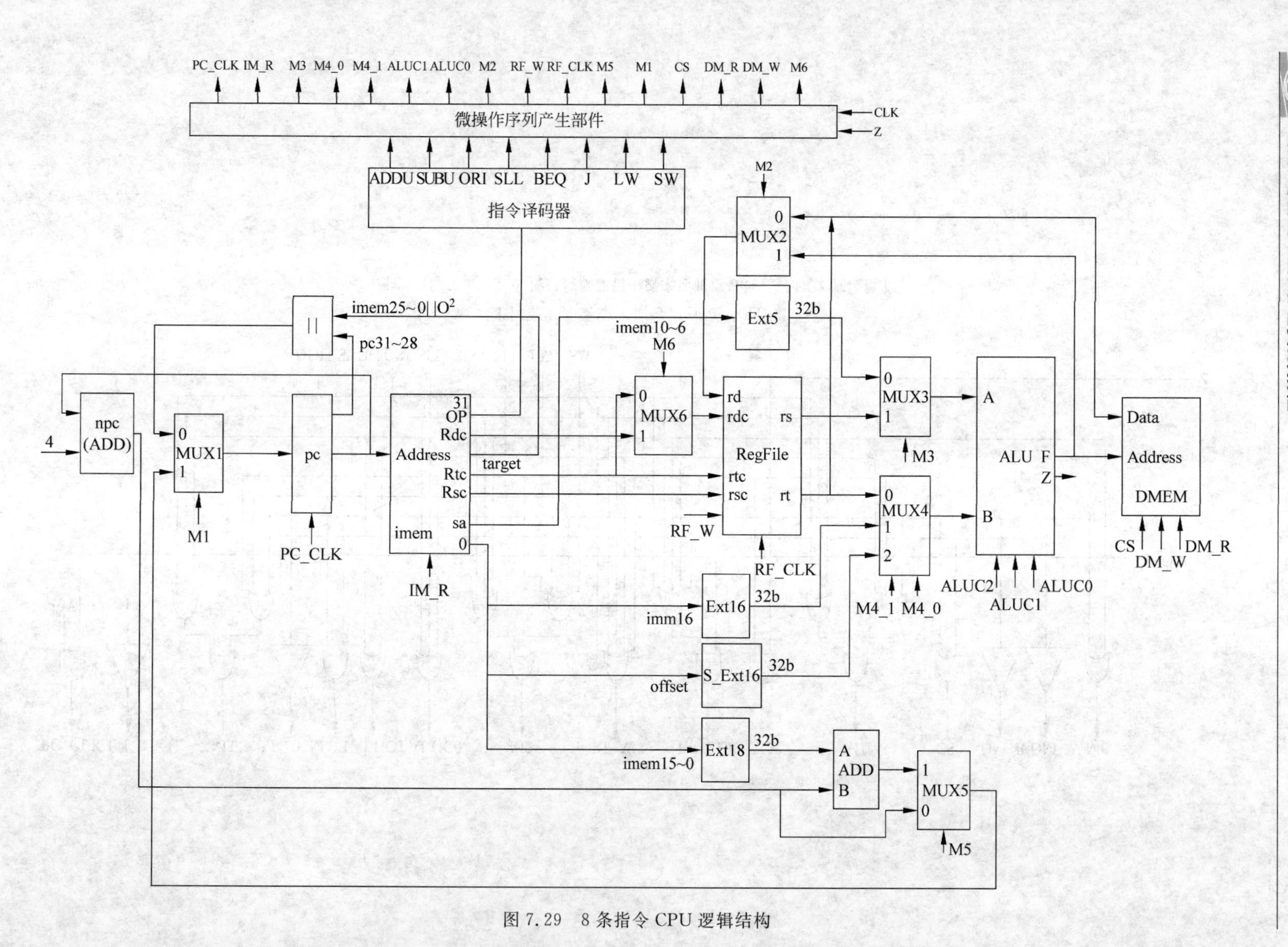

图 7.29 8条指令CPU逻辑结构

7.5.2 多周期 CPU 设计

多周期 CPU 的中心思想是把一条指令的执行过程分成若干个小周期完成，根据每条指令的复杂程度，使用不同数量的小周期去执行，许多个小周期加在一起相当于单周期 CPU 中的一个周期。

在我们实现的 8 条指令中，最复杂的指令之一是 BEQ rs，rt，offset，它需要 5 个周期，其整个执行的过程如下。

(1) 根据 pc 取指令。

(2) 完成 pc 加 4。

(3) 读出 rs 和 rt 两个寄存器的数据并锁存，比较是否相等。

(4) 相等，ALU 计算转移地址并锁存，否则指令结束。

(5) 将转移地址写入 pc，指令结束。

而最简单的指令是 J target，具有以下三个周期。

(1) 根据 pc 取指令。

(2) 完成 pc 加 4。

(3) 指令中的 target 左移两位与 pc 的高 4 位拼接成 32 位地址写入 pc。

ALU 计算类型的指令需要以下 4 个周期。

(1) 根据 pc 取指令。

(2) 完成 pc 加 4。

(3) 读出 rs 和 rt 两个寄存器的内容进行运算。

(4) 把运算结果写入寄存器堆中的 rd(或 rt)寄存器。

访问内存类型的指令，需要以下 4 个周期。

(1) 根据 pc 取指令。

(2) 完成 pc 加 4。

(3) rs 寄存器的内容与指令中的偏移量 offset 相加，计算得到存储器地址。

(4) 使用计算好的地址访问存储器，从中读写出一个 32 位的数据。

下面以 ADDU、SUBU、ORI、SLL、LW、SW、BEQ、J 8 条指令为例来说明多周期 CPU 的设计过程。

1. 数据通路设计

数据通路的设计过程与单周期的数据通路设计过程一样，要注意的是，多周期 CPU 设计的基本原则是，首先，在多周期 CPU 中的某些资源可以复用，比如 ALU，既可以完成算术和逻辑运算，还可以用于 PC 的增值运算，因为它们的操作是在不同的周期中，所以，这两种操作都可以用 ALU 完成。我们可以使用一个指令和数据公用的存储器，而无须分为两个独立的指令和数据存储器，因为读取指令和读取操作数的操作是在不同的周期中。其次，每个周期结束时要把本周期的结果保存到某个寄存器中，以便下个周期可使用。所以，我们增加了一个指令寄存器 IR 和一个暂存器 Y。IR 的作用是存放读出的指令，供以后的周期使用。Y 的作用是存放 ALU 运算的结果，供以后的周期使用。数据通路如图 7.30 所示。

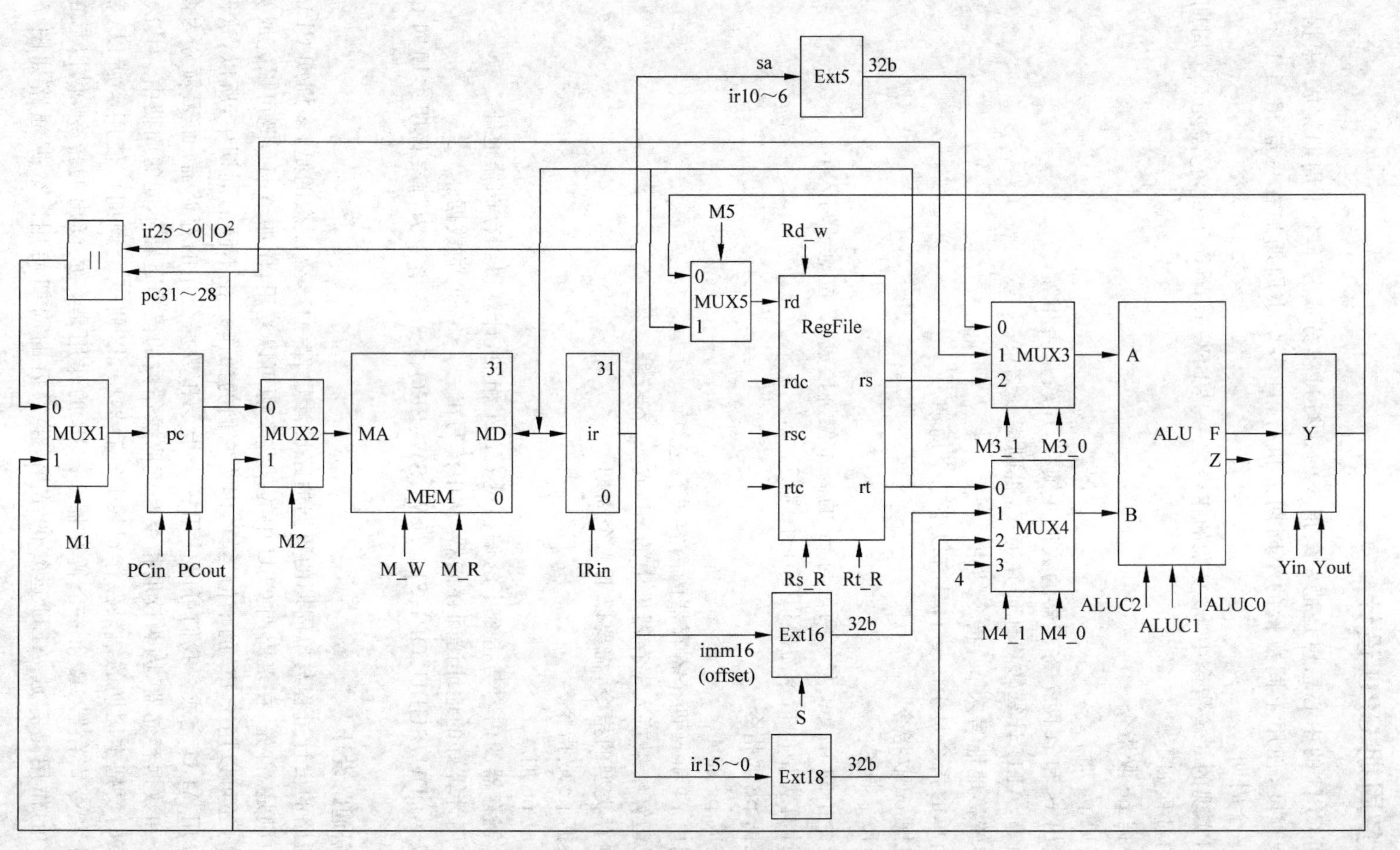

图 7.30 8 条指令的多周期 CPU 数据通路

2. 控制器设计

用有限状态机实现多周期 CPU 的控制部件，可以用时序电路来实现多周期 CPU 的控制部件，主要工作是确定状态转移图及输出逻辑。状态转移图不是唯一的，只要能实现各条指令所经过的周期即可。结构逻辑图如图 7.31 所示。

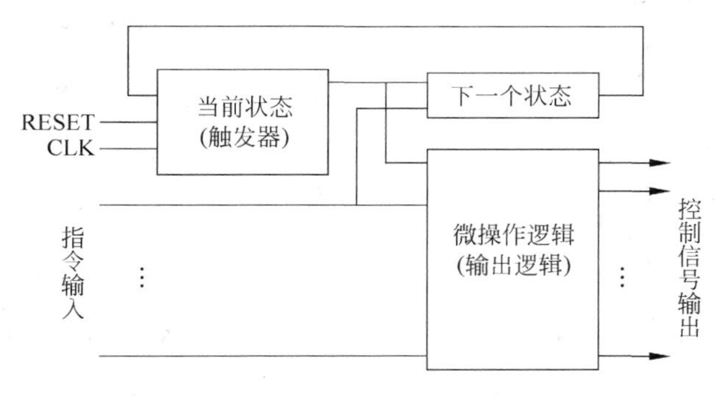

图 7.31　多周期控制器逻辑结构

1）画指令流程图

根据数据通路和指令功能，将完成指令功能的操作顺序，从取指令到执行指令整个过程分解开，按完成指令功能的次序分解成每一步，每一步的划分以操作时资源不冲突为原则，画成流程图，在流程图中的每一步就是一个周期。

(1) ADDU rd,rs,rt

取指令：

① 先要将 pc 的地址送到存储器 mem 的地址 MA 上，然后对 mem 发一个读信号(M_R)，将指令从 mem 读出(MD)送入 ir。同时，pc 送 ALU 完成加 4 增值后送入暂存器 y。

② 暂存器 y 的内容送回 pc，完成 pc 增值。

执行指令：

① 先将 rs 和 rt 的内容送 ALU，完成“+”运算后，送入 y。

② 将 y 中内容写回 rd。

ADDU 指令流程图结束。指令流程图如图 7.32 所示。

(2) SUBU rd,rs,rt

取指令：

① 先要将 pc 的地址送到存储器 mem 的地址 MA 上，然后对 mem 发一个读信号(M_R)，将指令从 mem 读出(MD)送入 ir。同时，pc 送 ALU 完成加 4 增值后送入暂存器 y。

② 暂存器 y 的内容送回 pc，完成 pc 增值。

执行指令：

① 先将 rs 和 rt 的内容送 ALU，完成“-”运算后，送入 y。

② 将 y 中内容写回 rd。

SUBU 指令流程图结束。指令流程图如图 7.33 所示。

(3) SLL rd,rt,sa

取指令：

① 先要将 pc 的地址送到存储器 mem 的地址 MA 上，然后对 mem 发一个读信号(M_R)，将指令从 mem 读出(MD)送入 ir。同时，pc 送 ALU 完成加 4 增值后送入暂存器 y。

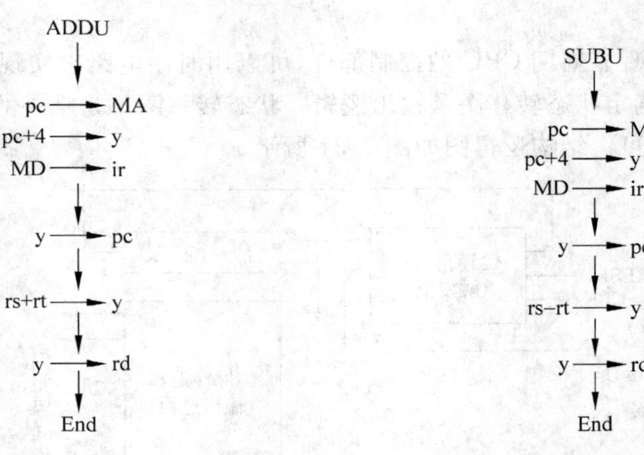

图 7.32 ADDU 指令流程图　　图 7.33 SUBU 指令流程图

② 暂存器 y 的内容送回 pc,完成 pc 增值。

执行指令:

① 先将 rt 的内容送 ALU,再将 sa 的内容(左移的位数)经 Ext5 扩展成 32 位后送 ALU,完成移位后,送入 y。

② 将 y 中内容写回 rd。

SLL 指令流程图结束。指令流程图如图 7.34 所示。

(4) ORI rt,rs,imm16

取指令:

① 先要将 pc 的地址送到存储器 mem 的地址 MA 上,然后对 mem 发一个读信号(M_R),将指令从 mem 读出(MD)送入 ir。同时,pc 送 ALU 完成加 4 增值后送入暂存器 y。

② 暂存器 y 的内容送回 pc,完成 pc 增值。

执行指令:

① 先将 rs 的内容送 ALU,再将 imm16 经 Ext16(S=0)扩展成高位为"0"的 32 位数后送 ALU,完成"或"运算后,送入 y。

② 将 y 中内容写回 rd。

ORI 指令流程图结束。指令流程图如图 7.35 所示。

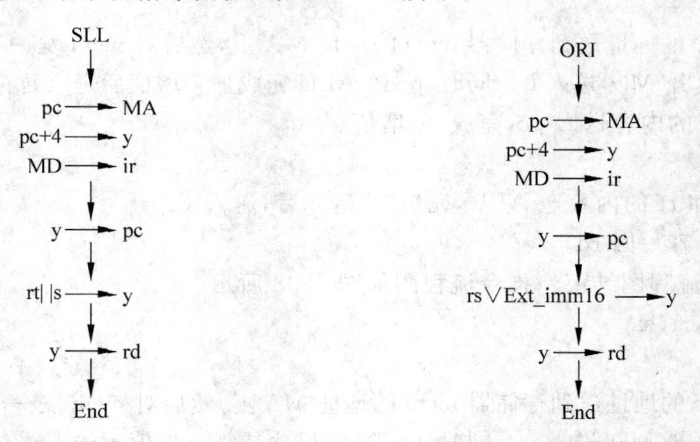

图 7.34 SLL 指令流程图　　图 7.35 ORI 指令流程图

(5) LW rt,offset(base)

取指令:

① 先要将 pc 的地址送到存储器 mem 的地址 MA 上,然后对 mem 发一个读信号(M_R),将指令从 mem 读出(MD)送入 ir。同时,PC 送 ALU 完成加 4 增值后送入暂存器 y。

② 暂存器 y 的内容送回 pc,完成 pc 增值。

执行指令:

① 先将 base 的内容送 ALU,再将 offset 经 Ext16(S=1)符号扩展成 32 位符号数后送 ALU,完成"+"运算后,形成有效的操作数地址送 y。

② 将 y 中内容送 mem 的地址 MA 上,然后对 mem 发一个读信号(M_R),将操作数从 mem 读出(MD)送入 rd。

LW 指令流程图结束。指令流程图如图 7.36 所示。

(6) SW rt,offset(base)

取指令:

① 先要将 pc 的地址送到存储器 mem 的地址 MA 上,然后对 mem 发一个读信号(M_R),将指令从 mem 读出(MD)送入 ir。同时,pc 送 ALU 完成加 4 增值后送入暂存器 y。

② 暂存器 y 的内容送回 pc,完成 pc 增值。

执行指令:

① 先将 base 的内容送 ALU,再将 offset 经 Ext16(S=1)符号扩展成 32 位符号数后送 ALU,完成"+"运算后,形成有效的操作数地址送 y。

② 将 y 中内容送 mem 的地址 MA 上,然后将 rt 内容送 mem 数据(MD)上,发一个写信号(M_W),将操作数写入 mem。

SW 指令流程图结束。指令流程图如图 7.37 所示。

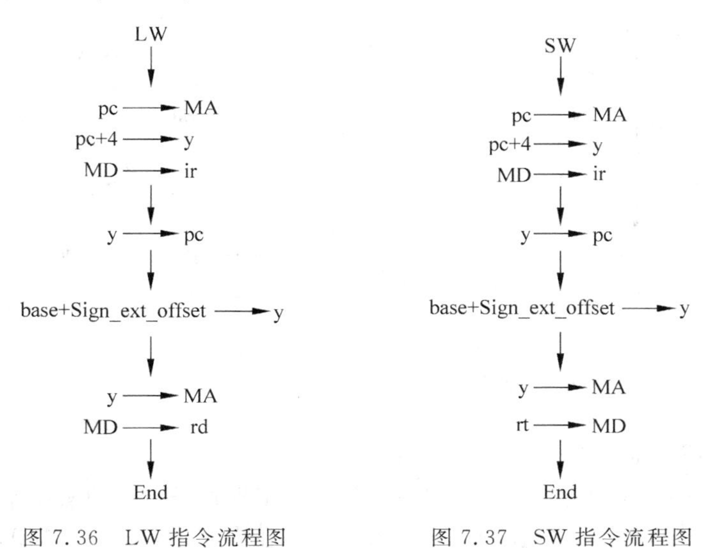

图 7.36　LW 指令流程图　　图 7.37　SW 指令流程图

(7) BEQ rs,rt,offset

取指令:

① 先要将 pc 的地址送到存储器 mem 的地址 MA 上,然后对 mem 发一个读信号(M_R),

将指令从 mem 读出(MD)送入 ir。同时,pc 送 ALU 完成加 4 增值后送入暂存器 y。

② 暂存器 y 的内容送回 pc,完成 pc 增值。

执行指令:

① 判断 rs 与 rt 相等否,如相等,执行②③步。如不相等,指令结束。

② 先将 pc 的内容送 ALU,再将 offset 经 Ext18 符号扩展成 32 位符号数后送 ALU,完成"+"运算后,形成有效的转移地址送 y。

③ 将 y 中内容送回 pc。

BEQ 指令流程图结束。指令流程图如图 7.38 所示。

(8) J target

取指令:

① 先要将 pc 的地址送到存储器 mem 的地址 MA 上,然后对 mem 发一个读信号(M_R),将指令从 mem 读出(MD)送入 ir。同时,pc 送 ALU 完成加 4 增值后送入暂存器 y。

② y 的内容送回 pc,完成 pc 增值。

执行指令:

① 先将 instr_index 左移两位成 28 位拼接部件(‖),然后,将 PC 的 31~28 位送拼接部件,形成 32 转移地址送回 PC。

② J 指令流程图结束。指令流程图如图 7.39 所示。

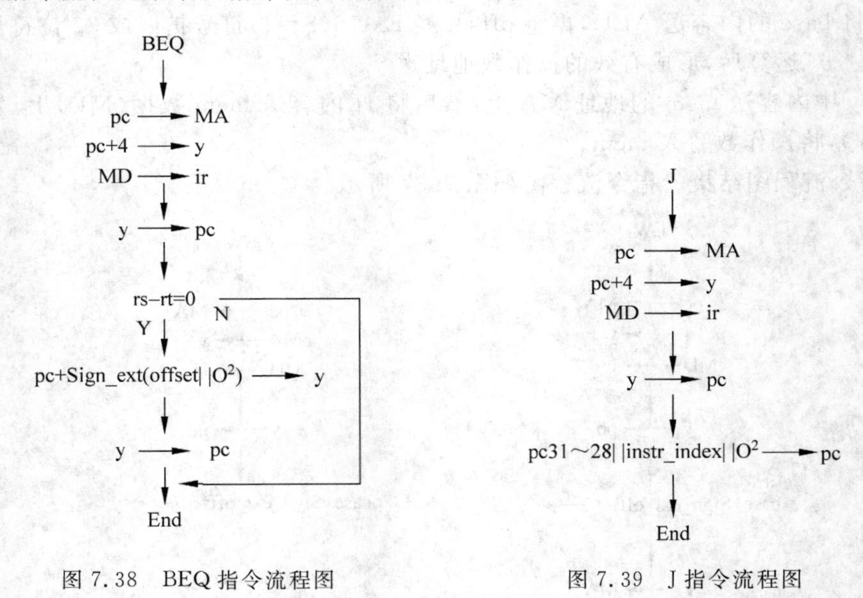

图 7.38 BEQ 指令流程图　　　　图 7.39 J 指令流程图

2) 编排指令操作时间表

先将数据通路中的所有控制信号列出一张表,再依据每条指令的操作流程图,结合数据通路,将每条指令执行时所需的控制信号填入表中。在本例中,先假设 ALU 的功能控制如表 7.22 所示。

(1) 将数据通路(图 7.17)中所有控制信号列成一张表,如表 7.26 所示。

表 7.26　8 条指令控制信号表

控制信号(微操作)	控制信号说明
PCout	pc 输出控制信号
M2	MUX2 选择器控制信号
M_R	主存储器读信号
IRin	指令存储器打入信号
PCin	pc 打入信号
Rsc4-0	rs 寄存器选择输入控制端
Rtc4-0	rt 寄存器选择输入控制端
Rs_R	rs 读信号
Rt_R	rt 读信号
M3_1	MUX3 选择器控制信号 1
M3_0	MUX3 选择器控制信号 0
M4_1	MUX4 选择器控制信号 1
M4_0	MUX4 选择器控制信号 0
ALUC2	ALU 控制端 2
ALUC1	ALU 控制端 1
ALUC0	ALU 控制端 0
Yin	y 暂存器打入信号
Yout	y 暂存器输出信号
M5	MUX5 选择器控制信号
Rdc4_0	rd 寄存器选择输入控制端
Rd_W	rd 写信号
M_W	主存储器写信号
M1	MUX1 选择器控制信号
S	S=1 符号扩展,S=0 高位扩展“0”

注：表中的信号与设计的部件有关

(2) 根据每条指令的格式和指令流程图,在已建立的数据通路下,完成每条指令的执行(包括取指)所需的控制信号填入表中,指令流程图中的每一步就是一个周期,我们用 T 来表示,如 ADDU 是 4 个周期,就表示为 T1、T2、T3、T4,如图 7.40 所示。

实现 ADDU 指令流程图中的每一步所需的控制信号如下。

(1) 取指令(pc→MA,pc+4→y,MD→ir):从数据通路图中,pc 的内容通过多路选择器 MUX2(0)送到 mem 的 MA 上,PCout 有效,填 1。M_R 信号有效,就可以将指令读出来,所以,M_R 填 1。读出的指令送入指令寄存器 ir,IRin 有效,填 1。pc 完成加 4,pc 的内容通过 MUX3(1)送到 ALU(A),所以 M3_1、M3_0=01。MUX4(3)送 4 到 ALU(B),所以 M4_1、M4_0=11。要 ALU 完成加法,ALUC2～0 按表 7.22 所示,应填 000,完成 pc 加 4 操作,结果送入暂存器 y,所以 Yin 有效,填入 1。

(2) pc 完成增值(y→pc):从数据通路图中,y 经 MUX1(1)送到 pc,所以,Yout 和 PCin 有效,都填入 1。

(3) 执行指令功能(rs+rt→y)：要完成运算功能，首先要将两个操作数送 ALU，操作数在 rs 和 rt 中，而 rs 和 rt 是由指令地址段指出(即 ir25～21 指出 rs，IR20～16 指出 rt，见图 7.40 中的指令格式)。所以，在表中的 Rsc、Rtc 分别填入 ir25～21、ir20～16。要完成"+"操作，ALUC2～0 按表 7.22 所示，应填 000。结果要送入 y，所以 Yin 有效，填入 1。

(4) 结果送回 rd：y 内容通过 MUX5(0)送到 RegFile 的 rd 端，所以，Yout 有效，填 1。而 ir15～11 指出 rd，所以将 IR15～11 连接到 RegFile 的 rdc 上。要将数据写入 RegFile 中的 rd 寄存器，Rd_W 必须有效，填入 1。

(5) 其他的控制信号没有用到都填 0，注意：假设控制信号都是高电平有效。

这样，ADDU 指令的时间表就填完了。由于所有指令的取指令过程都一样，所以，其他指令的 T1 和 T2 不用再填了，只要填指令的执行部分(T3、T4、T5)就可以。以此类推，将 8 条指令一条一条地填完，如表 7.27 所示。其中，Rdc 的输入有 ir15～11 和 ir20～16 两个来源，所以，在 Rdc 的输入端要加一个 MUX6，如图 7.41 和表 7.28 所示。

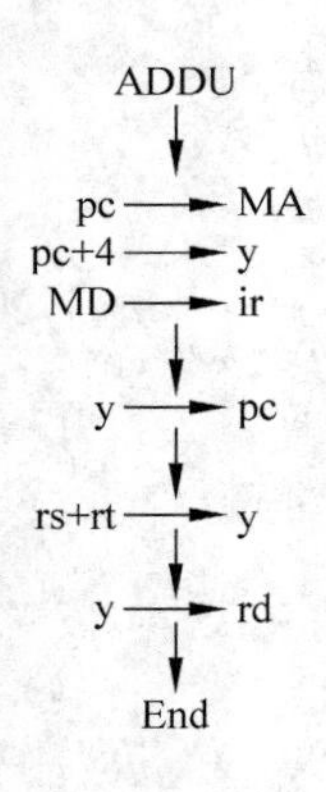

控制信号(微操作)	ADDU			
	T1	T2	T3	T4
PCout	1	0	0	0
M2	0	0	0	0
M_R	1	0	0	0
IRin	1	0	0	0
PCin	0	1	0	0
Rsc4～0			ir25～21	
Rtc4～0			ir21～16	
Rs_R	0	0	1	0
Rt_R	0	0	1	0
M3_1	0	0	1	0
M3_0	1	0	0	0
M4_1	1	0	0	0
M4_0	1	0	0	0
ALUC2	0	0	0	0
ALUC1	0	0	0	0
ALUC0	0	0	0	0
Yin	1	0	1	0
Yout	0	1	0	1
M5	0	0	0	0
Rdc4～0				ir15～11
Rd_W	0	0	0	1
M_W	0	0	0	0
M1	0	1	0	0
S	0	0	0	0

31　　26	25　　21	20　　16	15　　11	10　　6	5　　0
ADDU(000000)	rs	rt	rd	00000	100001

图 7.40　ADDU 指令执行所需控制信号

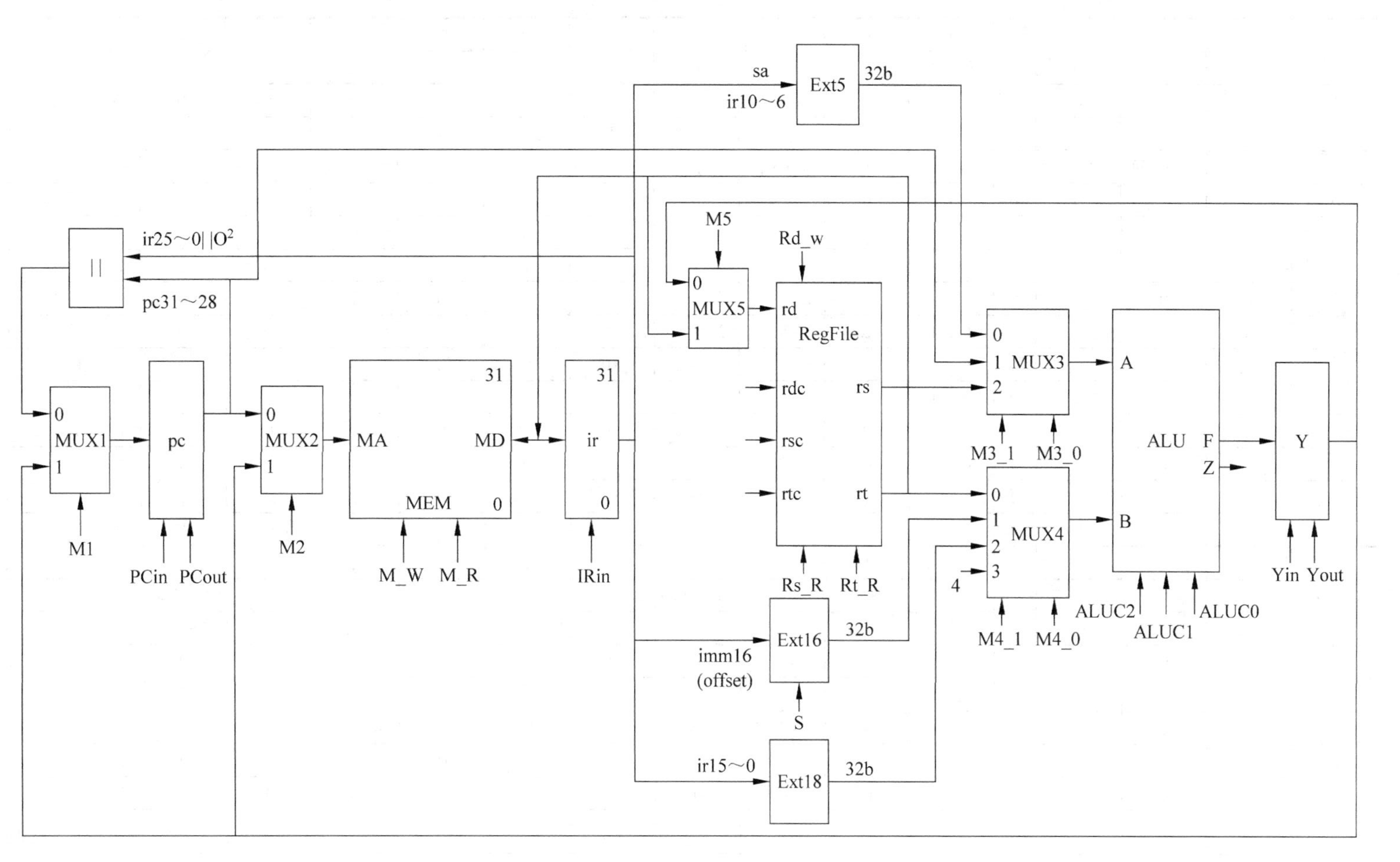
sa
ir10~6
Ext5
32b
ir25~0||0²
pc31~28
||
M5
Rd_w
MUX5
rd
RegFile
rdc
rsc
rtc
rs
rt
Rs_R
Rt_R
MUX1
M1
pc
PCin PCout
MUX2
M2
MA
MD
MEM
M_W M_R
ir
IRin
MUX3
M3_1 M3_0
MUX4
M4_1 M4_0
4
A
B
ALU
F
Z
ALUC2
ALUC1
ALUC0
Y
Yin Yout
Ext16
imm16
(offset)
S
Ext18
ir15~0

图 7.40 （续）

表 7.27　8 条指令控制信号表

控制信号（微操作）	取指		ADDU		SUBU		ORI		SLL		BEQ(Z=1)			J	LW		SW	
	T1	T2	T3	T4	T3	T4	T3	T4	T3	T4	T3	T4	T5	T3	T3	T4	T3	T4
PCout	1	0	0	0	0	0	0	0	0	0	0	1	0	1	0	0	0	0
M2	0	0	0	0	0	0	0	0	0	0	0	0	0	0	0	1	0	1
M_R	1	0	0	0	0	0	0	0	0	0	0	0	0	0	0	1	0	1
IRin	1	0	0	0	0	0	0	0	0	0	0	0	0	0	0	0	0	0
PCin	0	1	0	0	0	0	0	0	0	0	0	0	1	1	0	0	0	0
rsc4～0			ir25～21		ir25～21		ir25～21				ir25～21				ir25～21		ir25～21	
rtc4～0			ir20～16		ir20～16				ir20～16		ir20～16							ir20～16
Rs_R	0	0	1	0	1	0	1	0	0	0	1	0	0	0	1	0	1	0
Rt_R	0	0	1	0	1	0	0	0	1	0	1	0	0	0	0	0	0	1
M3_1	0	0	1	0	1	0	1	0	0	0	1	0	0	0	1	0	1	0
M3_0	1	0	0	0	0	0	0	0	0	0	0	1	0	0	0	0	0	0
M4_1	1	0	0	0	0	0	0	0	0	0	0	1	0	0	0	0	0	0
M4_0	1	0	0	0	0	0	1	0	0	0	0	0	0	0	1	0	1	0
ALUC2	0	0	0	0	0	0	0	0	0	0	0	0	0	0	0	0	0	0
ALUC1	0	0	0	0	0	0	1	0	1	0	0	0	0	0	0	0	0	0
ALUC0	0	0	0	0	1	0	0	0	1	0	1	0	0	0	0	0	0	0
Yin	1	0	1	0	1	0	1	0	1	0	0	1	0	0	1	0	1	0
Yout	0	1	0	1	0	1	0	1	0	1	0	0	1	0	0	1	0	1
M5	0	0	0	0	0	0	0	0	0	0	0	0	0	0	0	1	0	0
rdc4～0				ir15～11		ir15～11		ir20～16		ir15～11						ir20～16		
Rd_W	0	0	0	1	0	1	0	1	0	1	0	0	0	0	0	1	0	0
M_W	0	0	0	0	0	0	0	0	0	0	0	0	0	0	0	0	0	1
M1	0	1	0	0	0	0	0	0	0	0	0	0	1	0	0	0	0	0
S	0	0	0	0	0	0	0	0	0	0	0	0	0	0	1	0	1	0

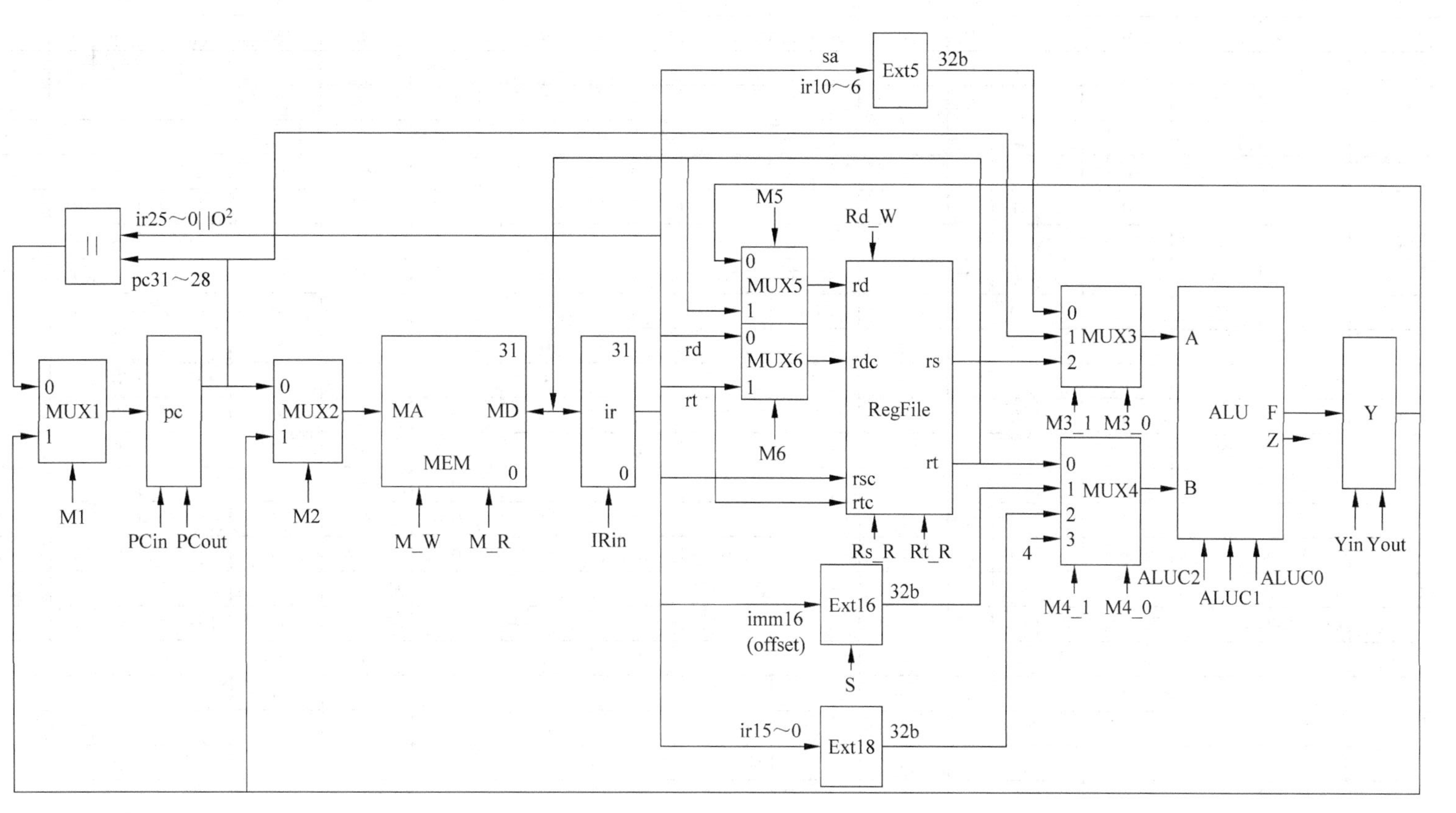

图 7.41 加入 MUX6 的 8 条指令数据通路

表 7.28　加入 MUX6 的 8 条指令控制信号表

控制信号（微操作）	取指		ADDU		SUBU		ORI		SLL		BEQ(Z=1)			J	LW		SW	
	T1	T2	T3	T4	T3	T4	T3	T4	T3	T4	T3	T4	T5	T3	T3	T4	T3	T4
PCout	1	0	0	0	0	0	0	0	0	0	0	1	0	1	0	0	0	0
M2	0	0	0	0	0	0	0	0	0	0	0	0	0	0	0	1	0	1
M_R	1	0	0	0	0	0	0	0	0	0	0	0	0	0	0	1	0	1
IRin	1	0	0	0	0	0	0	0	0	0	0	0	0	0	0	0	0	0
PCin	0	1	0	0	0	0	0	0	0	0	0	0	1	1	0	0	0	0
rsc4～0			ir25～21		ir25～21		ir25～21				ir25～21				ir25～21		ir25～21	
rtc4～0			ir20～16		ir20～16				ir20～16		ir20～16							ir20～16
Rs_R	0	0	1	0	1	0	1	0	0	0	1	0	0	0	1	0	1	0
Rt_R	0	0	1	0	1	0	0	0	1	0	1	0	0	0	0	0	0	1
M3_1	0	0	1	0	1	0	1	0	0	0	1	0	0	0	1	0	1	0
M3_0	1	0	0	0	0	0	0	0	0	0	0	1	0	0	0	0	0	0
M4_1	1	0	0	0	0	0	0	0	0	0	0	1	0	0	0	0	0	0
M4_0	1	0	0	0	0	0	1	0	0	0	0	0	0	0	1	0	1	0
ALUC2	0	0	0	0	0	0	0	0	0	0	0	0	0	0	0	0	0	0
ALUC1	0	0	0	0	0	0	1	0	1	0	0	0	0	0	0	0	0	0
ALUC0	0	0	0	0	1	0	0	0	1	0	1	0	0	0	0	0	0	0
Yin	1	0	1	0	1	0	1	0	1	0	0	1	0	0	1	0	1	0
Yout	0	1	0	1	0	1	0	1	0	1	0	0	1	0	0	1	0	1
M5	0	0	0	0	0	0	0	0	0	0	0	0	0	0	0	1	0	0
rdc4～0				ir15～11		ir15～11		ir20～16		ir15～11						ir20～16		
Rd_W	0	0	0	1	0	1	0	1	0	1	0	0	0	0	0	1	0	0
M_W	0	0	0	0	0	0	0	0	0	0	0	0	0	0	0	0	0	1
M1	0	1	0	0	0	0	0	0	0	0	0	0	1	0	0	0	0	0
S	0	0	0	0	0	0	0	0	0	0	0	0	0	0	1	0	1	0
M6	0	0	0	0	0	0	0	1	0	0	0	0	0	0	0	1	0	0

3）进行微操作综合

按照所有机器指令的操作时间表，把相同的微操作综合起来，得到每个微操作的逻辑表达式。本例共有 25 个控制信号。

```
PCout = T1 + T3J + T4BEQ
M2 = T4(LW + SW)
M_R = T1 + T4LW
IRin = T1
PCin = T2
Rsc4 - 0 = IR25 - 21
Rtc4 - 0 = IR20 - 16
Rs_R = T3(ADDU + SUBU + ORI + BEQ + J)
Rt_R = T3(ADDU + SUBU + SLL + BEQ) + T4SW
M3_1 = T3(ADDU + SUBU + ORI + BEQ + LW + SW)
M3_0 = T1 + T4BEQ
M4_1 = T1 + T4BEQ
M4_0 = T1 + T3(ORI + LW + SW)
ALUC2 = 0
ALUC1 = T3(ORI + SLL)
ALUC0 = T3(SUBU + SLL + BEQ)
Yin = T1 + T3(ADDU + SUBU + ORI + SLL + LW + SW) + T4BEQ
Yout = T2 + T4(ADDU + SUBU + ORI + SLL + LW + SW) + T5BEQ
M5 = T4LW
Rdc4 - 0 = IR15 - 11(ADDU + SUBU + SLL) + IR20 - 16(ORI + LW)
Rd_W = T4(ADDU + SUBU + ORI + SLL + LW)
M_W = T4SW
M1 = T2 + T5BEQZ
S = T3(LW + SW)
M6 = T4(ORI + LW)
```

所有的输出逻辑表达式已确定，就可以形成图 7.31 中微操作逻辑（输出逻辑）部件，逻辑图不再给出。下面设计时序 T1、T2、T3、T4、T5 的逻辑电路。

4）多周期 CPU 的控制部件的状态转移图

以 8 条基础指令为例，这里使用了最少的状态数。从操作时间表中可以看到，跳转指令 J 用三个周期，条件转移指令 BEQ 用 5 个周期，其余指令 ADDU、SUBU、ORI、SLL、LW、SW 均用 4 个周期。5 个状态分别用 T1、T2、T3、T4、T5 表示，有限状态转移图如图 7.42 所示。

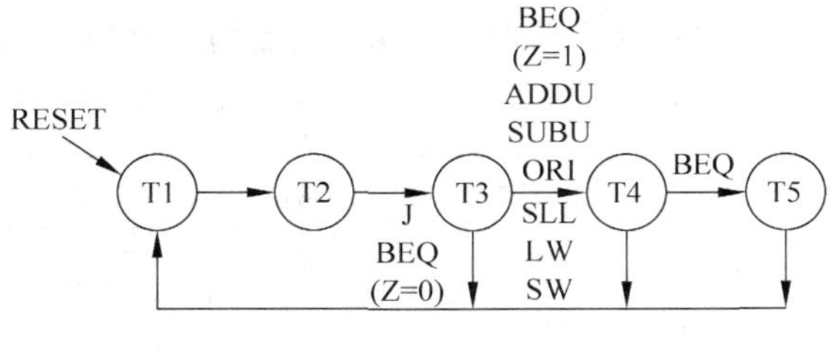

图 7.42　8 条指令有限状态转移图

T1、T2 是取指，所有指令的取指过程都一样。T3、T4、T5 是执行指令，如果 J 指令和 BEQ(Z=0)指令在 T3 结束，状态转入 T1，取下一条指令。其他指令状态转移到 T4，除了 BEQ(J=1)指令外，T4 周期结束转 T1，而 BEQ 指令转 T5 状态，T5 结束转 T1。根据图 7.42 列出状态转换表，表中的 X 为无关项，如表 7.29 所示。

这里为每个状态分别指定了一个唯一的 3 位二进制数，如表 7.30 所示。

表 7.29　8 条指令有限状态机状态转换表

当前状态	输　入				下个状态
T	ADDU、SUBU、ORI、SLL、LW、SW	J	BEQ	Z	T′
T1	X	X	X	X	T2
T2	X	X	X	X	T3
T3	0	0	1	0	T1
T3	0	0	1	1	T4
T3	0	1	0	0	T1
T3	1	0	0	0	T4
T4	1	X	0	X	T1
T4	0	X	1	X	T5
T5	X	X	X	X	T1

表 7.30　二进制编码 8 条指令有限状态机状态转换表

当前状态			输　入				下个状态		
$t2$	$t1$	$t0$	ADDU、SUBU、ORI、SLL、LW、SW	J	BEQ	Z	$t2'$	$t1'$	$t0'$
0	0	0	X	X	X	X	0	0	1
0	0	1	X	X	X	X	0	1	0
0	1	0	0	0	1	0	0	0	0
0	1	0	0	0	1	1	0	1	1
0	1	0	0	1	0	0	0	0	0
0	1	0	1	0	0	0	0	1	1
0	1	1	1	X	0	X	0	0	0
0	1	1	0	X	1	X	1	0	0
1	0	0	X	X	X	X	0	0	0

根据表 7.30 可以列出状态转换的逻辑表达式。

$$t0' = \overline{t2}\,\overline{t1}\,\overline{t0} + \overline{t2}t1\,\overline{t0}\mathrm{BEQ}Z + \overline{t2}t1\,\overline{t0}(\mathrm{ADDU} + \mathrm{SUBU} + \mathrm{ORI} + \mathrm{SLL} + \mathrm{LW} + \mathrm{SW})$$

$$t1' = \overline{t2}\,\overline{t1}t0 + \overline{t2}t1\,\overline{t0}\mathrm{BEQ}Z + \overline{t2}t1\,\overline{t0}(\mathrm{ADDU} + \mathrm{SUBU} + \mathrm{ORI} + \mathrm{SLL} + \mathrm{LW} + \mathrm{SW})$$

$$t2' = \overline{t2}t1t0\mathrm{BEQ}$$

上面三个逻辑表达式就可以形成图 7.43 中的“下一个状态”逻辑部件，逻辑图不再给出。“当前状态”部件由 D 触发器构成，保存当前状态，如图 7.43 所示。

将图 7.41 和图 7.43 合并，形成 8 条指令 CPU 逻辑，整个 CPU 设计完，如图 7.44 所示。

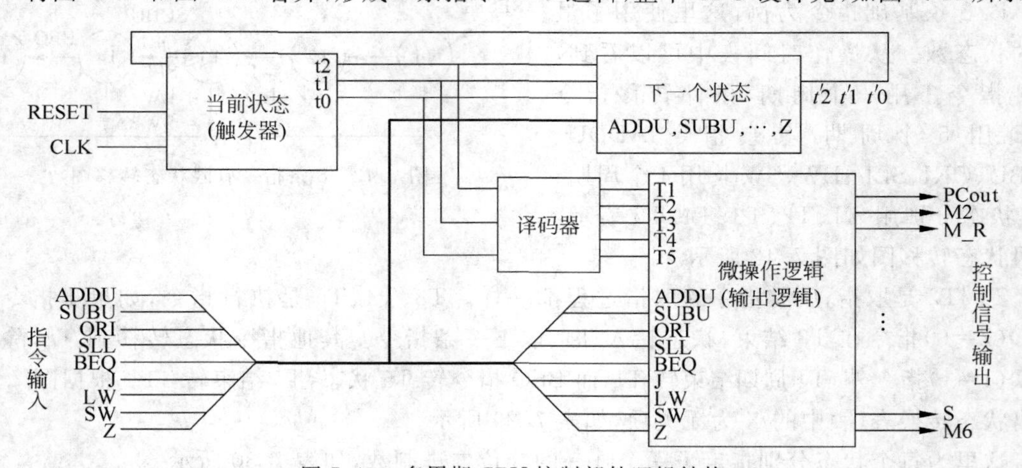

图 7.43　多周期 CPU 控制部件逻辑结构

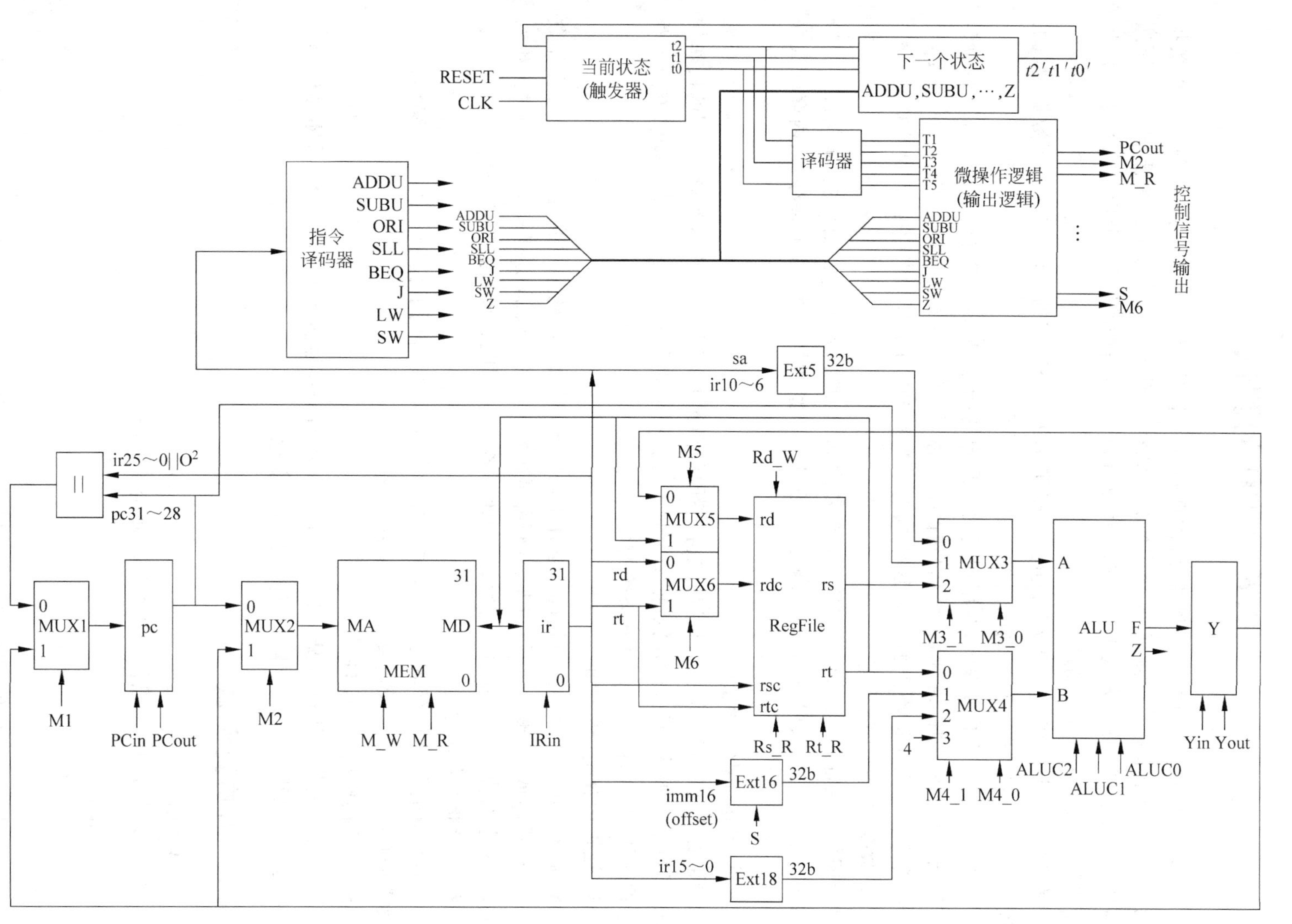

图 7.44 8 条指令多周期 CPU 逻辑图

7.6 CPU 的测试

CPU 测试过程分为前仿真测试、后仿真测试和下板测试。CPU 仿真测试分为单条指令测试、单条指令边界数据测试、指令序列测试和程序测试。对于每条指令测试，均按照边界值测试向量人工生成，人工比对；然后由自动验证工具自动比对；最后引入高强度随机指令序列测试的方法进行测试。

教学网站 mips246. tongji. edu. cn 上提供了单条指令测试的例程、指令边界数据测试的例程、指令序列测试以及程序测试例程。

在单条指令测试的过程中，会用到别的未测定的指令，所以在进行单条指令的测试前，要定好指令测试的顺序，在测定时用的其他指令必须是已经测过的正确指令。为了简便，可以将指令分为几种不同类别的验证类别，对每一类指令按下面的次序进行针对性验证。

1. 数据传送指令的验证

验证数据在寄存器之间、寄存器和存储器之间、立即数和寄存器之间的传输情况。变换不同的数据，不同的数据源地址和数据目的地址。考察数据总线、各个寄存器、内存的数据变换。

2. 算术运算指令的验证

验证算术运算指令的执行情况。选择不同的操作数、不同的操作数组合、不同的操作数来源，进行加减乘除。分析不同数据来源对于时序产生的影响，为时序的优化提供方向。考察数据总线、各个寄存器、条件状态等的变化。

3. 逻辑运算指令的验证

验证算术运算指令的执行情况。选择不同的操作数、不同的操作数组合、不同的操作数来源，进行逻辑或、逻辑与、逻辑与非、逻辑异或的操作。分析不同数据来源对于时序产生的影响，为时序的优化提供方向。考察数据总线、各个寄存器、条件状态等的变化。

4. 跳转指令的验证

验证跳转运算的执行情况。验证指令分为条件转移、转到子程序、无条件转移等情况。考察数据总线、各个寄存器、条件状态等的变化。

5. 移位操作指令的验证

验证移位操作的执行情况。对每一个可读写的寄存器进行左移、右移、循环移位等操作，考察数据总线、各个寄存器、条件状态等的变化。

7.6.1 前仿真测试

1. 单条指令的测试

在 ModelSim 下，可以使用如下代码初始化 iram：

```
initial begin
$readmemh("1out.txt", ram);
end
```

但 initial 块不可综合，若后仿真和下板时需要初始化 iram 请参看后面介绍的 IP 核使用示例。

前仿真的单条指令测试有通过观察波形和通过观察 TestBench 仿真时生成的结果文件两种方式。

以下举一个简单的例子来说明。

```
SLL $0, $0,0
ORI $1,0x00000001
ORI $2,0x00000002
ADDU $3, $2, $1
```

此简单的汇编程序是由 4 条指令构成，目的是用于测试 ADDU 指令（假设所用到的 SLL 指令和 ORI 指令已经测试通过）。其功能是将 1 号寄存器赋值 1，2 号寄存器赋值 2，再将 1 号寄存器和 2 号寄存器的值相加放入 3 号寄存器。图 7.45 是我们编写的示例 TestBench。TestBench 中将每个周期 PC 值、执行的指令和 31 个寄存器的值写入到一个生成的 result.txt 中来观察。

```
module cpu_tb;

    reg clk;
    reg reset;

    wire [31:0] inst;
    wire [31:0] pc;
    wire [31:0] alu;

    sccomp_dataflow uut (
        .clk(clk),
        .reset(reset),
        .inst(inst),
        .pc(pc),
        .alu(alu)
    );

    integer file_output;
    integer counter = 0;

    initial begin

        file_output = $fopen("result.txt");

        clk = 1;
        reset = 1;

        #10;
        reset=0;

    end
        always begin
    #50;
    clk = ~clk;
    if(clk == 1'b1) begin
        if(counter == 1000 || cpu_tb.uut.sccpu.inst === 32'hxxxxxxxx) begin
            $fclose(file_output);
        end
        else begin
            counter = counter + 1;
            $fdisplay(file_output, "pc: %h", cpu_tb.uut.sccpu.pc_out);
            $fdisplay(file_output, "instr: %h", cpu_tb.uut.sccpu.inst);
```

图 7.45　TestBench 示例代码

```
            $fclose(file_output);
        end
        else begin
            counter = counter + 1;
            $fdisplay(file_output, "pc: %h", cpu_tb.uut.sccpu.pc_out);
            $fdisplay(file_output, "instr: %h", cpu_tb.uut.sccpu.inst);
            #10;
            $fdisplay(file_output, "regfile0: %h", cpu_tb.uut.sccpu.cpu_ref.array_reg[0]);
            $fdisplay(file_output, "regfile1: %h", cpu_tb.uut.sccpu.cpu_ref.array_reg[1]);
            $fdisplay(file_output, "regfile2: %h", cpu_tb.uut.sccpu.cpu_ref.array_reg[2]);
            $fdisplay(file_output, "regfile3: %h", cpu_tb.uut.sccpu.cpu_ref.array_reg[3]);
            $fdisplay(file_output, "regfile4: %h", cpu_tb.uut.sccpu.cpu_ref.array_reg[4]);
            $fdisplay(file_output, "regfile5: %h", cpu_tb.uut.sccpu.cpu_ref.array_reg[5]);
            $fdisplay(file_output, "regfile6: %h", cpu_tb.uut.sccpu.cpu_ref.array_reg[6]);
            $fdisplay(file_output, "regfile7: %h", cpu_tb.uut.sccpu.cpu_ref.array_reg[7]);
            $fdisplay(file_output, "regfile8: %h", cpu_tb.uut.sccpu.cpu_ref.array_reg[8]);
            $fdisplay(file_output, "regfile9: %h", cpu_tb.uut.sccpu.cpu_ref.array_reg[9]);
            $fdisplay(file_output, "regfile10: %h", cpu_tb.uut.sccpu.cpu_ref.array_reg[10]);
            $fdisplay(file_output, "regfile11: %h", cpu_tb.uut.sccpu.cpu_ref.array_reg[11]);
            $fdisplay(file_output, "regfile12: %h", cpu_tb.uut.sccpu.cpu_ref.array_reg[12]);
            $fdisplay(file_output, "regfile13: %h", cpu_tb.uut.sccpu.cpu_ref.array_reg[13]);
            $fdisplay(file_output, "regfile14: %h", cpu_tb.uut.sccpu.cpu_ref.array_reg[14]);
            $fdisplay(file_output, "regfile15: %h", cpu_tb.uut.sccpu.cpu_ref.array_reg[15]);
            $fdisplay(file_output, "regfile16: %h", cpu_tb.uut.sccpu.cpu_ref.array_reg[16]);
            $fdisplay(file_output, "regfile17: %h", cpu_tb.uut.sccpu.cpu_ref.array_reg[17]);
            $fdisplay(file_output, "regfile18: %h", cpu_tb.uut.sccpu.cpu_ref.array_reg[18]);
            $fdisplay(file_output, "regfile19: %h", cpu_tb.uut.sccpu.cpu_ref.array_reg[19]);
            $fdisplay(file_output, "regfile20: %h", cpu_tb.uut.sccpu.cpu_ref.array_reg[20]);
            $fdisplay(file_output, "regfile21: %h", cpu_tb.uut.sccpu.cpu_ref.array_reg[21]);
            $fdisplay(file_output, "regfile22: %h", cpu_tb.uut.sccpu.cpu_ref.array_reg[22]);
            $fdisplay(file_output, "regfile23: %h", cpu_tb.uut.sccpu.cpu_ref.array_reg[23]);
            $fdisplay(file_output, "regfile24: %h", cpu_tb.uut.sccpu.cpu_ref.array_reg[24]);
            $fdisplay(file_output, "regfile25: %h", cpu_tb.uut.sccpu.cpu_ref.array_reg[25]);
            $fdisplay(file_output, "regfile26: %h", cpu_tb.uut.sccpu.cpu_ref.array_reg[26]);
            $fdisplay(file_output, "regfile27: %h", cpu_tb.uut.sccpu.cpu_ref.array_reg[27]);
            $fdisplay(file_output, "regfile28: %h", cpu_tb.uut.sccpu.cpu_ref.array_reg[28]);
            $fdisplay(file_output, "regfile29: %h", cpu_tb.uut.sccpu.cpu_ref.array_reg[29]);
            $fdisplay(file_output, "regfile30: %h", cpu_tb.uut.sccpu.cpu_ref.array_reg[30]);
            $fdisplay(file_output, "regfile31: %h", cpu_tb.uut.sccpu.cpu_ref.array_reg[31]);
            end
        end
    end

endmodule
```

图 7.45 （续）

方式一：直接观察波形

如图 7.46 所示，是 TestBench 进行仿真时，ModelSim 中的波形窗口。

我们看到图中，左侧是引入观察的对象，右侧是相应的波形图。从图中可见，三条黄线对应的正是在连续的三个周期中，1 号寄存器为值 1，2 号寄存器为值 2，3 号寄存器为值 3，其余寄存器均为 0。这些结果正是预期的结果，说明被测 CPU 通过了此指令测试。那么除了如图 7.46 所示的波形结果，被测 CPU 可能存在问题，我们就需要通过查看波形中错误的数据在哪个周期发生，对应于哪条指令，然后去找错误原因。

方式二：观察生成的结果文件

如图 7.47 所示是此 TestBench 所生成的结果文件 result.txt 的内容。

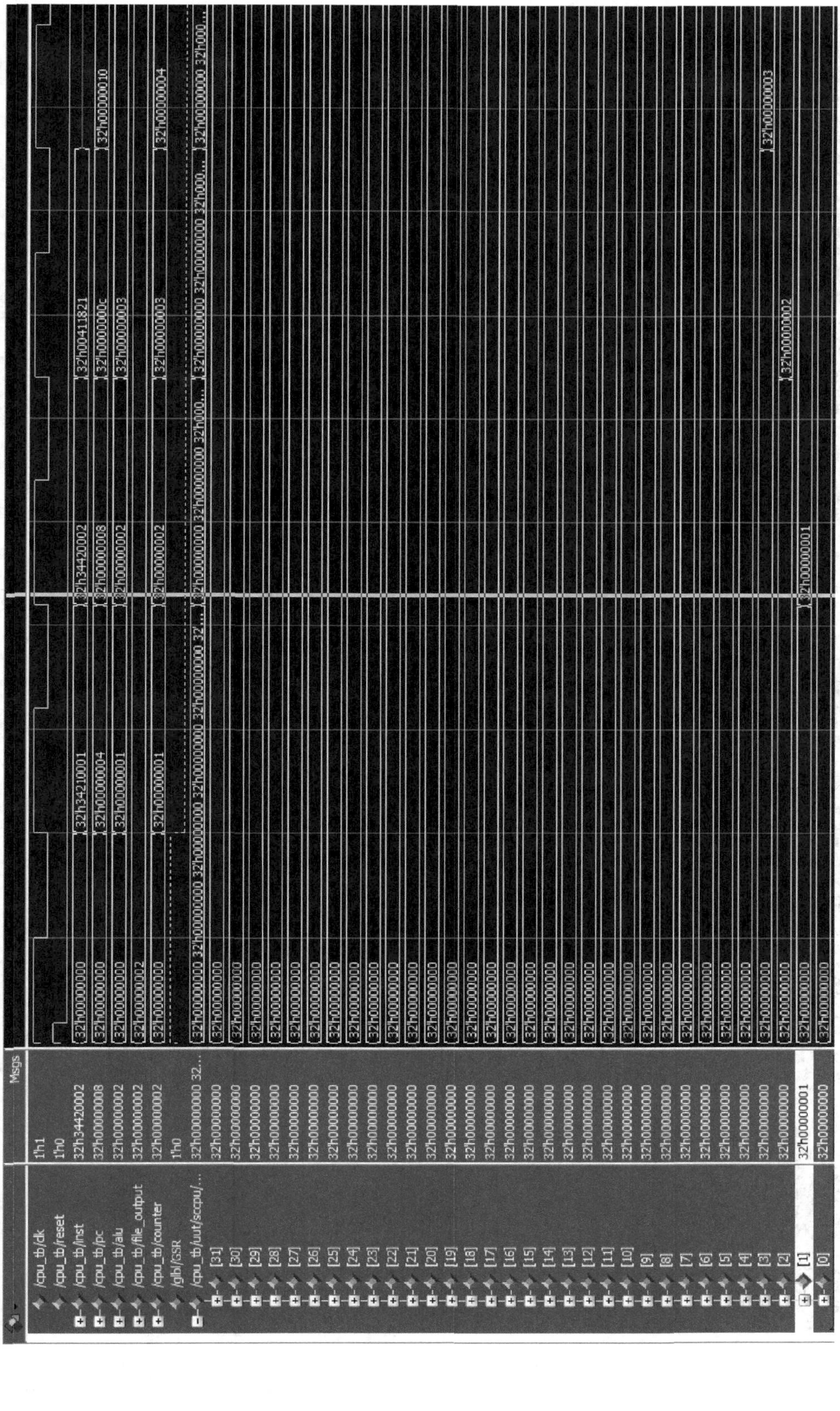

(a) 波形图1

图 7.46 指令测试波形图

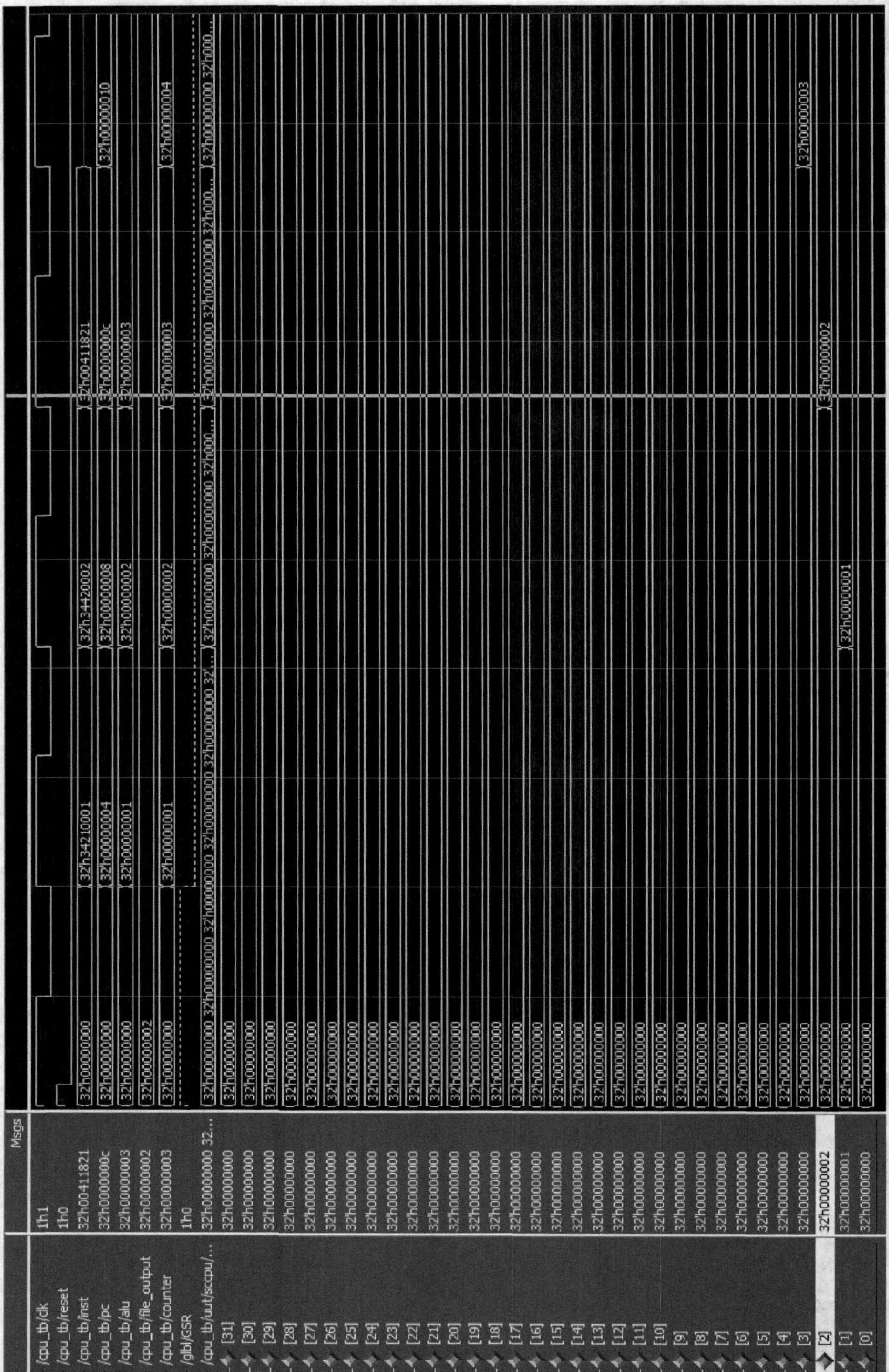

(b) 波形图2

图 7.46 （续）

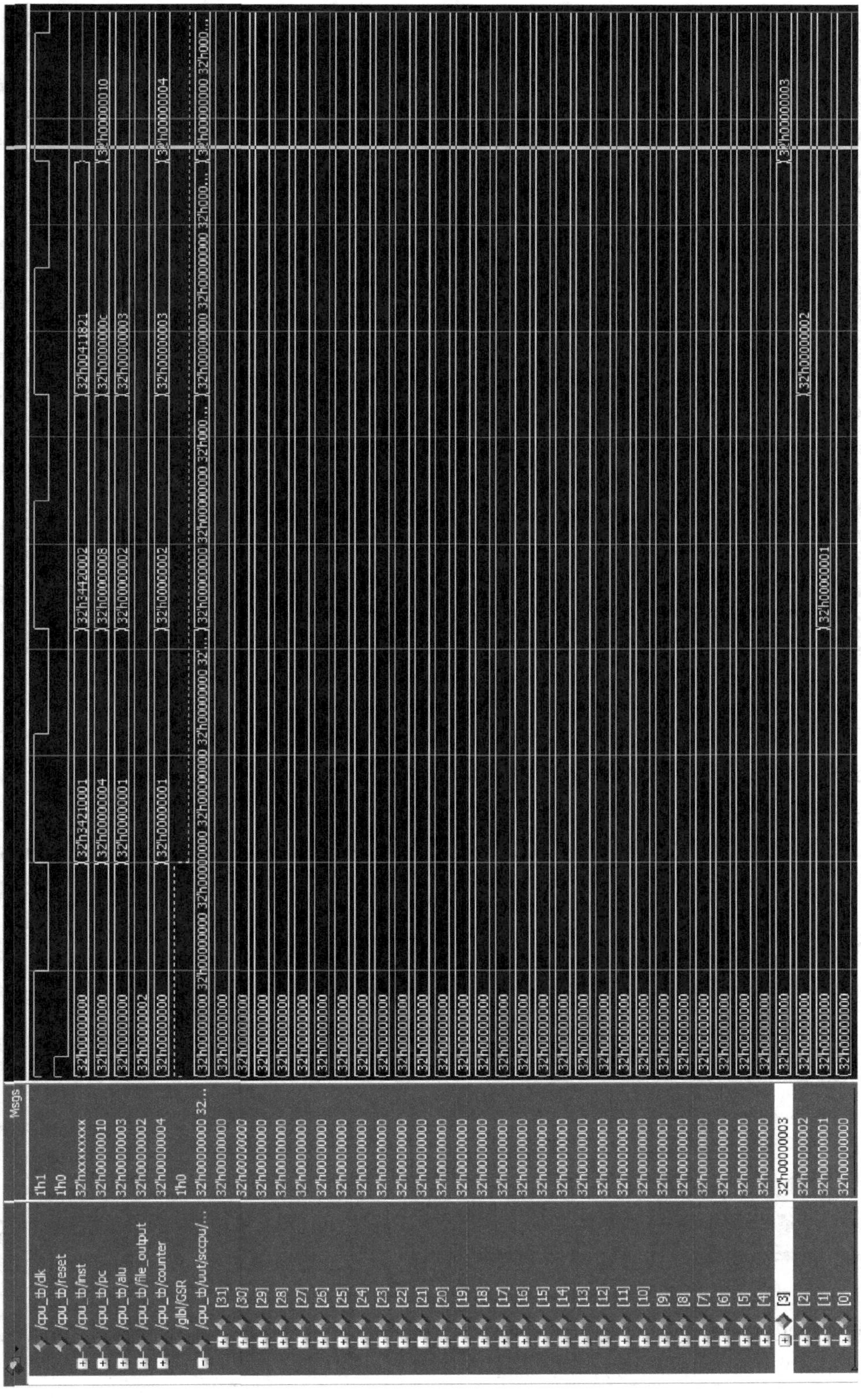

(c) 波形图3

图 7.46 (续)

```
1   pc: 00000000
2   instr: 00000000
3   regfile0: 00000000
4   regfile1: 00000000
5   regfile2: 00000000
6   regfile3: 00000000
7   regfile4: 00000000
8   regfile5: 00000000
9   regfile6: 00000000
10  regfile7: 00000000
11  regfile8: 00000000
12  regfile9: 00000000
13  regfile10: 00000000
14  regfile11: 00000000
15  regfile12: 00000000
16  regfile13: 00000000
17  regfile14: 00000000
18  regfile15: 00000000
19  regfile16: 00000000
20  regfile17: 00000000
21  regfile18: 00000000
22  regfile19: 00000000
23  regfile20: 00000000
24  regfile21: 00000000
25  regfile22: 00000000
26  regfile23: 00000000
27  regfile24: 00000000
28  regfile25: 00000000
29  regfile26: 00000000
30  regfile27: 00000000
31  regfile28: 00000000
32  regfile29: 00000000
33  regfile30: 00000000
34  regfile31: 00000000
```

```
35  pc: 00000004
36  instr: 34210001
37  regfile0: 00000000
38  regfile1: 00000001
39  regfile2: 00000000
40  regfile3: 00000000
41  regfile4: 00000000
42  regfile5: 00000000
43  regfile6: 00000000
44  regfile7: 00000000
45  regfile8: 00000000
46  regfile9: 00000000
47  regfile10: 00000000
48  regfile11: 00000000
49  regfile12: 00000000
50  regfile13: 00000000
51  regfile14: 00000000
52  regfile15: 00000000
53  regfile16: 00000000
54  regfile17: 00000000
55  regfile18: 00000000
56  regfile19: 00000000
57  regfile20: 00000000
58  regfile21: 00000000
59  regfile22: 00000000
60  regfile23: 00000000
61  regfile24: 00000000
62  regfile25: 00000000
63  regfile26: 00000000
64  regfile27: 00000000
65  regfile28: 00000000
66  regfile29: 00000000
67  regfile30: 00000000
68  regfile31: 00000000
```

```
69  pc: 00000008
70  instr: 34420002
71  regfile0: 00000000
72  regfile1: 00000001
73  regfile2: 00000002
74  regfile3: 00000000
75  regfile4: 00000000
76  regfile5: 00000000
77  regfile6: 00000000
78  regfile7: 00000000
79  regfile8: 00000000
80  regfile9: 00000000
81  regfile10: 00000000
82  regfile11: 00000000
83  regfile12: 00000000
84  regfile13: 00000000
85  regfile14: 00000000
86  regfile15: 00000000
87  regfile16: 00000000
88  regfile17: 00000000
89  regfile18: 00000000
90  regfile19: 00000000
91  regfile20: 00000000
92  regfile21: 00000000
93  regfile22: 00000000
94  regfile23: 00000000
95  regfile24: 00000000
96  regfile25: 00000000
97  regfile26: 00000000
98  regfile27: 00000000
99  regfile28: 00000000
100 regfile29: 00000000
101 regfile30: 00000000
102 regfile31: 00000000
```

```
103 pc: 0000000c
104 instr: 00411821
105 regfile0: 00000000
106 regfile1: 00000001
107 regfile2: 00000002
108 regfile3: 00000003
109 regfile4: 00000000
110 regfile5: 00000000
111 regfile6: 00000000
112 regfile7: 00000000
113 regfile8: 00000000
114 regfile9: 00000000
115 regfile10: 00000000
116 regfile11: 00000000
117 regfile12: 00000000
118 regfile13: 00000000
119 regfile14: 00000000
120 regfile15: 00000000
121 regfile16: 00000000
122 regfile17: 00000000
123 regfile18: 00000000
124 regfile19: 00000000
125 regfile20: 00000000
126 regfile21: 00000000
127 regfile22: 00000000
128 regfile23: 00000000
129 regfile24: 00000000
130 regfile25: 00000000
131 regfile26: 00000000
132 regfile27: 00000000
133 regfile28: 00000000
134 regfile29: 00000000
135 regfile30: 00000000
136 regfile31: 00000000
```

图 7.47　寄存器结果文件图

我们可以看到在 pc＝4，执行指令 ORI \$1，0x00000001 时，1 号寄存器的值为 1；在 pc＝8，执行指令 ORI \$2，0x00000002 时，2 号寄存器的值为 2；在 pc＝12，执行指令 ADDU \$3，\$2，\$1 时，3 号寄存器的值为 3。除了涉及的这三个寄存器，其余寄存器值一直为 0。测试结果符合预期，被测 CPU 正确执行了指令。如果生成的结果文件与图 7.47 中不一样，说明被测 CPU 存在问题，这时候通过查看结果文件中哪条指令对应的寄存器值不符合预期，进一步寻找错误原因。

2. 指令的边界数据测试

CPU 测试时需要对各条指令进行边界数据进行测试，对 CPU 进行指令的完备性测试。还是以 ADDU 指令为例：

```
SLL $0, $0,0
ORI $1,0x00000000
ORI $2,0x00000000
ADDU $3, $2, $1
```

可以以这几条指令作为一个测试单元，通过 SLL 指令和 ORI 指令将要相加的两个数赋给寄存器 1 和寄存器 2，将两者相加的结果赋给寄存器 3。其测试过程同上述单条指令测试过程，可以通过观察波形或者结果文件中 3 号寄存器的值来检验是否能通过测试。

那么像 ADDU 指令，要选取的边界数据有 0x00000000，0xffffffff，0x0000ffff，0xffff0000，0x0f0f0f0f，0xf0f0f0f0，0x55555555，0xaaaaaaaa 等。

通过对这些边界数据的两两相加来编写多个测试单元。多个测试单元可以作为多个测试程序执行，也可以放在一个测试程序中顺序执行。观察结果方法同单条指令测试方法。通过这些测试单元就能对 CPU 的 addu 指令进行较完整的测试。

那么对于其他指令的边界测试可以参考以上思路实现。

3. 随机指令序列测试

可以自行编写一些符合 MIPS 规范的指令序列。将这些序列分别放到 CPU 仿真状态下和 MARS 上去执行，分别产生两个执行结果文件，比较执行结果文件来判断 CPU 执行指令是否正确。

下面还用这个简单的例子进行说明：

```
SLL $0, $0,0
ORI $1,0x00000001
ORI $2,0x00000002
ADDU $0, $2, $1
```

用 Mars 运行此段汇编程序后会在 Mars 目录下生成一个 result. txt 文件，内容如图 7.48 所示。该文件记录了运行每条指令后的信息，包括 pc(当前 pc 寄存器的内容)、instr(对应 pc 的指令编码)、regfile0～31(寄存器堆中各寄存器内容)。

```
1 pc: 00000000
2 instr: 00000000
3 regfile0: 00000000
4 regfile1: 00000000
5 regfile2: 00000000
6 regfile3: 00000000
7 regfile4: 00000000
8 regfile5: 00000000
9 regfile6: 00000000
10 regfile7: 00000000
11 regfile8: 00000000
12 regfile9: 00000000
13 regfile10: 00000000
14 regfile11: 00000000
15 regfile12: 00000000
16 regfile13: 00000000
17 regfile14: 00000000
18 regfile15: 00000000
19 regfile16: 00000000
20 regfile17: 00000000
21 regfile18: 00000000
22 regfile19: 00000000
23 regfile20: 00000000
24 regfile21: 00000000
25 regfile22: 00000000
26 regfile23: 00000000
27 regfile24: 00000000
28 regfile25: 00000000
29 regfile26: 00000000
30 regfile27: 00000000
31 regfile28: 00000000
32 regfile29: 00000000
33 regfile30: 00000000
34 regfile31: 00000000
```

```
35 pc: 00000004
36 instr: 34210001
37 regfile0: 00000000
38 regfile1: 00000001
39 regfile2: 00000000
40 regfile3: 00000000
41 regfile4: 00000000
42 regfile5: 00000000
43 regfile6: 00000000
44 regfile7: 00000000
45 regfile8: 00000000
46 regfile9: 00000000
47 regfile10: 00000000
48 regfile11: 00000000
49 regfile12: 00000000
50 regfile13: 00000000
51 regfile14: 00000000
52 regfile15: 00000000
53 regfile16: 00000000
54 regfile17: 00000000
55 regfile18: 00000000
56 regfile19: 00000000
57 regfile20: 00000000
58 regfile21: 00000000
59 regfile22: 00000000
60 regfile23: 00000000
61 regfile24: 00000000
62 regfile25: 00000000
63 regfile26: 00000000
64 regfile27: 00000000
65 regfile28: 00000000
66 regfile29: 00000000
67 regfile30: 00000000
68 regfile31: 00000000
```

```
69 pc: 00000008
70 instr: 34420002
71 regfile0: 00000000
72 regfile1: 00000001
73 regfile2: 00000002
74 regfile3: 00000000
75 regfile4: 00000000
76 regfile5: 00000000
77 regfile6: 00000000
78 regfile7: 00000000
79 regfile8: 00000000
80 regfile9: 00000000
81 regfile10: 00000000
82 regfile11: 00000000
83 regfile12: 00000000
84 regfile13: 00000000
85 regfile14: 00000000
86 regfile15: 00000000
87 regfile16: 00000000
88 regfile17: 00000000
89 regfile18: 00000000
90 regfile19: 00000000
91 regfile20: 00000000
92 regfile21: 00000000
93 regfile22: 00000000
94 regfile23: 00000000
95 regfile24: 00000000
96 regfile25: 00000000
97 regfile26: 00000000
98 regfile27: 00000000
99 regfile28: 00000000
100 regfile29: 00000000
101 regfile30: 00000000
102 regfile31: 00000000
```

```
103 pc: 0000000c
104 instr: 00410021
105 regfile0: 00000000
106 regfile1: 00000001
107 regfile2: 00000002
108 regfile3: 00000000
109 regfile4: 00000000
110 regfile5: 00000000
111 regfile6: 00000000
112 regfile7: 00000000
113 regfile8: 00000000
114 regfile9: 00000000
115 regfile10: 00000000
116 regfile11: 00000000
117 regfile12: 00000000
118 regfile13: 00000000
119 regfile14: 00000000
120 regfile15: 00000000
121 regfile16: 00000000
122 regfile17: 00000000
123 regfile18: 00000000
124 regfile19: 00000000
125 regfile20: 00000000
126 regfile21: 00000000
127 regfile22: 00000000
128 regfile23: 00000000
129 regfile24: 00000000
130 regfile25: 00000000
131 regfile26: 00000000
132 regfile27: 00000000
133 regfile28: 00000000
134 regfile29: 00000000
135 regfile30: 00000000
136 regfile31: 00000000
```

图 7.48　寄存器状态

用 Mars 导出编译后的 MIPS 指令十六进制格式文件，如图 7.49 所示，单击红框处，导出格式选择十六进制，将此段汇编程序导出。

在 ModelSim 上运行从 Mars 中导出的 MIPS 汇编程序如图 7.50 所示。在 ModelSim

上运行完该程序后，也将 pc、instr、regfile 结果输出到 CPU 工程目录下，生成另一个 result.txt 文件（此 TestBench 写法与单条指令测试的写法一样）。

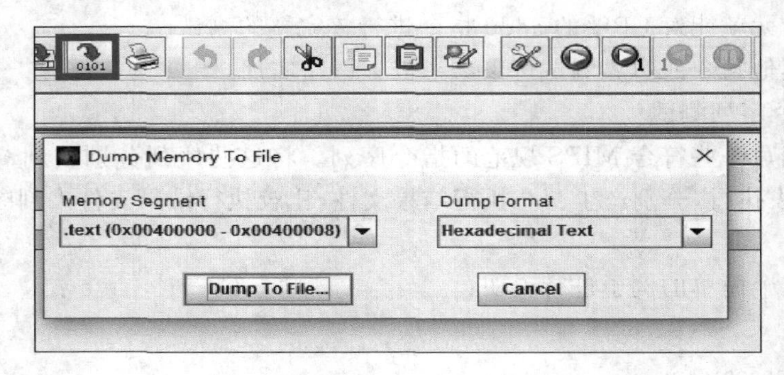

图 7.49　导出结果文件

```
    integer file_output;
    integer counter = 0;

    initial begin
        //$dumpfile("mydump.txt");
        //$dumpvars(0,cpu_tb.uut.pcreg.data_out);
        file_output = $fopen("result.txt");
        // Initialize Inputs
        clk = 0;
        rst = 1;

        // Wait 100 ns for global reset to finish
        #50;
      rst = 0;
        // Add stimulus here

        //#100;
        //$fclose(file_output);
    end

    always begin
    #50;
    clk = ~clk;
    if(clk == 1'b0) begin
        if(counter == 400) begin
            $fclose(file_output);
        end
        else begin
            counter = counter + 1;
            $fdisplay(file_output, "pc: %h", test.uut.pcreg.data_out);
            $fdisplay(file_output, "instr: %h", test.uut.pipe_if.ram_outdata);
            $fdisplay(file_output, "regfile0: %h", test.uut.pipe_id.rf.reg0.data_out);
            $fdisplay(file_output, "regfile1: %h", test.uut.pipe_id.rf.reg1.data_out);
            $fdisplay(file_output, "regfile2: %h", test.uut.pipe_id.rf.reg2.data_out);
```

图 7.50　输出结果文件

然后，比对 MARS 和 ModelSim 中生成的两个结果文件，比对可使用 TextDiff 等工具。

如图 7.51 所示，对比发现在 pc 为 12 时，执行指令 00410021 后 \$0 寄存器的结果出现了错误，需要进一步调试修改。

例子中运行的指令为：

```
SLL $0,$0,0
ORI $1,0x00000001
```

```
ORI $2,0x00000002
ADDU $0, $2, $1
```

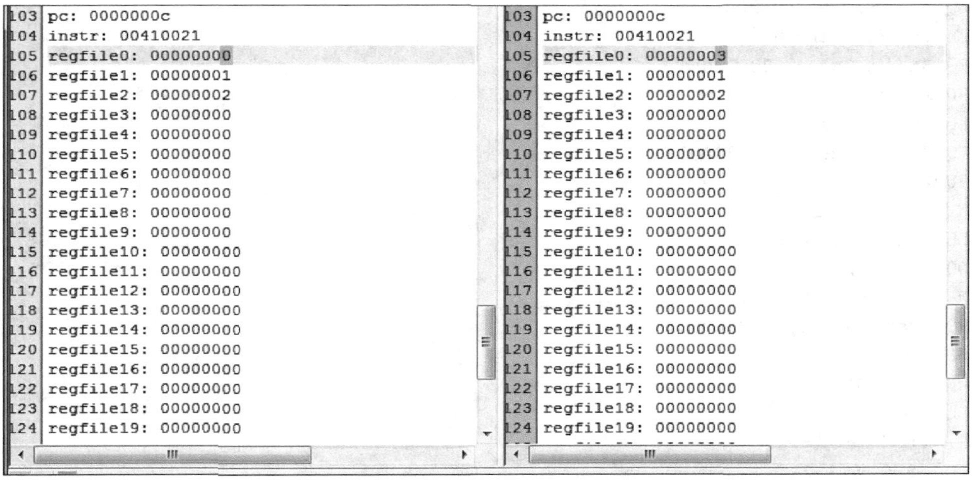

```
103 pc: 0000000c
104 instr: 00410021
105 regfile0: 00000000
106 regfile1: 00000001
107 regfile2: 00000002
108 regfile3: 00000000
109 regfile4: 00000000
110 regfile5: 00000000
111 regfile6: 00000000
112 regfile7: 00000000
113 regfile8: 00000000
114 regfile9: 00000000
115 regfile10: 00000000
116 regfile11: 00000000
117 regfile12: 00000000
118 regfile13: 00000000
119 regfile14: 00000000
120 regfile15: 00000000
121 regfile16: 00000000
122 regfile17: 00000000
123 regfile18: 00000000
124 regfile19: 00000000
```

```
103 pc: 0000000c
104 instr: 00410021
105 regfile0: 00000003
106 regfile1: 00000001
107 regfile2: 00000002
108 regfile3: 00000000
109 regfile4: 00000000
110 regfile5: 00000000
111 regfile6: 00000000
112 regfile7: 00000000
113 regfile8: 00000000
114 regfile9: 00000000
115 regfile10: 00000000
116 regfile11: 00000000
117 regfile12: 00000000
118 regfile13: 00000000
119 regfile14: 00000000
120 regfile15: 00000000
121 regfile16: 00000000
122 regfile17: 00000000
123 regfile18: 00000000
124 regfile19: 00000000
```

图 7.51　结果对比情况

结果发现第 4 条指令出现错误，$0 寄存器结果异常，因为零号寄存器恒置零，所以应修改寄存器堆中对零号寄存器的写操作。

4. 程序测试

运行一个有意义的程序，观察运行的结果。本书的网站(mips246.tongji.edu.cn)提供一些程序验证，类似快速排序和斐波拉契数列。在完成了整个 CPU 实验后，就可以运行提供的程序测试来检测自己的 CPU 是否正确运行。下面是一个实现快速排序的程序。

```
ADDIU $sp, $zero, 0x0ff0
ADDIU $fp, $zero, 0x0ff0
J main
partions:
ADDIU   $sp, $sp, -16
SW   $fp, 8($sp)
OR $fp, $zero, $sp
SW   $a0, 16($fp)
SW   $a1, 20($fp)
SW   $a2, 24($fp)
LW   $v0, 20($fp)
SLL $zero, $zero, 0
OR $v1, $zero, $v0
SLL   $v0, $v1, 2
LW   $v1, 16($fp)
SLL $zero, $zero, 0
ADDU   $v0, $v0, $v1
LW   $v1, 0($v0)
SLL $zero, $zero, 0
SW   $v1, 0($fp)
_80020040:
LW   $v0, 20($fp)
```

```
SLL $zero, $zero,0
SLT  $v1, $v1, $v0
SLL $zero, $zero,0
BEQ $v1, $zero,_800200bc
SLL $zero, $zero,0
BEQ $zero, $zero,_800200b4
_800200b4:
SLL $zero, $zero,0
BEQ $zero, $zero,_800200d0
_800200bc:
LW   $v0,24($fp)
SLL $zero, $zero,0
ADDIU  $v1, $v0, -1
SW   $v1,24($fp)
BEQ $zero, $zero,_80020060
_800200d0:
LW   $v0,20($fp)
SLL $zero, $zero,0
OR $v1, $zero, $v0
SLL  $v0, $v1,2
LW   $v1,16($fp)
SLL $zero, $zero,0
ADDU  $v0, $v0, $v1
LW   $v1,24($fp)
SLL $zero, $zero,0
OR $a0, $zero, $v1
SLL  $v1, $a0,2
LW   $a0,16($fp)
SLL $zero, $zero,0
ADDU  $v1, $v1, $a0
LW   $a0,0($v1)
SLL $zero, $zero,0
SW   $a0,0($v0)
_80020114:
LW   $v0,20($fp)
LW   $v1,24($fp)
SLL $zero, $zero,0
SLT  $v0, $v0, $v1
SLL $zero, $zero,0
BEQ $v0, $zero,_80020168
LW   $v0,20($fp)
SLL $zero, $zero,0
OR $v1, $zero, $v0
SLL  $v0, $v1,2
LW   $v1,16($fp)
SLL $zero, $zero,0
ADDU  $v0, $v0, $v1
LW   $v1,0($v0)
LW   $v0,0($fp)
SLL $zero, $zero,0
SLT  $v1, $v0, $v1
SLL $zero, $zero,0
BEQ $v1, $zero,_80020170
SLL $zero, $zero,0
```

```
BEQ $zero, $zero,_80020168
_80020168:
SLL $zero, $zero,0
BEQ $zero, $zero,_80020184
_80020170:
LW   $v0,20( $fp)
SLL $zero, $zero,0
ADDIU   $v1, $v0,1
SW   $v1,20( $fp)
BEQ $zero, $zero,_80020114
_80020184:
LW   $v0,24( $fp)
SLL $zero, $zero,0
OR $v1, $zero, $v0
SLL   $v0, $v1,2
LW   $v1,16( $fp)
SLL $zero, $zero,0
ADDU   $v0, $v0, $v1
LW   $v1,20( $fp)
SLL $zero, $zero,0
OR $a0, $zero, $v1
SLL   $v1, $a0,2
LW   $a0,16( $fp)
SLL $zero, $zero,0
ADDU   $v1, $v1, $a0
LW   $a0,0( $v1)
SLL $zero, $zero,0
SW   $a0,0( $v0)
BEQ $zero, $zero,_80020040
_800201cc:
LW   $v0,20( $fp)
SLL $zero, $zero,0
OR $v1, $zero, $v0
SLL   $v0, $v1,2
LW   $v1,16( $fp)
SLL $zero, $zero,0
ADDU   $v0, $v0, $v1
LW   $v1,0( $fp)
SLL $zero, $zero,0
SW   $v1,0( $v0)
LW   $v1,20( $fp)
SLL $zero, $zero,0
OR $v0, $zero, $v1
BEQ $zero, $zero,_80020204
_80020204:
OR $sp, $zero, $fp
LW   $fp,8( $sp)
ADDIU   $sp, $sp,16
JR   $ra

qsort:
ADDIU   $sp, $sp, - 32
SW   $ra,28( $sp)
SW   $fp,24( $sp)
```

```
OR $fp, $zero, $sp
SW   $a0,32($fp)
SW   $a1,36($fp)
SW   $a2,40($fp)
LW   $v0,36($fp)
LW   $v1,40($fp)
SLL $zero, $zero,0
SLT   $v0, $v0, $v1
SLL $zero, $zero,0
BEQ $v0, $zero,_8002029c
LW   $a0,32($fp)
LW   $a1,36($fp)
LW   $a2,40($fp)
SLL $zero, $zero,0
JAL partions
SLL $0, $0,0
SW   $v0,16($fp)
LW   $v1,16($fp)
SLL $zero, $zero,0
ADDIU   $v0, $v1, -1
LW   $a0,32($fp)
LW   $a1,36($fp)
OR $a2, $zero, $v0
JAL qsort
SLL $0, $0,0
LW   $v1,16($fp)
SLL $zero, $zero,0
ADDIU   $v0, $v1,1
LW   $a0,32($fp)
OR  $a1, $zero, $v0
LW   $a2,40($fp)
SLL $zero, $zero,0
JAL qsort
SLL $0, $0,0
_8002029c:
OR $sp, $zero, $fp
LW   $ra,28($sp)
LW   $fp,24($sp)
ADDIU   $sp, $sp,32
JR   $ra

quicksort:
ADDIU   $sp, $sp, -24
SW   $ra,20($sp)
SW   $fp,16($sp)
OR $fp, $zero, $sp
SW   $a0,24($fp)
SW   $a1,28($fp)
LW   $v1,28($fp)
SLL $zero, $zero,0
ADDIU   $v0, $v1, -1
LW   $a0,24($fp)
OR $a1, $zero, $zero
OR $a2, $zero, $v0
```

```
JAL qsort
SLL $0, $0,0
OR $sp, $zero, $fp
LW   $ra,20( $sp)
LW   $fp,16( $sp)
ADDIU   $sp, $sp,24
JR   $ra

main:
ADDIU   $sp, $sp, -32
SW   $ra,28( $sp)
SW   $fp,24( $sp)
OR $fp, $zero, $sp
ORI $v0, $zero,920
SW   $v0,16( $fp)
SW   $zero,20( $fp)
_80020314:
ADDIU   $v0, $fp,20
LW   $v1,0( $v0)
SLL $zero, $zero,0
OR $a0, $zero, $v1
ADDIU   $v1, $v1,1
SW   $v1,0( $v0)
SLTI   $v0, $a0,20
SLL $zero, $zero,0
BNE $v0, $zero,_80020340
SLL $zero, $zero,0
BEQ $zero, $zero,_80020364
_80020340:
LW   $v0,16( $fp)
ORI $v1, $zero,17
LW   $a0,20( $fp)
SLL $zero, $zero,0
SUBU   $v1, $v1, $a0
SW   $v1,0( $v0)
ADDIU   $v0, $v0,4
SW   $v0,16( $fp)
BEQ $zero, $zero,_80020314
_80020364:
ORI $v0, $zero,920
SW   $v0,16( $fp)
LW   $a0,16( $fp)
ORI $a1, $zero,20
JAL quicksort
SLL $0, $0,0
OR $v0, $zero, $zero
BEQ $zero, $zero,_80020380
_80020380:
OR $sp, $zero, $fp
LW   $ra,28( $sp)
LW   $fp,24( $sp)
```

```
ADDIU   $sp,$sp,32
#JR   $ra

#result
#将内存 0x0000039c 开始的 20 个 32 位数从小到大排序
```

当测试的时候，先将这段测试程序转成机器码，然后导入内存进行 CPU 的测试。运行结果将内存 0x0000039c 开始的 20 个 32 位数从小到大排序，运行后观察内存单元是否正确来验证测试结果。

7.6.2 后仿真测试

前仿真和后仿真两者的区别是：前仿真也称为功能仿真，主旨在于验证电路的功能是否符合设计要求，其特点是不考虑电路门延迟与线延迟，主要是验证电路与理想情况是否一致。可综合 FPGA 代码是用 RTL 级代码语言描述的，其输入为 RTL 级代码与 TestBench。后仿真也称为时序仿真或者布局布线后仿真，是指电路已经映射到特定的工艺环境以后，综合考虑电路的路径延迟与门延迟的影响，验证电路能否在一定时序条件下满足设计构想的过程，是否存在时序违规。其输入文件为从布局布线结果中抽象出来的门级网表、TestBench 和扩展名为 SDO 或 SDF 的标准时延文件。SDO 或 SDF 的标准时延文件不仅包含门延迟，还包括实际布线延迟，能较好地反映芯片的实际工作情况。一般来说，后仿真是必选的，检查设计时序与实际的 FPGA 运行情况是否一致，确保设计的可靠性和稳定性，选定了器件分配引脚后再进行后仿真。

后仿真分为两步，先做指令序列测试，再做程序测试。如在后仿真出现时序问题时，先采取降低 CPU 主频的方法来解决，如果不行的话，就必须分析问题所在，修改或优化 CPU 数据通路或部件。

后仿真指令序列和程序测试和前仿真可以是一样的，但是要注意，后仿真时 CPU 中不可有不可综合语句。time，defparam，$finish，fork，join，initial，delays，UDP，wait 等语句都是不可综合的。

后仿真的测试指令通过以 IP 核方式实现的 RAM 来进行测试，其余操作与前仿真一样。

7.6.3 下板测试

由于我们自行编写的指令 RAM 用来初始化内存的 initial 指令是不可综合的，无法在开发板上运行，所以可以使用 Vivado 提供的 IP 核来替换我们的 RAM，其可以使用一个 coe 文件来初始化内存。

coe 为初始化 ROM 的配置文件，以下为 coe 文件格式实例。

```
//16 表示为十六进制，可按需求更改
memory_initialization_radix = 16;
memory_initialization_vector =
//下面为测试程序的机器码
00000000
241d03fc
0800002d
27bdffe0
```

```
afbf0018
afbe0014
```

跟随以下步骤来添加 IP 核，如图 7.52 所示，单击 IP Catalog，选择 IP 核列表。

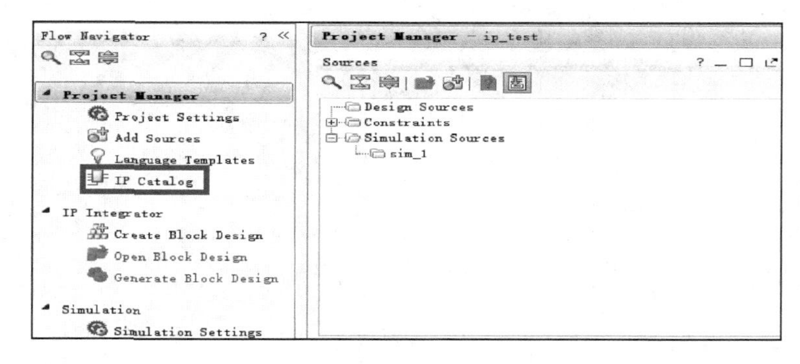

图 7.52　IP 核列表选择

单击了 IP Catalog 后，在出现的 IP Catalog 窗口列表中选择 Memories & Storage Elements 中的 RAMs & ROMs & BRAM，双击 Block Memory Generator，如图 7.53 所示。

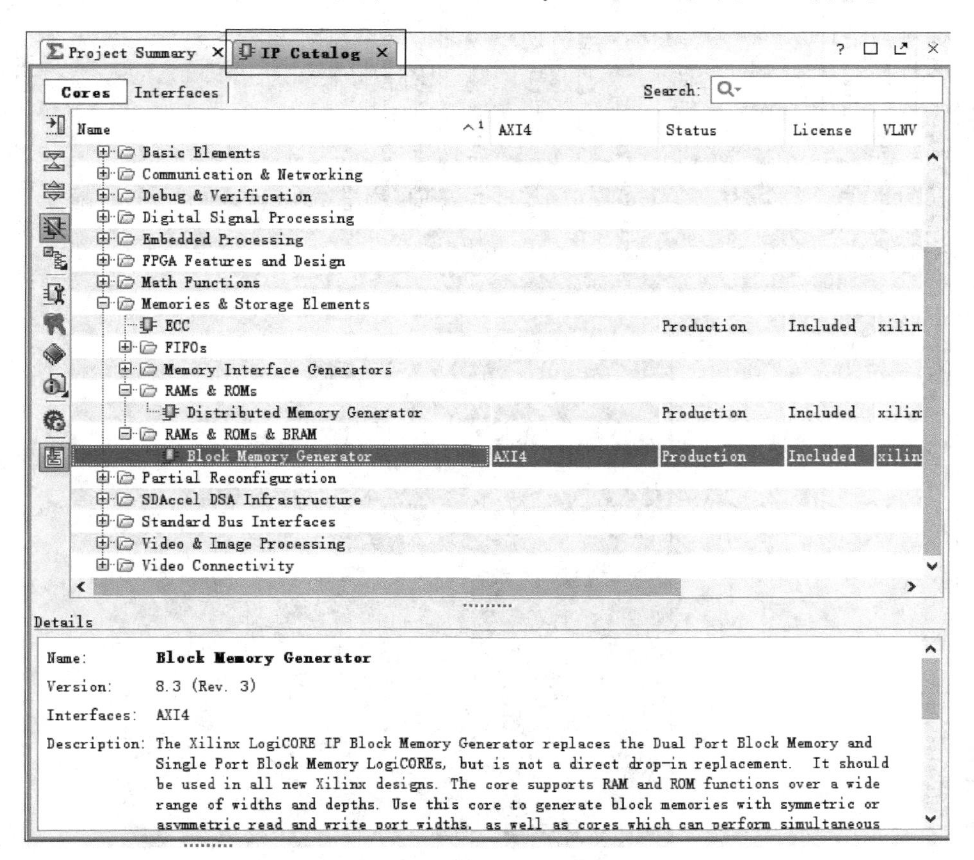

图 7.53　列表 IP 核选择

根据如图 7.54 所示配置 IP 核，这些参数均为推荐配置，可根据自己的需求更改。

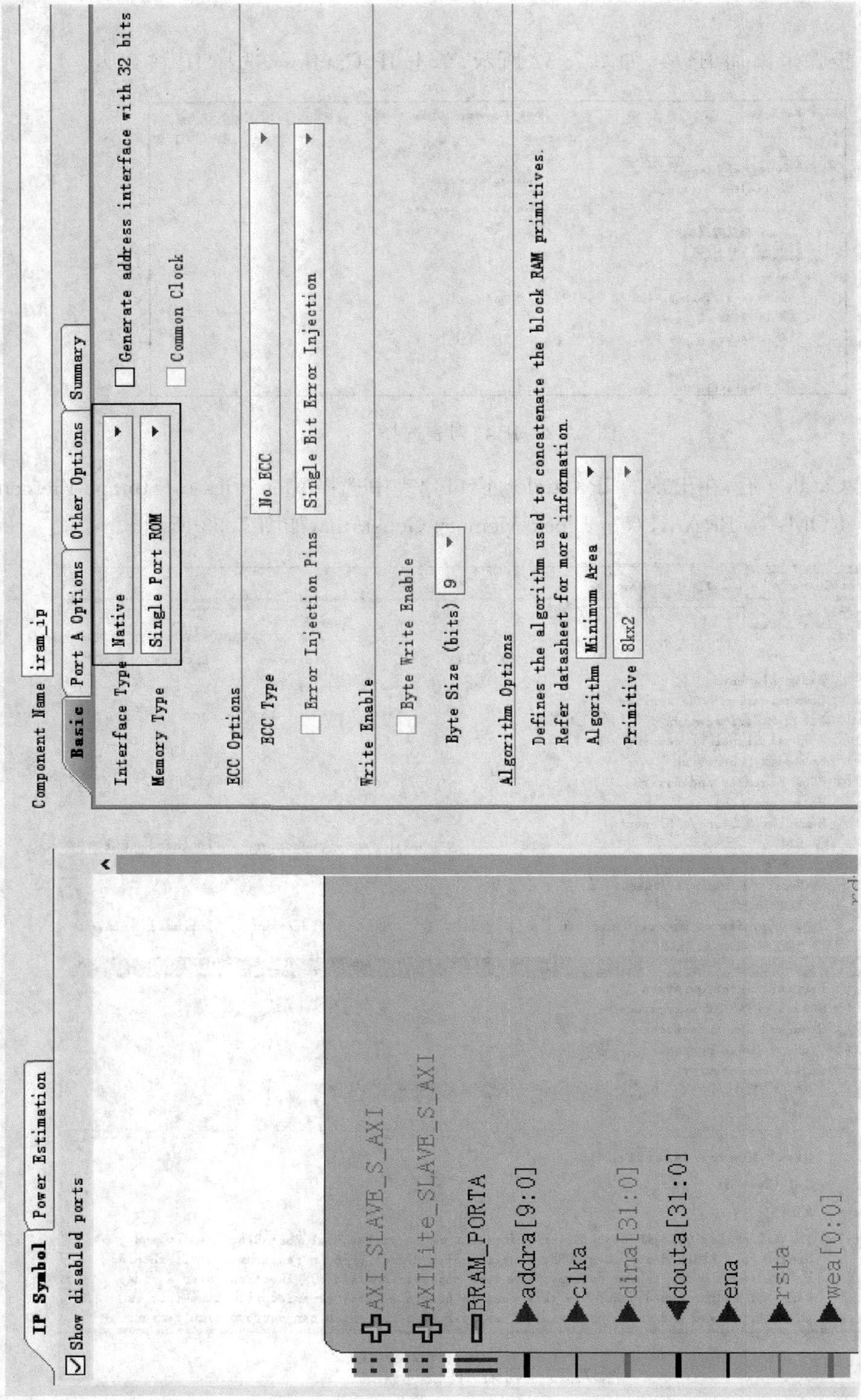

IP Symbol | Power Estimation

☑ Show disabled ports

AXI_SLAVE_S_AXI
AXILite_SLAVE_S_AXI
BRAM_PORTA
addra[9:0]
clka
dina[31:0]
douta[31:0]
ena
rsta
wea[0:0]

Component Name iram_ip

Basic | Port A Options | Other Options | Summary

Interface Type Native
Memory Type Single Port ROM
☐ Generate address interface with 32 bits
☐ Common Clock

ECC Options
ECC Type No ECC
☐ Error Injection Pins Single Bit Error Injection

Write Enable
☐ Byte Write Enable
Byte Size (bits) 9

Algorithm Options
Defines the algorithm used to concatenate the block RAM primitives.
Refer datasheet for more information.
Algorithm Minimum Area
Primitive 8kx2

(a) 第1步

图 7.54 IP 核推荐配置

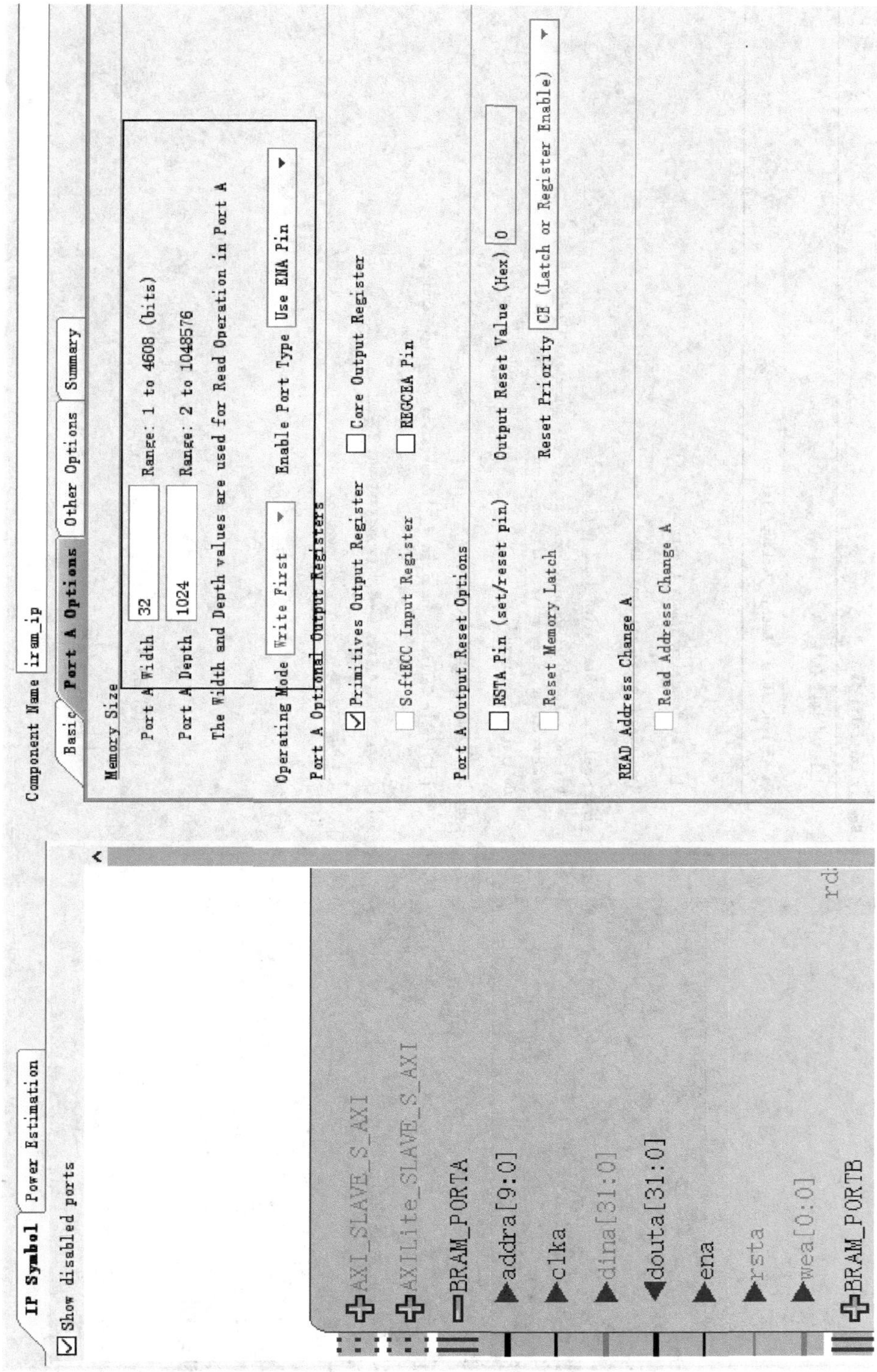

IP Symbol
Power Estimation
Show disabled ports
AXI_SLAVE_S_AXI
AXILite_SLAVE_S_AXI
BRAM_PORTA
addra[9:0]
clka
dina[31:0]
douta[31:0]
ena
rsta
wea[0:0]
BRAM_PORTB
rd

Component Name irsm_ip
Basic
Port A Options
Other Options
Summary
Memory Size
Port A Width 32 Range: 1 to 4608 (bits)
Port A Depth 1024 Range: 2 to 1048576
The Width and Depth values are used for Read Operation in Port A
Operating Mode Write First
Enable Port Type Use ENA Pin
Port A Optional Output Registers
Primitives Output Register
Core Output Register
SoftECC Input Register
REGCEA Pin
Port A Output Reset Options
RSTA Pin (set/reset pin)
Output Reset Value (Hex) 0
Reset Memory Latch
Reset Priority CE (Latch or Register Enable)
READ Address Change A
Read Address Change A

(b) 第2步

图 7.54 （续）

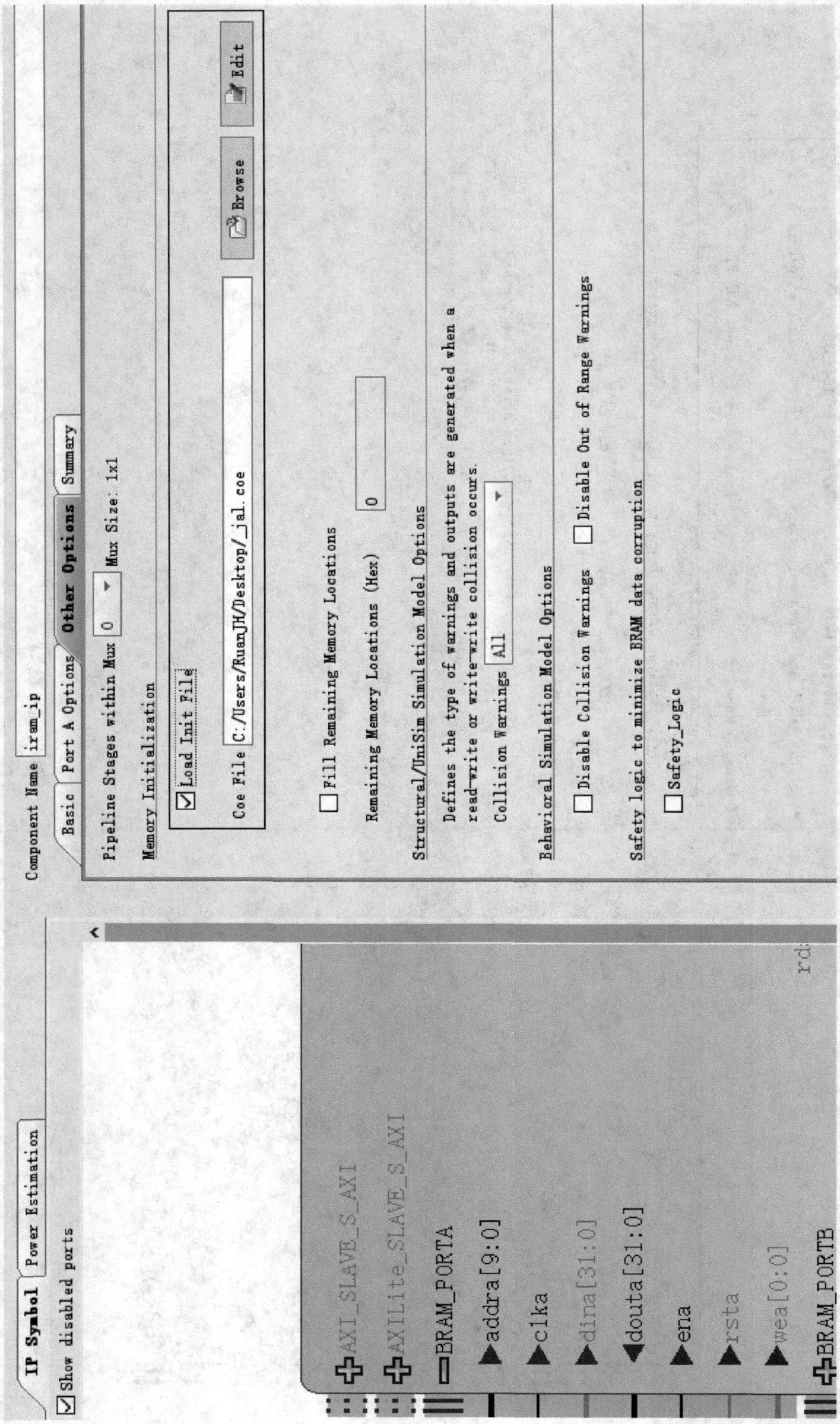

IP Symbol | Power Estimation

☑ Show disabled ports

AXI_SLAVE_S_AXI
AXILite_SLAVE_S_AXI
BRAM_PORTA
addra[9:0]
clka
dina[31:0]
douta[31:0]
ena
rsta
wea[0:0]
BRAM_PORTB

Component Name iram_ip

Basic | Port A Options | **Other Options** | Summary

Pipeline Stages within Mux 0 Mux Size: 1x1

Memory Initialization

☑ Load Init File

Coe File C:/Users/RuanJH/Desktop/_jal.coe Browse Edit

☐ Fill Remaining Memory Locations

Remaining Memory Locations (Hex) 0

Structural/UniSim Simulation Model Options

Defines the type of warnings and outputs are generated when a read-write or write-write collision occurs.

Collision Warnings All

Behavioral Simulation Model Options

☐ Disable Collision Warnings ☐ Disable Out of Range Warnings

Safety logic to minimize BRAM data corruption

☐ Safety_Logic

(c) 第3步

图 7.54 （续）

单击生成的 IP Sources，可以看到如图 7.55 所示选项，可以根据 IP 核的接口来使用生成的模块（双击 IP 核模块，可以对 IP 核进行修改）。

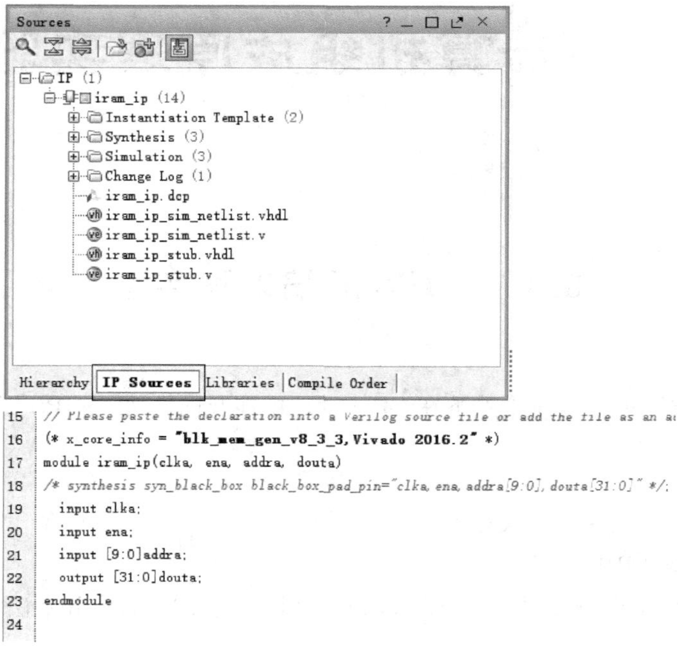

```
Sources
IP (1)
  iram_ip (14)
    Instantiation Template (2)
    Synthesis (3)
    Simulation (3)
    Change Log (1)
    iram_ip.dcp
    iram_ip_sim_netlist.vhdl
    iram_ip_sim_netlist.v
    iram_ip_stub.vhdl
    iram_ip_stub.v
Hierarchy | IP Sources | Libraries | Compile Order
```

```
15  // Please paste the declaration into a Verilog source file or add the file as an a
16  (* x_core_info = "blk_mem_gen_v8_3_3,Vivado 2016.2" *)
17  module iram_ip(clka, ena, addra, douta)
18  /* synthesis syn_black_box black_box_pad_pin="clka,ena,addra[9:0],douta[31:0]" */;
19    input clka;
20    input ena;
21    input [9:0]addra;
22    output [31:0]douta;
23  endmodule
24
```

图 7.55　IP 核模块选择

在 CPU 调用 IP 核时可参照如图 7.56 所示的方式。

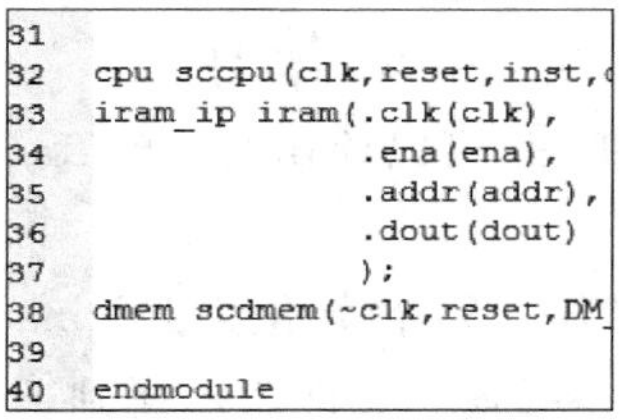

```
31
32  cpu sccpu(clk,reset,inst,
33  iram_ip iram(.clk(clk),
34               .ena(ena),
35               .addr(addr),
36               .dout(dout)
37               );
38  dmem scdmem(~clk,reset,DM_
39
40  endmodule
```

图 7.56　IP 核调用方式

第8章

计算机组成原理实验设计

8.1 MIPS 汇编编程实验

1. 实验介绍

本实验通过编写汇编程序来熟悉在 CPU 设计中涉及的 54 条 MIPS 汇编指令的功能及格式。

2. 实验目标

(1) 学习使用 MARS MIPS 模拟器。

(2) 熟悉 54 条 MIPS 指令。

(3) 编写几个 MIPS 汇编程序：Fibonacci 数列、冒泡排序、Booth 乘法。

3. 实验原理

(1) MIPS 汇编基本格式如下。

① 代码段由.text 开头。

② 数据段以.data 开头(本次实验可以不使用数据段)。

③ 跳转标记格式如“label:”,为标记名+冒号。

(2) MARS 是一个 MIPS 模拟器,可以使用其来编写并调试 MIPS 汇编程序。

(3) MIPS 程序要求如下。

① Fibonacci 数列：将寄存器 \$2,\$3 初始化为 Fibonacci 数列的前两个数 0,1；寄存器 \$4 为数列中所需得到的数字的序号(\$4=4 即表示得到第 4 个 Fibonacci 数)；最后得到的结果存入寄存器 \$1。

② 将一串数列输入寄存器 \$2～\$6,用冒泡排序算法对其进行排序。

③ 运用布斯乘法算法实现两个数的乘法,结果用两个寄存器表示,具体算法可参考 Wikipedia 上的相关词条。

(4) 使用如表 8.1 所示指令来编写 MIPS 的汇编程序。

表 8.1 54 条 MIPS 指令集

指　令	指令说明	指令格式	OP 31-26	FUNCT 5-0	指令码十六进制
ADDI	加立即数	ADDI rt, rs, immediate	001000		20000000
ADDIU	加立即数(无符号)	ADDIU rd, rs, immediate	001001		24000000
ANDI	立即数与	ANDI rt, rs, immediate	001100		30000000

续表

指　令	指令说明	指令格式	OP 31-26	FUNCT 5-0	指令码十六进制
ORI	或立即数	ORI rt，rs，immediate	001101		34000000
SLTIU	小于立即数置 1(无符号)	SLTIU rt，rs，immediate	001011		2C000000
LUI	立即数加载高位	LUI rt，immediate	001111		3C000000
XORI	异或(立即数)	XORI rt，rs，immediate	001110		38000000
SLTI	小于置 1(立即数)	SLTI rt，rs，immediate	001010		28000000
ADDU	加(无符号)	ADDU rd，rs，rt	000000	100001	00000021
AND	与	AND rd，rs，rt	000000	100100	00000024
BEQ	相等时分支	BEQ rs，rt，offset	000100		10000000
BNE	不等时分支	BNE rs，rt，offset	000101		14000000
J	跳转	J target	000010		08000000
JAL	跳转并链接	JAL target	000011		0C000000
JR	跳转至寄存器所指地址	JR rs	000000	001000	00000009
LW	取字	LW rt，offset(base)	100011		8C000000
XOR	异或	XOR rd，rs，rt	000000	100110	00000026
NOR	或非	NOR rd，rs，rt	000000	100111	00000027
OR	或	OR rd，rs，rt	000000	100101	00000025
SLL	逻辑左移	SLL rd，rt，sa	000000	000000	00000000
SLLV	逻辑左移(位数可变)	SLLV rd，rt，rs	000000	000100	00000004
SLTU	小于置 1(无符号)	SLTU rd，rs，rt	000000	101011	0000002B
SRA	算术右移	SRA rd，rt，sa	000000	000011	00000003
SRL	逻辑右移	SRL rd，rt，sa	000000	000010	00000002
SUBU	减(无符号)	SUBU rd，rs，rt	000000	100010	00000022
SW	存字	SW rt，offset(base)	101011		AC000000
ADD	加	ADD rd，rs，rt	000000	100000	00000020
SUB	减	SUB rd，rs，rt	000000	100010	00000022
SLT	小于置 1	SLT rd，rs，rt	000000	101010	0000002A
SRLV	逻辑右移(位数可变)	SRLV rd，rt，rs	000000	000110	00000006
SRAV	算术右移(位数可变)	SRAV rd，rt，rs	000000	000111	00000007
CLZ	前导零计数	CLZ rd，rs	011100	100000	70000020
DIVU	除(无符号)	DIVU rs，rt	000000	011011	0000001B
ERET	异常返回	ERET	010000	011000	42000018
JALR	跳转至寄存器所指地址，返回地址保存在	JALR rs	000000	001001	00000009
LB	取字节	LB rt,offset(base)	100000		80000000
LBU	取字节(无符号)	LBU rt，offset(base)	100100		90000000
LHU	取半字(无符号)	LHU rt，offset(base)	100101		94000000
SB	存字节	SB rt，offset(base)	101000		A0000000
SH	存半字	SH rt，offset(base)	101001		A4000000
LH	取半字	LH rt，offset(base)	100001		84000000
MFC0	读 CP0 寄存器	MFC0 rt，rd	010000	000000	40000000
MFHI	读 Hi 寄存器	MFHI rd	000000	010000	00000010

续表

指　令	指令说明	指令格式	OP 31-26	FUNCT 5-0	指令码十六进制
MFLO	读 Lo 寄存器	MFLO rd	000000	010010	00000012
MTC0	写 CP0 寄存器	MTC0 rt，rd	010000	000000	40800000
MTHI	写 Hi 寄存器	MTHI rd	000000	010001	00000011
MTLO	写 Lo 寄存器	MTLO rd	000000	010011	00000013
MUL	乘	MUL rd，rs，rt	011100	000010	70000002
MULTU	乘(无符号)	MULTU rs，rt	000000	011001	00000019
SYSCALL	系统调用	SYSCALL	000000	001100	0000000C
TEQ	相等异常	TEQ rs，rt	000000	110100	00000034
BGEZ	大于等于 0 时分支	BGEZ rs，offset	000001		04010000
BREAK	断点	BREAK	000000	001101	0000000D
DIV	除	DIV rs，rt	000000	011010	0000001A

4. 实验步骤

(1) 下载并打开 MARS。

(2) 在 MARS 中编写汇编程序。

(3) 运行并调试汇编程序。

8.2　32 位乘法器实验

1. 实验介绍

通过本次试验，了解乘法器的实现原理，并学习如何实现一个乘法器，本实验将实现 32 位无符号乘法器和 32 位有符号乘法器。

2. 实验目标

(1) 了解 32 位有符号、无符号乘法器的实现原理。

(2) 使用 Verilog 实现 32 位无符号乘法器和有符号乘法器。

3. 实验原理

(1) 无符号乘法器的功能为：将两个 32 位无符号数相乘，得到一个 64 位无符号数，如图 8.1 所示。

接口定义：

```
module MULTU(
    input clk,              //乘法器时钟信号
    input reset,            //复位信号,低电平有效
    input [31:0] a,         //输入数 a(被乘数)
    input [31:0] b,         //输入数 b(乘数)
    output [63:0] z         //乘积输出 z
  );
```

(2) 有符号乘法器的功能为：将两个 32 位有符号数相乘，得到一个 64 位有符号数，如图 8.2 所示。

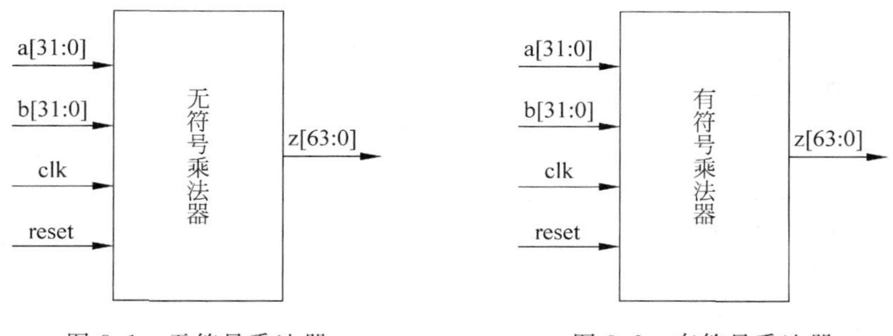

图 8.1　无符号乘法器　　　　图 8.2　有符号乘法器

接口定义：

```
module MULT(
    input clk,                  //乘法器时钟信号
    input reset,                //复位信号,低电平有效
    input [31:0] a,             //输入数 a(被乘数)
    input [31:0] b,             //输入数 b(乘数)
    output [63:0] z             //乘积输出 z
);
```

(3) 相关说明如下。

无符号乘法器功能为：将两个 32 位无符号数相乘，得到一个 64 位无符号数。有符号乘法器功能为：将两个 32 位有符号数相乘，得到一个 64 位有符号数。将低 32 位存放在专用寄存器 lo 中，高 32 位存放在寄存器 hi 中。执行乘法指令过程中不产生异常。本实验不允许使用行为级实现。

以下提供几种实验实现思路，仅供参考。

(1) 两个二进制数 a 和 b 相乘，可以认为是 a 和 b 的每一位相乘移位后的结果相加。关于 a 与 b 的每一位相乘产生的中间结果，如果 b 那位是 0，那么中间结果就是 0；如果是 1，那么中间结果就是在 a 前后补上相应位数的零通过字符拼接的方式表示。然后将这些中间乘积相加就是最后的结果。

(2) 二进制的乘法可以用加法和移位操作完成，可以使用循环迭代的方法实现。每次循环时，判断 b 的值是否为 1，然后决定是否将中间值加上 a。每次循环，a 左移一位，b 右移一位。循环结束，最后的中间值就是最后的乘积。

(3) 可以从 Wallace Tree 乘法算法的角度出发实现。有兴趣实现的读者可以自行查阅此算法实现。

下面以思路 1 举例 8 位无符号数乘 8 位无符号数的一种实现方式。

```
module MULTU(
    input clk,              // 乘法器时钟信号
    input reset,
    input [7:0] a,          // 输入 a(被乘数)
```

```
input [7:0] b,          // 输入 b(乘数)
output [15:0] z         // 乘积输出 z
);
  // 申请寄存器
  reg [15:0] temp;
  reg [15:0] stored0;
  reg [15:0] stored1;
  reg [15:0] stored2;
  reg [15:0] stored3;
  reg [15:0] stored4;
  reg [15:0] stored5;
  reg [15:0] stored6;
  reg [15:0] stored7;
  reg [15:0] add0_1;
  reg [15:0] add2_3;
  reg [15:0] add4_5;
  reg [15:0] add6_7;
  reg [15:0] add0t1_2t3;
  reg [15:0] add4t5_6t7;
  reg [15:0] add0t3_4t7;

  always @(posedge clk or negedge reset)
  begin
    // reset 置零
    if(reset) begin
      temp <= 0;
      stored0 <= 0;
      stored1 <= 0;
      stored2 <= 0;
      stored3 <= 0;
      stored4 <= 0;
      stored5 <= 0;
      stored6 <= 0;
      stored7 <= 0;
      add0_1 <= 0;
      add2_3 <= 0;
      add4_5 <= 0;
      add6_7 <= 0;
      add0t1_2t3 <= 0;
      add4t5_6t7 <= 0;
  end
  else begin
                          //通过字符拼接方式表示出中间相乘值,并相加
      stored0 <= b[0]? {8'b0, a} : 16'b0;
      stored1 <= b[1]? {7'b0, a, 1'b0} :16'b0;
      stored2 <= b[2]? {6'b0, a, 2'b0} :16'b0;
      stored3 <= b[3]? {5'b0, a, 3'b0} :16'b0;
      stored4 <= b[4]? {4'b0, a, 4'b0} :16'b0;
      stored5 <= b[5]? {3'b0, a, 5'b0} :16'b0;
      stored6 <= b[6]? {2'b0, a, 6'b0} :16'b0;
      stored7 <= b[7]? {1'b0, a, 7'b0} :16'b0;
```

```
            add0_1 <= stored1 + stored0;
            add2_3 <= stored2 + stored3;
            add4_5 <= stored4 + stored5;
            add6_7 <= stored6 + stored7;
            add0t1_2t3 <= add0_1 + add2_3;
            add4t5_6t7 <= add4_5 + add6_7;
            temp <= add0t1_2t3 + add4t5_6t7;
      end
    end
  assign z = temp;
endmodule
```

对于写完的模块,采取了以下数据进行了测试,读者可以参考对自己写完的模块进行测试。

```
a = 0, b = 0; a = 0, b = 8'b11111111;
a = 8'b10110011, b = 0; a = 8'b11111111, b = 8'b11111111;
a = 8'b10000000, b = 8'b10101010; a = 8'b10101010, b = 8'b10000000;
a = 8'b101101 ; b= 8'b1101000; a = 8'b1000111, b = 8'b1110
```

(注意:在写 32 位乘法器的时候用 32 位的数据进行测试。)

至于有符号数乘法器的实现只需要进行简单的变动,请读者自己思考实现。

本次实验不允许使用行为级(乘号)方式实现。

4. 实验步骤

(1) 新建 Vivado 工程。

(2) 编写各个模块。

(3) 用 ModelSim 仿真测试各模块。

8.3 32 位除法器实验

1. 实验介绍

通过本次实验,了解除法器的实现原理,并学习如何实现一个除法器,本实验将实现 32 位无符号除法器和 32 位有符号除法器。

2. 实验目标

(1) 了解 32 位有符号、无符号除法器的实现原理。

(2) 使用 Verilog 实现一个 32 位有符号除法器和一个 32 位无符号除法器。

3. 实验原理

1) 无符号除法器

无符号除法器(如图 8.3 所示)功能为,将两个 32 位无符号数相除,得到一个 32 位商和 32 位余数。本实验分别实现 32 位有符号和无符号除法器,结果为 32 位商 quotient 和 32 位余数 remainder,分别存放在 CPU 的专用寄存器 lo 和 hi 中。除法器时钟信号下降沿时检查 start 信号,有效时开始执行,执行除法指令时,busy 标志位置 1。在执行除法指令时,任何情况下不产生算术异常,当除数为 0 时,运算结果未知,对除法器除数为 0 和溢出情况的发生通过汇编指令中其他指令进行检查和处理。

接口定义:

```
module DIVU(
    input [31:0]dividend,          //被除数
    input [31:0]divisor,           //除数
    input start,                   //启动除法运算
    input clock,
    input reset,
    output [31:0]q,                //商
    output [31:0]r,                //余数
    output busy                    //除法器忙标志位
    );
```

2）有符号除法器

有符号除法器(如图 8.4 所示)功能为,将两个 32 位有符号数相除,得到一个 32 位商和余数,基本和无符号除法器类似,注意余数符号与被除数符号相同。

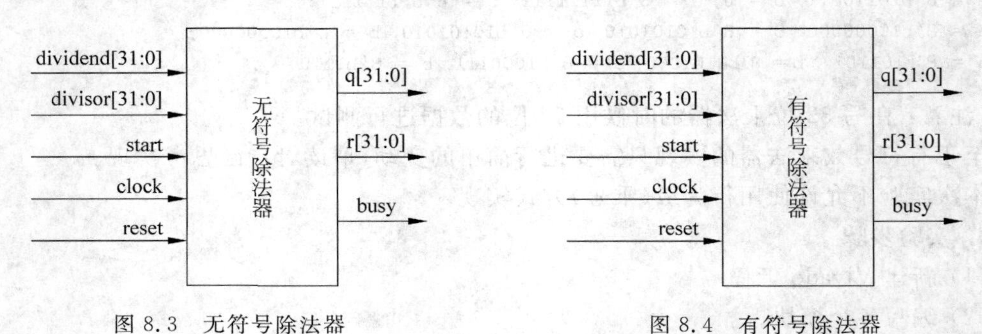

图 8.3　无符号除法器　　　图 8.4　有符号除法器

接口定义:

```
module DIV(
    input [31:0]dividend,          //被除数
    input [31:0]divisor,           //除数
    input start,                   //启动除法运算
    input clock,
    input reset,
    output [31:0]q,                //商
    output [31:0]r,                //余数
    output busy                    //除法器忙标志位
    );
```

3）参考思路

(1) 基于移位、减法的恢复余数除法器

对于 32 位无符号除法,可将被除数 a 转换成高 32 位为 0,低 32 位是 a 的数 temp_a,在每个周期开始时 temp_a 向左移动一位,最后一位补零,然后判断 temp_a 的高 32 位是否大于等于除数 b,如是则 temp_a 的高 32 位减去 b 并且加 1,得到的值赋给 temp_a,如果不是则直接进入下一步,执行结束后 temp_a 的高 32 位即为余数,低 32 位即为商。对于 32 位有符号除法,可先将有符号数转换成无符号数除法,根据被除数和除数的符号判断商的符号,被除数是负数时余数为负,否则为正。

（2）不恢复余数除法器

不恢复余数即不管相减结果是正还是负，都把它写入 reg_r，若为负，下次迭代不是从中减去除数而是加上除数。

以下是无符号不恢复余数除法器的参考代码。

```
module DIVU(
     input [7:0]dividend,               //dividend
     input [7:0]divisor,                //divisor
     input start,                       //start = is_div & ~busy
     input clock,
     input reset,
     output [7:0]q,
     output [7:0]r,
     output reg busy
     );
wire ready;
reg[2:0] count;
reg [7:0] reg_q;
reg [7:0] reg_r;
reg [7:0] reg_b;
reg busy2,r_sign;
assign ready = ~busy & busy2;
//加、减法器
wire [8:0] sub_add = r_sign?({reg_r,q[7]} + {1'b0,reg_b}):({reg_r,q[7]} - {1'b0,reg_b});
assign r = r_sign? reg_r + reg_b : reg_r;
assign q = reg_q;
always @ (posedge clock or posedge reset)begin
    if (reset == 1) begin              //重置
     count <= 3'b0;
     busy <= 0;
     busy2 <= 0;
end else begin
    busy2 <= busy;
    if (start) begin                   //开始除法运算，初始化
         reg_r <= 8'b0;
         r_sign <= 0;
         reg_q <= dividend;
         reg_b <= divisor;
         count <= 3'b0;
         busy <= 1'b1;
    end else if (busy) begin           //循环操作
         reg_r <= sub_add[7:0];        //部分余数
         r_sign <= sub_add[8];         //如果为负，下次相加
         reg_q <= {reg_q[6:0],~sub_add[8]};
         count <= count + 3'b1;        //计数器加一
         if (count == 3'h7) busy <= 0; //结束除法运算
    end
 end
end
endmodule
```

三个寄存器 reg_q 初始化为被除数，结果为商；reg_b 初始化为除数；reg_r 初始化为零，结果为余数，做减法时，减数是 reg_b 中的内容（除数），被减数是 reg_r 的内容（余数）左移

一位，最低位由 reg_q(被除数)的最高位补充。为了判断相减结果的正负，减法器的位数要比除数的位数多一位。如果相减结果为正(减法器输出的最高位是 0)，商 1，把相减结果写入 reg_r，reg_q 的内容左移一位，最低位放入商 1，如果相减结果为负，商 0，把被减数写入 reg_r，reg_q 内容左移一位，最低位放入商 0，循环直到被除数全被移出 reg_q 为止。

测试数据包括：被除数 0x00000000、0xffffffff、0xaaaaaaaa、0x55555555、0x7fffffff，除数 0xffffffff、0xaaaaaaaa、0x55555555、0x7fffffff。

4. 实验步骤

(1) 新建工程。

(2) 编写有符号除法器模块。

(3) 编写无符号除法器模块。

(4) 用 ModelSim 仿真测试各模块。

8.4 31 条指令单周期 CPU 设计实验

1. 实验介绍

在本实验中，将使用 Verilog HDL 实现 31 条 MIPS 指令的 CPU 的设计、前仿真、后仿真和下板调试运行。

2. 实验目标

(1) 深入掌握 CPU 的构成及工作原理。

(2) 设计 31 条指令的 CPU 的数据通路及控制器。

(3) 使用 Verilog HDL 设计实现 31 条指令的 CPU 下板运行。

3. 实验原理

(1) 需要实现的 31 条 MIPS 指令，如表 8.2 所示。各条指令格式及功能详细说明参阅 MIPS_Architecture_MIPS32_InstructionSet 手册。

表 8.2 31 条 MIPS 指令表

Mnemonic Symbol	Format						Sample
Bit #	31..26	25..21	20..16	15..11	10..6	5..0	
R-type	op	rs	rt	rd	shamt	func	
ADD	000000	rs	rt	rd	0	100000	ADD $1, $2, $3
ADDU	000000	rs	rt	rd	0	100001	ADDU $1, $2, $3
SUB	000000	rs	rt	rd	0	100010	SUB $1, $2, $3
SUBU	000000	rs	rt	rd	0	100011	SUBU $1, $2, $3
AND	000000	rs	rt	rd	0	100100	AND $1, $2, $3
OR	000000	rs	rt	rd	0	100101	OR $1, $2, $3
XOR	000000	rs	rt	rd	0	100110	XOR $1, $2, $3
NOR	000000	rs	rt	rd	0	100111	NOR $1, $2, $3
SLT	000000	rs	rt	rd	0	101010	SLT $1, $2, $3
SLTU	000000	rs	rt	rd	0	101011	SLTU $1, $2, $3
SLL	000000	0	rt	rd	shamt	000000	SLL $1, $2,10

续表

Mnemonic Symbol	Format						Sample
Bit#	31..26	25..21	20..16	15..11	10..6	5..0	
SRL	000000	0	rt	rd	shamt	000010	SRL $1,$2,10
SRA	000000	0	rt	rd	shamt	000011	SRA $1,$2,10
SLLV	000000	rs	rt	rd	0	000100	SLLV $1,$2,$3
SRLV	000000	rs	rt	rd	0	000110	SRLV $1,$2,$3
SRAV	000000	rs	rt	rd	0	000111	SRAV $1,$2,$3
JR	000000	rs	0	0	0	001000	JR $31
Bit#	31..26	25..21	20..16	15..0			
I-type	op	rs	rt	immediate			
ADDI	001000	rs	rt	Immediate(－～＋)			ADDI $1,$2,100
ADDIU	001001	rs	rt	Immediate(－～＋)			ADDIU $1,$2,100
ANDI	001100	rs	rt	Immediate(0～＋)			ANDI $1,$2,10
ORI	001101	rs	rt	Immediate(0～＋)			ORI $1,$2,10
XORI	001110	rs	rt	Immediate(0～＋)			XORI $1,$2,10
LW	100011	rs	rt	Immediate(－～＋)			LW $1,10($2)
SW	101011	rs	rt	Immediate(－～＋)			SW $1,10($2)
BEQ	000100	rs	rt	Immediate(－～＋)			BEQ $1,$2,10
BNE	000101	rs	rt	Immediate(－～＋)			BNE $1,$2,10
SLTI	001010	rs	rt	Immediate(－～＋)			SLTI $1,$2,10
SLTIU	001011	rs	rt	Immediate(－～＋)			SLTIU $1,$2,10
LUI	001111	00000	rt	Immediate(－～＋)			LUI $1,10
Bit#	31..26	25..0					
J-type	op	Index					
J	000010	address					J 10000
JAL	000011	address					JAL 1000

(2) 单周期 CPU 数据通路设计如下。

① 根据指令的功能，确定每条指令在执行过程中所用到的部件(包括取指)。

② 根据该指令所用的部件，用表格列出，并在表格中填入每个部件的数据输入来源。

③ 根据表格所涉及部件和部件的数据输入来源，画出每条指令的数据通路。

④ 最后将所有指令数据通路合成一个总的数据通路。

(3) 控制部件设计如下。

① 根据每条指令功能，在已形成的数据通路下，画出每条指令从取指到执行过程的指令流程图。

② 根据指令流程图，编排指令取指到执行的操作时间表。

③ 根据指令操作时间表，写出每个控制信号的逻辑表达式。

④ 根据逻辑表达式，用门电路实现，完成控制部件设计。

(4) CPU 前仿真测试如下。

① 单条指令的测试，对所设计的 31 条指令，一条一条指令进行验证。

② 指令边界数据测试，对于每条指令所对应的边界数据，一条一条指令进行验证。

③ 随机指令序列测试，可以自行编写一些符合 MIPS 规范的指令序列。将这些序列分别放到 CPU 仿真状态下和 MARS 上去执行，分别产生两个执行结果文件，比较执行结果文件来判断 CPU 执行指令是否正确。

④ 程序测试，运行一个有意义的程序，观察运行的结果。

(5) 后仿真测试如下。

后仿真分为两步，先做指令序列测试，再做程序测试。后仿真指令序列和程序测试和前仿真可以是一样的，但是要注意，后仿真时 CPU 中不能有不可综合语句。time，defparam，$finish，fork，join，initial，delays，udp，wait 等语句都是不可综合的。后仿真的测试指令通过以 IP 核方式实现的 RAM 来进行测试，其余操作与前仿真一样。

(6) 下板测试。

由用户自行编写的 ram 中，用来初始化内存的 initial 指令是不可综合的，无法在开发板上运行，所以，我们可以使用 Vivado 提供的 IP 核来替换我们的 ram，其可以使用一个 coe 文件来初始化内存。

4. 实验步骤

(1) 新建 Vivado 工程，编写各个模块。

(2) 用 ModelSim 前仿真逐条测试所有指令。

(3) 用 ModelSim 前仿真逐条测试所有指令边界数据。

(4) 用 ModelSim 前仿真测试指令序列。

(5) 用 ModelSim 前仿真运行测试程序。

(6) 用 ModelSim 进行后仿真测试指令序列。

(7) 用 ModelSim 进行后仿真运行测试程序。

(8) 配置 XDC 文件，综合下板，并观察实验现象。

(9) 按照要求书写实验报告。

8.5 中断处理实验

1. 实验介绍

除了通常的运算功能之外，任何处理器都需要一些部件来处理中断、配置选项以及需要某种机制来监控诸如片上高速缓存和定时器等功能。在 MIPS CPU 中，异常或者中断发生时的行为以及怎样处理都是由 cp0 控制寄存器和几条特殊指令来定义和控制的。本实验不需要实现 cp0 的全部功能，只关注 cp0 的寄存器读写和对中断异常的处理部分。通过本次实验，可以了解 cp0 异常处理的实现原理，并学习如何实现 cp0 对异常的处理。

2. 实验目标

(1) 了解 MIPS 架构中 cp0 中断异常的实现原理。

(2) 使用 Verilog 实现 54 CPU 指令中的 BREAK、SYSCALL、TEQ、ERET、MFC0、MTC0，实现 cp0 异常处理。

(3) 可选择进一步实现外部中断。

3. 实验原理

1) CP0 寄存器

CP0 中有一系列寄存器来完成异常控制、缓存控制等功能，如表 8.3 所示。

表 8.3 CP0 中的寄存器描述

标　号	寄存器助记符	功 能 描 述
0	index	TLB 阵列的入口索引
1	random	产生 TLB 阵列的随机入口索引
2	entrylo0	偶数虚拟页的入口地址的低位部分
3	entrylo1	奇数虚拟页的入口地址的低位部分
4	context	指向内存虚拟页表入口地址的指针
5	pagemask	控制 TLB 入口中可变页面的大小
6	wired	控制固定的 TLB 入口的数目
7	保留	
8	badvaddr	记录最近一次地址相关异常的地址
9	count	处理器计数周期
10	entryhi	TLB 入口地址的高位部分
11	compare	定时中断控制
12	status	处理器状态和控制寄存器，包括决定 CPU 特权等级，使能哪些中断等字段
13	cause	保存上一次异常原因
14	epc	保存上一次异常时的程序计数器
15	prid	处理器标志和版本
16	config	配置寄存器，用来设置 CPU 的参数
17	lladdr	加载链接指令要加载的数据存储器地址
18	watchlo	观测点 watchpoint 地址的低位部分
19	watchhi	观测点 watchpoint 地址的高位部分
20～22	保留	
23	debug	调试控制和异常状况
24	depc	上一次调试异常的程序计数器
25	保留	
26	errctl	控制 cache 指令访问数据和 SPRAM
27	保留	
28	taglo/datalo	cache 中 Tag 接口的低位部分
29	保留	
30	errorepc	上一次系统错误时的程序计数器
31	desave	用于调试处理的暂停寄存器

在实验中只实现 CP0 的中断、异常处理功能，因此只需要部分寄存器，图 8.5 是实验中用到的主要寄存器。

(1) status：12 号寄存器。

status[0](IE)为中断禁止位，标准的 MIPS CP0 中 status 寄存器的 8～15 位为中断屏蔽位，如图 8.5 所示，本实验中将 status[10：8]定为中断屏蔽位，status[8]屏蔽 SYSCALL，status[9]屏蔽 BREAK，status[10]屏蔽 TEQ。

31 28	27	26	25	24	23	22	21	20	19	18	17	16	15 8	7	6	5	4	3	2	1	0
													IM7~0								IE

图 8.5 MIPS status 寄存器

(2) cause：13 号寄存器。

cause 寄存器用于存放异常原因，MIPS32 架构的 cause 寄存器如图 8.6 所示，实验中仅用到 cause[6：2]：异常类型号 ExcCode，1000 为 syscall 异常，1001 为 break，1101 为 teq。

31	30	29 28	27	26	25 24	23	22	21 16	15 8	7	6 2	1 0
BD	TI	CE	DC	PCI	00	IV	WP	000000	IP7~0	0	ExcCode	00

图 8.6 MIPS cause 寄存器

(3) epc：14 号寄存器。

异常发生时 epc 存放当前指令地址作为返回地址。

2）异常中断控制

在异常中断控制功能的实现中，做如下规定。

(1) 实现的异常包括断点指令 BREAK 和系统调用 SYSCALL 以及自陷指令 TEQ。

(2) 采用查询中断。

(3) 异常发生时保存当前指令的地址作为返回地址。

(4) 响应异常时把 status 寄存器的内容左移 5 位关中断。

(5) 执行中断处理程序时保存 status 寄存器内容，中断返回时写回。

(6) 异常入口地址为 0x4。

接口定义：

```
module CP0(
    input clk,
    input rst,
    input mfc0,                    // CPU instruction is Mfc0
    input mtc0,                    // CPU instruction is Mtc0
    input [31:0]pc,
    input [4:0] Rd,                // Specifies Cp0 register
    input [31:0] wdata,            // Data from GP register to replace CP0 register
    input exception,
    input eret,                    // Instruction is ERET (Exception Return)
    input [4:0]cause,
    input intr,
    output [31:0] rdata,           // Data from CP0 register for GP register
    output [31:0] status,
    output reg timer_int,
    output [31:0]exc_addr          // Address for PC at the beginning of an exception
);
```

在 MIPS32 架构中，有一些事件要打断程序的正常执行流程，这些事件有中断(Interrupt)、陷阱(Trap)、系统调用(System Call)以及其他任何可以打断程序正常执行流程的情况，统称为异常。异常类型及其优先级如表 8.4 所示。

表 8.4　MIPS32 架构中定义的异常类型及其优先级

<table>
<tr><th>优先级</th><th colspan="2">异　　常</th><th>描　　述</th></tr>
<tr><td>1</td><td colspan="2">Reset</td><td>硬件复位</td></tr>
<tr><td>2</td><td colspan="2">Soft Reset</td><td>在发生致命错误后对系统的复位，是软复位</td></tr>
<tr><td>3</td><td colspan="2">DSS</td><td>Debug Single Step 单步调试</td></tr>
<tr><td>4</td><td colspan="2">DINT</td><td>Debug Interrupt 调试中断</td></tr>
<tr><td>5</td><td colspan="2">NMI</td><td>不可屏蔽中断</td></tr>
<tr><td>6</td><td colspan="2">Machine Check</td><td>发生在 TLB 入口多重匹配对</td></tr>
<tr><td>7</td><td colspan="2">Interrupt</td><td>发生在 8 个中断之一被检测到时，包括 6 个外部硬件中断、两个软件中断</td></tr>
<tr><td>8</td><td colspan="2">Deferred Watch</td><td>与观测点有关的异常</td></tr>
<tr><td>9</td><td colspan="2">DIB</td><td>Debug Hardware Instruction Bread Match，指令硬件断点和正在执行的指令相符合</td></tr>
<tr><td>10</td><td colspan="2">WATCH</td><td>取指地址与观测寄存器中的地址相同时发生</td></tr>
<tr><td>11</td><td colspan="2">AdEL</td><td>取指地址对齐异常</td></tr>
<tr><td>12</td><td>TLB Refill</td><td rowspan="2">TLBL</td><td>指令 TLB 失靶</td></tr>
<tr><td>13</td><td>TLB Invalid</td><td>指令 TLB 无效</td></tr>
<tr><td>14</td><td colspan="2">IBE</td><td>取指令总线错误</td></tr>
<tr><td>15</td><td colspan="2">DBp</td><td>断点，执行了 SDBBP 指令</td></tr>
<tr><td rowspan="6">16</td><td colspan="2">Sys</td><td>执行了系统调用指令 SYSCALL</td></tr>
<tr><td colspan="2">Bp</td><td>执行了 BREAK 指令</td></tr>
<tr><td colspan="2">Cpu</td><td>在协处理器不存在或不可用的情况下执行了协处理器指令</td></tr>
<tr><td colspan="2">RI</td><td>无效指令</td></tr>
<tr><td colspan="2">Ov</td><td>算术操作指令 ADD、ADDI、SUB 运算溢出</td></tr>
<tr><td colspan="2">Tr</td><td>执行了自陷指令</td></tr>
<tr><td>17</td><td colspan="2">DDBL/DDBS</td><td>存储过程中，数据地址断点或数据值断点</td></tr>
<tr><td>18</td><td colspan="2">WATCH</td><td>数据地址与观测寄存器中的地址相同时</td></tr>
<tr><td rowspan="2">19</td><td colspan="2">AdEL</td><td>加载数据的地址未对齐</td></tr>
<tr><td colspan="2">AdES</td><td>存储数据的地址未对齐</td></tr>
<tr><td>20</td><td>TLB Refill</td><td rowspan="2">TLBL
TLBS</td><td>数据 TLB 失靶</td></tr>
<tr><td>21</td><td>TLB Invalid</td><td>数据 TLB 无效</td></tr>
<tr><td>22</td><td colspan="2">TLB Mod</td><td>对不可写的 TLB 进行了写操作</td></tr>
<tr><td>23</td><td colspan="2">DBE</td><td>加载存储总线错误</td></tr>
<tr><td>24</td><td colspan="2">DDBL</td><td>加载的数据与硬件断点设置的数据相等</td></tr>
</table>

实验中，仅实现 Sys、Bp、Tr 和一个外部中断 Interrupt。相关的指令包括 SYSCALL、BREAK、TEQ、ERET。

系统调用指令 SYSCALL 的格式如图 8.7 所示。code 字段在译码过程中没有作用。

MIPS32 架构定义了两种工作模式：用户模式和内核模式。在本实验中不对工作模式进行区分,没有对操作进行限制。

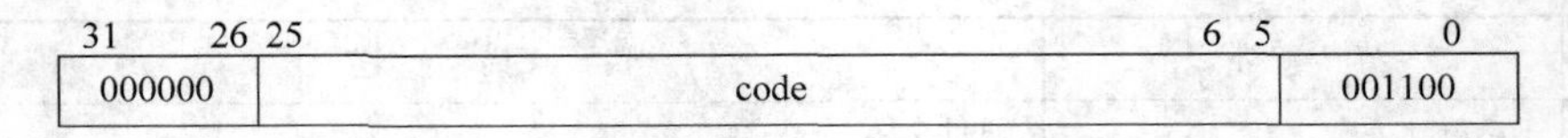

图 8.7 syscall 指令的格式

自陷指令有 12 条,实验中仅实现一条 TEQ 指令,“TEQ rs, rt”为条件异常指令,若 rs 寄存器的值和 rt 寄存器相等,则引发自陷异常。

BREAK 为断点异常,实验中仅实现对断点异常跳转和返回处理。

异常返回指令 ERET 的作用为从异常处理程序中返回,执行该指令使 EPC 寄存器的值成为新的取指地址,并恢复 status 寄存器的异常屏蔽位。

当有外部中断请求 intr,CPU 要发出中断确认信号 inta,通过读取 cause 寄存器中的 ExcCode 和 IP 内容来进行相应的中断处理,ExcCode 为 0 表示发生外部中断。

4. 实验步骤

(1) 新建工程,参考以上接口定义;

(2) 实现 cp0 寄存器读写;

(3) 实现 BREAK、SYSCALL 的异常跳转和 ERET 的异常返回;

(4) 实现外部中断;

(5) 对 cp0 模块的测试在 8.6 节介绍。

8.6 54 条指令 CPU 设计实验

1. 实验介绍

在本次实验中,将使用 Verilog HDL 实现 54 条 MIPS 指令的 CPU 的设计和仿真,设计的 CPU 可以是单周期的,也可以是多周期的。

2. 实验目标

(1) 深入了解 CPU 的原理。

(2) 画出实现 54 条指令的 CPU 的通路图。

(3) 学习使用 Verilog HDL 设计实现 54 条指令的 CPU。

3. 实验原理

1) 54 指令单周期 CPU

需要实现的 54 条 MIPS 指令,见表 8.1。各条指令格式及功能详细说明参阅 MIPS_Architecture_MIPS32_InstructionSet 手册。

2) 54 条指令单周期 CPU 数据通路设计

54 条指令 CPU 数据通路设计的方法和 31 条指令的一样。

(1) 阅读每条指令,对每条指令所需执行的功能与过程都有充分的了解。

(2) 确定每条指令在执行过程中所用到的部件。

(3) 使用表格列出指令所用部件,并在表格中填入每个部件的数据输入来源。

(4) 根据表格所涉及部件和部件的数据输入来源,画出整个数据通路。

54 条指令在 31 条的基础上添加了乘除法运算、对 lo/hi 寄存器的读写、内存半字和字节的存取操作、CP0 的异常处理指令和 CP0 寄存器的读写，以及一些跳转指令。

乘、除法器和 CP0 模块在前面的部分已经有所介绍，在 CPU 中仅需处理相应指令的控制信号和输入输出引脚，剩余的主要是添加对内存块的读写控制。在 CPU 通路中需要加入乘、除法器模块和 CP0 模块。

指令的测试和 31 条指令 CPU 的测试方法类似，对 CP0 模块的测试需要自行编写测试用例，要对 CP0 寄存器的读写功能、异常发生时的跳转功能和异常返回等环节进行测试，主要验证几个关键寄存器值的正确写入和控制信号的判断处理。实验中异常的入口地址为 0x4，可在入口处添加跳转指令，跳入统一的异常处理程序，再判断异常号然后进入相应的处理入口。

3）控制部件设计

（1）根据每条指令功能，在已形成的数据通路下，画出每条指令从取指到执行过程的指令流程图。

（2）根据指令流程图，编排指令取指到执行的操作时间表。

（3）根据指令操作时间表，写出每个控制信号的逻辑表达式。

（4）根据逻辑表达式，用门电路实现，完成控制部件设计。

4）多周期 CPU 设计

按照多周期 CPU 设计原则，设计多周期 54 条指令 CPU 的数据通路及控制部件，其设计过程类似于单周期 CPU 设计过程。

5）CPU 测试

CPU 测试的方法及过程同 31 条指令 CPU 测试。

4. 实验步骤

（1）新建 Vivado 工程，可在 31 条指令 CPU 基础上编写各个模块。

（2）用 ModelSim 前仿真逐条测试所有指令。

（3）用 ModelSim 前仿真逐条测试所有指令边界数据。

（4）用 ModelSim 前仿真测试指令序列。

（5）用 ModelSim 前仿真运行测试程序。

（6）用 ModelSim 进行后仿真测试指令序列。

（7）用 ModelSim 进行后仿真运行测试程序。

（8）配置 XDC 文件，综合下板，并观察实验现象。

（9）按照要求书写实验报告。

8.7　54 条指令 CPU 综合应用实验

1. 实验介绍

本实验要求读者在自己设计的 CPU 基础上编写一个应用程序来展示自己设计的 CPU。

2. 实验目标

深入了解 CPU 的原理。

3. 实验原理

可以运用 Nexys 4 板上的输入设备，如开关、按钮、各类传感器或 USB 键盘等作为输入模块，LED、七段显示器、VGA 等作为输出模块来设计应用程序展示自己设计的 CPU。编程语言可以用汇编或高级语言。

4. 实验步骤

(1) 新建 Vivado 工程。

(2) 编写各个模块。

(3) 用 ModelSim 仿真测试各模块。

(4) 配置 XDC 文件，综合下板，并观察实验现象。

(5) 按照要求书写实验报告。

附录A

Verilog 快速参考指南

类　别	定　义	例　子
标识符	标识符可以是一组字母、数字、下画线和$符号的组合,并且标识符的第一个字符必须是下画线(不能是数字)。另外,标识符是区分大小写的	q0 Prime_number lteflg
逻辑数值	0 =逻辑 0 1 =逻辑 1 z 或 Z =高阻 x 或 X =不确定值	
数制	d =十进制(decimal) b =二进制(binary) h =十六进制(hexadecimal) o =八进制(octal)	35 (default decimal) 4′b1001 8′a5 = 8′b10100101
参数	参数是一个特殊的常量,它的值可以在编译时被改变,但只能使用参数定义语句或通过模块初始化语句定义参数值	#(**parameter** N = 8)
局部参数	局部参数是一个特殊常量,它的值不可以被直接改变	**localparam** [1:0] s0 = 2′b00, s1 = 2′b01,s2 = 2′b10;
线网和变量类型	**wire**(标准连线,默认为该类型) **reg**(常用的寄存器变量,在 always 块中由过程语句赋值) **integer**(整数型,常用于 for 循环语句)	**wire** [3:0] d; **wire** led; **reg** [7:0] q; **integer** k;

模块	**module** <模块名>
	[#(参数程序清单)]
	(<端口类表>);
	[**wire** 声明]
	[**reg** 声明]
	[**assign** 声明]
	[**always** 块]
	endmodule
		module register
		#(**parameter** N = 8)
		(**input wire** load,
		input wire clk,
		input wire clr,
		input wire [N-1:0] d,
		output reg [N-1:0] q
		);
		always @(**posedge** clk or **posedge** clr)
		  if(clr == 1)
		    q <= 0;
		  else if(load)
		    q <= d;
		endmodule

续表

<table>
<tr><th>类　别</th><th>定　义</th><th>例　子</th></tr>
<tr><td>逻辑运算符</td><td>~(非)
&(与)
|(或)
~(&)(与非)
~(|)(或非)
^(异或)
~^(同或)</td><td>assign z = ~y;
assign c = a & b;
assign z = x | y;
assign w = ~(u & v);
assign r = ~(s | t);
assign z = x ^ y;
assign d = a ~^ b;</td></tr>
<tr><td>位运算符</td><td>&(与)
|(或)
~&(与非)
~|(或非)
^(异或)
~^(同或)</td><td>assign c = &a;
assign z = |y;
assign w = ~&v;
assign r = ~|t;
assign z = ^y;
assign d = ~^b;</td></tr>
<tr><td>算术运算符</td><td>+(加)
-(减)
*(乘)
/(除)
%(取模)</td><td>count <= count + 1;
q <= q - 1;</td></tr>
<tr><td>关系运算符</td><td>==,!=,>,<,>=,<=,===,
!==</td><td>assign lteflg = (a <= b);
assign eq = (a == b);
if(clr == 1)</td></tr>
<tr><td>移位运算符</td><td><<(左移)
>>(右移)</td><td>c = a << 3;
c = a >> 4;</td></tr>
<tr><td>always 块</td><td>always @(<敏感事件程序清单>)
always @(*)</td><td>always@(*)
begin
　s = a ^ b;
　c = a & b;
end</td></tr>
<tr><td>if 语句</td><td>if (表达式 1)
begin
语句块 1;
end
else if(表达式 2)
begin
语句块 2;
end</td><td>if(s == 0)
y = a;
else
y = b;</td></tr>
<tr><td>case 语句</td><td>case(<条件表达式>)
<分支 1>:<语句块 1>;
<分支 2> :<语句块 2>;
…
default:<语句块 n>;
endcase</td><td>case (s)
　0:y = a;
　1:y = b;
　2:y = c;
　default: y = a;
endcase</td></tr>
</table>

续表

类　别	定　义	例　子
for 语句	**for**(循环变量初始化;循环执行条件;循环变量增值) **begin** 　语句块; **end**	**for**(i=2; i>=4; i=i+1) z = z & x[i];
赋值运算符	=(阻塞赋值) <=(非阻塞赋值)	z = z & x[i]; count<= count + 1;
模块实例化	模块名 实例名 (.端口 1 信号名(连接端口 1 信号名), .端口 2 信号名(连接端口 2 信号名), .端口 3 信号名(连接端口 3 信号名),)	hex7seg d7R(.d(y), .a_to_g(a_to_g));
参数重写	**defparam**　实例名.参数名= val;	**defparam** Reg.N = 16;

参考文献

[1] 廉玉欣.基于 Xilinx Vivado 的数字逻辑实验教程[M].北京：电子工业出版社，2016.
[2] 孟宪元，陈彰林，陆佳华．Xilinx 新一代 FPGA 设计套件 Vivado 应用指南[M].北京：清华大学出版社，2014.
[3] Samir Palnitkar．Verilog HDL 数字设计与综合[M].夏宇闻，译.北京：电子工业出版社，2009.
[4] 白中英，谢松云.数字逻辑[M]．6 版.北京：科学出版社，2013.
[5] 于斌．Verilog HDL 数字系统设计及仿真[M].北京：电子工业出版社，2014.
[6] 云创工作室．Verilog HDL 程序设计与实践[M].北京：人民邮电出版社，2009.
[7] 夏宇闻．Verilog 数字系统设计教程[M]．3 版.北京：北京航空航天大学出版社，2013.
[8] Bhasker J．Verilog HDL 综合实用教程[M].孙海平，译.北京：清华大学出版社，2004.
[9] Donald E Thomas，Philip R Moorby.硬件描述语言 Verilog[M].刘明业，译.北京：清华大学出版，2001.
[10] 于斌，米秀杰．Modelsim 电子系统分析及仿真[M].北京：电子工业出版社，2011.
[11] Dominic Sweetman．MIPS 体系结构透视(第二版)[M].李鹏，译.北京：机械工业出版社，2008.
[12] 白中英.计算机组成原理[M]．5 版.北京：科学出版社，2017.
[13] 王爱英.计算机组成与结构[M]．5 版.北京：清华大学出版社，2013.
[14] 帕特森，亨尼斯.计算机组成与设计(第五版)[M].王党辉，译.北京：机械工业出版社，2015.
[15] 李亚民.计算机原理与设计——Verilog HDL 版[M].北京：清华大学出版社，2011.
[16] David Money Harri.数字设计和计算机体系结构(第二版)[M].陈俊颖，译.北京：机械工业出版社，2016.
[17] 刘佩林．MIPS 体系结构与编程[M].北京：科学出版社，2008.
[18] 雷思磊.自己动手写 CPU[M].北京：电子工业出版社，2014.

图书资源支持

感谢您一直以来对清华版图书的支持和爱护。为了配合本书的使用，本书提供配套的资源，有需求的读者请扫描下方的“书圈”微信公众号二维码，在图书专区下载，也可以拨打电话或发送电子邮件咨询。

如果您在使用本书的过程中遇到了什么问题，或者有相关图书出版计划，也请您发邮件告诉我们，以便我们更好地为您服务。

我们的联系方式：

地　　址：北京海淀区双清路学研大厦 A 座 707

邮　　编：100084

电　　话：010－62770175－4604

资源下载：http://www.tup.com.cn

电子邮件：weijj@tup.tsinghua.edu.cn

QQ：883604（请写明您的单位和姓名）

资源下载、样书申请

书圈

用微信扫一扫右边的二维码，即可关注清华大学出版社公众号“书圈”。